计 算 机 科 学 丛 书

原书第2版

嵌入式系统
硬件、软件及软硬件协同

[美] 塔米·诺尔加德（Tammy Noergaard）著

马志欣 苏锐丹 付少锋 译

Embedded Systems Architecture
A Comprehensive Guide for Engineers and Programmers Second Edition

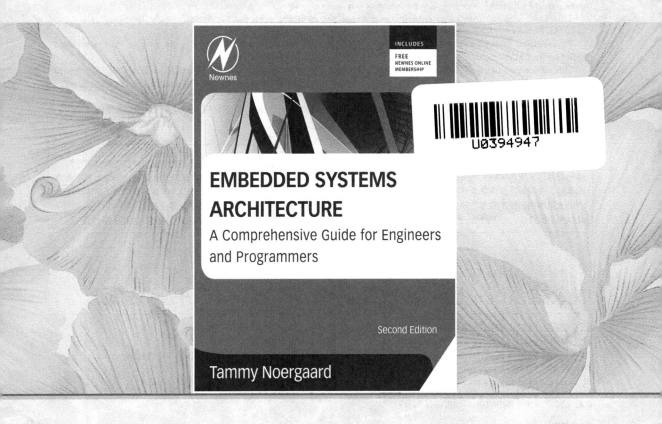

机械工业出版社
China Machine Press

图书在版编目（CIP）数据

嵌入式系统：硬件、软件及软硬件协同（原书第 2 版）/（美）塔米·诺尔加德（Tammy Noergaard）著；马志欣，苏锐丹，付少锋译 . —北京：机械工业出版社，2018.2（2025.1 重印）
（计算机科学丛书）
书名原文：Embedded Systems Architecture: A Comprehensive Guide for Engineers and Programmers, Second Edition

ISBN 978-7-111-58887-0

I. 嵌⋯ II. ①塔⋯ ②马⋯ ③苏⋯ ④付⋯ III. 微型计算机 – 系统设计 IV. TP360.21

中国版本图书馆 CIP 数据核字（2018）第 003100 号

北京市版权局著作权合同登记 图字：01-2013-5995 号。

注意

本书涉及领域的知识和实践标准在不断变化。新的研究和经验拓展我们的理解，因此须对研究方法、专业实践或医疗方法作出调整。从业者和研究人员必须始终依靠自身经验和知识来评估和使用本书中提到的所有信息、方法、化合物或本书中描述的实验。在使用这些信息或方法时，他们应注意自身和他人的安全，包括注意他们负有专业责任的当事人的安全。在法律允许的最大范围内，爱思唯尔、译文的原文作者、原文编辑及原文内容提供者均不对因产品责任、疏忽或其他人身或财产伤害及 / 或损失承担责任，亦不对由于使用或操作文中提到的方法、产品、说明或思想而导致的人身或财产伤害及 / 或损失承担责任。

嵌入式系统：硬件、软件及软硬件协同（原书第 2 版）

出版发行：机械工业出版社（北京市西城区百万庄大街 22 号 邮政编码：100037）
责任编辑：迟振春   责任校对：李秋荣
印   刷：固安县铭成印刷有限公司   版   次：2025 年 1 月第 1 版第 10 次印刷
开   本：185mm×260mm 1/16   印   张：27.5
书   号：ISBN 978-7-111-58887-0   定   价：119.00 元

客服电话：（010）88361066 68326294

当 Tammy Noergaard 第一次告诉我她想写一本全方位介绍如何建立嵌入式系统的书时，我试图劝阻过她。该领域如此庞大，需要深入了解电子技术、逻辑电路、计算机设计、软件工程、C 语言、汇编语言以及其他种种。但是在我们讨论的时候，她向我描述了这个行业在这方面的文献如何缺乏一本权威著作。我提醒她这个项目太大了。

经过一年多的讨论之后，联邦快递送来了这本书的审校副本。英文原书共有大约 700 页，几乎有关于这个方面的任何其他著作的两倍厚。你现在拿到的这本书实实在在是"工程师和程序员的综合指南"。当然，其中没有介绍 PIC 定时器的编程细节，但本书涉及的范围非常广泛而重要。

Tammy 从电子技术的基本原理开始，进一步到软件再到昂贵的最终维护阶段。她将硬件和软件作为一个集成的整体来对待，这是符合嵌入式系统的本质的。然而，讽刺的是，开发者却越来越专业化了。没有几个软件人员会了解晶体管，而太多的电子工程师无法准确地详细描述出中间件是什么。我恐怕读者可能会跳过那些与眼前项目不相关的章节。

抵制住任何这样的诱惑！要通过拓宽你的视野，全方位了解这个迷人的领域，从而成为一名真正的大师，一个嵌入式专家。工程师是专业人士，你我都深知这一点。然而，真正的专业人士是那些学习新事物、应用新技术来解决问题的人。想想医生：20 世纪 40 年代，青霉素的发现和生产完全改变了医药行业。任何忽视这种新技术的医生（他们在实践中依旧只使用在大学里学到的技能）突然仿佛变成了屠夫。软件和硬件开发人员面临着同样的情况。我上学的时候还没有 C 语言。FPGA 也尚未发明。使用 GOTO 语句还很正常。我们学习的是借助原始工具链用机器代码为微处理器编程。而今天，我们知道变化有多么大。

变化总是越来越多，而变化的一阶导数是一个不断升值的正数。专业开发人员应该把这本书完整地读完，并不断寻求其他信息来源。如果你做不到每个月至少浏览几本技术杂志，每年读几本这样的书，那么不需要白垩纪小行星你都要变成恐龙了。

本书有些内容可能会让你感到惊讶。数据手册写了 10 页？事实上，数据手册是"合同式"承诺材料浓缩版的正式汇编。供应商承诺，只要我们以约定的方式使用这个产品，则它必然能够按照承诺工作。如果违反了任何可能的众多的指标规范，部件会不起作用或不能可靠工作。如果某些部件耗散功率不低于 100W，那么即使像热特性那样的参数指标也与设备的指令集一样重要。

Tammy 不惜使用大量的示例来阐明那些不易理解的知识点。工程（无论是硬件还是软件）是构建事物和解决问题的艺术。学者可以只研究纯理论，而我们实践开发人员通常是要通过了解事物的工作原理来得到最好的解决方案。因此，关于设备驱动程序的章节解释了构建这些通常较复杂的代码的繁杂程度，但是使用了与大量的实际应用示例相结合的方式来解释这些问题。

最后，Tammy 关于嵌入式系统的体系结构业务周期的论点与我有强烈的共鸣。我们不会只是为了让自己心情愉快来建立这些东西（尽管我们当然希望如此），我们的目的是要解决重要的业务问题。我们做出的每一个决定都有其业务含义。功率要求过低和开发成本飙升，有时会导致项目不可行。对问题的糟糕分析（导致你不计成本添加过多闪存）可能会导致成本高到令人无法接受。如果从一个失败的公司选择了某些组件（硬件或软件），你将会因此遭受重大损失。

从这本书中获益，让自己在事业发展中永不过时吧。

Jack Ganssle

我创作本书第 2 版来回馈读者和审校者，我希望他们能够惊喜地看到他们的众多建议已经纳入了这本书中。他们包括 Al M. Zied 博士，我的两个兄弟（尤其是我的弟弟，他给了我最初撰写本书的灵感），Jack Ganssle 和 Steve Bailey。

感谢 Elsevier 出版社，特别感谢 Elsevier 团队为此书顺利出版所做的努力和付出。

我也要感谢我的 Terma 团队的成员，他们是最有天赋的人，我很幸运能够和他们以及我在索尼电子公司时的导师 Kazuhisa Maruoka 一起工作。Maruoka 先生耐心地培训我设计电视机，建立了我成长的强大基础，还有索尼电子公司的经理 Satoshi Ishiguro，是他决定雇用了我。引领我写这本书的是我在嵌入式系统领域的经历，这些经历从我在日本和圣地亚哥的索尼公司与这些伟大人物的合作开始。

感谢我家人的支持。我美丽的女儿 Mia 和 Sarah，谢谢她们总是给我无尽的微笑、拥抱和亲吻。感谢在南加州的妈妈和兄弟姐妹他们的支持鼓励着我前行。

最后，要特别感谢 Kenneth Knudsen 和他热情友好的家人。此外，感谢美国驻丹麦大使馆的支持，感谢在丹麦的其他美国同胞，以及可爱的丹麦人，很幸运与你们相识！我在丹麦努力完成这个版本的时候，是你们照亮了我最艰难的日子。感谢在丹麦的 Mia、Sarah 和我的所有其他朋友。我会永远感谢。

Tammy Noergaard 特别有资格撰写全方位介绍嵌入式系统的书籍。她从业以来，在产品开发、系统设计和整合、运营、销售、市场营销以及培训方面都获得了丰富的经验。她拥有使用多种硬件平台、操作系统、中间件以及编程语言的设计经验。Tammy 曾经是索尼公司开发和测试用于模拟电视机嵌入式软件的首席软件工程师，并且曾负责管理和培训新的嵌入式工程师和程序员。她在日本以及加利福尼亚州帮助开发的电视机曾在《消费者报道》杂志上被评为第一名。她已经在国际上从事咨询顾问工作多年，服务的公司包括 Esmertec 和 WindRiver 等，并曾在加州大学伯克利分校、斯坦福大学担任工程课程的客座讲师，曾应丹麦奥尔胡斯大学的邀请，为专业人士和学生做技术讲座。Tammy 多年来多次在嵌入式互联网会议以及圣何塞的 Java 用户小组做专业报告。最近，她以其专业经验在丹麦帮助其他团队成员和组织成功建立一流的嵌入式系统。

目 录

Embedded Systems Architecture: A Comprehensive Guide for Engineers and Programmers, Second Edition

Embedded Systems Architecture: A Comprehensive Guide for Engineers and Programmers, Second Edition

嵌入式系统简介

　　嵌入式系统涉及领域广泛而多样，难以给出确定的定义或描述。不过，在第 1 章中介绍了一个可应用于任何嵌入式系统的实用模型。引入该模型来帮助读者了解构成不同类型电子设备的主要组件，无论其复杂性或差异。第 2 章介绍并详细描述了构建嵌入式系统时所遵循的通用标准。因为这本书是对嵌入式体系结构的概述，不可能涵盖所有可能实现的基于标准的组件。因此，只选择了当前基于标准的组件的典型示例，例如网络和 Java，以展示标准如何定义嵌入式系统中的主要组件。其目的是让读者能够使用模型、标准和实际应用示例背后的方法来了解各种嵌入式系统，并且能够将任何其他标准应用于嵌入式系统的设计。

Embedded Systems Architecture: A Comprehensive Guide for Engineers and Programmers, Second Edition

嵌入式系统设计的系统化方法

本章内容

- 嵌入式系统的定义
- 嵌入式系统的设计过程
- 嵌入式系统的体系结构
- 体系结构的作用
- 本书其他章节的概述

1.1 什么是嵌入式系统

嵌入式系统是一个特定的计算机系统，区别于诸如个人电脑或超级计算机等其他类型的计算机系统。不过，你会发现对"嵌入式系统"很难给出一个固定不变的定义，因为它一直在发展：技术不断进步的同时，实现各种硬件和软件组件的成本大幅度降低。国际上本领域的很多传统定义描述都已经产生了很大的变化。因为读者很可能会看过这些描述和定义，因此了解产生上述问题背后的原因以及为什么这些描述的准确性如今会发生变化是很有必要的，这样能够帮助我们在了解掌握相关知识的基础上来讨论这个问题。下面就是一些比较常见的对嵌入式系统的描述：

- 嵌入式系统在硬件和软件功能上的局限性比 PC 大得多。这个说法对于多数嵌入式系统类型来说是无误的。拿硬件局限性来说，可以指处理器性能、功耗、存储器、硬件功能等方面。对于软件，通常指的是相对于 PC 软件的局限性——应用软件的数量更少，功能更弱，没有或者仅有一个能力有限的操作系统，或者更低抽象层次的代码。然而，这个说法在当前只能说部分正确，之前甚至现在通常在 PC 中才有的板卡和软件已经被整合应用于更复杂的嵌入式系统设计中了。

- 一个嵌入式系统是被设计用于某一个特定功能的。多数嵌入式设备主要是被设计用于单一功能的。然而如今我们会看到诸如 PDA 与手机功能合为一体的智能手机，这样的嵌入式系统设计可以完成多种主要功能。同样，最新的数字电视机可以通过交互式的应用完成多种与传统"电视"不相关的通用功能，比如收发 email，上网浏览，玩游戏等。

- 嵌入式系统是比其他计算机系统质量和可靠性要求更高的计算机系统。某些类别的嵌入式设备具备极高的质量和可靠性需求指标。例如，如果一辆在繁忙的高速路上行驶的汽车的引擎控制器失效，或者实施急救的关键医疗设备功能紊乱，都会产生严重的后果。不过，也有很多嵌入式设备（比如电视机、游戏机、手机等）在使用中出现个别问题会导致用户不便但不至于造成致命的后果。

- 某些设备被称为嵌入式系统，比如 PDA 或者上网本，但这并非真正的嵌入式系统。有一些关于一个部分满足传统的嵌入式系统定义的计算机系统是否属于嵌入式系统或是其他类别的讨论。有些人认为：把这些更复杂的设计（如 PDA）当作是嵌入式系统的，是非技术的市场和销售人士，而非工程师。事实上，那些设计此类系统的工程师对此类系统是否应该归类于嵌入式系统也意见不一。传统的嵌入式的定义是否应该继续发展或指定一个计算机系统的新领域来包含这些更复杂的系统，应由行业内人士来最终确定。目前，由于在传统的嵌入式系统和通用 PC 系统之间并没有新的行业支持指定的计算机系统定义，本书支持嵌入式系统定义进化的观点，即嵌入式系统包含这些更复杂的计算机系统设计。

- 几乎所有工程市场领域的电子设备都归类于嵌入式系统（见表 1-1）。总之，在属于"某类计算机系统"之外，对于如此广泛的嵌入式系统设备唯一保持准确的特征描述就是，没有单一的定义可以适用于所有的系统。

表 1-1　嵌入式系统及其应用领域示例[1]

应用领域	嵌入式设备
汽车	点火系统、发动机控制、刹车系统（如防抱死刹车系统）
消费电子	数字和模拟电视、机顶盒（DVD、VCR 等）、个人数字助理（PDA）、厨房电器（电冰箱、面包机、微波炉等）、汽车电子、玩具 / 游戏机、电话 / 手机 / 传呼机、照相机、全球定位系统（GPS）
工业控制	机器人技术和控制系统（制造业）
医疗	输液泵、透析机、义肢、心脏监护
网络	路由器、集线器、网关
办公自动化	传真机、复印机、打印机、显示器、扫描仪

1.2　嵌入式系统的体系结构简介

为了让产品设计具备坚实的技术基础，所有的团队成员首先必须要充分理解其准备制造的设备的**体系结构**。嵌入式系统的体系结构相当于对这个嵌入式设备的抽象化表示，指的是对一个系统的概括性描述，通常不包括具体实现的细节，比如软件源代码或硬件电路设计[3]。在体系结构级别上，嵌入式系统中的硬件和软件组件被替代性地表示为一些可交互的元素的组合。元素是指对实现细节已经被抽取出去的硬件和软件的表述，只保留了关于其行为及相互关系的信息。体系结构的元素可以集成在嵌入式设备内部，或者置于嵌入式设备外部与系统内部元素进行交互。总之，一个嵌入式体系结构包含了嵌入式系统的基本元素、元素与嵌入式系统的交互、每个独立元素的属性以及元素之间的交互关系。

体系结构级别的信息使用结构的形式来物理地表示。结构就是对体系结构的一个可能的表述，包含它对其自身元素、属性以及相互关系信息表达的集合。因此一个结构可以看作是在设计时和运行时对系统硬件和软件的一个"快照"，给出了一个特定的环境以及给定的元素集合。由于很难用"快照"来获取一个系统的所有复杂特性，故一个体系结构通常会由多个结构所组成。一个体系结构中所包含的所有结构本质上都是相互关联的，所有的这些结构一起构成了设备的嵌入式体系结构。表 1-2 总结了一些最常用的可以用来构建嵌入式体系结构的结构类型，并且指出了某个结构的元素通常代表什么，以及这些元素如何互相关联。表 1-2 介绍的内容将在后文中定义和讨论，其中同时也展示出了可用于表示一个嵌入式系统体系结构中的结构的多样性。体系结构以及它们的结构（它们之间如何互相关联，如何构建出一个体系结构，等等）将在第 11 章中详细讨论。

表 1-2　体系结构中的结构示例[4]

结构类型[①]			详细描述
模块			元素（称为模块）被定义为嵌入式设备中实现不同功能的组件（系统实现正常功能的基本硬件/软件）。市场营销和销售架构图通常是用模块化结构来表示的，因为软件或硬件一般会打包成各种模块（操作系统、处理器、Java 虚拟机等）来销售的
	使用关系（也称为子系统和组件）		一种模块化结构描述系统，用来表示系统运行时模块之间的相互使用关系（如一个模块使用了哪些其他模块）
		层	一种使用关系的结构，模块按层组织（层次化），上层的模块使用（依赖）下层的模块
		内核	该结构用来表示使用操作系统内核模块（服务）的模块或由内核进行操作的那些模块
		管道架构	该结构顺序地表示模块，描述模块通过其使用产生的转换过程
		虚拟机	该结构表示使用虚拟机模块的那些模块
	分解		一种模块化结构，其中某些模块实际上是其他模块的子单元（分解后的单元）以及它们之间的相互关系的说明。通常用来确定资源分配、项目管理（规划）、数据管理（比如封装、私有化）等
	类（也称为泛化）		一种表示软件的模块化结构，其中的模块被称为类，其相互关系是根据面向对象方法定义的，其中类是其他类的继承或父类的实例。在有类似基础的系统设计中很实用
组件与连接器			这些结构是由组件（主要的硬件/软件处理单元，如处理器、JVM）或者连接器（组件间互联的通信机制，如硬件总线、软件操作系统消息等）这些元素组成的
	客户端/服务器（也称为分布式）		用于系统运行时的结构，其中组件是客户端或服务器（或对象），连接器是用于在客户端和服务器（或对象）之间互相通信的机制（协议、消息、数据包等）
	进程（也称为通信进程）		此结构是一种软件结构，用于包含有操作系统的系统。组件是进程或线程（见第 9 章），它们的连接器为进程间通信机制（共享数据、管道等）。这种结构对于调度和性能分析十分有用
	并发性和资源		此结构是包含有操作系统的系统的一个运行时快照，其中各个组件通过并行运行的线程连接（见第 9 章）。实质上，此结构被用于资源管理和判断共享资源是否存在问题，以及确定哪些软件可以并行执行
		中断	表示系统的中断处理机制的结构
		调度（最早截止时间优先 EDF、按优先级、轮询）	此结构用来表示线程的任务调度机制，来说明操作系统调度器的公平性
	内存		用来表示内存和数据组件的运行时结构表述，包括内存的分配和释放（连接器）机制——本质上是系统的内存管理方案
		垃圾回收	此结构表示垃圾回收机制（详见第 2 章）
		分配	此结构用来表示系统的内存分配机制（静态或动态、大小等）
	安全性和可靠性		此运行时结构中，冗余组件（硬件和软件元素）和它们互相通信的机制描述了系统在出现问题时的可靠性和安全性（从多种问题中恢复的能力）
分配			此结构表示不同环境中的软件和硬件元素与外部元素之间的关系
	工作分派		此结构将模块功能任务分派给不同的开发和设计小组。通常用于项目管理
	实现		这是一个软件结构，它指明了软件在开发系统的文件系统中的位置
	部署		此运行时结构的元素是硬件和软件，元素之间的关系为软件映射到硬件中的位置（归属于、迁移至，等等）

① 请注意，本书中在许多情况下术语"体系结构"和"结构"（一个快照）有时可互换使用。

总之，嵌入式系统的体系结构可以用于解决在项目初期遇到的这些类型的问题。无须定义或了解任何内部实现细节，嵌入式设备的体系结构可以作为最初的工具，用来分析并作为高级蓝图来定义设计的基础框架、可能的设计选项以及设计的约束条件。使得体系结构方法如此强大的原因是它提供的通俗、快速与不同类型人员交流某个设计的能力，无论其是否具备相关技术背景，这种方法甚至可以作为项目规划或是实际设计一个设备的基础依据。由于它清晰地刻画出了系统的需求，体系结构可以作为一个坚实的基础用于分析和测试设备在不同环境条件下的特性及性能。此外，如果被正确地理解、创建和利用，体系结构可以通过对实现各类元素的风险的论证来精确评估并降低设计开销，进而降低此类风险。最终，体系结构中的各种结构可以调整并持续用于设计未来的具有类似特性的产品，由此实现设计知识的复用，从而减少未来设计开发的开销。

通过使用本书描述的基于体系结构的方法，希望能够让读者明白：**详细描述并理解一个嵌入式系统的体系结构是实现一个良好的系统设计的关键所在**。这是因为除了上述理由之外还有以下好处：

1. 每一个嵌入式系统都有其体系结构（无论是否明文定义），因为每一个嵌入式系统都是由交互的元素（包括硬件和软件）构成的。体系结构的定义即这些元素及其相互关系的表述的集合。应该通过事先详细描述体系结构从而掌控整个设计过程，而不是因未事先定义好体系结构花更大代价被动地接受一个不良的系统。

2. 因为一个嵌入式体系结构是从多视角对系统表现的描述，因此这是理解所有主要系统元素的有效工具：各个部件如何部署以及每个元素具备什么样的行为。嵌入式系统中没有与其他部分隔绝的元素，设备中的每个元素都会以各种方式与其他元素实现交互。此外，元素的外部可见特性在其与不同的元素一起工作时可能表现不尽相同。如果不能理解隐藏在各种元素的功能及性能背后的所以然，就会难以判断系统在不同的实际运行条件下会有何种行为。

即使是仅有粗略的不规范的体系结构，也比没有强。只要体系结构以某种方式将一个设计的各个核心部件及其相互关系表达清楚，就能为项目成员提供设备是否满足其需求以及如何成功构建出此系统的关键信息。

1.3 嵌入式系统模型

在本书中，使用了一系列体系结构的结构设计来介绍嵌入式系统的技术概念和基本原理。同时也介绍了新的体系结构工具（即参考模型）作为这些体系结构的设计基础。在最高层次上，如图 1-1 所示，首要的架构工具简称为嵌入式系统模型，它用来引入位于嵌入式系统设计中的主要元素。

嵌入式系统模型意味着所有的嵌入式系统在最高层次上具有一个相似之处：也就是说它们都有至少一层（硬件层）或者容纳所有部件的所有层（硬件层、系统软件层和应用软件层）。硬件层包括所有位于嵌入式板卡上的主要物理元件，而系统软件层和应用软件层包括所有包含于嵌入式系统并在系统中被处理执行的软件。

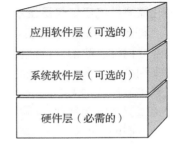

图 1-1 嵌入式系统模型

这个参考模型本质上是一个嵌入式体系结构的层次化（模块化）表达，从中可得到一个模块化的体系结构设计。不考虑表 1-1 中所示的设备间的差异，通过形象地将这些设备中的部件分组为不同的层，就有可能理解所有这些系统的体系结构。分层的概念不仅仅用于嵌入式系统设计中（体系结构与所有计算机系统相关，嵌入式系统是其中一种类型），它是一种可用于设计嵌入式系统设计的将数以百计的软、硬件组件组合可视化的有益工具。大体来说，本书选择这种嵌入式系统体系结构的模块化表示方法作为主要结构是基于两个原因：

1. 主要元素的可视化表示及其相关的功能。分层的方法使得读者能够直观地了解嵌入式系统中的各种部件及其相互关联。

2. 模块化的体系结构的表示方法通常是用来表示整个嵌入式项目结构的方法。这主要是因为在这种结构中，各个模块（元素）通常都是独立工作的。这些元素之间又具有高度的交互性，这样将这类元素分层表达既改善了系统的结构化组织，又避免了将复杂的交互过分简单化，也没有忽略必需的功能。

本书的第二和第三部分详细描述了嵌入式系统模型层次结构中的主要模块，实质上描述了存在于大多数嵌入式系统中的主要部件。第四部分从设计和开发的角度将不同的层组合在一起，向读者展示如何应用前面章节所介绍的技术概念以及本章介绍的体系结构化过程。整本书中，均通过一些真实应用的建议和例子来体现技术理论的实用意义，并且作为嵌入式概念的主要教学工具。在你阅读这些实例的时候，为了能够从本书中获得最大的收益，并且能够将所学到的知识应用于未来的嵌入式项目中，我建议读者注意以下几点：

- 所有这些例子所遵循的模式，不仅对应于局部内容所介绍的技术概念，也对应于更高层次的体系结构的表达。这些模式可以普遍用于理解或者设计任何嵌入式系统，而不仅限于文中所分析的系统。
- 这些信息是从哪里得来的。因为读者可以从各种各样的来源获取嵌入式系统设计方面有价值的信息，包括互联网、嵌入式相关杂志中的文章、嵌入式系统相关会议、产品说明书、用户手册、编程手册和设计图纸等。

1.4　为什么使用整体化、体系结构化的系统工程方法？黄金法则是什么

本书针对嵌入式系统设计使用了一种整体化、体系结构化的系统工程方法，来阐明嵌入式系统本身和构成其内部设计的不同类型的组件。这是因为确保一个工程团队能够成功的最有效方法之一就是通过系统化方法来详细描述体系结构并实现其设计。

系统化的工程方法解决了一个现实问题，比仅使用单纯的嵌入式系统技术能够更有利于产品设计的成功。换句话说，要记住的**第1法则**就是：构建一个嵌入式系统并能够成功地产品化需要的绝**不仅仅是技术**！

许多不同的因素都会影响一个嵌入式设计的构建及其产品化进程。这包括金融、技术、商业导向性、政治以及社会资源等各方面的影响。这些不同类型的因素产生需求，而需求反过来则决定了嵌入式系统的体系结构，然后这个体系结构成为设备制造的基础，得到的嵌入式系统设计反过来会向设计团队提供系统需求和功能的反馈信息。因此，对嵌入式系统设计者来说，理解和规划好项目的非技术要素与技术要素同等重要，比如社会、政治、法律以及金融方面的影响等。因为导致一个嵌入式系统项目失败最常见的错误通常不是某一个特定的因素本身，比如：

- 定义及获得系统设计的过程；
- 成本的限制；
- 系统完整性的判定，比如可靠性和安全性；

- 工作在允许的基本功能范围之内（处理能力、内存、电池寿命等）；
- 市场竞争力和销路；
- 确定不变的需求。

对团队来说，关键是从项目开始并贯穿项目的整个生命周期中，都需要识别、理解并应对这些对项目产生影响的因素。实践中的开发团队构建任何嵌入式系统所面临的核心挑战就是如何平衡质量、进度和功能三者所带来的影响。能够在第一天就明智地认识到这一点的团队成员更有可能保证项目在满足质量标准、最后期限以及成本目标要求之下获得成功。

在嵌入式系统设计中获得成功的下一条法则是团队成员必须**遵循开发流程**及**最佳实践**（**第 2 法则**）。最佳实践可纳入任何开发团队商定的过程模型中，内容可以包括诸如从着眼于针对编程语言的准则到代码检查，再到核心测试策略。随着更新的软件流程方法和各种改良方案的持续引入，如今在业界使用了多种不同的流程模型，随着新引入的软件过程计划和改进的不断引入，今天所使用的过程模型有很多不同的种类。然而，嵌入式设计团队使用的大部分方法基本上是基于以下一个或者多个通用方法的混合组合：

- 大爆炸：系统开发前及开发中原本没有规划、没有具体需求或没有流程。
- 边做边改：在项目开发之前有产品的需求定义，但没有正规的流程。
- XP（极限编程）和 TDD（测试驱动开发）：项目由代码的再造以及随机测试来驱动，重复直到团队得到正确的结果，或该项目的资金或时间被用完。
- 瀑布：在项目中，系统的开发流程按步骤逐级进行，每一步骤的结果流入到下一步骤。
- 混合螺旋：在项目中，系统按步骤进行开发，从每个步骤中获得反馈并且纳入到项目中。
- 混合迭代模型：例如统一软件过程（RUP），这是一个框架，允许在项目的不同阶段适用不同的流程。
- Scrum：另一个在项目的不同阶段适用不同流程的框架，它也允许团队成员在整个项目中扮演不同的角色。Scrum 包含更短的周期、更严格的期限以及团队成员之间持续的交流。

无论嵌入式设计团队是否遵循类似于图 1-2 所示的流程或者其他开发模型，团队成员都需要客观地评估开发流程模型对其工作的适用程度。例如，团队可以首先通过描述其所希望达到的目标以及团队成员所面临的挑战，来做一个实际和有效的评估。然后团队成员需要客观地调研和记录开发过程团队成员当前所遵循的开发流程中的工作，包括：

- 一次性的项目活动
- 重复性的项目活动
- 团队成员在项目不同阶段的职能角色
- 开发成果的估测和计量（哪些对开发工作有益而哪些有害）
- 项目管理、发布管理和配置管理工作
- 测试和验证工作
- 基础设施和培训（为了强化团队成员并有效地工作）

最后，持续完成对所有团队成员必须遵守的现有流程的定义改进。这意味着以更严格约束的方式，审视团队成员准备好实施的与开发工作相关的其他可能性。也有一些行业标准的方法，比如通过 CMMI（能力成熟度模型集成），团队可以引入改进以及加强约束，从而节省资金和时间，并提高产品质量。

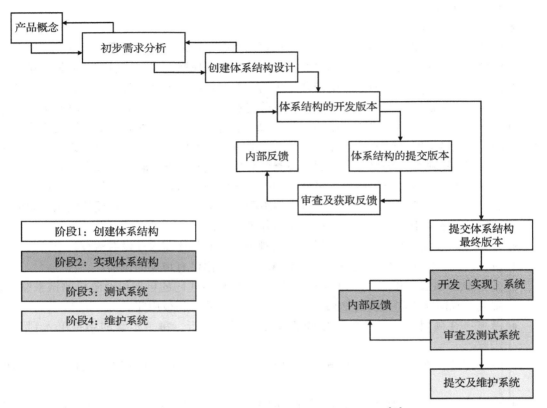

图 1-2   嵌入式系统设计开发的生命周期模型[2]

团队下一步要做的是将这些流程转换为实用工具来解决日常的问题，并找到最优解决方案。项目团队面临成功构建一个嵌入式系统的挑战时通常会给出以下可能结果的组合。

  × 选项 1：不要交付。
  × 选项 2：盲目地按时交付有缺陷的产品。
  × 选项 3：迫使疲劳的开发人员延长时间工作。
  × 选项 4：为项目投入更多资源。
  × 选项 5：进度延期。
  √ **选项 6：健康的交付理念：按时交付一个优质的系统。**

很不幸，选项 1 ～ 5 是业内经常会发生的情况。显然，"不要交付"是团队中每个成员都想要避免的。没有可销售的产品，一个团队是无法长久维持的，公司更无法存活。"盲目交付一个有缺陷的产品"也应该尽一切可能来避免发生。让开发人员为了赶进度而偷工减料，或者被迫超时工作而极度疲劳，以及在进行编程、代码检查、测试等工作时不守规则地使用最佳实践，都属于严重的问题。因为部署带有严重缺陷的产品会有极高的风险甚至导致人身伤害：[5]

  ● 员工最终可能因此而入狱
  ● 机构因此产生严重的债务问题——导致大量经济损失，卷入民事和刑事官司

为什么不能盲目交付?

编程和工程的伦理问题

违反合同
- 如果 bug 修复不能按照合同规定及时处理完成

违反保证和隐含保证条款
- 交付的系统缺失了承诺的特性

严格责任和过失责任
- 由 bug 导致的财产损失
- 由 bug 导致的人身伤害
- 由 bug 导致的人员死亡

渎职行为
- 客户购买了有故障产品

误导和欺诈
- 发布和销售的产品与广告声称的内容不相符

参考: "*Legal Consequences of Defective Software*", *in* Testing Computer Software, C. Kaner, J. Falk, and H. Q Ngyen, 2nd edn, Wiley, 1996.

关键在于团队要保持镇定,不要恐慌。强迫疲惫的开发人员延长加班时间只会导致更严重的问题。开发人员过于劳累、不情愿或者压力过大都会导致在开发过程中出现错误,进而转化为额外的成本和时间的延误。一个项目中的负面影响,无论是金融、政治、技术还是社会方面,实质上都会严重危害司内部原本健康的团队的凝聚力——甚至导致这些团队无疾而终。在任何组织中,即使是一个微小的环节,比如一个疲惫和压力过大的团队,都会削弱整个项目的力量,甚至影响整个公司。因为这类问题会像水波一样向外蔓延并影响整个周边环境(见图 1-3)。

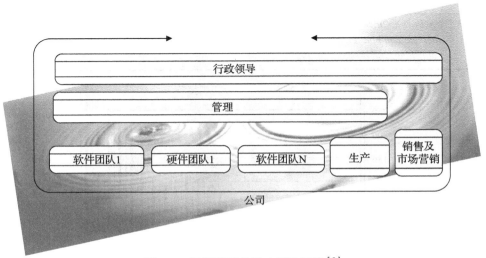

图 1-3　问题蔓延并影响周边环境[6]

在开发团队效率最高的正常工作日的编程工作时间内，减少对其的压力和干扰，从而使其更容易集中精力，更不易发生错误。

业内另一种试图避免时间计划延迟的做法是把越来越多的资源投入到一个项目中去。随意地投入更多的资源到项目任务中去而没有适当的计划、培训以及团队建设的做法无疑会对团队造成伤害且必定会延误项目期限。如图1-4所指出的，项目中人越多，生产力越低下。可以通过设置多个小的子团队的方式来限制沟通渠道的数量，还要注意以下问题：

- 对嵌入式系统产品设计而言，以下几点是有意义的：
  - 不需要为几个MB的代码量配备一大批开发人员和好几个项目经理；
  - 没有嵌入式系统经验以及产品构建经验时不做这件事；
  - 不要仅为了企业扩张而做此事！这定会导致项目超支和延误。只会对企业不利！
- 在一个健康的团队环境中：
  - 没有阴谋诡计；
  - 没有黑客；
  - 最佳实践和流程不被忽视。
- 团队成员拥有职业责任感、团结、相互信任、有领导力、有组织性。

实用花絮

软件生产力的基础支撑[7]

"……开发者被囚禁在嘈杂的隔间，他们不能抵御频繁的中断，确实糟糕。数字是惊人的。按工作效率而言，排前1/4的部分其工作效率是最低1/4部分的300%。其实他们之间没有什么工作能力的差异。

想想看，你想要快至3倍的开发效率吗？

开发人员从忙碌的办公室活动转换到全身心高效编码的虚拟世界平均需要15分钟。然而对于开发人员来说，其本职工作被打断两次之间平均只有11分钟。有没有人思考为什么固件成本这么高？……"

参考："*A Boss's Quick-Start to Firmware Engineering*", J. Ganssle, *http://www.ganssle.com /articles/ abossguidepi.htm;* Peopleware Productive Projects & Teams, *T. DeMarco and T. Lister, Dorset House Publishing, 2nd revised edn, 1999.*

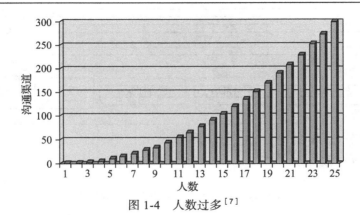

图1-4　人数过多[7]

最重要的推荐是**第 3 法则：团队协作！……团队协作！……团队协作！**团队成员一起讨论各种流程模型并通过达成共识来确定哪些最适合于这个团队。也就是说，没有哪一个特定的流程适用于业内所有团队或一个团队的所有项目。事实上，最有可能适合一个团队的模型会是一些模型的杂交混合，并且这个模型会根据团队成员的类型、如何最好地发挥作用、项目的目标以及系统需求等进行适当的调整。

之后，所有团队成员，从新手到资深技术成员，到团队领导，一起确定一个达成共识的过程模型来实现商业目标（**第 4 法则：跟领导步调一致**）。每个成员能够识大局，了解个人在其中的职责，并且承诺遵守规则。如果在这个过程中发现流程没有按照期望的状态工作，团队成员重新集体商议讨论。公开平等地、一起建设性地讨论遇到的困难和挑战，然后立即优化和调整流程，每个团队成员做好自己的工作以改善软件开发工作。最后，不要忘了**第 5 法则：所有团队成员都要有强烈的道德与诚信观念**，这样才能一直不断前进共同走向成功。

更多与此相关的内容会在本书的最后一章进行讨论。最终，满足项目进度、成本要求并能成功将嵌入式系统实现量产的最有力的方式是：

√ **按时交付一个优质的产品**

- 打好坚实的技术基础（本书的重点在于提供坚实的技术基础来帮助大家理解嵌入式系统设计的主要组件）。
- 在产品的第一个版本中不要牺牲基本功能。
- 从一个框架开始，然后填充代码完善。
- 设计不要过于复杂！
- 系统集成、测试和验证从项目第一天就要开始。

1.5　小结

本章一开始详细描述了什么是嵌入式系统，包括市场上最复杂的和最新的相关内容。然后通过系统的各种表达形式（结构）的总和定义了什么是嵌入式体系结构。本章还介绍了为什么在本书中要使用体系结构的方法来引入嵌入式系统的相关概念：因为它清晰地呈现出了系统是什么样子，或者可能是什么样子，如何构成以及元素是如何工作的。此外，这种方法可以提供早期指标来判断某些元素能否在系统中工作，并有可能通过可重用性来提高系统的完整性并降低成本。最后，提出成功完成一个嵌入式设计项目并使之量产需要遵循以下法则：

第 1 法则　不仅仅是技术

第 2 法则　遵循开发流程及最佳实践

第 3 法则　团队协作

第 4 法则　跟领导步调一致

第 5 法则　所有团队成员都要有强烈的道德与诚信观念

第 2 章给出了本书中第一个设计实例，用来帮助读者了解行业标准如何作用于嵌入式设计工作。其目的是说明知道并理解与产品设计相关的标准，以及利用这些标准来理解并创建一个嵌入式系统的体系结构设计的重要性。

习题

1. 列举三个传统的或新一点的对嵌入式系统的定义。

2. 传统的假设在哪些方面适用，而在哪些方面不适用于较新的复杂的嵌入式设计？给出四个例子。

3. 嵌入式系统都是：

    A. 医疗设备

    B. 计算机系统

    C. 非常可靠

    D. 以上各项都对

    E. 以上各项都不对

4. [a] 列举并描述五个不同的嵌入式系统通常适用的市场。

    [b] 给出每个市场中的四个设备的例子。

5. 列举并描述四种大多数嵌入式项目所基于的开发模型。

6. [a] 嵌入式系统设计和开发的生命周期模型是什么（画图说明）？

    [b] 这种模型是基于何种开发模型的？

    [c] 在这个模型中有几个阶段？

    [d] 给出并描述每一个阶段。

7. 下面哪些不属于嵌入式系统设计和开发生命周期模型第一阶段中创建体系结构的部分？

    A. 理解体系结构业务周期

    B. 文档化体系结构

    C. 维护嵌入式系统

    D. 打好坚实的技术基础

    E. 以上都不是

8. 列举五个在设计嵌入式系统时通常会面临的挑战。

9. 嵌入式系统的体系结构是什么？

10. [T/F] 每一个嵌入式系统都有其体系结构。

11. [a] 嵌入式体系结构的元素是什么？

    [b] 给出四个体系结构的元素的例子。

12. 什么是体系结构的"结构"（structure）？

13. 列举并详细描述五种类型的结构。

14. [a] 列举至少三种设计嵌入式系统的挑战。

    [b] 体系结构方法是如何解决这些问题的？

15. [a] 什么是嵌入式系统模型？

    [b] 嵌入式系统模型使用了什么样的结构化方法？

    [c] 画出并详细描述这个模型的每一层。

    [d] 为什么引入这个模型？

16. 为什么一个模块化的体系结构表达是适用的？

17. 嵌入式系统中的所有主要元素都属于：

    A. 硬件层

    B. 系统软件层

    C. 应用软件层

    D. 硬件层、系统软件层和应用软件层

    E. A 或者 D，因设备而异

18. 列举六种可用于获取嵌入式系统设计相关信息的来源。

尾注

[1]　*Embedded Microcomputer Systems*, p. 3, J. W. Valvano, CL Engineering, 2nd edn, 2006; *Embedded Systems Building Blocks*, p. 61, J. J. Labrosse, Cmp Books, 1995.

[2]　The Embedded Systems Design and Development Lifecycle Model is specifically derived from Software Engineering Institute (SEI)'s Evolutionary Delivery Lifecycle Model and the Software Development Stages Model.

[3]　The six stages of creating an architecture outlined and applied to embedded systems in this book are inspired by the Architecture Business Cycle developed by SEI. For more on this brainchild of SEI, read *Software Architecture in Practice*, L. Bass, P. Clements, and R. Kazman, Addison-Wesley, 2nd edn, 2003, which does a great job in capturing and articulating the process that so many of us have taken for granted over the years or have not even bothered to think about. While SEI focus on software in particular, their work is very much applicable to the entire arena of embedded systems, and I felt it was important to introduce and recognize the immense value of their contributions as such.

[4]　*Software Architecture in Practice*, L. Bass, P. Clements, and R. Kazman, Addison-Wesley, 2nd edn, 2003; *Real-Time Design Patterns*, B. P. Douglass, Addison-Wesley, 2002.

[5]　*Software Testing*, pp. 31–36, R. Patton, Sams, 2003.

[6]　*Demystifying Embedded Systems Middleware*, T. Noergaard, Elsevier, 2010.

[7]　"Better Firmware, Faster," Seminar, J. Ganssle, 2007.

了解设计标准

本章内容

- 标准的含义
- 不同类型标准的示例
- 编程语言标准对体系结构的影响
- OSI 模型及网络协议的示例
- 以数字电视作为实现多个标准的示例

嵌入式系统中一些最重要的组件源于特定的方法，这些方法通常被称为标准。标准规定了组件应该如何被设计，以及在系统中需要哪些附加的组件以允许它们成功地集成和发挥功能。如图 2-1 所示，标准可以定义嵌入式系统模型的每一层的特定功能，并且可以分为特定领域标准和通用标准，或适用于以上两种类别的标准。

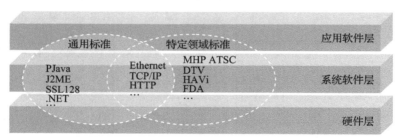

图 2-1　标准示意图

严格针对特定领域标准定义相关的具有类似技术要求及用户特征的嵌入式系统的功能，包括：

- 消费电子产品。通常包括消费者在其个人生活中使用的电子设备，例如个人数据助理（PDA）、电视机（模拟和数字）、游戏、玩具、家用电器（如微波炉、洗碗机、洗衣机），以及互联网设备。[1]
- 医疗器械。定义为"……单独或组合使用的任何仪器、设备、器械或其他物品，包括由制造商预装的实现正确功能所需的软件，应用于人类以达到下述目的：
  - 对疾病的诊断、预防、监测、治疗或缓解；
  - 对受伤或残疾的诊断、监护、治疗、缓解或补偿；
  - 对解剖或生理过程的研究、替代或改变；
  - 控制受孕，并非通过药理学、免疫学或者代谢的途径在人体内或体表达到其主要预期作用，而是可以通过其提供功能性的协助……"

这里参考了欧盟医疗器械指令（93/94/EEC）[14]，包括透析机、输液泵、心电监护仪、药物输送、假肢等。[1]

- 工业自动化和控制。主要用于工业制造领域执行循环的自动过程的"智能"机器人设备(智能传感器、运动控制器、人 / 机接口装置、工业交换机等)。[1]
- 网络与通信。连接网络终端系统的中间设备,如集线器、网关、路由器和交换机。这个细分市场还包括用于音频 / 视频通信的设备,如手机(包括手机和 PDA 结合的产品)、寻呼机、可视电话和 ATM 机。[1]
- 汽车工业。用于汽车内的子系统,如娱乐中心、发动机控制、安防、防抱死制动控制和仪表。[1]
- 应急服务、警务和防务。在由警方或军队使用的嵌入式系统(诸如"智能"武器、警用巡逻车、救护车和雷达等系统)中部署的系统。[1]
- 航空和空天领域。应用在飞机上或用于军事的系统,诸如飞行管制、"智能"武器和喷气式发动机控制等。还包括必须运行于空天领域的嵌入式系统,例如运行在空间站或轨道卫星上。[1]
- 能源和石油。用于电力和能源工业的嵌入式系统,如发电厂生态系统内用于风力涡轮发电机和太阳能的控制系统。[1]
- 商业办公 / 家庭办公自动化。在办公环境中使用的设备,如打印机、扫描仪、显示器、传真机、复印机和条形码读取器 / 写入器等。[1]

实用贴士

嵌入式系统细分市场及相关设备随着新产品出现及旧设备淘汰总会不断地变化。不同的公司在语义上对这个市场的定义以及对细分市场产品的分类都不尽相同。要快速了解现在是如何描述嵌入式市场以及设备是如何垂直分组的,可以到几个领先的嵌入式系统软件供应商网站去了解。或者简单地使用搜索引擎输入关键字"嵌入式细分市场"来了解设备分类的最新状况。

多数特定领域标准,不包括网络和某些电视标准,通常应用于特定类型的嵌入式系统中,因为根据定义它们是用于特定的嵌入式设备的。而另一方面,通用标准通常不仅用于某个特定领域的嵌入式设备,有些还会用于(某些本来就源于)非嵌入式设备中。基于编程语言的标准就是既可用于各种嵌入式系统又可用于非嵌入式系统的通用标准的例子。既可以被认为是特定领域标准又是通用标准的有网络标准和一些电视标准。网络功能可以在属于网络领域的设备中实现,如集线器和路由器,也可以用于跨越多个领域的设备中,如实现于网络设备、消费类电子产品等无线通信中,还可以用在非嵌入式设备中。电视标准已经广泛应用在个人电脑、传统电视及机顶盒中。

表 2-1 中列出了一些当前在实际应用的标准以及应用它们的目的。

表 2-1 应用于嵌入式系统的标准示例

标准类型		标 准	目 的
特定领域	消费电子	Java TV	Java TV API 是 Java 平台的扩展,提供了专用于数字电视接收器的访问功能,如音频视频流、条件访问、访问带内和带外数据信道、访问业务信息数据、频道切换调谐器控制、屏幕图形显示控制、媒体同步(允许交互式电视内容与电视节目的背景音频视频同步)以及应用程序生命周期控制(使应用的内容与节目的内容协调,比如广告)[3]

（续）

标准类型	标 准	目 的
	DVB（数字视频广播）—MHP（多媒体家用平台）	DTV 设计中使用的基于 Java 的标准引入了系统软件层的组件，并为与 MHP 兼容的硬件和应用类型提供了建议。基本上，它定义了交互式数字应用和从低端到高端的机顶盒、集成的 DTV 电视机和多媒体 PC 机等运行这些应用的终端之间的通用接口。该接口将不同供应商的应用与不同的 MHP 终端实现的特定硬件和软件细节分离，使数字内容提供商能够适配所有类型的终端。MHP 将现有的 DVB 开放标准的广播和交互服务扩展到了包括卫星、有线、地面和微波系统等所有传输网络上[2]
	ISO/IEC 16500 DAVIC（数字音视频理事会）	DAVIC 是用于广播、交互式音视频信息和多媒体通信的端到端互操作性的行业标准[4]
	ATSC（高级电视标准委员会）—DASE（数字电视应用软件环境）	DASE 标准定义了系统软件层，它允许编程的内容和应用在一个"公共接收机"上运行。交互式和增强的应用程序需要以平台无关的方式访问公共接收机的功能。该环境为增强的和交互式的内容创作者提供了必要的规范以确保他们的应用和数据在所有品牌及型号的接收机上运行一致。因此，制造商能够为接收机选择硬件平台和操作系统，但是要提供必要的通用性来支持不同的内容创作者提供的应用[5]
	ATVEF（高级电视增强论坛）—SMPTE（电影和电视工程师协会）DDE-1	ATVEF 增强内容规范定义了能够创建可以通过任何网络可靠地广播到任何兼容接收机的 HTML 增强电视内容必要的基础。ATVEF 是用于创建增强的、交互式电视内容并把该内容传输到一系列的电视、机顶盒和基于 PC 的接收器的标准。ATVEF［SMPTE DDE-1］定义了用于创建增强内容的标准，该内容可以在包括模拟（NTSC）和数字（ATSC）电视广播等各种媒体，以及包括地面广播、有线和卫星等各种网络上传输[6]
	DTVIA（中国数字电视产业联盟）	DTVIA 是一个由中国领先的电视制造商、科研机构以及广播院校等研究中国电视产业从模拟转变到数字的关键技术和规范的机构组成的组织。DTVIA 和 Sun 公司合作，借助于 Sun 的 Java TV API 规范来定义下一代交互式数字电视的标准[7]
	ARIB-BML（日本无线工业及商贸联合会）	ARIB 于 1999 年在日本建立了命名为"数字广播的数据编码与传输规范"的标准，这是一个基于 XML 的规范。ARIB B24 规范从早期的 XHTML 1.0 Strict 文档类型的工作草案导入了 BML（广播标记语言）[7]
	OCAP（OpenCable 应用论坛）	OpenCable 应用平台（OCAP）是一个系统软件层，提供了使应用具有可移植性的接口（为 OpenCable 编写的应用程序必须能够在任何网络和任何硬件平台上运行，无需重新编译）。OCAP 规范建立在 DVB MHP 规范基础上，并针对北美有线环境进行了修改，包括全时回传信道。对 MHP 的一个主要修改是增加了一个支持 HTML、XML 和 ECMAScript 的演示引擎（PE）。在 PE 和 Java 执行引擎（EE）之间的桥接，使得 PE 应用能够获得特权以及直接进行特权操作[8]
	OSGi（开放服务网关协议）	OSGi 规范旨在增强所有家居网络标准，如 Bluetooth™、CAL、CEBus、Convergence、emNET、HAVi™、HomePNA™、HomePlug™、HomeRF™、Jini™ 技术、LonWorks、UPnP、802.11B 和 VESA。OSGi 框架和规范有助于在单个开放服务网关（机顶盒、有线或 DSL 调制解调器、PC、网络电话、汽车、多媒体网关或专用住宅网关）上安装和运行多种服务[9]
	OpenTV	OpenTV 标准用于交互式电视数字机顶盒，有一个专有的兼容 DVB 的系统软件层，称为 EN2。它补充了 MHP 的功能并且提供超出目前 MHP 规范范围的功能，例如 HTML 渲染和网页浏览[10]
	MicrosoftTV	MicrosoftTV 是一个结合模拟和 DTV 技术及互联网功能的专有交互式电视系统软件层。MicrosoftTV 技术支持当前的广播格式和标准，包括 NTSC、PAL、SECAM、ATSC、OpenCable、DVB 和 SMPTE 363M（ATVEF 规范）以及网络标准，如 HTML 和 XML[11]
	HAVi（家庭音视频互操作）	HAVi 为数字音频和视频等消费类设备之间的无缝互操作提供了一个家庭网络标准，无论网络配置如何、设备制造商是谁，都允许网络中的所有音频和视频设备彼此交互，也允许一个或多个设备的功能可以由另一台设备来控制[12]

（续）

标准类型	标　准	目　的
	CEA（消费电子协会）	CEA 通过制定行业标准和技术规范来促进消费电子产业的发展，使新产品上市并鼓励与现有设备的互操作性。标准包括 ANSI-EIA-639 消费级摄录机或摄像机的低照度性能和 CEA-CEB4 录像机规范推荐操作规程[17]
医疗器械	食品药品监督管理局（美国）	美国政府针对医疗器械的安全性和有效性等方面的标准。Ⅰ类医疗器械被定义为非生命维持的。这些产品的复杂度最低且其故障带来的风险很小。Ⅱ类医疗器械也是非生命维持的，但比Ⅰ类更复杂，风险度更高。它们也受任何特定性能标准的约束。Ⅲ类医疗器械用于维持或支持生命，所以其故障会危及生命。标准适用领域包括麻醉科（用于人类的复苏器的最低性能和安全要求的标准规范、用于重症护理的呼吸机的标准规范等）、心血管/神经内科（颅内压监测设备等）、牙科/耳鼻喉科（医用电气设备——第 2 部分：内窥镜设备安全的特殊要求等）、整形外科（低温外科医疗器械的标准性能和安全规范等）、妇产科/消化内科（医用电气设备——第 2 部分：血液透析、血液透析过滤和血液过滤设备安全的特殊要求等）[13]
	医疗器械指令（欧盟）	欧洲医疗器械指令是欧盟成员国的医疗器械的标准，涉及这些器械的安全性和有效性方面。风险最低的设备属于Ⅰ类设备（生产的内部控制和合规技术文件的编制），而通过治疗的方式与患者交换能量或用于诊断和监测医疗状况的设备属于Ⅱa类（即符合 ISO 9002+ EN 46002）。如果设备使用时可能会对患者产生危害，那么该设备属于Ⅱb类（即 ISO 9001+ EN 46001）。对于直接与中央循环系统或中枢神经系统连接的，或包含医药产品的设备属于Ⅲ类（即符合 ISO 9001+ EN 46001，设计文档的编制）[14]
	IEEE1073 医疗设备通信	用于医疗设备通信的 IEEE1073 标准在护理现场提供了即插即用的互操作性，对急性护理环境进行了优化。IEEE1073 总委员会由 IEEE 医学和生物学工程学会特许，并与其他国家和国际组织密切合作，包括 HL7、NCCLS、ISO TC215、CEN TC251 和 ANSI HISB[15]
工业控制	医学数字成像和通信	美国放射学会（ACR）和美国电气制造商协会（NEMA）1983 年成立了一个联合委员会来制定 DICOM 标准，用于在不同制造商的设备间传输图像和相关信息，特别是： ● 促进不同制造商的设备间的数字图像信息通信； ● 帮助开发和扩展图像存档及通信系统（PACS），也可以与其他医院信息系统进行交互；[16] ● 允许创建可由大量分散在不同地理位置的设备访问的诊断信息数据库。在每个国家或地区维护一个包含全球医疗器械法规要求的网站
	商务部（美国）—微电子、医疗设备和仪器仪表办公室（欧盟）机械指令 98/37/EC	欧盟指令适用于所有机械、移动的机器、机器装置、用于人的提升运输机以及安全部件。一般来说，在欧盟出售或使用的机械必须符合指令中给出的一长串清单中的适用性强制性基本健康和安全要求（EHSR）。大多数被认为危险性较低的机械可以由供应商自行评估，并能够汇编一个技术文件。98/37/EC 适用于使用至少一个可移动部件的相关联零件或部件的组装（执行器、控制器、电源电路、加工、处理、移动或包装）、组合工作的若干台机器等[18]
	IEC（国际电工委员会 60204-1）	用于工业机器的电气和电子设备。提高与工业机器接触人员的安全性，不仅是电力相关的危险（如触电事故和火灾），还包括电气设备自身故障导致的危险。解决与机器及其环境有关的危险。替代了 IEC 60204-1 的第 2 版以及 IEC 60550 和 ISO 4336 的部分[19]
	ISO（国际标准化组织）标准	在制造工程领域的诸多标准，如 ISO / TR 10450：工业自动化系统与集成——离散部件制造设备在工业环境中的工作条件；ISO / TR 13283：工业自动化——严格时间通信授权 – 严格时间通信系统中的用户需求和网络管理[20]（见 www.iso.ch）
网络通信	TCP（传输控制协议）/IP（网际协议）	基于 RFC（请求注解）791（IP）和 793（TCP）的协议栈，定义了系统软件组件（详见第 10 章）
	PPP（点对点协议）	基于 RFC1661、1332 和 1334 的系统软件组件（详见第 10 章）

（续）

标准类型		标　　准	目　　的
		IEEE（电气和电子工程师协会）802.3 以太网	定义了局域网的硬件和系统软件组件的网络协议（详见第 6 章和第 8 章）
		蜂窝网络	蜂窝电话使用的网络协议，如美国使用的 CDMA（码分多址）和 TDMA（时分多址）。TDMA 是 GSM（全球移动通信系统）欧洲国际标准的基础，UMTS 是（通用移动通信系统）宽带数字标准（第三代）
	汽车	通用汽车（GM）标准	GM 标准用于与通用汽车相关的汽车部件和材料的设计、制造、质量控制和组装，特别是：胶粘剂、电气、燃油和润滑油、油漆、塑料、流程、针织品、金属、度量和设计[27]
		福特标准	福特标准包括工程材料规格和实验室测试方法、经批准的货源列表汇总、全球制造标准、非生产材料规范和工程材料规格与实验室测试方法手册[27]
		FMVSS（美国联邦机动车辆安全标准）	联邦法规（CFR）包含由美国联邦政府机构颁布的公共法规的文本。CFR 被分为若干个项目，分别代表受联邦法规约束的广泛领域[27]
		OPEL 工程材料规格	OPEL 的标准包括以下部分：金属、杂项、塑料和橡胶、车身及设备材料、系统和部件测试规范、测试方法、实验室测试流程（GME/ GMI），车身和电气、底盘、动力总成、工艺、油漆及环境工程材料[27]
		捷豹的流程和标准汇总	捷豹的标准可作为一个完整的汇总或者单独的标准集合，例如：测试程序集合、发动机与紧固件标准集合、非金属 / 金属材料标准集合、实验室测试标准集合[27]
		ISO / TS 16949——汽车行业供应链的协调标准	由 IATF（国际汽车工作组）成员共同开发，并形成了汽车行业生件与相关服务件的组织实施要求。基于 ISO 9001:2000、AVSQ（意大利）、EAQF（法国）、QS-9000（美国）和 VDA6.1（德国）汽车目录[30]
	航空航天国防	SAE（汽车工程师协会）为促进陆、海、空和空间运输的工程协会	SAE 航空航天材料规范，SAE 航空航天标准（包括航空航天标准 AS、航空航天信息报告 AIR 和航空航天推荐实施规程 ARP)[27]
		AIA/ NAS——美国航空航天工业协会	协会的标准服务包括美国航空航天标准（NAS）和度量标准（NA 系列）。它是一个广泛的标准集合，为飞机、航天器、主要武器系统和所有类型的地面和机载电子系统的组件、设计和工艺规范等提供标准。它还包含用于高科技系统零部件的采购文件，这些零部件包括紧固件、高压软管、接头、高密度电气连接器、轴承[27]
		国防部（DOD）——JTA（联合技术体系结构）	国防部的联合技术体系结构（JTA）标准，允许实现互操作性所必需的信息流动畅通，从而处于最佳就绪状态。JTA 由美国国防部设立指定一套实现军事互操作性信息技术标准的最小集合，包括网页标准[27]
	办公自动化	IEEE 1284.1-1997：信息技术标准传输独立的打印机 / 系统接口（TIP/SI）	一个为软件开发者、计算机供应商和打印机制造商制定的，用于在打印机和主机之间有序交换信息的协议和方法。提供了允许有意义的数据进行交换的最小功能集合。这样就创建了开发兼容的应用程序、计算机和打印机的基础，又不会影响单个组织的设计创新[28]
		Postscript(页面描述语言)	是一个由 Adobe 提出的描述打印页面外观的编程语言，是打印和成像领域的行业标准。所有主流的打印机制造厂商都会生产包含有或可安装 Postscript 软件的打印机
		ANSI/AIMBC2-1995：条形码的统一符号规范	用于编码通用的全数字数据。UCC / EAN 集装箱符号的参考符号规范。文档中包含了字符的编码、参考的解码算法和可选的校验字符计算方法。本规范旨在与相对应的欧洲标准化委员会（CEN）规范显著等同[29]
通用	网络	HTTP（超文本传输协议）	由一系列不同的 RFC 所定义的 WWW（万维网）协议，包括 RFC2616、2016、2069、2109。例如在任何设备上的浏览器中实现的应用层网络协议
		TCP（传输控制协议）/ IP（网际协议）	基于 RFC（请求注解）791（IP）和 793（TCP）的协议栈，定义了系统软件组件（详见第 10 章）
		IEEE（电气和电子工程师协会）802.3 以太网	定义了局域网的硬件和系统软件组件的网络协议（详见第 6 章和第 8 章）

（续）

标准类型	标 准	目 的
	蓝牙	蓝牙规范是由蓝牙特别兴趣小组（SIG）开发的，它允许在可互操作的无线模块和数据通信协议上开发交互式服务和应用（关于蓝牙的更多信息详见第 10 章）[21]
编程语言	pJava（Personal Java）	由 Sun Microsystems 公司开发的嵌入式 Java 标准，针对较大规模的嵌入式系统（详见 2.1 节）
	J2ME（Java 2Micro Edition）	由 Sun Microsystems 公司开发的一套嵌入式标准，针对全部嵌入式系统，无论规模或应用市场均可适用（详见 2.1 节）
	.NET Compact Framework	基于微软的系统，允许一个嵌入式系统支持用几种不同语言编写的应用程序，包括 C# 和 Visual Basic（详见 2.1 节）
	HTML（超文本标记语言）	脚本语言，其解释器通常集成在浏览器中，是用于 WWW 的协议（详见 2.1 节）
安全	Netscape IETF（互联网工程任务组）的 SSL（安全嵌套字层）128 位加密	SSL 是一个安全协议，它提供数据加密、服务器认证、消息完整性，并为 TCP / IP 连接提供可选的客户端认证，SSL 通常被集成到浏览器和 Web 服务器中。SSL 有不同的版本（40 位、128 位等），"128 位"指的是由每一个加密的交易产生的"会话密钥"的长度（密钥越长，加密代码就越难被破解）。SSL 依赖于会话密钥以及用于认证算法的数字证书（数字识别卡）
	IEEE802.10：可互操作局域网 / 城域网安全标准（SILS）	在硬件和系统软件层提供了一组规范，目的是在网络中实现安全性
质量保证	ISO 9000 标准	开发产品（本身不包含产品标准）或提供服务的一套质量管理流程标准。包括 ISO 9000:2000、ISO 9001:2000、ISO 9004:2000［ISO 9004L:2000］。ISO 9001:2000 给出了要求，而 ISO 9000:2000 和 ISO 9004:2000 给出了指导方针

本章接下来的三节包含了实际应用的示例，展示了具体的标准是如何定义嵌入式系统中的一些关键组件的。2.1 节介绍了可能影响一个嵌入式系统体系结构的通用编程语言标准。2.2 节介绍了用于特定类别的设备、跨领域应用以及在单机应用中实现的网络协议。最后，2.3 节给出了一个实现多个不同标准定义的功能的消费类电器的例子。这些例子表明，揭开嵌入式系统设计的神秘面纱的一个很好的起点就是，简单地从行业标准导出系统需求，然后确定这些导出的组件在整个系统中所从属的位置。

请注意！

表 2-1 列出了针对特定领域的标准（相对于单一市场领域而言），其中的一些特定领域标准也已经应用于其他的设备细分市场。表 2-1 简单地给出了一些实际应用的例子。另外，不同的国家，甚至同一个国家的不同地区，都可能对特定的设备种类有特殊的标准（例如数字电视或手机制式标准，见表 2-1）。而且在大多数行业中，针对同一种设备存在互相竞争的标准，被相互竞争的利益团体所支持。想要知道这些标准的支持细节以及竞争标准间的差异，可以通过互联网查找特定设备的公开发布的数据表或手册，以及由集成在设备中的组件的供应商所提供的文档，或者通过参加各种商展、研讨会以及特定行业或供应商组织的会议，如嵌入式系统会议（ESC）、Java One(每年一次的 Java 会议)和实时嵌入式计算会议等。

这个注意事项对于硬件工程师尤为重要，他们可能来自特定标准机构（如 IEEE）对其有重要影响的环境。在嵌入式软件领域，目前还没有像具有 IEEE 对硬件领域那样影响力水平的单一标准机构。

2.1　编程语言概述及其标准示例

为什么要用编程语言作为标准的示例?

在嵌入式系统设计中，并没有某一种语言是每个系统的最佳解决方案。以编程语言标准及其引入到嵌入式系统体系结构中的内容作为示例，是因为编程语言可以将额外的组件引入到嵌入式体系结构当中。此外，嵌入式系统软件本身就是基于一种或多种语言联合开发的。本节将深入讨论的诸如 Java 和 .NET Compact Framework 等示例都是基于在嵌入式体系结构中添加额外元素的规范。其他语言（如 ANSI C 与 Kernighan 和 Ritchie C），因为在嵌入式设计中使用这些语言通常不需要在体系结构中引入额外组件，所以不对它们进行深入讨论。

注意：什么时候使用什么编程语言以及这样用的利弊的细节在第 11 章中有所讨论。对读者来说，在试图了解设计和开发层面使用特定组件背后的理由之前，先了解嵌入式系统的各种组件是很重要的。语言的选择不仅仅基于语言的特征，通常还依赖于系统内的其他组件。

嵌入式系统中的硬件组件只能直接传输、存储和执行机器码———一个由 0 和 1 组成的基本语言。机器码早期被用在计算机系统编程中，这使得创建任何复杂的应用程序都是一个漫长而乏味的考验。为了使编程更有效率，通过创建一套特定于硬件的指令集，其中每条指令对应于一个或多个机器码操作，使得机器码对程序员可见。这些特定于硬件的指令集被称为汇编语言。随着时间的推移，演变出了如 C、C++ 和 Java 等使用硬件无关指令集的其他编程语言。这些语言通常被称为高级语言，因为它们在语义上远离机器码，更接近人类的语言，并且它们通常是独立于硬件的。这与低级语言（例如汇编语言）相反，汇编语言更类似于机器码。与高级语言不同，低级语言是硬件相关的，这意味着不同体系结构的处理器都有一套自己独特的指令集。表 2-2 概括了编程语言的这种演变。

表 2-2　编程语言的演变

	语　言	详细信息
第一代	机器码	由 0、1 组成的二进制串，与硬件相关
第二代	汇编语言	与硬件相关，代表对应的二进制机器码
第三代	HOL（高级语言）/ 过程化语言	高级语言具有更多类似英语的短语和更好的可移植性的语言，如 C 和 Pascal
第四代	VHLL（超高级语言）/ 非过程化语言	"超"高级语言：面向对象语言（C++、Java 等）、数据库查询语言（SQL）等
第五代	自然语言	类似人类谈话的编程语言，通常用在人工智能（AI）领域。仍处于研究和开发阶段，在多数情况下尚未适用于主流的嵌入式系统

注：即使在一些使用了高级语言的系统中，嵌入式系统软件的某些用于特定体系结构或优化性能的部分代码也会使用汇编语言去实现。

因为机器码是硬件可以直接执行的唯一语言，所有其他语言都需要某种类型的机制来生成相应的机器码。这种机制通常包括预处理、翻译和解释中的一种或几种组合。取决于具体的语言，这些机制存在于程序员的主机系统（通常是一个非嵌入式系统，如 PC 或 Sparc 工作站）或者目标系统（被开发的嵌入式系统）中。参见图 2-2。

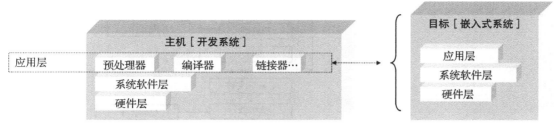

图 2-2　主机和目标系统示意图

预处理是一个在源代码翻译或解释之前发生的可选步骤，其功能通常是通过预处理器来实现。预处理器的作用是组织和重构源代码以使其翻译和解释起来更容易。例如，在 C 和 C++ 语言中，预处理器允许使用已命名的代码片段（如宏），通过在代码中使用宏的名字来代替代码片段以简化代码的开发。然后预处理器在预处理阶段用宏的内容替换宏名称。预处理器可以作为一个独立的实体存在，也可以集成在翻译或解释单元中。

许多语言直接转换或者使用编译器进行预处理之后再转换源代码。编译器是一个能够从源语言生成特定目标语言（如机器码、Java 字节码）的程序（见图 2-3）。

编译器通常一次就把所有的源代码"翻译"成目标代码。在嵌入式系统中，编译器通常位于程序员的主机上，并且生成

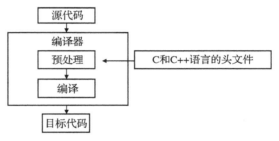

图 2-3　编译流程图

与编译器实际运行的平台不同的硬件平台的目标代码。这些编译器通常被称为交叉编译器。对于汇编语言，编译器只是一个被称为汇编器的专门的交叉编译器，它总是生成机器码。其他高级语言编译器通常是在语言名称后面加上术语"编译器"，比如"Java 编译器"和"C 编译器"。高级语言编译器在其生成的代码方面会各自具有很大差异。有的高级语言编译器生成机器码，而有的高级语言编译器会生成其他高级代码，然后这些生成的代码还需要通过至少一个或多个编译器或解释器才能运行，这些之后会在本节讨论。其他的编译器生成汇编代码，然后必须通过汇编器汇编后才能运行。

当程序员主机上的所有编译过程完成之后，得到的目标代码文件通常称为目标文件，可以包含从机器码到 Java 字节码等任何内容（之后会在本节讨论），具体取决于所使用的编程语言。如图 2-4 所示，将目标文件与所需的系统库文件链接之后，这时目标文件形成可执行文件，就可以被传输到目标嵌入式系统的内存中去了。

可执行文件是如何从主机到目标系统中去的？

完成这个任务是通过几种机制结合实现的。第二部分将讨论更多关于内存和内存中的文件如何执行的详细信息，同时本章的下一节（2.2 节）将讨论有关把可执行文件从主机传输到嵌入式系统的不同传输介质。最后，常用的开发工具将在第 12 章讨论。

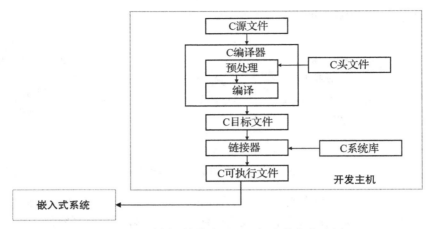

图 2-4　C 编译 / 链接步骤及目标文件生成示例

2.1.1　影响嵌入式系统体系结构的编程语言示例：脚本语言、Java 和 .NET

编译器通常一次性翻译所有给定的源代码，而解释器则每次只把一行源代码生成（解释）为机器码（见图 2-5）。

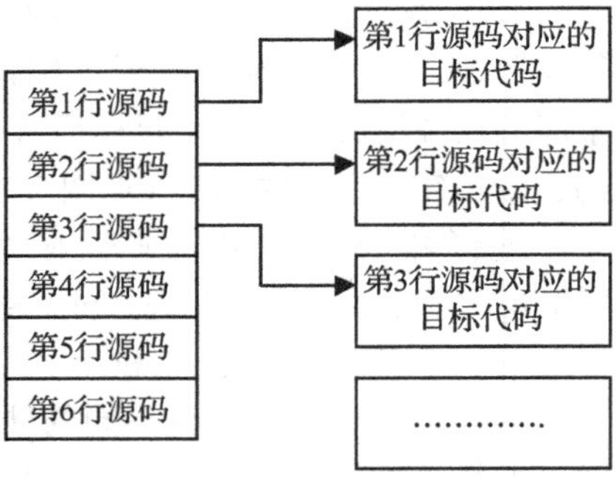

解释型编程语言最常用的子类型之一是脚本语言，包括 PERL、JavaScript 和 HTML 等。脚本语言属于高级编程语言，并且具有一些增强的功能：

- 比编译型的高级语言具有更好的平台无关性；[23]
- 后期绑定，数据类型即时判断（而不是在编译时），提供了更好的灵活性；[23]
- 在运行时导入源代码并生成机器码，然后立即执行；[23]

图 2-5　解释流程图

- 针对特定类型的应用程序（例如互联网应用程序和图形用户界面（GUI））的高效编程和快速原型设计进行了优化；[23]
- 对于支持用脚本语言编写程序的嵌入式平台，在嵌入式系统的体系结构中必须包含一个附加组件"解释器"来实现代码的即时处理。嵌入式系统结构软件栈的情况如图 2-6 所示，其中一个互联网浏览器可以同时包含 HTML 和 JavaScript 的解释器以用来处理下载的网页。

图 2-6　应用软件层的 HTML 和 JavaScript

所有的脚本语言都是解释执行的，但并非解释执行的语言都是脚本语言。例如，一种流行的结合了编译和解释生成机器码的嵌入式编程语言 Java。在程序员的主机上，Java 必须通过一个将 Java 源代码生成 Java 字节码的编译过程（见图 2-7）。

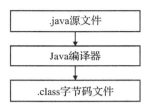

图 2-7　嵌入式 Java 编译及链接流程图

Java 字节码是为了实现与平台无关而定义的目标代码。为了让 Java 字节码能够在嵌入式系统上运行，这个系统必须有 Java 虚拟机（JVM）。实际应用中 JVM 在嵌入式系统中普遍以三种方式实现：在硬件中实现，在系统软件层中实现，在应用层实现（见图 2-8）。

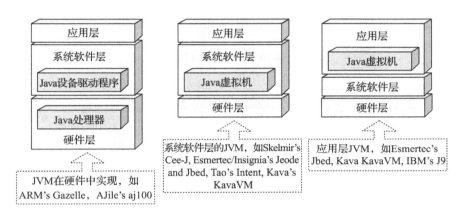

图 2-8　JVM 和嵌入式系统模型

大小、速度和功能是 JVM 影响嵌入式系统设计的最主要的技术特征。嵌入式 JVM 之间主要的区别在于两个 JVM 组件：包含在 JVM 里的 JVM 类和包含能够成功处理 Java 字节码组件的执行引擎（见图 2-9）。

图 2-9 所示的 JVM 类是编译成 Java 字节码的库，通常被称作 Java API（应用程序接口）。Java API 是 JVM 提供的与应用程序无关的库，允许程序员使用系统函数和重用代码。Java 应用程序除了自己的代码以外，还需要 Java API 类才能够成功地执行。根据 Java API 所遵循的 Java 规范的不同，其提供的规模、功能、约束也各不相同，但可以包括内存管理功能、对图形的支持和对网络的支持等。不同的标准及其相对应的 API 适用于不同类别的嵌入式设备（见图 2-10）。

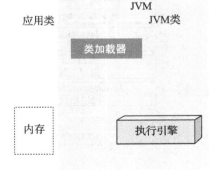

图 2-9　JVM 内部组件

在嵌入式市场，公认的嵌入式 Java 标准包括 J Consortium 的 Real-Time Core Specification、Personal Java（pJava）、Embedded Java、Java 2 Micro Edition（J2ME）、Java Standard Edition for Embedded Systems（Java SE）、The Real-Time Specification for Java from Oracle/Sun Microsystems。

图 2-11a 和图 2-11b 显示了两种不同的嵌入式 Java 标准的 API 之间的不同点。

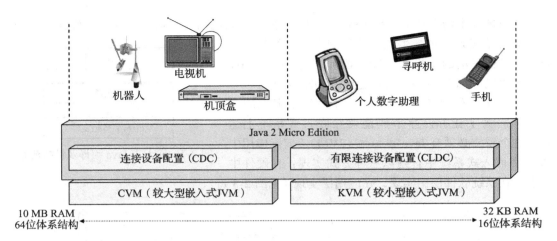

图 2-10 J2ME 设备类别

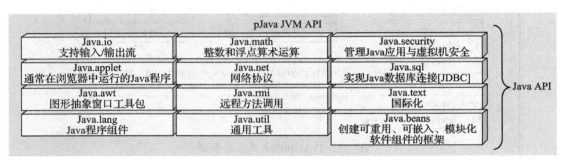

a) pJava 1.2 API组件

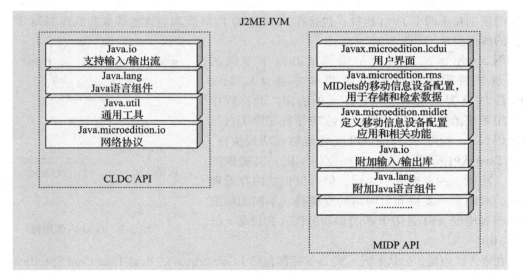

b) J2ME CLDC 1.1/MIDP 2.0 API组件

图 2-11

表 2-3 显示了几个实际应用的 JVM 和它们所遵循的标准。

表 2-3 基于嵌入式 Java 标准的 JVM 实例

嵌入式 Java 标准	JVM
Personal Java（pJava）	Tao Group 的 Intent
	Insignia 的 pJava Jeode
	NSICom CrE-ME
	Skelmir 的 pJava Cee-J
Embedded Java	Esmertec Embedded Java Jeode
Java 2 Micro Edition（J2ME）	Esmertec 的 Jbed for CLDC/MIDP 与 Insignia 的 CDC Jeode
	Skelmir 的 Cee-J CLDC/MIDP 与 CDC
	Tao Group 的 Intent CLDC 与 MIDP

注：表中的信息是在本书写作时收集的，可能会发生变化；请联系特定供应商以获取最新信息。

在执行引擎内（见图 2-12），对于支持相同规范的 JVM，影响其设计和性能的主要区别是：

- 垃圾回收器（Garbage Collector，GC），负责释放 Java 应用程序不再需要的内存空间；
- 处理字节码单元，负责将 Java 字节码转换成机器码。JVM 在它的执行引擎内可以实现一个或多个字节码处理算法。最常见的算法是由以下组合实现的：
  - 解释；
  - 预先（AOT）编译，如动态自适应编译器（DAC）、预先，超前方法（WAT）的算法；
  - 运行时（JIT）编译——一个结合了编译和解释的算法。

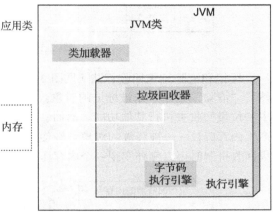

图 2-12 内部执行引擎组件

2.1.2 垃圾回收机制

为什么要讨论垃圾回收机制？

虽然本节是基于 Java 环境讨论垃圾回收机制，但由于垃圾回收机制并不是 Java 语言所独有的，所以我把它作为一个单独的例子来讨论。垃圾回收机制可以实现用于支持其他语言（如 C 和 C++）[24]，通常不需要再向系统添加额外的组件。当创建了一个垃圾回收机制以支持任何语言时，它也就成了嵌入式系统体系结构的一个组成部分。

一个用诸如 Java 之类的语言编写的应用程序不能释放之前已经为其分配的内存（但用本地语言则可以，如在 C 语言中使用的 “free”，但如上所述，垃圾回收机制可以实现支持任何语言）。在 Java 中，只有垃圾回收机制能够释放 Java 应用程序不再使用的存储单元。垃圾回收机制为 Java 程序员提供了一套安全的机制，以防止他们意外释放了正在使用的对象。尽管有若干种垃圾回收方案，但最常用的是基于复制、标记和清除、分代 GC 算法。

复制垃圾回收算法（见图 2-13）的工作原理是把引用的对象复制到内存中的不同区域，然后释放未引用对象的原始存储空间。这个算法需要较大的内存区域才能工作，而且通常在复制的过程中不能被中断（会阻塞系统）。然而，这个算法通过在新的存储空间中压缩对象来确保被使用内存的使用效率。

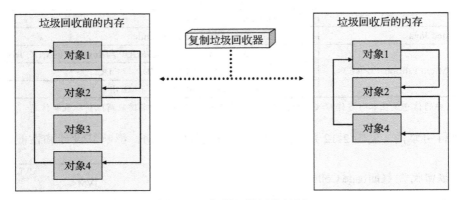

图 2-13   复制垃圾回收机制

标记和清除垃圾回收算法（见图 2-14）的工作原理是"标记"所有正在被使用的对象，然后"清除"（释放）未被标记的对象。这种算法通常是非阻塞的，即系统在必要的时候可以中断垃圾回收去执行其他功能。然而，这种算法不会像复制算法那样压缩内存空间，会导致产生内存碎片——被释放的对象曾经使用的小块的、不可用的内存空洞。使用标记和清除垃圾回收机制时可以额外实现一个内存压缩算法，使之成为一个标记（清理）加压缩的算法。

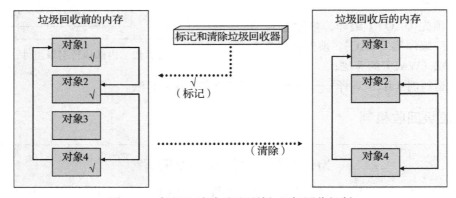

图 2-14   标记和清除（无压缩）垃圾回收机制

最后，分代垃圾回收算法（见图 2-15）根据对象被分配到内存的时间将它们分成不同的组，被称为不同的世代。这种算法假定由 Java 程序分配内存空间的大多数对象生命周期都很短，因此复制或压缩其余较少的具有较长生命周期的对象是浪费时间。所以，相比于年老组，处在年轻组中的对象会被更频繁地清理。对象也可以从一个年轻组移动到一个年老组。不同世代的垃圾回收也可以使用不同的算法来释放组内的对象，诸如前面描述过的复制算法或标记和清除算法。

如本节开头所提到过的，大多数实际应用的嵌入式 JVM 都使用了某种形式的复制、标记和清理以及分代算法（见表 2-4）。

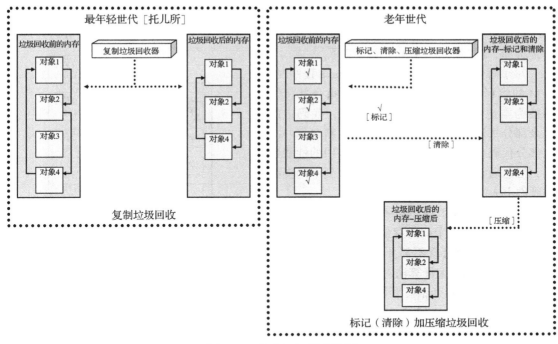

图 2-15   分代垃圾回收机制

表 2-4   使用不同垃圾回收算法的 JVM 实例

垃圾回收算法	JVM
复制	NewMonic 的 Perc
标记和清除	Skelmir 的 Cee-J
	Esmertec 的 Jbed
	NewMonics 的 Perc
	Tao Group 的 Intent
分代	Skelmir 的 Cee-J

注：表中的信息是在本书写作时收集的，可能会发生变化；请联系特定供应商以获取最新信息。

2.1.3   处理 Java 字节码

> **为什么要讨论 Java 如何处理字节码？**
>
> 介绍本节内容是因为 Java 可以作为实际应用中不同语言将源代码翻译成机器码的多种技术的示例。例如，在汇编语言、C 以及 C++ 中，编译机制位于主机上，而 HTML 脚本语言源码是直接在目标机器解释执行的（不需要编译）。就 Java 语言来说，Java 源代码先在主机上被编译为 Java 字节码，然后根据 JVM 的内部设计将 Java 字节码解释执行或编译成机器码执行。驻留在目标机器上任何能将 Java 字节码翻译成机器码的机制，都是嵌入式系统体系结构的一部分。简而言之，Java 的翻译机制可以同时存在于主机和目标机器上，因此可以作为各种实际应用的技术的示例，能够用它来理解编程语言通常是如何影响嵌入式设计的。

JVM 在嵌入式系统中的主要目的是将与平台无关的 Java 字节码转换为与平台相关的代码。这个过程在 JVM 的执行引擎中处理。在执行引擎中实现的最常用的三种字节码处理算法是解释、JIT 编译和 WAT/AOT 编译。

对于解释方法，每次加载运行 Java 程序时，JVM 的解释器每次解析一个字节码指令并将其转换为本地代码（见图 2-16）。此外，代码中的冗余部分每运行一次，解释器都会重新解释一次这部分代码。可见解释在这三种算法中的性能最低，但它通常是最容易实现以及移植到不同类型的硬件上去的。

另一方面，JIT 编译器一次性解释程序，然后在运行时编译字节码并存储生成的本地形式代码，这样在执行时就不需要再次解释冗余代码

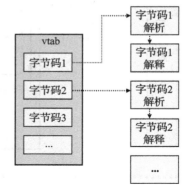

图 2-16　解释器

（见图 2-17）。JIT 编译算法对冗余代码的执行性能更好，但在将字节码转换为本地代码时需要额外的运行时间开销。要同时存储 Java 字节码和编译生成的本地代码会需要额外的内存开销。实际应用的 JVM 中 JIT 编译算法的各种变体也称为翻译器或动态自适应编译器。

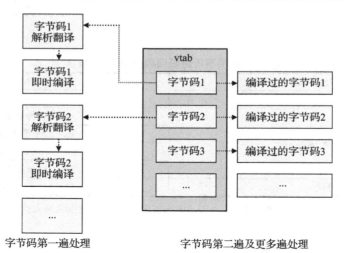

图 2-17　JIT 框图

最后，在 WAT/AOT 编译中，会在编译时将所有 Java 字节码都编译为本地代码，不存在解释的过程（见图 2-18）。这种算法处理冗余代码的性能至少和 JIT 编译算法一样，而对非冗余代码的表现比 JIT 编译算法更好，但是和 JIT 编译一样，在运行时需要动态下载附加的 Java 类进行编译并引入系统，也存在额外的运行时间开销。WAT/AOT 还是一个实现起来更加复杂的算法。

如表 2-5 所示，有许多实际应用中的 JVM 执行引擎都在使用这些算法，有些执行引擎使用

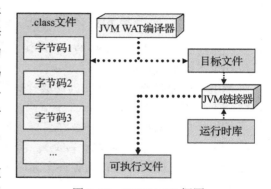

图 2-18　WAT/AOT 框图

了其中几种方法的混合算法。

　　并非只有脚本语言和 Java 这两种高级语言会在嵌入式系统中自动引入附加组件。微软的 .NET Compact Framework 允许用几乎任何高级语言（如 C#、Visual Basic、JavaScript）编写的应用程序在各种嵌入式设备上运行，而与硬件或系统软件的设计无关。遵循 .NET Compact Framework 的应用程序必须通过编译和链接过程从原始的源代码文件生成为一个与 CPU 无关的中间语言文件（见图 2-19），这种文件叫作 MSIL（微软中间语言）。要使得一种高级语言与 .NET Compact Framework 兼容，它就必须遵循微软的通用语言规范——一个可以被任何人公开可获取并使用的标准，用来创建与 .NET 兼容的编译器。

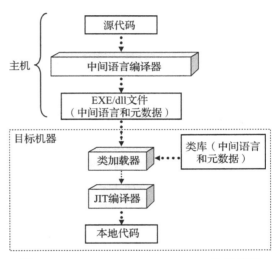

图 2-19　.NET Compact Framework 执行模型

表 2-5　使用不同字节码处理算法的 JVM 实例

垃圾回收算法	JVM
解释	Skelmir Cee-J
	NewMonics Perc
	Insignia 的 Jeode
JIT	Skelmir Cee-J (two types of JITS)
	Tao Group 的 Intent—translation
	NewMonics Perc
	Insignia 的 Jeode DAC
WAT/AOT	NewMonics Perc
	Esmertec 的 Jbed

　　.NET Compact Framework 由公共语言运行时库（CLR）、类加载器和平台扩展库组成。CLR 由一个能将中间语言 MSIL 代码转换为机器码的执行引擎和一个 GC 组成。平台扩展库包含在基础类库（BCL）中，为应用程序（如图形、网络和诊断）提供附加功能。如图 2-20 所示，为了能在一个嵌入式系统中运行中间语言 MSIL 文件，这个嵌入式系统中必须含有 .NET Compact Framework。目前 .NET Compact Framework 位于系统软件层。

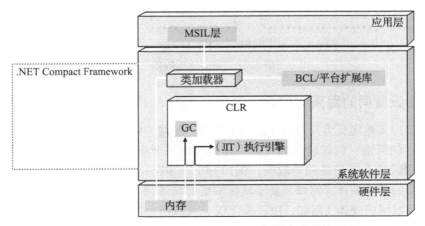

图 2-20　.NET Compact Framework 与嵌入式系统模型

2.2 标准与网络

为什么用网络作为标准的示例?

根据定义,网络是指可以发送和接收数据的两个或者更多个互相连接的设备。如果一个嵌入式系统需要与其他系统进行通信,无论是与开发主机、服务器还是另一个嵌入式设备,它都必须实现某种类型的连接(网络)方案。为了能使通信成功,需要有一个达成一致的系统互连方案,网络协议(标准)就是实现此种互操作性的方案。如表 2-1 所示,网络标准可以在网络领域专用的嵌入式设备中实现,同样也可以在需要网络连接的其他应用领域的设备中实现,即使只是用于项目的开发阶段用于系统调试。

了解一个嵌入式设备需要哪些网络组件有两个步骤:

- 了解设备要接入的整个网络的情况;
- 基于上一步骤的结果并对照一个网络模型,例如本节之后将会讨论的 OSI(开放系统互连)模型,以确定设备的网络组件。

了解整个网络是十分重要的,因为网络的关键特征将决定在嵌入式系统中需要实现的标准。首先,嵌入式工程师至少应了解设备准备接入的网络的三个特征:互连设备间的距离,嵌入式设备连接到网络其余部分使用的物理介质,以及网络的整体结构(见图 2-21)。

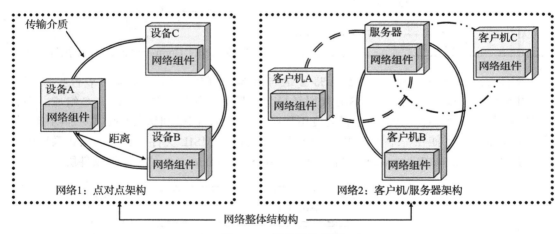

图 2-21 网络结构框图

2.2.1 互连设备间的距离

网络可被广义地定义为局域网(LAN)以及广域网(WAN)。局域网是指所有设备间的距离都比较近的网络,例如设备都在同一建筑物或一个房间内。广域网连接的是那些散布在广泛的地理区域上的设备和局域网,例如分布于多个不同建筑物中甚至全球范围内。虽然存在广域网的其他变体(例如,基于城际网络的城域网(MAN),基于校园区域的园区网(CAN))和局域网的变体(例如,短距离无线个人域网(PAN)),但各种网络本质上都属于广域网或局域网。

请注意！

注意看那些首字母缩写词！许多看起来相似实则意味着完全不同的事物。例如，WAN（广域网）不应与 WLAN（无线局域网）相混淆。

2.2.2　物理介质

在网络中，设备间通过绑定的或者非绑定的传输介质相互连接。绑定的传输介质可以是电缆或电线，因为电磁波是被引导沿着物理路径（导线）方向传播，所以它们被称为有向介质。非绑定的传输介质是指无线连接的，因为电磁波不通过物理路径导向，而是通过真空、空气、或水等传输的，所以它们被称为无向介质。

在一般情况下，区分所有传输介质（无论是有线或是无线的）的关键特征包括：

- 介质可以承载的数据类型（模拟的或者数字的）；
- 介质可以承载的数据量大小（容量）；
- 介质上从发送端到接收端传输数据有多快（速度）；
- 介质可以将数据传输多远（距离）。例如，一些介质是无损的，这意味着每个单位距离上的传输都没有能量损失，而其他一些介质是有损介质，这意味着每个单位距离的传输都会显著损失能量。另一个例子是无线网络，其固有地遵循传播定律，即在给定恒定功率下，信号强度的衰减与到发送源的距离的平方成正比（例如，若距离为 2 英尺⊖，信号将会变弱 4 倍，若距离为 10 英尺，信号将会变弱 100 倍）；
- 介质对于外部干扰的敏感程度（诸如电磁干扰（EMI）、射频干扰（RFI）、天气等）。

作者注

传输介质可以传输数据的方向（即数据可以双向传输还是仅可以在一个方向上传输）取决于设备中的硬件和软件组件的实现，并且通常与传输介质本身无关。这个问题本节稍后会讨论。

了解传输介质的特性是很重要的，因为它们会影响网络的整体性能，诸如会对网络的带宽（用比特率表示的数据速率）和处理等待时间（数据在两点间传输需要的时间，包括延迟）在内的可变因素产生影响。表 2-6a、b 总结了有线（绑定）和无线（非绑定）的传输介质的一些示例以及它们的一些特点。

作者注

网络的架构与其网络的拓扑结构不是一回事。网络的拓扑结构是指所互连设备的物理布局，最终是由网络架构、传输介质（有线或无线）和特定网络中互连设备之间的距离来确定的。

⊖　1 英尺 =0.3048 米。

表   2-6

a）有线传输介质

介质	特　　点
非屏蔽双绞线（UTP）	铜线绞合成对，用于传输模拟或数字信号。长度（距离）范围取决于所期望的带宽。UTP用于电话／电报网络中，可以支持模拟信号和数字信号。类别不同的电缆（3、4和5），其中CAT3支持的最高数据率16Mbps，CAT4可达20MHz，CAT5支持的速率可达100Mbps。传输模拟信号需要每隔5～6公里设置放大器，传输数字信号需要每隔2～3公里设置中继器（超距离传输信号强度会变弱并产生时序错误）。UTP的安装相对容易和廉价，但面临安全风险（可能被监听到）。易受外部电磁干扰。可起到天线的作用接收来自如电动机、高压输电线路、车辆引擎、无线电或电视广播设备的EMI/RFI。当这些信号叠加到数据流上时，可能导致接收端难以区分有效数据和EMI/RFI引入的噪声（当传播距离较长且连接不同厂商的产品组件时尤其如此）。当不需要的信号被耦合到"发送端"和"接收端"之间的传输线上时，即发生串扰，这样会造成数据的损坏，使接收端难以区分正常的信号和耦合的信号。雷电可能会击中未受保护的铜缆和连接的设备（能量可以耦合到导体中，并且可以双向传播），这是一个隐患
同轴电缆	基带和宽带同轴电缆具有不同的特征。一般来说，同轴电缆是由铜线和铝线连接，可用于传输模拟和数字信号。基带同轴电缆通常用于数字有线电视／电缆调制解调器。宽带同轴电缆则用于模拟通信（电话）。同轴电缆在没有经过信号增强（即通过中继器或放大器）之前，传输信号的能力超不过几千英尺；比双绞线电缆数据率（几百Mbps传输数公里）更高。同轴电缆不安全（可被窃听），但有屏蔽层故可以减少干扰，因此可传输更高频的模拟信号
光纤	透明、柔性的管道能使激光束沿着光缆传输数字信号。光纤介质可提供GHz级别（带宽）的传输能力将信号传输长达100千米的距离。因为光纤的介电特性，故其对于EMI和RFI天然免疫，且几乎不会发生串扰。光缆不使用金属导体传输信号，完全绝缘，光纤通信即使直接受到雷击也不易受到电涌影响。更安全，很难被监听，但通常比其他地面通信解决方案成本更高

b）无线传输介质

介质	特　　点
地面微波	类属于SHF（超高频）。传输信号必须是视距传输，即高频无线电（模拟或数字）信号是通过若干个地面站进行传输的，地面站之间必须视线畅通无阻——通常与卫星传输联合使用。地面站之间的距离通常为25～30英里⊖，蝶形传输天线通常架设在高层建筑的顶部或在如山顶这样的制高点。利用2～40 GHz的低GHz频段比利用更低频率的无线电波能提供更高的带宽（2 GHz的频带具有约7 MHz的带宽，18 GHz频带具有约220 MHz的带宽）
卫星微波	地球上空的卫星轨道可作为在其视距范围和覆盖区域内的不同地面站和嵌入式设备（其天线）之间的中继站，卫星在地球表面覆盖区域的大小和形状因卫星的设计不同而变化。地面站从某些信源（互联网服务提供商、广播公司等）接收模拟或数字数据并调制成无线电信号传送给卫星，同时控制卫星的姿态并监视卫星的操作。在卫星上，转发器接收到无线电信号，经过放大后将信号中继到它覆盖区域中某个设备的天线上。变化覆盖区域会影响到传输速度，当信号聚焦在更小范围的覆盖区域上时会增加其传输速度。长距离的信号覆盖可能会导致几秒钟的传播延迟。一个典型的GEO（地球同步轨道）卫星（卫星轨道在赤道上方约36 000km，其速度与地球在赤道上的自转速度相同）包含20～80个转发器，每一个转发器都传输数据率高达30～40Mbps的数字信息
广播电台	使用调谐到特定频率的发射器和接收器（嵌入式设备的）用于传输信号。广播通信发生在某一局部区域内，多个资源接收同一个传输。受制于频率限制（由当地通信公司和政府管理）以确保在同一频率上没有两组传输。发射机需要大型天线；10 KHz～1GHz的频率范围可分为LF（低频）、MF（中频）、HF（高频）、UHF（超高频）或VHF（甚高频）频段。更高频率的无线电波为传输提供更大的带宽（Mbps级），但其穿透力不如低频率的无线电波（带宽最低为kbps级）
IR（红外）	两个红外激光器以点对点的方式排列，用激光束的闪烁来表示位信息。频率范围在THz（1000 GHz-2×10^{11} Hz-2×10^{14}Hz），具有最高20Mbps的带宽。使用时不能有障碍物，成本更高，易受恶劣天气（云、雨）和阳光的影响，很难被窃听（安全性更好）。可用于较小且开放的地区，通常传输距离可达200米
蜂窝网微波	工作在UHF频段，具体取决于是否有障碍物。信号虽然可以穿透建筑物或障碍物，但会降低质量并且缩短设备距离蜂窝基站之间的有效距离

⊖　1英里＝1609.344米。

2.2.3 网络架构

在一个网络中互连设备相互之间的关系决定了网络的整体架构。最常见的网络架构类型有点对点对等架构，客户机 / 服务器架构以及混合架构。

点对点对等架构是一种没有集中控制区域的网络实施方案。网络中的每个设备都必须管理自己的资源和请求。设备间的所有通信都是对等的，并且可以利用彼此的资源。点对点对等网络实现起来比较简单，但通常被用于局域网，因为该架构会产生每个设备的资源对于网络中其余部分的可见性和可访问性相关的安全性及性能问题。

客户机 / 服务器架构是一种包含一个被称为服务器的中心设备，用于管理大多数的网络请求和资源的网络实施方案。网络中被称为客户机的其他设备包含较少的资源且必须利用服务器的资源。客户机 / 服务器架构比点对点对等架构更为复杂，并且其具有单一关键失效点（服务器）。然而，它比点对点对等架构更安全，因为只有服务器具备对其他设备的可见性。客户机 / 服务器架构通常也更可靠，因为在发生故障时只有服务器需要负责为网络资源提供冗余性支持。客户机 / 服务器架构还具有更好的性能，因为这种类型网络中的服务器设备通常需要更强大的配置以便提供网络资源服务。此架构既可在局域网又可在广域网中实施。

混合架构是点对点对等架构和客户机 / 服务器架构这两种模型的组合。这种架构同样可同时应用于局域网和广域网中。

2.2.4 OSI 模型

为了说明嵌入式系统的内部网络组件与网络架构、互连设备间的距离以及连接设备的传输介质之间的依赖关系，本节将网络组件与通用网络模型开放系统互连（OSI）参考模型相关联起来。一个设备所需的所有网络组件都可分类映射到 OSI 模型中，OSI 模型是由国际标准化组织（ISO）在 20 世纪 80 年代初建立的。如图 2-22 所示，OSI 模型将一个联网设备所需要的所有网络组件表达为七层形式：物理层、数据链路层、网络层、传输层、会话层、表示层和应用层。对应于嵌入式系统模型（见图 1-1），OSI 模型的物理层映射到嵌入式系统模型的硬件层，OSI 模型的应用层、表示层和会话层映射到嵌入式系统模型的应用软件层，OSI 模型的其余几层通常映射到嵌入式系统模型的系统软件层。

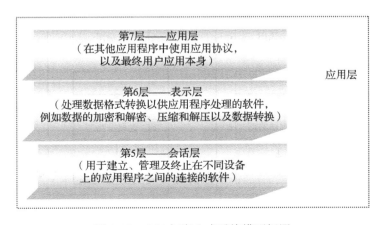

图 2-22 OSI 与嵌入式系统模型框图

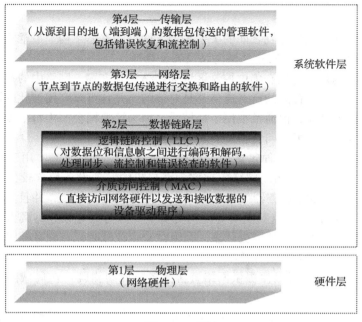

图 2-22 （续）

　　理解 OSI 模型每一层作用的关键在于掌握网络并不仅仅是简单地将一个设备连接到另一个设备。相反地，网络主要是关于在设备之间，或者如图 2-23 所示在每个设备中的不同层之间传输的数据。

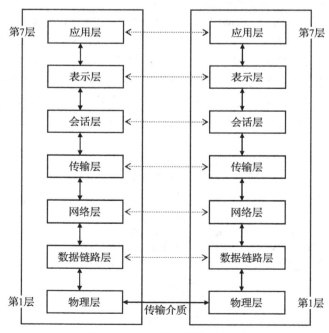

图 2-23　OSI 模型数据流框图

　　总之，网络连接是从一个设备的应用层发起数据请求开始的，数据向下流动通过所有的七层，每一层将为通过网络发送的数据添加一个新的信息位。这些添加的信息被称为报头（见图 2-24），在每一层被添加到数据中（除了物理层和应用层），在连接的设备的对等层进行处理。换言之，该数据与报头信息被打包，而其他设备拆包并处理数据。

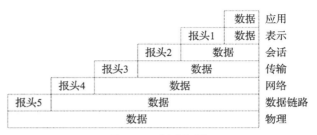

图 2-24　报头框图

之后数据通过传输介质发送到连接设备的物理层，随后通过设备的每一层向上传递。每一层对收到的数据进行处理（剥离报头，重新格式化等）并将数据向上一层传递。基于 OSI 模型的每一层所实现的功能和方法通常也被称为网络协议。

OSI 模型和实际应用的协议栈

请记住 OSI 模型仅仅是一个参考工具，用于了解嵌入式设备中实际应用的网络协议。因此，并非所有情况下都会存在七个层或是每层只有一个协议。实际上，OSI 模型某一层的功能可以采用一个协议实现，也可以采取多种协议在若干层来实现。一个协议也可以实现多个 OSI 层的功能。虽然 OSI 模型是一个用来了解网络的非常强大的工具，但在某些情况下，一组协议可能有自己的名称并组合在其专有的层中。例如，如图 2-25 所示的 TCP/IP 协议栈由四个层组成：网络接入层、互联网层、传输层和应用层。TCP/IP 应用层整合了 OSI 模型最上面三层（应用层、表示层和会话层）的功能，而网络接入层整合了 OSI 模型的两层（物理层和数据链路层）功能。互联网层对应于 OSI 模型中的网络层，传输层在两种模型中是完全相同的。

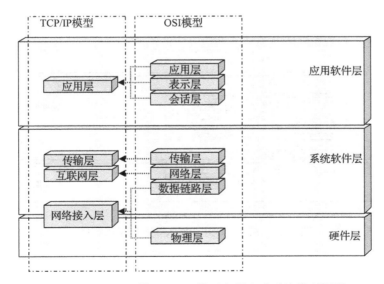

图 2-25　TCP/IP 模型、OSI 模型和嵌入式系统模型框图

另一个例子，无线应用协议（WAP）栈（见图 2-26）提供了上面 5 层协议。WAP 应用层和传输层分别映射到 OSI 模型相对应的两层。WAP 模型的会话层和事务层映射到 OSI 的会话层，WAP 的安全层与 OSI 的表示层对应。

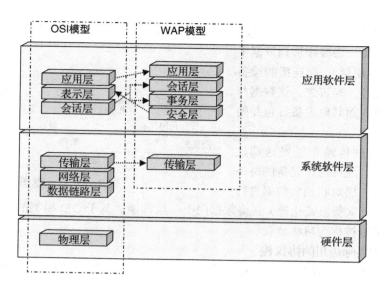

图 2-26　WAP、OSI 和嵌入式系统模型框图

本小节的最后一个例子是蓝牙协议栈（见图 2-27），这是一个由蓝牙专有的以及从其他的网络协议栈如 WAP 和 TCP/IP 引入的协议所组成的三层模型。OSI 模型的物理层和数据链路的下层对应到蓝牙模型的传输层。OSI 模型的数据链路上层、网络层和传输层对应到蓝牙模型的中间件层，OSI 模型的其余层（会话层、表示层和应用层）对应到蓝牙模型的应用层。

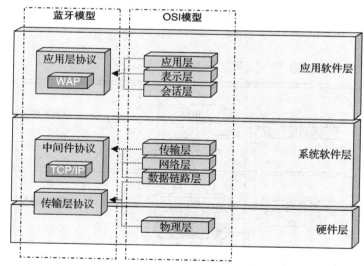

图 2-27　蓝牙、OSI 和嵌入式系统模型框图

OSI 模型第 1 层：物理层

物理层表示所有实际存在于嵌入式设备中的网络硬件。物理层协议定义的设备的网络硬件位于嵌入式系统模型的硬件层（见图 2-28）。物理层的硬件组件将嵌入式系统连接到传输介质上。对于这层来说，互连设备之间的距离和网络架构都很重要，因为物理层协议可以分为 LAN 协议或 WAN 协议。LAN 和 WAN 协议还可以根据将设备连接到网络的传输介质（有线或无线）进一步细分。

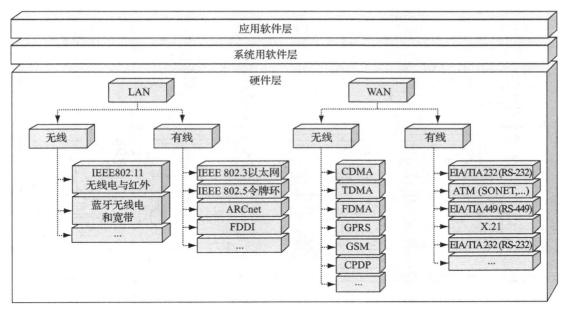

图 2-28　嵌入式系统模型中的物理层协议

物理层定义、管理和通过硬件来处理在传输介质上传递的数据信号——用实际的电压来表示 1 和 0。物理层在嵌入式系统中负责通过传输介质发送从上层接收到的数据位，并且将从介质接收到的数据位重新组装交由嵌入式系统中的上层处理（见图 2-29）。

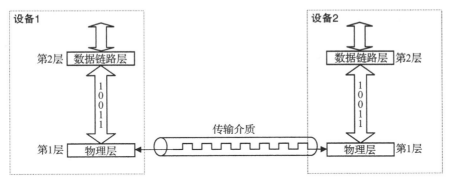

图 2-29　物理层数据流框图

OSI 模型第 2 层：数据链路层

数据链路层是最接近硬件（物理层）的软件。因此，它包括所有用于控制硬件的软件及其他功能。这一层还有桥接功能，允许与采用不同的物理层协议（如以太网 LAN 和 802.11 LAN）互联的网络实现相互连接。

类似物理层协议，数据链路层协议也可分为 LAN 协议、WAN 协议或同时可用于 LAN 和 WAN 的协议。依赖于特定的物理层的数据链路层协议，可能会被限制仅使用特定的传输介质。但是在某些情况下（例如，在 RS-232 上的 PPP 或通过蓝牙 RF-COMM 的 PPP），如果有一个能够仿真协议所服务的原始介质的层或者协议支持硬件无关的上层数据链路功能，数据链路层协议可以被移植到差异较大的不同介质上使用。数据链路层协议是在系统软件层实现的，如图 2-30 所示。

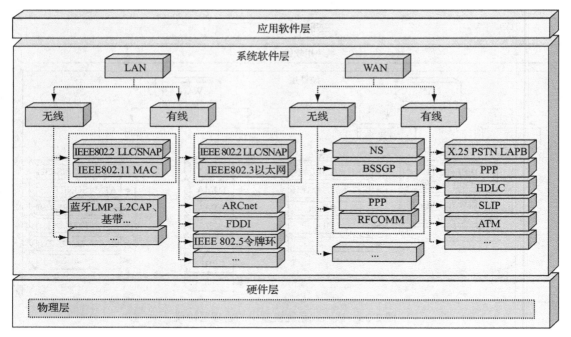

图 2-30　数据链路层协议

数据链路层负责从物理层接收数据位并将其格式化成组，称为数据链路帧。不同的数据链路标准具有不同的数据链路帧格式和定义，但通常该层会读出这些帧的位域信息，以确保所接收数据帧的完整性、准确性，通过从设备的网络硬件接收到的物理地址来确认此帧的目标是否为当前设备，并获知帧的发送方。如果数据的目标是该设备，那就从数据帧中剥离所有的数据链路层报头，然后将称为数据报的剩余数据域向上传递到网络层。数据链路层还会将这些相同的报头域添加到从上层传来的数据，随后将完整的数据链路帧交给物理层传输（见图 2-31）。

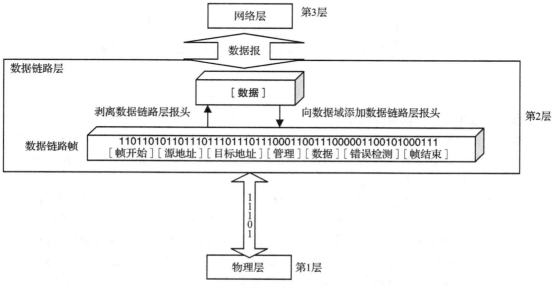

图 2-31　数据链路层数据流框图

OSI 模型第 3 层：网络层

网络层协议与数据链路层协议一样都是在系统软件层中实现的，但是不同于下层的数据链路层协议的是，网络层通常与硬件无关，并且仅依赖于数据链路层的实现（见图 2-32）。

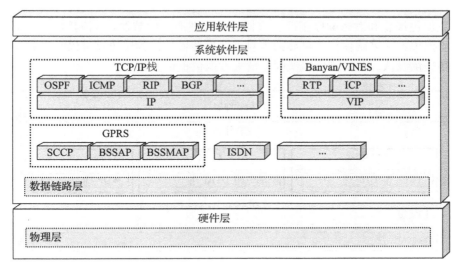

图 2-32　嵌入式系统模型中的网络层协议

在 OSI 的网络层，网络可以被分为更小的子网络，称为网段。处于同一个网段内的设备可以通过它们的物理地址进行通信。然而处于不同网段的设备，需要通过附加的地址进行通信，这个地址被称为网络地址。虽然物理地址和网络地址之间的转换可以由设备中的数据链路层协议（APR、RARP 等）实现，但是网络层协议也可以进行物理地址和网络地址之间的转换并能够分配网络地址。网络层通过网络地址机制来管理数据报的传输以及从当前设备到其他设备之间的数据报路由。

与数据链路层类似，如果数据的目标是当前设备，那么所有网络层报头会从数据报中剥离，剩下的数据域称为数据包（packet，中文也译为分组），将会被向上传递到传输层。网络层会把相同的报头域附加到由上层传来的数据中，随后将完整的网络层数据报交付给数据链路层进一步处理（见图 2-33）。请注意，通常"数据包（分组）"这个术语除了用于传输层处理的数据之外，也会被用于讨论在网络上传输的数据。

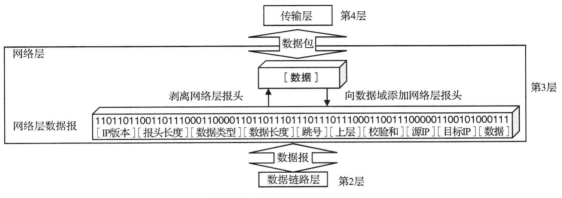

图 2-33　网络层数据流框图

OSI 模型第 4 层：传输层

传输层协议（见图 2-34）位于网络层协议之上，且与特定的网络层协议配套使用。它们通常负责在两个指定设备之间建立和结束通信。这种类型的通信被称为点对点通信。这一层协议允许在设备上运行的多个上层应用程序点对点连接到其他设备。某些传输层协议还可以通过保证数据包接收和发送顺序正确、数据包以合理的速度被发送（流控制）以及数据包中的数据未受损等方式来确保提供可靠的点对点数据传输。传输层协议可以在接收到数据包时向其他设备提供确认，若检测到错误则会请求数据包重传。

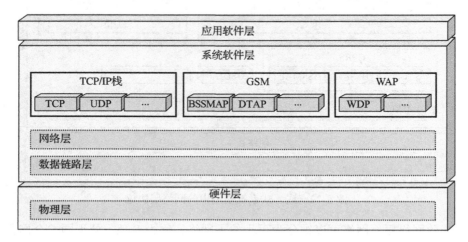

图 2-34　嵌入式系统模型中的传输层协议

一般情况下，传输层处理从下一层接收到数据包时，所有的传输层报头将从数据包中剥离，一个或多个剥离报头后剩下的数据域将重新组装成新的数据包，这些数据包也被称为消息，并传递到上一层。而从上一层接收到的用于发送的消息／数据包，如果过长则会将其分割为多个数据包。然后附加传输层报头域到数据包，并向下交付给下层做进一步处理（见图 2-35）。

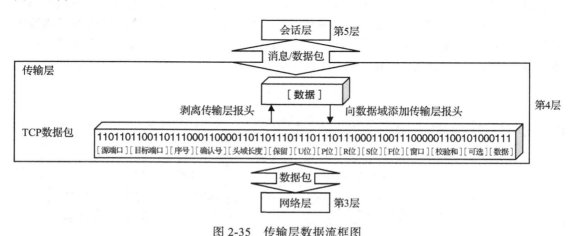

图 2-35　传输层数据流框图

OSI 模型第 5 层：会话层

位于两个不同设备上的两个网络应用之间的连接称为一个会话。传输层管理设备之间的点对点连接，为多个应用程序服务，而会话的管理是由会话层来处理的，如图 2-36 所示。通常，会给会话分配一个端口（号码），会话层协议必须分离并管理每个会话的数据，调节每个会话的数据流，处理参与会话的应用程序产生的任何错误，并确保会话的安全（例如，参与该会话的两个应用程序是设定的应用程序）。

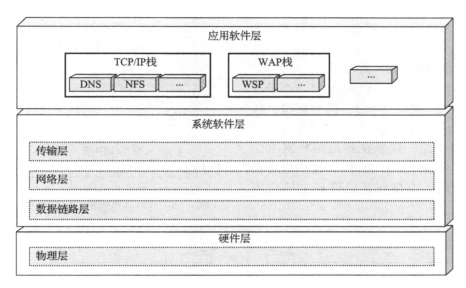

图 2-36　嵌入式系统模型中的会话层协议

当会话层处理从下层收到的消息 / 数据包时，会将所有的会话层报头从消息 / 数据包中剥离，剩下的数据域将被传递到上层。从上层接收的消息则添加会话层的报头域，并向下交付给下层做进一步处理（见图 2-37）。

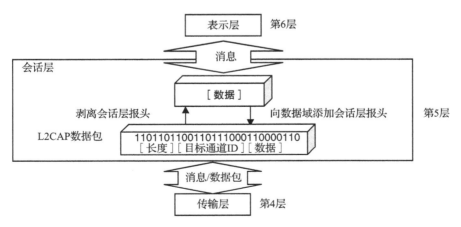

图 2-37　会话层数据流框图

OSI 模型第 6 层：表示层

表示层协议负责将数据转换为上层应用可处理的格式，或把要传输给其他设备的数据转换为通用格式。通常，数据压缩 / 解压缩、数据加密 / 解密和数据协议 / 字符的转换都在表示层协议里实现。相对于嵌入式系统模型，表示层协议通常是在应用层的网络应用中实现的，如图 2-38 所示。

基本上，表示层处理从下层接收消息，然后将所有表示层报头从消息中剥离，剩余的数据域传递给更上层。为上层接收到要发送的消息添加表示层报头域，并向下交付给下层做进一步处理（见图 2-39）。

OSI 模型第 7 层：应用层

设备在应用层上初始化到另一个设备的网络连接（见图 2-40）。换句话说，应用层协议或者被终端用户直接作为网络应用程序来使用，或者在终端用户网络应用程序中实现（见第 10 章）。这些应用程序"虚拟地"连接到其他设备上的应用程序。

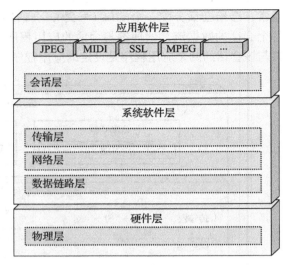

图 2-38　嵌入式系统模型中的表示层协议

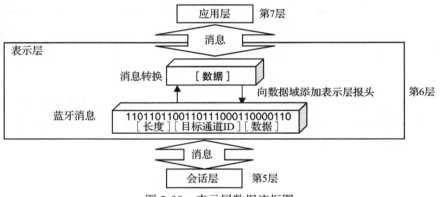

图 2-39　表示层数据流框图

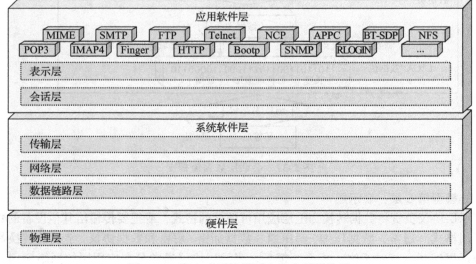

图 2-40　嵌入式系统模型中的应用层协议

2.3　基于多种标准的设备示例：数字电视（DTV）[23]

> ### 为什么使用数字电视作为一个标准的示例？
>
> "门户网站在互联网上掀起了一阵狂潮，但是平均每人每天花 1 个小时上网。而平均每位用户每天花 7 小时来看电视，并且 99% 的美国家庭拥有电视。"
>
> ───────────
> *参考：Forrester Research*

　　模拟电视处理的输入信号是含有传统电视视频和音频内容的模拟信号，而数字电视既可以处理模拟信号也可以处理数字信号，同时还能够处理嵌入数字数据流中的应用程序数据内容（这个过程被称为数据广播或数据播送）。这些应用程序数据可以与电视的视频 / 音频内容无关（非耦合的），或者与电视的视频 / 音频内容在内容上相关而时间上无关（松耦合的），也可以与电视的视频 / 音频内容完全同步（紧耦合的）。

　　嵌入的应用程序数据格式与数字电视接收器本身的处理能力相关。虽然数字电视接收机的种类繁多，但基本上都可以归属于以下三种：增强型广播接收机，提供传统广播电视服务以及增强的由广播程序控制的图形；交互式广播接收机，能够通过一个在"增强型"广播之上的回传信道提供电子商务、视频点播、电子邮件等服务；多网络接收机，在交互式广播功能之上提供包括互联网访问和本地电话功能。根据接收机种类的不同，数字电视可以将通用的、特定领域的以及特定应用的标准全部集成实现到一个 DTV/STB 系统的体系结构设计之中（见表 2-7）。

表 2-7　DTV 标准示例

标准类型	标　　准
特定领域	数字视频广播（DVB）——多媒体家庭平台（MHP）
	Java 电视
	家庭音视频操作（HAVi）
	数字音视频理事会（DAVIC）
	先进电视标准委员会（ATSC）/ 数字电视应用软件环境（DASE）
	高级电视增强论坛（ATVEF）
	中国数字电视产业联盟（DTVIA）
	日本无线工业及商贸联合会（ARIB-BML）
	OpenCable 应用平台（OCAP）
	开放服务网关协议（OSGi）
	OpenTV
	MicrosoftTV
通用	HTTP（超文本传输协议）——在浏览器应用中
	POP3（邮局协议）——在电子邮件应用中
	IMAP4（互联网消息访问协议）——在电子邮件应用中
	SMTP（简单邮件传输协议）——在电子邮件应用中
	Java
	网络（地面、线缆、卫星）
	POSIX

使用这些标准就可以定义出在数字电视嵌入式系统模型的各层中实现的几个主要组件，如图 2-41 所示。

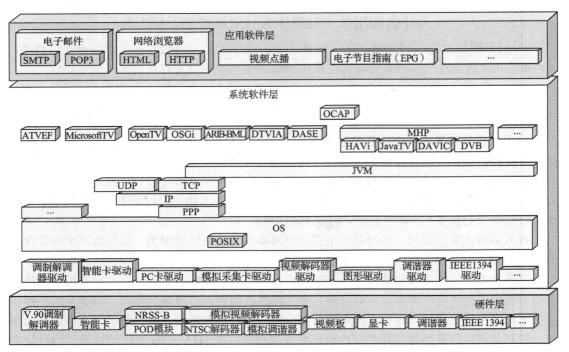

图 2-41 嵌入式系统模型中的 DTV 标准

MHP 是基于数字视频广播（DVB）的基于 Java 的中间件解决方案——多媒体家庭平台（MHP）规范。数字电视中 MHP 的实现是我们在设计和使用几乎所有特定领域中间件解决方案时，一个很有借鉴意义的例子，因为它整合了许多复杂的概念并解决了许多实现过程中必须解决的难题。

如图 2-42 所示，通常支持 MHP 的硬件平台上主要包括：

- 主处理器
- 存储子系统
- 系统总线
- I/O（输入 / 输出）子系统
    - 调谐器 / 解调器
    - 多路解复用器
    - 解码器 / 编码器
    - 图形处理器
    - 通信接口 / 调制解调器
    - 条件访问模块
    - 遥控接收器模块

当然，主板上还可以有其他附加部件，并且不同的硬件设计之间这些部件也不尽相同，但是通常在此应用领域的大部分硬件平台上都能找到上述这些部件。MHP 和相关的系统软件 API 通常需要至少 16MB 的 RAM（随机存取存储器）及 8 ～ 16MB 闪存，根据 JVM 和操作系统（OS）的实现和集成方法的不同可能需要一个 150 ～ 250+MHz 的 CPU 来顺畅运行系统。要记住，根据将要在系统软件层之上运行的应用程序类型的不同，所需的内存和处理能力的要求是要加以考虑的，因此可能需要更改这些运行 MHP 时所需"最低"的基准内存和处理能力要求。

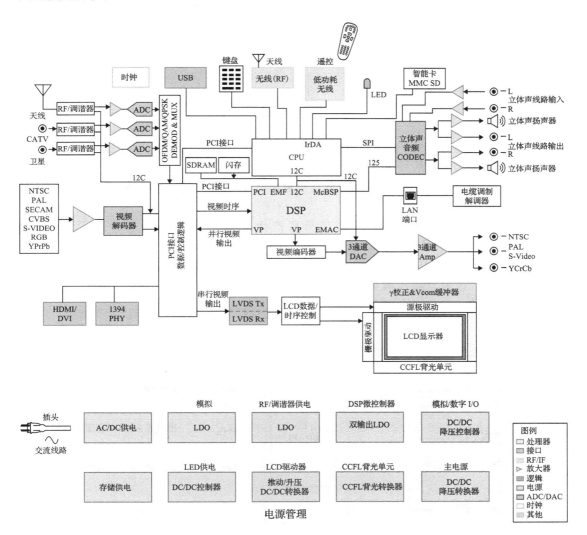

图 2-42　德州仪器 DTV 模块图[34]

　　视频数据流由某种类型的输入信号源产生。如图 2-43 所示，例如，在模拟视频信号源输入的情况下，每路信号都会被转接到模拟视频解码器。然后，解码器选择三种有效输入之一，对视频信号进行量化，然后数据会发送给某种类型的 MPEG-2 子系统。MPEG-2 解码器负责处理接收到的视频数据，可以输出标清或者高清视频信号。在标清视频输出的情况下，会使用外部的视频编码器将信号编码为 S-video 或者复合视频格式。从 MPEG-2 子系统直接输出的高清视频信号不需要再进行任何编码或解码工作。

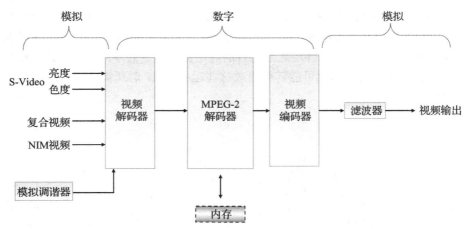

图 2-43 DTV 中视频数据路径[33]

由某种类型的输入信号源得到的传输数据流被传递到 MPEG-2 解码子系统（见图 2-44）。从这里输出的信息能够被处理并显示出来。

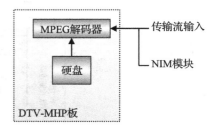

图 2-44 DTV 中传输数据路径[33]

音频数据流由某种类型的模拟信号源产生，如图 2-45 所示。模拟信号经过 A/D 转换器（模数转换器）后得到的数据传递给 MPEG-2 子系统。音频数据可以与其他数据合并，或者直接传输至 D/A 转换器（数模转换器），然后传送给某种类型的音频输出端口。

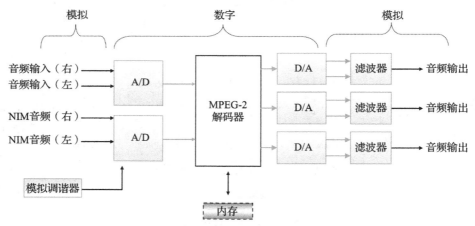

图 2-45 DTV 中音频数据路径[33]

MHP 硬件子系统需要一系列的硬件驱动程序库在符合 MHP 的软件平台环境之上进行开发、测试和验证。同硬件类似，这些低层设备驱动程序通常属于主处理器相关的设备驱动程序（见图 2-46）、内存和总线设备驱动程序（见图 2-47）以及 I/O 子系统驱动程序。

I/O 子系统驱动程序包括以太网、键盘 / 鼠标、视频子系统和音频子系统驱动程序等。图 2-48a ～ c 显示了 MHP I/O 子系统设备驱动的几个示例。

时钟/定时器驱动程序示例
enableClock：允许系统时钟中断
disableClock：禁止系统时钟中断
returnClockRate：返回系统时钟的中断频率（每秒脉冲数）
connectClock：指定每个系统时钟中断调用的中断处理函数
handleClockInterrupt：调用系统时钟中断处理程序
enableTimestampEnable：重置计数器并且允许时间戳定时器中断
disableTimestamp：禁止时间戳定时器中断
connectTimestamp：指定每个时间戳定时器中断调用的用户中断处理程序
timestampPeriod：返回时间戳定时器的周期（脉冲数）
timestampFrequency：返回时间戳定时器的频率（每秒脉冲数）
currentTimestamp：返回时间戳定时器计数的当前值
lockTimestamp：停止/读取定时器计数并且锁定中断
...

中断控制器驱动程序示例
initializeInterruptController：初始化中断控制器
endOfInterrupt：中断处理程序结束时发送中断结束EOI信号
disableInterruptController：禁止指定优先级的中断
enableInterruptController：允许指定优先级的中断
returnInterruptLevel：由中断服务寄存器返回服务的中断优先级
lockInterrupt：保护屏蔽字且锁定中断控制器中断
unlockInterrupt：恢复屏蔽字且解锁中断控制器中断
...

专用主系统结构硬件层

时钟/定时器　内存子系统　中断调用　...
Cache　存储管理单元　存储控制器

图 2-46　MHP 平台上通用体系结构设备驱动程序示例[33]

闪存驱动程序示例
returnFlashType：返回闪存的设备类型
eraseFlash：擦除闪存上的数据
eraseFlashSector：擦除闪存区块上的数据
flashWrite：向闪存写数据
flashSectorWrite：向闪存区块写数据
pollFlash：轮询闪存地址并等待此操作的完成或者超时
...

PCI驱动程序示例
pciRegisterWrite：向PCI内存空间写数据
pciRegisterRead：从PCI内存空间读数据
pciControllerPowerOn：在上电/复位时初始化PCI设备/控制器
picControllerPowerOff：配置PCI设备/控制器来进行断电
pciControllerSetType：搜索总线上板卡的类型
pciControllerFind：搜索总线上的板卡
pciControllerInitialization：初始化PCI控制器
pciDeviceInitialization：初始化连接到PCI总线上的设备
pciDeviceEnable：使能连接到PCI总线上的设备
pciDeviceDisable：禁止连接到PCI总线上的设备
...

内存和总线硬件层

内存子系统　I²C　PCI　...
闪存　SDRAM　硬盘

图 2-47　MHP 平台上内存和总线设备驱动程序示例[33]

以太网驱动程序示例
loadEthernetCard：初始化以太网驱动和设备
unloadEthernetCard：卸载以太网驱动和设备
initializeEthernetMemory：初始化所需要的内存
startEthernetCard：运行设备并允许相关的中断
stopEthernetCard：关闭设备并关中断
restartEthernetCard：在清理完接收/发送队列后重启停止的设备
parseEthernetCardInput：解析输入的字符串以获取有效数据
transmitEthernetData：在以太网上发送数据
receiveEthernetReceive：处理以太网接收的数据
...

键盘/鼠标驱动程序示例
getKMEvent：从队列中读取键盘或鼠标事件
putKMEvent：将键盘或鼠标事件加入队列中
processMouse：获取鼠标输入并将鼠标事件加入队列中
findMouseMove：从队列中寻找鼠标移动事件
...

通用I/O硬件层

以太网　串口　键盘　鼠标　...

a）MHP通用I/O设备驱动程序示例[33]

图　2-48

MPEG-2视频解码器驱动程序示例

openMPEG2Video：打开一个MPEG2设备以供使用
closeMPEG2Video：关闭MPEG2视频设备
writeMPEG2Video：向MPEG2控制寄存器写数据
readMPEG2Video：读MPEG2解码器状态寄存器
selectMPEG2Source：将输入信号源传输至MPEG2解码器
stopMPEG2Video：停止当前视频流
startMPEG2Video：开始播放一段视频流
freezeMPEG2Video：暂停正在播放的视频流
restartMPEG2Video：重新开始播放暂停的视频流
blankMPEG2Video：清空视频
setMPEG2Format：设置视频格式
fastForwardMPEG2Video：跳过几帧画面的解码（快进）
slowMPEG2Video：重复解码画面（慢放）
…

NTSC视频解码器驱动程序示例

powerOnNTSCDecoder：在上电或复位时初始化解码器控制寄存器
powerOffNTSCDecoder：配置解码器进入断电状态
configureNTSCDecoder：配置解码器控制寄存器字段
statusReturnNTSCDecoder：返回解码器状态寄存器的值
calculatePictureNTSC：计算图像并传输给控制寄存器
calculateColorNTSC：计算颜色值并传输给控制寄存器
calculateHueNTSC：计算色调值并传输给控制寄存器
…

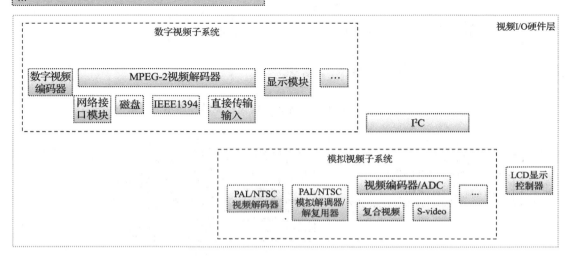

b）MHP视频I/O设备驱动程序示例 [33]

MPEG-2音频驱动程序示例

openMPEG2Audio：打开一个MPEG2音频设备以供使用
closeMPEG2Audio：关闭MPEG2音频设备
sourceMPEG2Audio：向MPEG2音频解码器传输音频数据
writeMPEG2Audio：向MPEG2音频解码器控制寄存器写数据
readMPEG2Audio：读取MPEG2音频解码器状态寄存器的值
stopMPEG2Audio：命令解码器停止播放当前音频流
playMPEG2Audio：命令解码器开始播放信号源输入的音频流
pauseMPEG2Audio：命令解码器暂停播放当前音频流
muteMPEG2Audio：使当前播放音频流静音
setChannelMPEG2Audio：选择一个指定的音频通道
setVSyncMPEG2Audio：指示音频解码器如何设置A/V同步
…

模拟音频控制器驱动程序示例

powerONAudio：在上电或复位时初始化音频处理器控制寄存器
powerOFFAudio：配置音频处理器控制寄存器进入断电状态
sendDataAudio：向音频处理器控制寄存器字段写数据
calculateVolumeAudio：使用音量公式和用户音量配置计算音量，并将其发送至音频处理器的控制寄存器音量字段
calculateToneAudio：使用音调公式和用户"低音"或"高音"配置计算低音和高音音调，并写到音频处理器控制寄存器低音和高音控制字段
surroundONAudio：使用用户配置使能环绕立体声，并将值发送至音频处理器的控制寄存器中和环绕立体声相关的字段
surroundOFFAudio：使用用户配置关闭环绕立体声，并将值发送至音频处理器的控制寄存器中和环绕立体声相关的字段
…

数字和模拟音频I/O硬件层

音频接收器　音频A/D变换　音频D/A变换　外部音频输入　调谐器　…

c）MHP音频I/O设备驱动程序示例 [33]

图　2-48　（续）

因为 MHP 是基于 Java 的，上一节也提到过，所以 JVM 和移植的操作系统必须驻留在一个实现了 MHP 栈并以此为基础的嵌入式系统中，如图 2-49 所示。这个 JVM 必须符合特定的 MHP 实现中所要求的 Java API 规范，也就是说，MHP 的实现中所调用的底层 Java 函数必须以某种形式存在于该平台支持的 JVM 中。

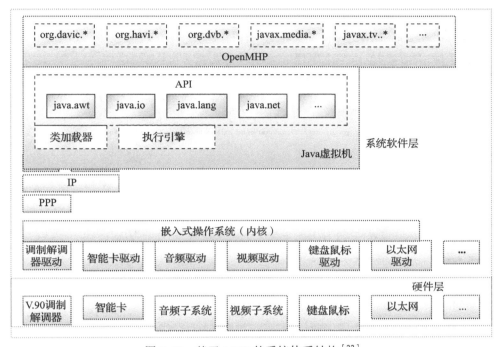

图 2-49　基于 MHP 的系统体系结构[33]

openMHP 是一个开源 MHP 的例子，其源代码为我们展示了它所提供的那些 JVM API，如 org.havi.ui 库是如何实现的（见图 2-50）。

为了理解 MHP 组件、服务以及如何为其构建应用程序，重要的是应该先了解 MHP 标准是由许多对 API 库做出贡献的不同子标准组成的（见图 2-51），包括：

- MHP 核心（不同的实现之间会有所差异）
  - DSMCC
  - BIOP
  - 安全性
- HAVi 用户界面
  - HAVi 第 2 级用户界面（org.havi.ui）
  - HAVi 第 2 级用户界面事件（org.havi.ui.event）
- DVB
  - 应用列表和启动（org.dvb.application）
  - 广播传输协议访问（org.dvb.dsmcc）
  - DVB-J 事件（org.dvb.event）
  - 应用程序间通信（org.dvb.io.ixc）
  - DVB-J 持久存储（org.dvb.io.persistent）

```
package org.dvb.ui;

/* Copyright 2000–2003 by HAVi, Inc. Java is a trademark of Sun Microsystems, Inc. All rights reserved.  This program is free software;  you can redistribute it and/or modify
 *  it under the terms of the GNU General Public License as published by the Free Software Foundation, either version 2 of the License, or (at your option) any later version.
 *  This program is distributed in the hope that it will be useful, but WITHOUT ANY WARRANTY,  without even the implied warranty of MERCHANTABILITY or FITNESS
 *  FOR A PARTICULAR PURPOSE.  See the GNU General Public License for more details.
 *  You should have received a copy of the GNU General Public License along with this program;  if not, write to the Free Software Foundation, Inc., 59 Temple Place, Suite 330,
 *  Boston, MA 02111-1307 USA */

import java.awt.Graphics2D;
import java.awt.Graphics;
import java.awt.Dimension;
import javax.media.Clock;
import javax.media.Time;
import javax.media.IncompatibleTimeBaseException;

/** A <code>BufferedAnimation</code> is an AWT component that maintains a queue of one or more image buffers. This permits efficient flicker-free animation by allowing a
 * caller to draw to an off-screen buffer, which the system then copies to the framebuffer in coordination with the video output subsystem. This class also allows an application
 * to request a series of buffers, so that it can get a small number of frames ahead in an animation. This allows an application to be robust in the presence of short delays, e.g. from
 * garbage collection. A relatively small number of buffers is recommended, perhaps three or four. A BufferedAnimation with one buffer provides little or no protection
 * from pauses, but does provide double-buffered animation. .... **/
....

public class BufferedAnimation extends java.awt.Component {

    /**
     * Constant representing a common video framerate, approximately 23.98 frames per second, and equal to <code>24000f/1001f</code>.
     *
     * @see #getFramerate()
     * @see #setFramerate(float)
     **/
    static public float FRAME_23_98 = 24000f/1001f;

    /**
     * Constant representing a common video framerate, equal to <code>24f</code>.
     *
     * @see #getFramerate()
     * @see #setFramerate(float)
     **/
    static public float FRAME_24 = 24f;

    /**
     * Constant representing a common video framerate, equal to <code>25f</code>.
     *
     * @see #getFramerate()
     * @see #setFramerate(float)
     **/
    static public float FRAME_25 = 25f;

    /**
     * Constant representing a common video framerate, approximately 29.97 frames per second, and equal to <code>30000f/1001f</code>.
     *
     * @see #getFramerate()
     * @see #setFramerate(float)
     **/
    static public float FRAME_29_97 = 30000f/1001f;

    /**
     * Constant representing a common video framerate, equal to <code>50f</code>.
     *
     * @see #getFramerate()
     * @see #setFramerate(float)
     **/
    static public float FRAME_50 = 50f;

    /**
     * Constant representing a common video framerate, approximately 59.94 frames per second, and equal to <code>60000f/1001f</code>.
     *
     * @see #getFramerate()
     * @see #setFramerate(float)
     **/
    static public float FRAME_59_94 = 59.94f;

    ....
}
```

图 2-50　openMHP 中 org.havi.ui 源代码示例[35]

- DVB-J 基础（org.dvb.lang）
- 流媒体 API 扩展（org.dvb.media）
- 数据报套接字缓冲区控制（org.dvb.net）
- 权限（org.dvb.net.ca 和 org.dvb.net.tuning）
- DVB-J 返回连接信道管理（org.dvb.net.rc）
- 服务信息访问（org.dvb.si）
- 测试支持（org.dvb.test）

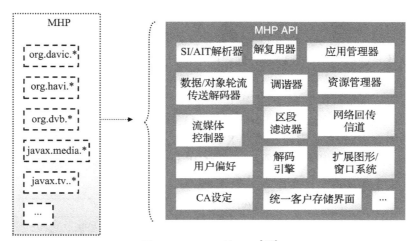

图 2-51 MHP 的 API[33]

- 扩展图形（org.dvb.ui）
- 用户设置和偏好设定（org.dvb.user）
- JavaTV
- DAVIC
- 返回路径
- 应用管理
- 资源管理
- 安全性
- 持久存储
- 用户偏好
- 图形和窗口系统
- DSM-CC 对象和数据轮流传送解码器
- SI 解析器
- 调谐，MPEG 区段滤波器
- 流媒体控制
- 回传信道网络
- 应用管理器和资源管理器的实现
- 持久存储控制
- 条件访问支持和安全策略管理
- 用户偏好实现

在 MHP 领域内，与系统最终用户交互的内容被分组并当作服务来管理。构成服务的内容可以分为几种不同的类型，例如应用程序、服务信息和数据 / 音频 / 视频流等。除了特定平台的需求和最终用户的偏好之外，服务中不同类型的内容被用于管理数据。例如，当 DTV 允许支持多于一种格式的不同视频流时，服务信息可以用来确定实际在显示哪一个视频流。

MHP 应用程序的范围很广泛，从浏览器到电子邮件、游戏、EPG（电子节目指南），再到广告等。一般来说，MHP 上所有不同类型的应用通常都属于以下三种基本类型：

- *增强的广播*：此数字广播支持包含音频服务、视频服务和允许最终用户在本地与系统进行交互的可执行应用程序的组合服务；
- 交互式广播：此数字广播支持包含音频服务、视频服务、可执行应用程序的组合服务，以及允许最终用户远程地与远程应用进行交互的交互式服务和信道；
- Internet 访问：实现了 Internet 访问功能的系统。

需要注意的一点是，虽然 MHP 是基于 Java 的，但是 MHP DVB-J 类型的应用程序并不是通常的 Java 应用程序，而是 Java Servlet（Xlet）应用环境中执行的，Xlet 类似 Java applet 小应用程序的概念。MHP 应用程序通过 Xlet 上下文与其外部环境进行通信和交互。例如，图 2-52a、b 展示了一个应用示例，通过一个 MHP Java TV API 包 javax.tv.xlet 来创建、初始化，并可以暂停或者销毁一个简单的 Xlet。

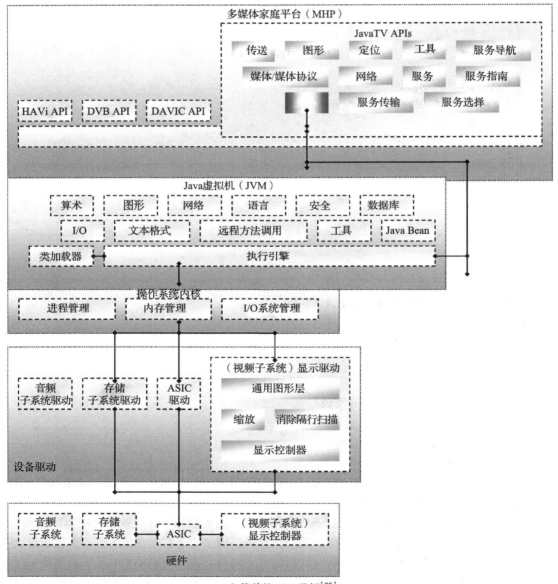

a）简单的 Xlet 示例[36]

图 2-52

```
import javax.tv.xlet.*;

// The main class of every MHP Xlet must implement this interface
public class XletExample implements javax.tv.xlet.Xlet
{

// Every Xlet has an Xlet context, created by the MHP middleware and passed in to the Xlet as a parameter to the initXlet() method.
private javax.tv.xlet.XletContext context;

// A private field to hold the current state. This is needed because the startXlet() method is called both start the Xlet for the first time and also to make the  Xlet resume from // the paused
state.  This field lets us keep track of whether we're starting for the first time.
private boolean has Been Started;

// Every Xlet  should have a default constructor that takes no arguments. The constructor should contain nothing. Any initialization should be done in the initXlet() method, // or in the
startXlet method if it's time- or resource-intensive.  That way, the MHP middleware  can control when the initialization happens in a much more predictable way
// Initializing the Xlet.
public XletExample()

// store a reference to the Xlet context that the Xlet is executing in  this .context = context;
 public void initXlet(javax.tv.xlet.XletContext context) throws javax.tv.xlet.XletStateChangeException

// The Xlet has not yet been started for the first time, so set this variable to false.
hasBeenStarted = false;

// Start the Xlet.  At this point the Xlet can display itself on the screen and start interacting with the user, or do any  resource-intensive tasks.
public void startXlet() throws javax.tv.xlet.XletStateChangeException
{
 if (hasBeenStarted)
  {
    System.out.println("The startXlet() method has been called to resume the Xlet after it's been paused.  Hello again, world!");
  }
  else
  {
    System.out.println("The startXlet() method has been called to start the Xlet for the first time.  Hello, world!");

    // set the variable that tells us we have actually been started
    hasBeenStarted = true;
  }
}

// Pause the Xlet and free any scarce resources that it's using, stop any unnecessary threads and remove itself  from  the screen.
 public void pauseXlet()
{
    System.out.println("The pauseXlet() method has been called.  to pause the Xlet...");
}

// Stop the Xlet.
public void destroyXlet(boolean unconditional) throws javax.tv.xlet.XletStateChangeException
{
    if (unconditional)
    {
      System.out.println("The destroyXlet() method has been called to unconditionally destroy the Xlet." );
    }
    else
    {
      System.out.println("The destroyXlet() method has been called requesting  that the Xlet stop, but giving it the choice.  Not Stopping.");
      throw new XletStateChangeException("Xlet Not Stopped");
    }
}

}
```

**application example based upon MHP open source by Steven Morris available for download at www.interactivetvweb.org

b）简单 Xlet 源代码示例[37]

图 2-52 （续）

图 2-53a、b 所示的例子是一个使用了以下几个包的简单应用程序：

- JVM 包 java.io、java.ant 和 java.awt.event；
- MHP Java TV API 包 javax.tv.xlet；
- MHP HAVi 包 org.havi.ui 和 org.havi.ui.event；
- MHP DVB 包 org.dvb.ui。

最后，MHP 系统中的应用程序管理器可以根据最终用户的输入信息以及发送到系统的 MHP 广播流内部的 AIT（应用信息表）数据来管理所有驻留在设备上的 MHP 应用程序。

AIT 数据可以简单地指示应用程序管理器哪些应用程序对设备的终端用户可用以及应用程序运行控制的技术细节。

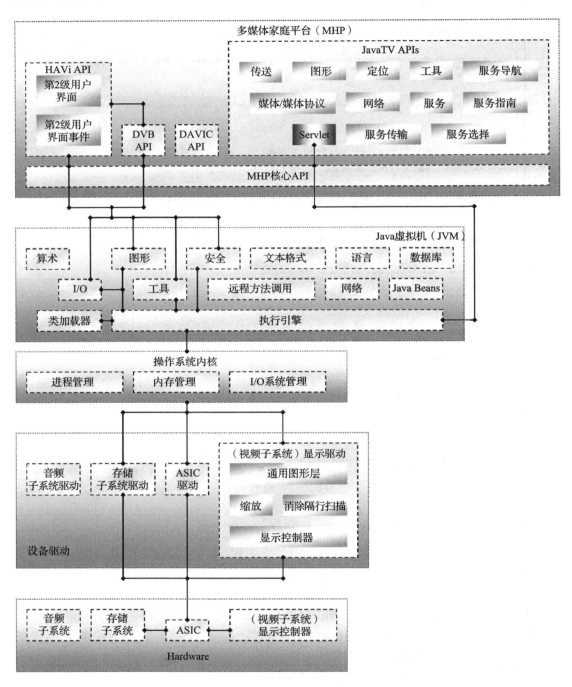

a）简单 MHP HAVi Xlet 示例[36]

图　2-53

```
// Import required MHP JavaTV package
import javax.tv.xlet.*;

//import required MHP HAVi packages
import org.havi.ui.*;
import org.havi.ui.event.*;

//import required MHP DVB package
import org.dvb.ui.*;

// import required non-MHP pJava packages
import java.io.*;
import java.awt.*;
import java.awt.event.*;

// This Xlet will be visible on-screen, so we extend org.havi.ui.Hcomponent and it also implements java.awt.KeyListener to receive

// Something went wrong reading the message file.
System.out.println("I/O exception reading message.txt"); } }

// Start the Xlet.
public void startXlet() throws javax.tv.xlet.XletStateChangeException
{
  // startXlet() should not block for too long
  myWorkerThread = new Thread(this);
  myWorkerThread.start();
}

// Pause the Xlet.
public void pauseXlet()
{
  // do what we need to in order to pause the Xlet.
  doPause();
}

// Destroy the Xlet.
public void destroyXlet(boolean unconditional) throws javax.tv.xlet.XletStateChangeException
{
  if (unconditional)
  {
    // Unconditional Termination
    doDestroy();
  }
  else
  {
    // Conditional Termination
    throw new XletStateChangeException("Termination Not Required");
  }
}

// Before we can draw on the screen, we need an HScene to draw into. This variable will hold a reference to our Hscene
private HScene scene;

// The image that we will show
private Image image;

// The message that will get printed. This is read from a file in initXlet()
private String message;

// this holds the alpha (transparency) level that we will be using
private int alpha = 0;

// this object is responsible for displaying the background I-frame
private HaviBackgroundController backgroundManager;

// The main method for the worker thread.
public void run()
{
  // We need quite a few resources before we can start doing anything.
  getResources();

  // This component should listen for AWT key events so that it can respond to them.
  addKeyListener(this);
  // This adds the background image to the display. The background image is displayed in the background plane.
  displayBackgroundImage();

  // The bitmap image is shown in the graphics plane.
  displayForegroundBitmap();
}
.......
```

b）简单 MHP HAVi Xlet 源代码示例[37]

图 2-53 （续）

2.4 小结

本章的目的是为了在试图理解和实现嵌入式系统设计和概念时，展示行业支持的标准的重要性。本章中提供的编程语言、网络和 DTV 的示例，展示了在嵌入式体系结构中标准是如何定义其中的主要元素的。程序语言示例提供了一个能够在多种不同嵌入式设备上实现的通用标准的范例。这些例子具体包含了 Java，体现了 JVM 在应用程序、系统，或硬件层上的必要性；例子中也包含了 .NET Compact Framework，为 C# 和 VB 等语言提供运行环境。这些例子展示了编程语言元素必须集成到系统软件层中。网络技术提供了通用的，特定设备系列（市场驱动）的，或者特定应用程序（例如浏览器的 HTTP 协议）的标准例子。在网络技术中，嵌入式系统和 OSI 模型都被用来表明确定的网络协议适用于嵌入式体系结构的位置。最后，DTV/STB 的例子展示了一个设备如何实现在所有层中定义嵌入式组件的若干标准。

第 3 章是第二部分嵌入式硬件的首章内容，介绍了嵌入式系统板上用到的基础要素以及组成这些要素的某些最常见的基本电器元件，还有板上的其他独立组件。

习题

1. 嵌入式系统标准通常是如何分类的？
2. [a] 给出并详细描述四个特定领域标准的组别。

   [b] 给出分别归属于以上四个特定领域组别的三个标准的例子。
3. [a] 给出并详细描述四类通用标准。

   [b] 给出分别归属于以上四类通用标准的三个标准的例子。
4. 以下哪一个标准既不是专用领域的也不是通用的嵌入式系统标准？

   A. HTTP——超文本传输协议

   B. MHP——多媒体家庭平台

   C. J2EE——Java 2 企业版

   D. 以上都是

   E. 以上都不是
5. [a] 高级语言和低级语言之间的区别是什么？

   [b] 两种语言各举一个例子。
6. 编译器可以位于：

   A. 目标系统上

   B. 宿主机上

   C. 目标系统和 / 或宿主机上

   D. 以上都不是
7. [a] 交叉编译器和编译器之间的区别是什么？

   [b] 编译器和汇编器之间的区别是什么？
8. [a] 什么是解释器？

   [b] 给出两种解释型语言的例子。
9. [T/F] 所有的解释型语言都是脚本语言，但并非所有的脚本语言都是解释型语言。
10. [a] 为了运行 Java 程序，目标系统上需要什么？

    [b] 在嵌入式系统中，如何实现 JVM？
11. 以下标准中哪一个是嵌入式 Java 标准？

    A. pJava——Personal Java

B. RTSC——实时内核规范

C. HTML——超文本标记语言

D. 只有 A 和 B

E. 只有 A 和 C

12. 在所有嵌入式 JVM 中的两个主要不同点是什么？

13. 给出并描述三种最常用的字节处理方法。

14. [a] 垃圾回收器的功能是什么？

[b] 给出并描述两种常用的垃圾回收机制。

15. [a] 给出 Java 和脚本语言所共有的三个特性。

[b] 给出它们的两点不同。

16. [a] 什么是 .NET Compact Framework？

[b] 它和 Java 有什么相似的地方？

[c] 它和 Java 又有何不同？

17. 局域网和广域网的不同点是什么？

18. 可以实现设备连接的两种传输介质是什么？

19. [a] 什么是 OSI 模型？

[b] OSI 模型的各层分别是什么？

[c] 对于每一层，分别给出两个协议例子。

[d] OSI 模型中的各层分别位于嵌入式系统模型的哪一层？请画图表示。

20. [a] OSI 模型相比于 TCP/IP 模型如何？

[b] OSI 模型相比于蓝牙协议如何？

尾注

[1] *Embedded System Building Blocks,* p. 61, J. J. Labrosse, Cmp Books, 1995; *Embedded Microcomputer Systems*, p. 3, J. W. Valvano, CL Engineering, 2nd edn, 2006.

[2] http://www.mhp.org/what_is_mhp/index.html.

[3] http://java.sun.com/products/javatv/overview.html.

[4] www.davic.org.

[5] http://www.atsc.org/standards.html.

[6] www.atvef.com.

[7] http://java.sun.com/pr/2000/05/pr000508-02.html and http://netvision.qianlong.com/8737/2003-6-4/39@878954.htm.

[8] www.arib.or.jp.

[9] http://www.osgi.org/resources/spec_overview.asp.

[10] www.opentv.com.

[11] http://www.microsoft.com/tv/default.mspx.

[12] "HAVi, the A/V digital network revolution," Whitepaper, p. 2, HAVi Organization, 2003.

[13] http://www.accessdata.fda.gov/scripts/cdrh/cfdocs/cfStandards/search.cfm.

[14] http://europa.eu.int/smartapi/cgi/sga_doc?smartapi!celexapi!prod!CELEXnumdoc&lg=EN&numdoc=31993L0042&model=guichett.

[15] www.ieee1073.org.

[16] Digital Imaging and Communications in Medicine (DICOM): Part 1: Introduction and Overview, p.5, http://medical.nema.org/Dicom/2011/11_01pu.pdf

[17] http://www.ce.org/standards/default.asp

[18] http://europa.eu.int/comm/enterprise/mechan_equipment/machinery/

[19] https://domino.iec.ch/webstore/webstore.nsf/artnum/025140

[20] http://www.iso.ch/iso/en/CatalogueListPage.CatalogueList?ICS1=25&ICS2=40&ICS3=1.

[21] "Bluetooth Protocol Architecture," Whitepaper, p. 4, R. Mettala, http://www.bluetooth.org/Technical/ Specifications/whitepapers.htm.

[22] *Systems Analysis and Design*, p. 17, D. Harris, Course Technology, 3rd revised edn, 2003.

[23] "I/Opener," R. Morin and V. Brown, *Sun Expert Magazine*, 1998.

[24] "Boehm–Demers–Weiser Conservative Garbage Collector: A Garbage Collector for C and C++", H. Boehm, http://www.hpl.hp.com/personal/Hans_Boehm/gc/.

[25] "Selecting the Right Transmission Medium Optical Fiber is Moving to the Forefront of Transmission Media Choices Leaving Twisted Copper And Coaxial Cable Behind," C. Weinstein, **URL?**.

[26] "This Is Microwave," Whitepaper, Stratex Networks, **URL?**. http://www.stratexnet.com/about_us/our_ technology/tutorial/This_is_Microwave_expanded.pdf; "Satellite, Bandwidth Without Borders," Whitepaper, S. Beardsley, P. Edin, and A. Miles, **URL?**.

[27] http://www.ihs.com/standards/vis/collections.html and "IHS: Government Information Solutions," p. 4.

[28] http://standards.ieee.org/reading/ieee/std_public/description/busarch/1284.1-1997_desc.html

[29] http://www.aimglobal.org/aimstore/linearsymbologies.htm

[30] http://www.iaob.org/iso_ts.html

[31] http://www.praxiom.com/iso-intro.htm and the "Fourth-Generation Languages," Whitepaper, S. Cummings. P.1.

[32] "Spread Spectrum: Regulation in Light of Changing Technologies," Whitepaper, p. 7, D. Carter, A. Garcia, and D. Pearah, http://groups.csail.mit.edu/mac/classes/6.805/student-papers/fall98-papers/spectrum/ whitepaper.html.

[33] *Demystifying Embedded Systems Middleware*, T. Noergaard, Elsevier, 2010.

[34] http://focus.ti.com/docs/solution/folders/print/327.html

[35] openMHP API Documentation and Source Code.

[36] Digital Video Broadcasting (DVB); Multimedia Home Platform (MHP) Specification 1.1.2. European Broadcasting Union.

[37] Application examples based upon MHP open source by S. Morris available for download at www.interactivetvweb.org.

Embedded Systems Architecture: A Comprehensive Guide for Engineers and Programmers, Second Edition

嵌入式硬件

第二部分由 5 章组成，介绍了嵌入式系统板的基础硬件组件，并且展示了这些组件是如何在一起工作的。这些章节所叙述的内容并不是为了让读者去做具体的硬件系统板设计，而是要为嵌入式系统板上一些重要的组件以及这些组件功能的相关信息提供体系结构层面的概览。第 3 章使用了冯·诺依曼模型、嵌入式系统模型以及一些作为参考的实际应用的系统板来介绍嵌入式系统板主要的硬件组件。第 4 章到第 7 章详细论述了嵌入式系统板的主要硬件组件。

因为基础的嵌入式物理硬件是直接影响嵌入式系统板设计的，所以我们会尽可能使用实际的嵌入式硬件来介绍相关的理论知识。嵌入式设备的功能最终受限于其硬件的能力，了解嵌入式系统板的主要硬件要素对了解整个嵌入式系统的体系结构至关重要。

Embedded Systems Architecture: A Comprehensive Guide for Engineers and Programmers, Second Edition

嵌入式硬件的组件和嵌入式系统板

本章内容

- 读懂原理图的重要性
- 嵌入式系统板的主要组件
- 驱动嵌入式设备工作的因素
- 电子元件的基础要素

3.1 学习硬件的第一节课：学习读懂原理图

本节内容对嵌入式软件工程师和程序员尤为重要。在深入细节之前请注意，对所有的嵌入式设计人员来说，能懂得硬件工程师创建和使用的来描述其硬件设计的原理图和符号是非常重要的。无论硬件设计得多么复杂，不管有多少设计真正硬件的实践经验，这些图和符号都是迅速有效地理解复杂硬件设计的关键。它们还包含了与嵌入式程序员设计和硬件兼容的软件的相关信息，并教会程序员如何成功地与硬件工程师沟通软件对硬件的需求。

下面介绍了几种不同类型工程中使用的硬件图。

- 方框图：方框图通常在系统体系结构或更高的级别上呈现一个电路板的主要组件（处理器、总线、输入/输出、存储器）或某一个组件（如处理器）。简而言之，方框图是对硬件抽掉其实现细节的一个基本概述。虽然方框图可以反映包含这些主要组件的实际物理布局，但它主要还是在系统体系结构级别呈现不同的组件或组件中的单元是如何作为一个整体工作的。方框图在本书中广泛使用（实际上，本章后面的图 3-5a ～ e 都是方框图的示例），因为它是描述和再现一个系统中的组件最简单的方法。方框图中使用的符号很简单，例如用正方形或长方形代表芯片，用直线代表总线。方框图通常缺乏足够的细节，不足以使得软件设计者编写出所有能够准确控制硬件的底层软件（在没有经历大量头疼的调试、测试、出错甚至烧毁硬件的情况下）。然而，它们在传达硬件的基本概述方面非常有用，并为创建更详细的硬件图提供了基础。

- 原理图：原理图是提供一个电路中所有器件或单个元件内部（从处理器到每一个电阻）更加详细的视图的电路图。原理图并不呈现电路板及组件的物理布局，而是提供系统中的数据流信息，定义各种信号的指定流向——哪些信号在总线上的不同线路中传输，最终出现在处理器的引脚上，等等。在原理图中，使用原理图符号来描绘系统中的所有元件。它们通常看起来和其代表的物理器件并不相像，而是基于某种类型的原理图符号标准对物理器件的一种简化表达。当试图确定系统的实际工作原理或通过调试硬件、编写和调试软件来管理硬件时，原理图对于硬件及软件设计者来说都是最有用的。常用的原理图符号列表可以参见附录 B。

- 接线图：这种图用来表示电路板上或芯片内部的主要元件和次要元件之间的总线连

接关系。在接线图中，用垂直及水平方向的连线来表示总线的信号线，并使用原理图符号或者更简单的符号（与板上元件或元件内单元在物理上比较相像）。这些图可以表示对组件或电路板的物理布局的近似描述。

- 逻辑图：逻辑图使用逻辑符号（与、或、非、异或等）和逻辑输入 / 输出（1 和 0）来表示各种电路信息。它并不取代原理图，但可以帮助简化某些特定类型的电路以了解它们如何实现其功能。
- 时序图：时序图显示电路中各种输入和输出信号的时序图形以及这些不同信号之间的关系。它们在硬件的用户手册和数据手册中是继方框图之后第二常见的。

不管是什么类型的图，为了看懂图，首先要学习图中使用的标准符号、约定以及规则。表 3-1 中展示了时序图中使用的符号示例以及与每个符号关联的输入 / 输出信号的约定。

表 3-1　时序图符号表[9]

符　　号	输入信号	输出信号
X⟩——⟨X	输入信号必须有效	输出信号有效
XXXXXXXXXX	输入信号不影响系统，与工作无关	输出信号不确定
⟩———	信号无意义	输出信号浮动、三态、高阻态
＿＿／￣	输入信号上升沿	输出信号上升沿
￣￣＼＿	输入信号下降沿	输出信号下降沿

图 3-1 中是一个时序图的示例，其中每行代表了不同的信号。关于图中信号的上升和下降的符号表达，上升时间由信号从低电平变化到高电平所需的时间表示，下降时间由信号从高电平变化到低电平所需的时间表示（符号中斜线经历的整个时间）。当比较两个信号时，在两个被比较的信号的上升沿或下降沿的中心位置测量延迟时间。在图 3-1 中的第一个下降符号信号中，在信号 B 和 C 以及 A 和 C 之间有一个下降时间的延迟。比较图 3-1 中信号 A 和 B 的第一个下降符号，时序图表明两者之间没有延迟。

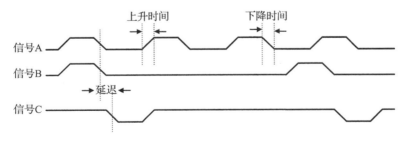

图 3-1　时序图示例

原理图相对于时序图来说要复杂得多。正如本章前面介绍的，原理图提供了一个电路中所有器件或单个元件内部更加详细的视图。图 3-2 是一个原理图的示例。

以下是一些有关原理图的约定和规则：

- 标题区位于每个原理图页面的底部，列出的信息包括但不限于电路的名称、负责设计的硬件工程师的姓名、日期以及从设计开始以来的修订信息；
- 使用原理图符号来表示电路中的各种组件（见附录 B）；
- 与元件的符号一起出现的还会有一个标明了元件的详细信息（尺寸、类型、额定功率等）的标签。元件符号的标签信息（例如集成电路的引脚编号、与导线关联的信号名称等）一般位于原理图符号的外侧；

- 缩写和前缀会用来表示常用的度量单位（即 k 代表千或 10^3，M 代表兆或 10^6），使用这些可以避免写出单位以及很多位数字；

- 元件的功能分组和子组通常会分放到不同的页面；

- I/O 以及电源 / 接地端。在一般情况下，电源正极端位于页面的顶部，负极 / 接地端位于页面底部。输入元件一般放在左边，而输出元件则位于右侧。

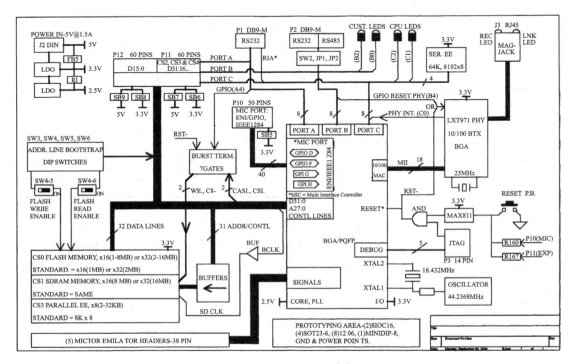

图 3-2   原理图示例[7]

最后，虽然本书介绍了如何了解不同的图并识别各种原理图符号以及它们所代表的器件等，但这并不能替代你研究学习所在行业使用的特定种类的图，无论是通过阅读其他材料或购买相关软件，还是询问负责设计图纸的硬件工程师需要遵循什么样的约定和规则。（比如，在原理图上标明电压源和接地端并非必需，并且可能不是负责制定原理图的人遵循的约定方案的一部分。但是任何电路都需要电压源和接地才能工作，所以不要害怕去询问。）至少在方框图和原理图中不应该包含为这个嵌入式项目（无论是开发软件还是在设计硬件原型）工作的任何人所不熟悉的内容。这意味着要熟悉从图的名称位于何处到图中显示的元件的状态是如何呈现的等所有内容。

学习如何学会读懂以及创建硬件图最有效的方法就是通过"Traister and Lisk"方法[10]，它的具体内容如下。

第一步：学习构成此类图的基本符号，例如时序符号或原理图符号。为了帮助学习这些符号，请重复这三个步骤。

第二步：尽可能阅读足够多的图，直到感觉读这些图觉得无聊（若如此则循环重复这些步骤）或者感觉很轻松顺畅（这说明你在读图时已不需要再查阅每个符号了）。

第三步：绘图来练习模拟已读过的图，直到感觉无聊（若如此则重复这些步骤）或者很顺畅。

3.2 嵌入式系统板和冯·诺依曼模型

在嵌入式设备中，所有的电子硬件都在一块板子上，也称为印制线路板（PW）或是印制电路板（PCB）。PCB 一般是由薄玻璃纤维板制成的。电路的电气路径用金属铜印制而成，铜可以承载连在板上的不同元件之间的电信号。组成电路的所有电子元件都通过焊接、插入插座或其他连接机制连到板子上。嵌

图 3-3　嵌入式系统板和嵌入式系统模型

入式系统板上的所有硬件都属于嵌入式系统模型的硬件层（见图 3-3）。

从最高的层次上来看，大多数电路板的主要硬件组件可以分为 5 个主要类别。

- 中央处理单元（CPU）：主处理器；
- 存储器：存储系统中的软件和数据；
- 输入设备：输入从处理器和相关电子元件；
- 输出设备：输出从处理器和相关电子元件；
- 数据通路 / 总线：与其他元件相互连接，为数据从一个元件传输到另一个元件提供一条"高速公路"，包括任何连接线、总线桥接器以及总线控制器。

这 5 类基于冯·诺依曼模型定义的主要元素（见图 3-4）—— 一个可以用来了解任何电子设备体系结构的工具。冯·诺依曼模型是约翰·冯·诺依曼在 1945 年发表的著作的成果，它定义了一个通用电子计算机的需求。由于嵌入式系统是计算机系统的一种，所以也可以用这个模型作为了解嵌入式系统硬件的手段。

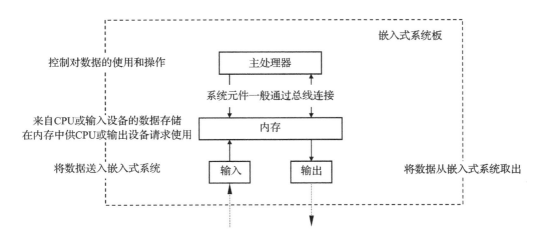

图 3-4　嵌入式系统板的组织结构[11]

尽管电路板的设计可以如图 3-5a ～ d 中的示例那样变化很大，但是这些嵌入式系统板（任何一块嵌入式系统板）上的所有主要组件都可以分为主 CPU、存储器、I/O 以及总线几个类别。

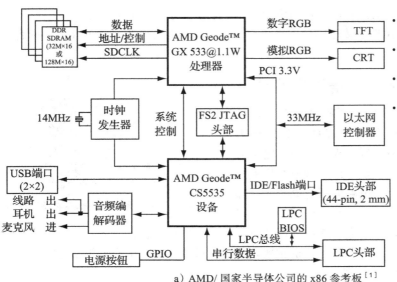

• 主处理器：Geode GX533@
  1.1w（x86）
• 存储器：ROM（内置BIOS）、
  SDRAM
• 输入/输出设备：CS5535、
  音频编解码器…
• 总线：LPC、PCI

a）AMD/ 国家半导体公司的 x86 参考板[1]

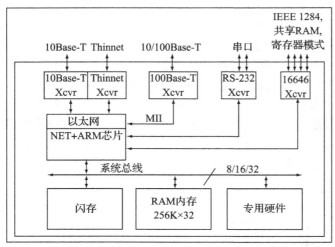

• 主处理器：Net+ARM ARM7
• 存储器：闪存及RAM
• 输入/输出设备：10/100M
  以太网收发器、Thinnet收发器、
  RS-232收发器、16646收发器，…
• 总线：系统总线、MII，…

b）Net Silicon 公司的 ARM7 参考板[2]

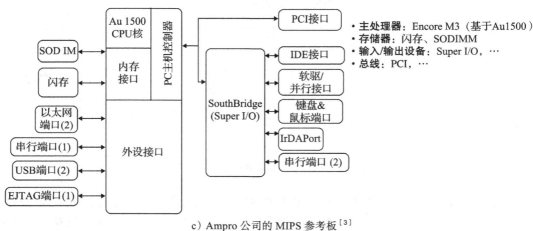

• 主处理器：Encore M3（基于Au1500）
• 存储器：闪存、SODIMM
• 输入/输出设备：Super I/O，…
• 总线：PCI，…

c）Ampro 公司的 MIPS 参考板[3]

图   3-5

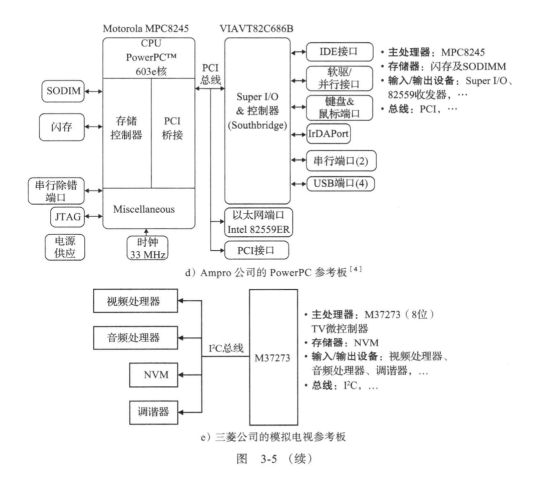

d）Ampro 公司的 PowerPC 参考板[4]

e）三菱公司的模拟电视参考板

图 3-5 （续）

要了解嵌入式系统板上的主要元件如何工作，首先了解这些元件的组成及其原理是很有用的。嵌入式系统板上的所有元件，包括在冯·诺依曼模型中介绍过的主要元件，是由相互连接的基本电子设备（包括导线、电阻器、电容器、电感器和二极管等）的一种或某些组合所构成的。这些设备还可以用来连接板子上的主要元件。从最高级别上来看，这些设备通常分为无源或有源元件。简而言之，无源器件包括导线、电阻器、电容器以及电感器等只能接收或存储能量的器件。有源器件包括诸如晶体管、二极管，以及集成电路等有能力产生、接受和存储能量的器件。在某些情况下，有源器件本身可以由无源器件构成。在无源和有源器件系列产品中，根据器件对电压和电流的不同响应，这些电路设备在本质上是不同的。

3.3 给硬件供电

功率是能量被消耗或系统做功的速率。这意味着在交流和直流电路中，板上每个元件的功率等于通过它的电流乘以加在它上面的电压（$P = VI$）。要确定某个指定的嵌入式板的功耗需求，必须准确地计算出板子上所有元件的功率及能量消耗。这是因为每个元件只能使用一种类型的电源，所以可能需要 AC/DC 转换器、DC/AC 转换器、直接 AC/AC 转换器等。此外，每个元件正常工作需要一定的功率，也会消耗一定的功率。通过这些计算来确定板上可以使用什么类型的电压源以及电压源需要的供电能力。

在嵌入式系统中，直流和交流的电压源都会用到，因为每项技术都有它的优点及缺点。

交流电更容易使用诸如风力或水力发电机组等进行大量生产。而使用电化学电池来产生大功率直流电则并不实用。另外，由于远距离传输电流时因导线的阻抗会造成显著的能量损失，所以大多数现代电力公司的设备是传输交流电到电源插座的，因为相对直流电来说，交流电更容易转换为更高或更低的电压。使用交流电，位于服务提供商那里的变压器可以有效地用较低的损耗来进行远距离输电。变压器是一个电能转换装置，且在转换过程中可以改变电流和电压。服务提供商从发电厂传输高电压低电流的交流电，然后在用户现场的变压器将电压降至所需要的值。另一方面，在极高的电压下，电线对于直流的电阻要比交流更小，因此在超长距离输电时用直流比用交流效率更高。

一些嵌入式系统板集成或插入了供电电源。电源可以是交流也可以是直流。当使用交流电源向只能使用直流供电的元件供电时，需要一个 AC/DC 转换器把交流电压转换为不同元件所需的更低的直流电压，通常为 3.3V、5V 或 12V。

注意：其他类型的转换器，例如 DC/DC、DC/AC 或者直接 AC/AC，可以用来处理具有其他供电要求的器件的电源转换需求。

其他嵌入式系统板或板上的元件（例如非易失性存储器，在第 5 章有详细的讨论）因为对大小有要求，采用电池作为电压源更为实用。电池供电的板子不依赖于发电厂的电力，它们为嵌入式设备提供了便携性，因为不需要插入电源插座取电。另外，由于电池提供的是直流电，所以对于要求直流供电的元件无需像使用电源及插座提供交流供电的板子那样要做交直流转换。然而，电池的寿命有限，必须进行充电或更换。

对模拟信号和数字信号的快评

数字系统仅处理数字数据，其数据表示只有 0 和 1。在大多数的板子中，用两个电压值分别代表"0"和"1"，所有的数据都表示为一些 0 和 1 的组合。没有电压（0V）表示为接地、V_{ss} 或低电平，而 3V、5V 或 12V 通常表示为 V_{cc}、V_{DD} 或高电平。系统中所有的信号都是两个电压值其中之一，或者正在转换到两个电压值之一。系统可以定义"0"为低电压，"1"为高电压，或者某个范围（如 0～1V）为低电压，4～5V 为高电压。其他信号可以定义为"1"或"0"的边沿（从低变高或从高变低）。

因为嵌入式系统板上的处理器等大多数主要组件本来就处理 0、1 数字信号，故而多数嵌入式硬件本质上是数字化的。然而，嵌入式系统仍可以处理连续的模拟信号（即不仅是 0 和 1，还可以在之间连续取值）。显然，电路板上需要有一种把模拟信号转换为数字信号的机制。模拟信号经过采样可以数字化，而数字化得到的数字数据也可以再转换回反映原始模拟波形的电压"波"。

实用建议

不精确的信号：模拟信号和数字信号的噪声问题

在模拟和数字信号领域都会面临的重要问题是噪声导致的输入信号失真，从而破坏并影响数据的准确性。噪声通常是指来源于某个输入信源的任何不期望的信号改变、输入信号中任何因传感器以外的因素产生的部分，甚至是传感器本身产生的噪声。噪声对于模拟信号是常见的问题。然而，对于数字信号，如果给嵌入式处理器的信号不是在本地生成的，则会面临更大的风险，因此通过较长传输介质的数字信号都更容易受到噪声的影响。

模拟噪声可能来自各种各样的源头——无线电信号、闪电、电源线、微处理器、模拟传感器件本身等。对数字噪声也一样，它可能来自用于计算机输入的机械触点、传输电源或数据的脏集电环、输入信源的准确性及可靠性的局限等。

减少模拟和数字噪声的关键是：

1. 遵循基本的设计指南以避免噪声问题。对于模拟噪声的情况，包括不要混用模拟和数字地，保持板上的敏感元件和电流开关元件间有足够的距离，限制低电平高阻抗信号的传输线长度等。对于数字噪声，这意味着要把信号线远离引入噪声的大电流线缆，信号线加屏蔽，使用正确的信号传输技术等。

2. 清楚识别导致问题的根源，也就是说，究竟是什么原因导致了噪声。

对于第二点，一旦找到了噪声的根源，就可以通过硬件或软件实施修正。减少模拟噪声的技术包括滤波去除不需要的频率分量以及对输入信号求均值，而对于数字噪声则通常是通过发送纠错码、校验位，或为系统板添加额外的硬件以修正数据接收中的任何问题。

参考：基于 J. Ganssle, *"Minimizing Analog Noise" (May 1997)*, *"Taming Analog Noise" (November 1992)*, *and "Smoothing Digital Inputs" (October 1992)*, Embedded Systems Programming Magazine.

3.4　基础硬件材料：导体、绝缘体和半导体

构成板子上所有电子器件或者连接到嵌入式系统板上的设备（如网络传输介质）的材料一般可以分为导体、绝缘体和半导体三类。区分这些类别的根据是材料导电能力的不同。虽然导体、绝缘体和半导体在给定了合适的外部条件后都可以导电，但导体对于电流的阻碍更小（意味着它们更容易得到或失去价电子），它们（恰巧）有 3 个或更少的价电子（见图 3-6）。

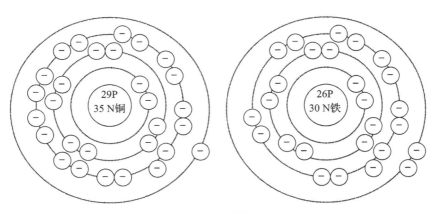

图 3-6　导体

大多数金属是导体，因为大多数金属元素具有的晶体结构不需要大量的能量来释放其原子的价电子。这些金属的原子晶格（结构）由紧密结合在一起的原子组成，价电子不与任何单独的原子紧密关联。也就是说，价电子同等地附于周围的原子上，且将它们依附于单个原子核上的力几乎为零。因此，在室温下释放这些电子所需的能量相对较小。例如总线和有线

传输介质是由一根或多根导电金属材料构成的。导线在原理图中通常使用一条直线"——"来表示（见附录 B）。在其他类型的电子图表中（比如方框图）也可以表示为箭头"← →"。

绝缘体一般有 5 个或更多的价电子（见图 3-7）并且阻碍电流通过。也就是说，如果不施加大量的能量它们不太可能失去或得到价电子。因此，绝缘体通常不是总线使用的主要材料。注意，对于某些较好的绝缘体，其晶格像导体一样排列的非常规则，其原子紧密结合。导体和绝缘体之间的主要区别在于价电子的能量是否足以克服原子间的任何势垒。如果能量足够，价电子就可以在晶格中自由活动。对于绝缘体，比如 NaCl（氯化钠，食盐），价电子需要克服的是巨大的电场。简而言之，与导体相比，绝缘体在室温下要释放价电子需要更多的能量。非金属（如空气、纸张、油、塑料、玻璃和橡胶）通常被视为绝缘体。

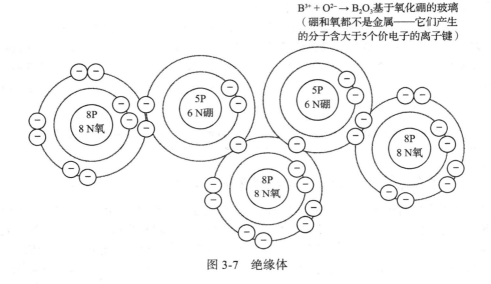

$B^{3+} + O^{2-} \to B_2O_3$基于氧化硼的玻璃
（硼和氧都不是金属——它们产生
的分子含大于5个价电子的离子键）

图 3-7　绝缘体

通过电磁波的无线传输

空气这种绝缘体传输数据的能力是无线通信的基础。数据通过有能力使接收天线中感应到电流的电磁波进行传输。天线基本上是一种导电线，其中的振荡电流能把电磁能量辐射到周边。简而言之，当电荷以光速振荡时就会产生电磁波，正如在天线中那样。电荷的振荡可以由很多因素（热量、交流电等）引起，但本质上所有元素在绝对零度以上时都会发出一些电磁辐射。所以热量可以产生电磁辐射，因为温度越高电荷振荡速度越快，所以辐射的电磁能量也越多。

当发射电磁波时，它会穿过（空气、物质等）原子间的空隙。电磁辐射被原子吸收，致使其自己的电子振荡，并在一段时间后发出与其吸收的波同频率的新的电磁波。当然，通常会用某种类型的接收器有意拦截其中一种波，而剩余的电磁波则会继续以光速无限传播下去（尽管它们的能量确实会随着传播距离的变远而减弱——波的幅度或强度大小与距离的平方成反比）。正是由于这个原因，不同类型的无线介质（例如第 2 章中讨论的，卫星对比蓝牙等）在其使用的设备和网络类型上以及接收机需要放置的位置上都有局限性。

半导体通常有 4 个价电子，它们属于其基本元素的导电性可以通过引入其他元素到其结构中而改变的材料类型。也就是说，半导体材料同时具备导体和绝缘体两者的行为能力。像硅和锗这些元素可以用这样的方式改变，从而使得它们的导电性介于绝缘体和导体之间。将这些基本元素变成半导体工艺的第一步是提纯。提纯后这些元素具有的晶格结构中原子和价电子被牢固束缚在一起，不能移动，成为强绝缘体。然后这些材料通过掺杂来增强其导电能力。掺杂是引入杂质的工艺过程，杂质使得硅和锗等绝缘结构与杂质的导电特性相互交织。称为施主的特定杂质（砷、磷、锑等）产生过剩电子形成 N 型半导体，而称为受主的其他杂质（如硼）产生电子不足而形成 P 型半导体材料（见图 3-8a、b）。

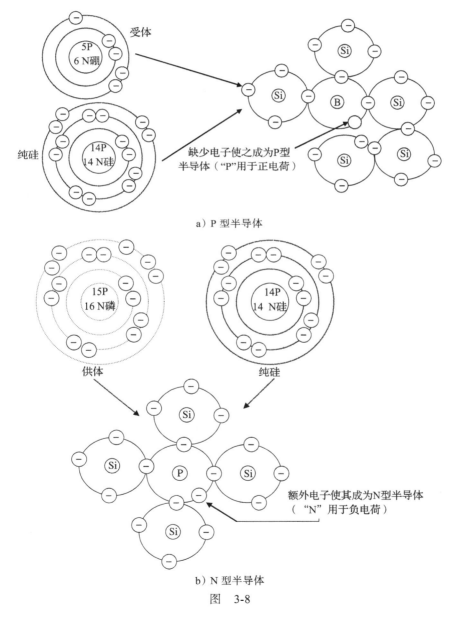

a）P 型半导体

b）N 型半导体

图　3-8

注意，事实上半导体通常有 4 个价电子是巧合（硅和锗都是 4 个价电子）。一个半导体是由价电子相对于晶格原子之间势垒的能量决定的。

3.5   电路板上和芯片中常见的无源元件：电阻器、电容器和电感器

包括导线在内的无源电子器件可以集成起来（与本章稍后讨论的半导体器件一起）构成处理器和存储器芯片。这些部件也可以是电路板上的电路中的一部分。下面几个小节介绍嵌入式系统板上常见的无源元件，主要包括电阻器、电容器和电感器。

3.5.1   电阻器

即便是最好的导体也会对电流的流动产生阻力。电阻器是由可以通过某种方式以允许电阻值增加的导电材料制成的器件。比如，通过将碳（导体）与绝缘材料（杂质）混合产生碳质电阻器。另一种制造电阻器的技术是通过改变材料的物理形状来改变其电阻值，例如将导线绕成线圈，就是绕线电阻器的结构。除了绕线电阻器和碳质电阻器之外，还有几种不同类型的电阻器，包括碳膜、箔丝缠绕、熔丝以及金属膜等电阻器。无论哪种类型，所有电阻器都提供固有的功能：在电路中产生对电流的阻力。电阻器是在 AC 或 DC 电路中通过对流经的电流或电压提供一定数量的阻力来控制电流或电压的手段。

因为电阻器（如欧姆定律 $V = IR$ 所反映出来的那样）可以用来控制电流和电压，所以它们通常可用于电路板上以及集成到处理器或存储器芯片的电路中，在需要的时候为电阻所连接的某种类型电路实现特定偏置（电压或电流）。也就是说，一组适当连接到电阻网络可以完成特定功能（作为衰减器、分压器、熔丝、加热器等）的电阻为某种类型的附加电路提供所需要的特定电压或电流值的调节。

给定两个电阻值完全相同的电阻器，基于电阻器制造方式的不同，在这两个电阻中选择一个用于特定的电路时，会考虑一系列属性，包括：

- 容差（%）：代表了在任何给定时间，给定标称电阻值的电阻器的精度大小。电阻器的实际阻值不应该超过"正或负"（±）标称的误差范围。通常，对误差越敏感的电路要求所使用的电阻器容差越严格（越小）。
- 额定功率：当电流经过电阻器时会产生热量以及某些其他形式的能量，如光能。额定功率表示电阻器可以安全地消耗多少功率。在大功率电路中使用较小功率的电阻器可能会导致电阻器烧熔掉，因为它不能像一个大功率电阻那样有效地释放其所产生的热量。
- 可靠性等级（%）：电阻器每使用 1000 小时电阻值可能发生多少变化。
- 电阻温度系数（TCR）：组成电阻的材料的电阻率会随温度的变化而变化。代表了相对于温度的变化电阻值变化的值称为温度系数。如果电阻器的电阻率不随温度的变化而变化，则它的温度系数为"0"。如果电阻率的变化和温度的变化同方向，那么它的电阻率为正数，如果是反方向关系，则电阻率为负数。例如，导体通常具有"正"温度系数，并且在室温下通常是最导电的（具有最小电阻值），而绝缘体在室温下通常具有更少的自由价电子。因此，由特定材料构成的电阻器在"室温"下显示出一些特性，且在较暖或较冷的温度下可测得电阻值有不同的变化，这会影响其最终可以用于哪些类型的系统（例如，可移动使用的嵌入式设备或仅用于室内使用的嵌入式设备）。

虽然有很多不同的方法用来制作电阻，每种电阻都有自己的属性，但在最高层上只分为两种：固定阻值的和可变阻值的。固定电阻器只有一个在制造时确定的不变的阻值。固定电

阻器由于制造方法不同有多种不同的类型和尺寸（见图3-9a），尽管物理外观上有差异，但是基于原理图标准代表它们的原理图符号是相同的（见图3-9b）。

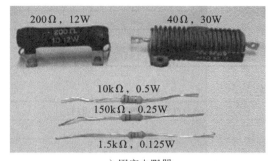

a）固定电阻器

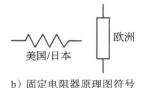

b）固定电阻器原理图符号

图　3-9

尺寸很小的固定电阻器很难在上面印制其阻值，其阻值是通过电阻器表面上的彩色编码环来计算的。这些彩色编码环看起来像垂直条纹（用于带有轴向引脚的固定电阻器），如图3-10a所示，或者位于电阻器上的不同位置，用于带有径向引脚的固定电阻器，如图3-10b所示。

a）固定电阻器和轴向引脚

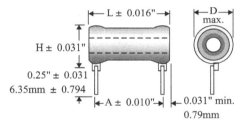

b）固定电阻器和径向引脚

图　3-10

电阻器还可以包括额外的色环代表其他属性，例如可靠性等级、温度系数和误差范围等。不同类型的固定电阻器色环的数量和类型可能不同，但是颜色定义一般相同。表3-2a～d说明了电阻器上色环的种类以及不同色环的含义。

表　3-2

a）电阻器颜色编码数字和倍数表[6]

色环颜色	数字	倍数
黑色	0	×1
棕色	1	×10
红色	2	×100
橙色	3	×1K
黄色	4	×10K
绿色	5	×100K
蓝色	6	×1M
紫色	7	×10M
灰色	8	×100M
白色	9	×1000M
银色	—	×0.01
金色	—	×0.1

b) 温度系数[6]

色环颜色	温度系数（×10⁻⁶）
棕色	100
红色	50
橙色	15
黄色	25

c) 可靠性级别[6]

色环颜色	可靠性等级（每 1000 小时）
棕色	1
红色	0.1
橙色	0.01
黄色	0.001

d) 容差[6]

色环颜色	容差（%）
银色	±10
金色	±5
棕色	±1
红色	±2
绿色	±0.5
蓝色	±0.25
紫色	±0.1

为了了解彩色编码是如何工作的，我们以一个带轴向引脚的五色环碳质电阻为例加以说明，其中色环在电阻表面排列成竖条纹，颜色如图 3-11 所示。色环 1 和 2 是数字，色环 3 是倍数，色环 4 是容差，色环 5 是可靠性。注意，电阻器上的色环数量和含义有很多种，我们给出的只是一个具体的例子，用于告诉你如何用表里面的信息确定电阻值以及其他属性。电阻器上前三条色环分别为红色 = 2，绿色 = 5，棕色 = ×10。因此该电阻器的阻值为 250Ω（红色和绿色表示的 2 和 5 是前两位数字，第三条棕色环" ×10"表示用 25 乘以 10，得到 250

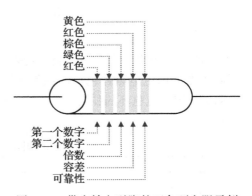

图 3-11   带有轴向引脚的五色环电阻示例

这个值）。考虑到电阻器的容差表示为红色环（即 ±2%），该电阻器的阻值为 250Ω±2%。第五条色环为黄色，指的是它的可靠性级别为 0.001%。就是说这个电阻器每使用 1000 小时它的阻值可能会从标称值（本例中为 250Ω±2%）改变不超过 0.001%。注意：电阻器的阻值单位为欧姆（Ω）。

可变电阻器可以动态地改变其电阻值，而不像固定电阻器那样天生只有唯一的电阻值。它们的电阻值可以手动进行调节（电位器），通过光来调节（光敏电阻），通过温度来调节（热敏电阻）。图 3-12a、b 分别展示了一些不同的可变电阻器的外观和原理图符号。

a）可变电阻器的外观

电位器　　　　光敏电阻　热敏电阻
b）可变电阻器原理图符号

图　3-12

3.5.2　电容器

电容器通常由以绝缘体分隔开的两个平行金属板的形式构成，中间的电介质可以是空气、陶瓷、聚酯或云母等，如图 3-13a 所示。

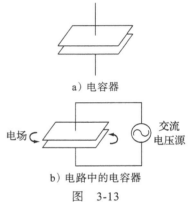

a）电容器

当两个平板连接到交流电压源时（见图 3-13b），两个板上会积聚相反的电荷—— 一个板中积聚正电荷，而另一个板中积聚负电荷。电子被电荷产生的电场所包围。电场从源极（这里是带电的金属板）向外和向下发射，场强随着远离源极而降低。在两个板之间产生的电场用于临时存储能量并保持不会放电。如果用一根导线连通两个电极板，电流将从中流过直到两个电极板放电完毕，或者如这里加了交流电压源的情况，当极性发生变化时，电极板就会放电。

电场　　　　　　　交流电压源

b）电路中的电容器

图　3-13

简而言之，电容器在电场中存储能量。类似电阻器，它们都会阻碍能量流动，但是与电阻器不同的是，电阻器必然会消耗部分能量且通常在交流和直流电路中都会使用，而电容器更多的时候用在交流电路中，并且在电极板放电时会将能量原样回馈到电路中。需要注意的是，根据电容器制造方法的不同，制造缺陷会导致电容器无法完美地工作，会以发热的方式产生一些非预期的能量损失。

> 任何紧邻位置的两个导体都可以看作电容器（空气为电介质）。这种现象称为极间电容。正是由于这一原因，在某些设备（涉及射频）中通过封闭某些电子元件以最小化这种现象。

当选择电容器用于特定电路时，需要考虑以下几种属性：

- 电容的温度系数：与 TCR 类似。如果电容器的电导不会随温度变化而变化，则它的温度系数为 0。如果电容器的电容值与温度变化的方向相同，则它的温度系数为"正"，如果相反则温度系数为"负"。
- 容差（%）：代表了在任何给定时间，给定标称电容值的电容器的精度大小。电容器的实际电容值不应该超过"正或负"（±）标称的误差范围。

与电阻器一样，电容器也可以集成到芯片中，用于从直流电源到无线电接收器和发射器等各种用到电容器的地方。有很多不同类型的电容器（可变的、陶瓷的、电解的、环氧树脂的，等等），可以通过导体板和电介质的材料，以及和电阻一样根据是否可以动态调节电容值来分类（见图 3-14a、b）。

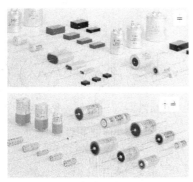

非极性/双极性固定　固定极性　可变

a）各种电容器　　　　　　　　　　　　b）电容器的原理图符号

图　3-14

3.5.3 电感器

和电容器一样，电感器可以在交流电路中存储电能。但电容器把能量临时存到电场中，而电感器则临时将能量存储到磁场中。这些磁场是由电子的运动产生的，并可以绘制成环绕在电流周围的圆圈（见图3-15a）。电子流动的方向决定了磁场的方向（见图3-15b）。

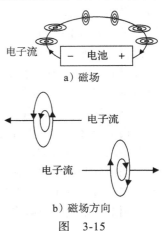

电子流　电池　+

a）磁场

所有材料（甚至是导体）都有电阻，并因此释放一些能量。其中的一部分能量存储在环绕导线的磁场中。电感是能量在因电流流经导线而在其周围产生的磁场中的存储（类似电容，会有非预期的分布电感产生）。当电流发生变化时，就像在交流电路中发生的那样，磁场也会改变，即"带电物体感应电动势"（法拉第电磁感应定律）。由于电流增大而使得磁场扩展，意味着将被电感器存储的能量增加，而由于没有电流导致的磁场瓦解将会使能量返回电路中。电流的变化反映在电感的度量中。度量单位为亨利（H），电感是电感器两端电压与电流的变化的比值。

电子流

电子流

b）磁场方向

图　3-15

如上所述，有电流经过导线都会产生电感，只不过比较小而已。尽管电感器可以由一根导线或一组导线构成，但绕成线圈的导线的磁通量远高于直导线，因此大多数常见的电感器都是由线圈组成的。在螺旋线圈中间添加某种铁氧体或铁粉制作的铁芯代替空芯，会使磁通密度增大许多倍。图3-16a、b展示了一些常见的电感器及其对应的原理图符号。

空芯　铁芯

a）电感器的外观　　　　　　　　　　　b）电感器的原理图符号

图　3-16

确定电感的属性包括线圈的匝数（匝数越多，电感越大）、线圈的直径（与电感大小成正比）、线圈的整体造型（圆柱形／螺线管、环形等）和绕制线圈导线的总长度（越长则电感越小）。

3.6　半导体以及处理器和存储器的有源构建模块

虽然 P 型半导体和 N 型半导体是半导体的两种基本类型，正如 3.4 节中讨论的，但当它们各自单独存在时，通常并没有多大用处。这两种类型的半导体必须结合起来才有实用价值。当 P 型半导体和 N 型半导体结合在一起时，接合点被称为 P-N 结，它像一个单向通行的门一样允许电子根据材料的极性单向流动。P 型和 N 型半导体材料形成了一些最常见的基本电子元件，作为处理器和存储器芯片中的主要构件模块：二极管和晶体管。

3.6.1　二极管

二极管是由 N 型和 P 型两种材料连接在一起组成的半导体器件。每种材料引出一个引脚；一个是阳极，在图 3-17b 中的原理图符号中标记为 "A"，另一个是阴极，在图 3-17b 中的原理图中标记为 "C"。

a）二极管和发光二极管
b）二极管的原理图符号

图　3-17

两种材料一起工作保证电流只能单向流动。只要阳极的电压较高（正），电流就会从阳极流向阴极，这种情况称为正向偏置。这种状态下电流的流动是因为来自电压源的电子穿过二极管的 N 型半导体材料被吸引到了 P 型半导体材料中（见图 3-18a）。

当阴极的电压较高（正）时，电流不会流过二极管，此时二极管的作用类似一个可以根据反向电压的变化来改变电容值的可变电容器。这种情况称为反向偏置。在这种情况下（见图 3-18b），电子被拉出二极管中的 P 型半导体材料，形成一个耗尽区域，围绕在 P-N 结周围的部分不带电荷，起到绝缘体的作用，阻止电流流过。

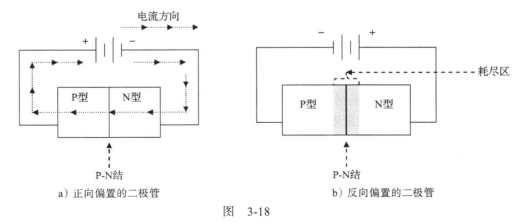

a）正向偏置的二极管
b）反向偏置的二极管

图　3-18

有几种不同类型的二极管，每种都有自己的常见用途，例如通过保持极性不变把交流转换为直流的整流二极管，作为开关的 PIN 二极管，用于电压调节的齐纳（稳压）二极管。电路板上最好识别的二极管是发光二极管（LED），发光二极管工作原理如图 3-19 所示。LED 是闪烁的或常亮着的指示灯，基于不同的设计，可以用 LED 来指示系统上电、系统故障、遥控信号等。LED 被设计为当电路正向偏置时可以发出可见光或红外（IR）光。

最后请记住，更高级别的半导体逻辑是基于二极管的耗尽效应。该效应产生了一个势垒比平均价电子的能量更高的区域，且此势垒可被电压所影响。

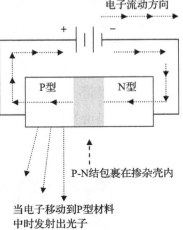

图 3-19　正向偏置的 LED

3.6.2　晶体管

晶体管 "Transistor" 是 "current-transferring resistor"（传输电流的电阻）的缩写。[5] 晶体管是由 N 型半导体和 P 型半导体材料组合而成的，有三端子连接到组成它的三部分（见图 3-20a）。这些材料的组合和多样性，产生了多种类型的晶体管，使它们能够用于各种用途，例如电流放大器（放大）、振荡器（振荡）、高速集成集成电路（IC，本章后面会讨论到）以及开关电路（DIP 开关、按钮等，如通常在现成参考板上可以看到的那些）。虽然有多种不同类型的晶体管，但其中两个主要类型是双极性结型晶体管（BJT）和场效应晶体管（FET）。

BJT 也称为双极型晶体管，由三个交替的 P 型和 N 型材料组成，并根据这些材料的不同组合分成子类型。双极型晶体管有 NPN 和 PNP 两个主要的子类型。正如其名称所示，PNP BJT 是由一个薄的 N 型材料和被其分开的两部分 P 型材料所构成，而 NPN 晶体管则是由一个薄的 P 型材料和被其分开的两部分 N 型材料所构成。如图 3-20a、b 所示，每个部分都引出一个端子（电极）：发射极、基极和集电极。

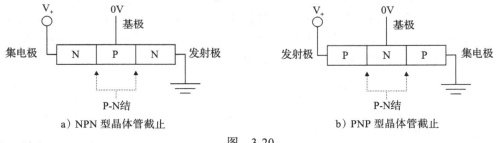

图　3-20

当 NPN BJT 截止时（见图 3-20a），发射极的电子无法通过 P-N 结流动到集电极，因为基极无偏置电压（0V）来迫使电子通过 P-N 结。

要使 NPN 管导通（见图 3-21a），必须在基极施加正向电压并输入电流，以使发射极释出电子被吸引到 P 型的基极，并且由于基极材料很薄，这些电子便流向了集电极。这样就形成了从集电极到发射极的（正向）电流。这个电流是基极电流和集电极电流的组合，而且基极电压越大，发射极的电流也越大。图 3-21b 展示了 NPN BJT 的原理图符号，其中包含一个箭头指示当晶体管导通时发射极输出电流的方向。

当 PNP BJT 截止时（见图 3-20b），集电极的电子不能通过 P-N 结流动到发射极，基极的 0V 电压足够阻止电子流动。要使 PNP BJT 导通（见图 3-22a），基极需要一个负电压来使允许电极的流出正向电流，同时基极也会流出小电流。图 3-22b 展示了 PNP BJT 的原理图符号，其中包含一个箭头指示当晶体管导通时发射极流入电流的方向。

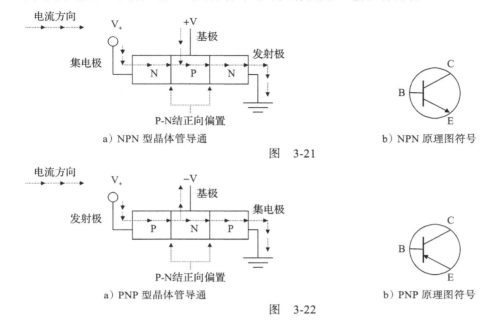

a）NPN 型晶体管导通　　　　　　　　b）NPN 原理图符号

图　3-21

a）PNP 型晶体管导通　　　　　　　　b）PNP 原理图符号

图　3-22

　　简而言之，PNP 和 NPN 晶体管以同样的方式工作，但给出了相反的电流方向、P 型和 N 型构成结构以及基极电压的极性。

　　类似 BJT，FET（场效应管）也是由 P 型和 N 型半导体组合而成。类似 BJT，FET 也有三个端子，但是分别命名为源极、漏极和栅极（见图 3-23）。场效应管工作时只需要电压来控制而不需要偏置电流。此外，场效应管根据功能和设计的不同区分子类型，主要包括金属氧化物半导体场效应管（MOSFET）和结型场效应管（JFET）。

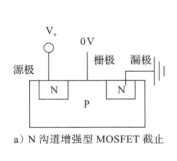

a）N 沟道增强型 MOSFET 截止

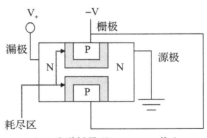

b）N 沟道耗尽型 MOSFET 截止

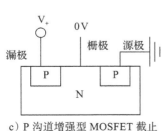

c）P 沟道增强型 MOSFET 截止

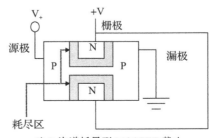

d）P 沟道耗尽型 MOSFET 截止

图　3-23

MOSFET 又分为几类,其中主要的两类是增强型 MOSFET 和耗尽型 MOSFET。类似 BJT,增强型 MOSFET 在栅极加上电压后会减小对电流的阻碍作用。而耗尽型 MOSFET 附加栅极电压的效用则恰恰相反:它们增大了对电流的阻碍作用。这两类 MOSFET 还可以根据其是否是 P 沟道或者 N 沟道晶体管进一步分类(见图 3-23a ~ d)。

在 N 沟道增强型 MOSFET 中,源极和漏极是 N 型(负电荷)半导体材料,并位于 P 型(正电荷)半导体材料之上。在 P 沟道增强型 MOSFET 中,源极和漏极是 P 型(正电荷)半导体材料,并位于 N 型(负电荷)半导体材料之上。当栅极没有附加电压时,这些晶体管处于截止状态(见图 3-23a、c),因为没有从源极到漏极(对于 N 沟道增强型 MOSFET)或者从漏极到源极(对于 P 沟道增强型 MOSFET)的电流的通路。

当施加负电压到栅极以形成耗尽区(电流不能流过的区域),致使电子因供电流通过的通道变小而更加难以流过晶体管时,N 沟道耗尽型场效应管处于截止状态(见图 3-23b)。加在栅极的负电压绝对值越大,耗尽区也越大,电子可以流过的通道也就越小。在图 3-23d 中,可以看到对于 P 沟道耗尽型 MOSFET 也是如此,不同的是,因为相反的材料类型(极性)因而附加到栅极的是正电压而非负电压来使得晶体管截止。

当在栅极附加正电压时,N 沟道增强型 MOSFET 处于导通状态。这是因为附加正电压后使得 P 型材料中的电子被吸引到栅极下方,在源极和漏极之间产生了一个电子通道。故而由于在另一端的漏极有正电压,电流将通过这个电子通道从漏极(和栅极)流向源极。相反的,对于 P 沟道增强型 MOSFET,在栅极附加负电压时导通。这是因为加上负电压后负电压源的电子被吸引到栅极下方,在源极和漏极间形成电子通道。于是由于另一端的源极上有正电压,电流将通过这个电子通道从源极流向漏极和栅极(见图 3-24a、c)。

耗尽型 MOSFET 本身是导电的,在到 N 沟道或 P 沟道耗尽型 MOSFET 的栅极没有附加电压时,其本身就有一个较宽的可供电子自由流动的通道,对于 N 沟道耗尽型 MOSFET,电流从源极流到漏极,对于 P 沟道耗尽型 MOSFET,电流从漏极流到源极(见图 3-24b、d)。

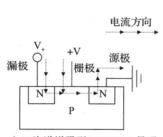

a)N 沟道增强型 MOSFET 导通

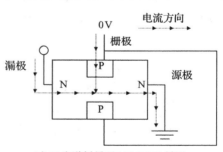

b)N 沟道耗尽型 MOSFET 导通

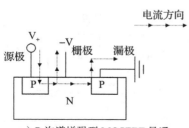

c)P 沟道增强型 MOSFET 导通

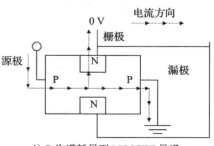

d)P 沟道耗尽型 MOSFET 导通

图 3-24

在图 3-25 中，可以看到增强型和耗尽型、N 沟道和 P 沟道 MOSFET 的原理图符号中包含一个
箭头，用来指示晶体管导通时电流的方向，对
于 N 沟道耗尽型和增强型 MOSFET，电流从
栅极和漏极到源极，对于 P 沟道耗尽型和增
强型 MOSFET，电流从源极到栅极和漏极。

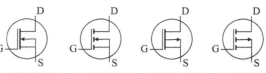

图 3-25　MOSFET 原理图符号

JFET（结型场效应管）分为 N 沟道和
P 沟道 JFET 两个子类，与耗尽型 MOSFET
一样，在栅极附加电压后将更阻碍电流流动。如图 3-26a 所示，N 沟道 JFET 由连接到 N 型
材料的源极和漏极以及连接 N 型材料两侧的 P 型部分的栅极组成。而 P 沟道 JFET 与之配置
相反，漏极和源极连接到 P 型材料，而栅极连接到 P 型材料两侧的 N 型部分（见图 3-26b）。

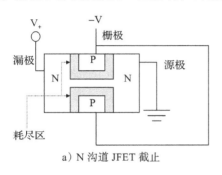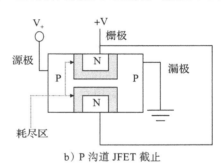

a）N 沟道 JFET 截止　　　　　　　　　　b）P 沟道 JFET 截止

图　3-26

要使 N 沟道 JFET 截止，必须在栅极附加负电压（见图 3-26a）以产生一个耗尽区域（电流
不能流过的区域），致使电子因为供电流通过的通道变小更加难以流过晶体管。负电压绝对值越
大，耗尽层也就越大，可供电子流动的通道越小。如图 3-26b 所示，对于 P 沟道 JFET 也是如
此，只是因为材料类型相反，所以附加到栅极的是正电压而非负电压，进而使得晶体管截止。

在没有电压加到 N 沟道或 P 沟道 JFET 的栅极时，其本身就存在一个较宽的可供电子自
由流动的通道。对于 N 沟道 JFET，电流从源极流到漏极，对于 P 沟道 JFET，电流从漏极
流到源极。此时，JFET 晶体管处于导通状态（见图 3-27a、b）。

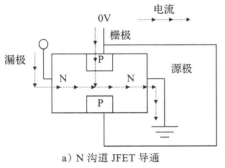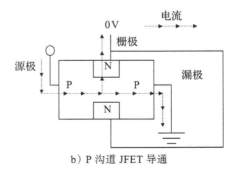

a）N 沟道 JFET 导通　　　　　　　　　　b）P 沟道 JFET 导通

图　3-27

如图 3-28 所示，N 沟道和 P 沟道 JFET 晶体管的原理图符号中包含一个箭头，用来指
示导通时电流的方向。对 N 沟道来说，从漏极和栅极流到源极；对 P 沟道来说，从源极流
到栅极和漏极。

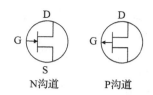

N沟道　　　　P沟道

图 3-28　结型场效应管原理图符号

再说一次,还有其他类型的晶体管(例如,单结晶体管),但基本上所有晶体管之间的主要差异包括:尺寸(例如,FET 通常可以设计得比 BJT 占用更少的空间)、价格(FET 可以比 BJT 更便宜且更容易制造,因为它们只通过电压进行控制)、用途(FET 和单结晶体管通常用作开关功能,BJT 常用于放大电路)。简而言之,晶体管是嵌入式系统板上更复杂的电路设计中的最关键要素之一。下面几节将说明如何使用它们。

3.6.3　从基本的门电路构建出更复杂的电路

可以作为开关使用的晶体管(如 MOSFET),任何时候都处于两种工作状态之一:开(1)或关(0)。MOSFET 应用在开关电路中,其中作为开关的晶体管通过导通和截止来控制电子在导线上的流动。这是因为嵌入式硬件是通过像 MOSFET 这样的晶体管可以在能够存储或处理比特位的电路中使用的比特位(0 和 1)的各种组合来进行通信的,这些类型的晶体管可以作为开关功能给出 0 或 1 这样的值。事实上,晶体管和诸如二极管、电阻这样的电子器件一起,是更复杂的被称为逻辑电路或门的电子开关电路的主要构建模块。门被设计用来执行二进制逻辑运算,如与、或、非、或非、与非、异或。这些运算是被程序员使用并由硬件处理的所有数学和逻辑功能的基础。因为对应于逻辑运算,所以门电路被设计为具有一个或多个输入以及一个输出,支持执行二进制逻辑运算的需求。图 3-29a、b 给出了一些逻辑二进制运算的真值表的示例,以及晶体管(这里仍用 MOSFET 为例)可以构造这些门电路的多种可能方法中的其中一种方法。

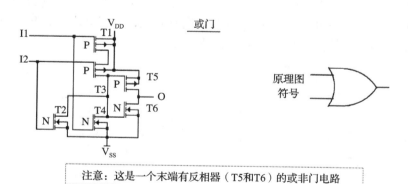

注意:这是一个末端有反相器(T5和T6)的或非门电路

I1 = 0, I2 = 0 then O = 0	I1 = 0, I2 = 1 then O = 1
I1 (0) "NOR" I2 (0) resulted in O = 1, thus inverted is O = 0	I1(0) "NOR" I2 (1) Resulted in O = 0, thus inverted is O = 1
I1 = 1, I2 = 0 then O = 1	I1 = 1, I2 = 1 then O = 1
I1(1) "NOR" I2 (0) Resulted in O = 0, thus inverted is O = 1	I1(1) "NOR" I2 (1) Resulted in O = 0, thus inverted is O = 1

a)逻辑二进制运算的真值表

图　3-29

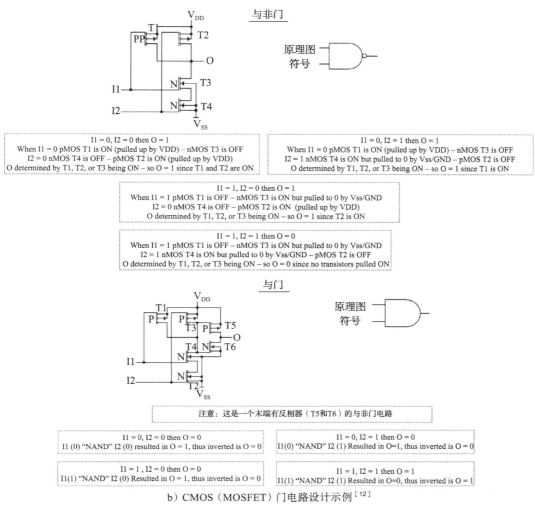

b）CMOS（MOSFET）门电路设计示例[12]

图 3-29　（续）

3.6.4　时序逻辑和时钟

逻辑门能够以许多不同方式的组合实现更有用更复杂的逻辑电路（称为时序逻辑），例如具有某种类型的存储功能的电路。为了实现这一点，必须有一个用来遵循的连续的过程序列以随时存储和检索数据。时序逻辑通常是基于两种模型：时序或组合电路设计。这些模型的区别在于门改变状态的触发条件不同以及改变状态的结果（输出）不同。所有的门都处于某些有定义的"状态"，这些定义包括与门相关的当前值，以及当状态改变时门的任何相关行为。

如图 3-30 所示，时序电路提供可以基于当前输入值的输出结果，以及在反馈回路中之前的输入和输出。时序电路可以同步或异步地改变状态。异步时序电路只要当输入变化时就改变状态，同步时序电路根据连接到电路的时钟发生器产生的时钟信号来改变状态。

几乎每一个嵌入式系统板都会有一个振荡器，这个电路的唯一目的是产生某种类型的重复信号。数字时钟发生器（或简称时钟）是产生方波信号的振荡器（见图 3-31）。不同的组件可能需要产生各种不同波形（正弦波、脉冲、锯齿波）的振荡器来驱动它们。对于由数字时钟驱动的组件来说，需要的是方波。波形为方形是因为时钟信号连续不停地从 1 变成 0 再从 0 变成 1。同步时序电路的输出与该时钟同步。

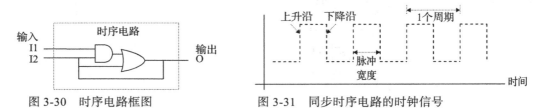

图 3-30 时序电路框图   图 3-31 同步时序电路的时钟信号

通常使用的时序电路（同步和异步）是多谐振荡器，逻辑电路设计使其一个或多个输出信号反馈到输入端。多谐振荡器的子类型有非稳态、单稳态及双稳态几种，具体是哪种要根据它们保持稳定时的状态来区分。单稳态（或单次）多谐振荡器是只有一个稳定状态的电路，并对某些输入触发信号只产生一次输出响应；双稳态多谐振荡器具有两种稳定状态（0 或 1），并可以无限期保持在任一状态；而非稳态多谐振荡器没有可以稳定保持的状态。锁存器是双稳态多谐振荡器的例子。锁存器是多谐振荡器，因为其输出信号反馈到输入，并且它是双稳态的，它能稳定保持在两种可能的输出状态：0 或 1。锁存器包含几个子类型（S-R 锁存器、门控 S-R 锁存器、D 锁存器等）。图 3-32 演示了如何用基本的逻辑门组成不同类型的锁存器。

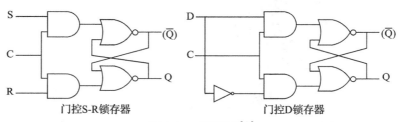

图 3-32 锁存器[8]

在处理器和存储器中，最常用的一种锁存器就是触发器。触发器是时序电路，因其在两个状态（0 和 1）之间（因触发）交替切换状态且输出跟着切换（如从 0 变到 1，或从 1 变为 0）的功能而得名。触发器有多种类型，但都属于同步或异步两大类。触发器和大多数时序逻辑可以由多种门电路的不同组合来实现，所有的实现方式都可以得到相同的结果。在图 3-33 中是一个同步触发器的示例，确切地说是一个边沿触发的 D 触发器。这种类型的触发器在方波使能信号的上升沿或下降沿触发改变其状态，换句话说，它只有在接收到来自时钟的触发信号时才会改变状态，从而改变其输出。

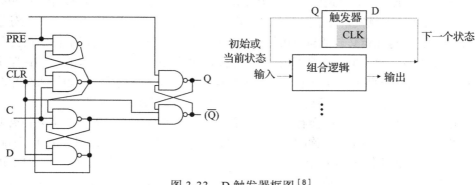

图 3-33 D 触发器框图[8]

类似时序电路，组合电路可以有一个或多个输入且只有一个输出。不过两者的主要区别在于，组合电路的输出仅取决于当前时刻施加的输入，它是时间的函数，且"无"过去的条件。而时序电路则不同，例如其输出可以基于被反馈到其输入的之前的输出结果。图 3-34 是一个组合电路的示例，它本质上是一个没有反馈回路的电路。

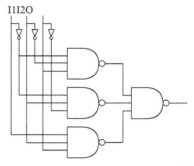

图 3-34　组合电路（无反馈回路）[9]

到目前为止，本章介绍的所有逻辑门以及其他电子器件都是用于更复杂电路的构建模块，这些更复杂的电路可以实现任何功能，包括内存中的数据存储到处理器中，对数据进行的数学计算等。存储器和处理器本身都是由复杂电路构成的集成电路（IC）。

3.7　全部整合到一起：集成电路

门电路与包含在电路中的其他的电子器件一起，可以打包起来形成一个独立器件，称为集成电路（IC）。IC 也称为芯片，通常依据其包含的晶体管和其他电子器件的数量来分类：

- SSI（小规模集成电路）：每片包含不超过 100 个电子元件；
- MSI（中规模集成电路）：每片包含 100 ~ 3 000 个电子元件；
- LSI（大规模集成电路）：每片包含 3 000 ~ 100 000 个电子元件；
- VLSI（超大规模集成电路）：每片包含 100 000 ~ 1 000 000 个电子元件；
- ULSI（特大规模集成电路）：每片包含超过 1 000 000 个电子元件。

集成电路以多种不同形式被物理封装起来，其封装形式包括单列直插（SIP）、双列直插（DIP）、扁平封装以及其他多种方式（见图 3-35）。它们基本上都是带有引脚的小方块的样子。引脚用来将 IC 连接到电路板子上。

将众多电子元件物理封装在一个 IC 中有其优点也有其缺点，例如：

- 尺寸：集成电路比起对应的分立元件电路紧凑得多，允许用于更小更先进的设计；
- 速度：用于 IC 器件互连的总线比起同等的分立元件电路来说，短小得多，因而速度也更快；
- 功率：IC 通常要比对应的分立元件电路功率更低；

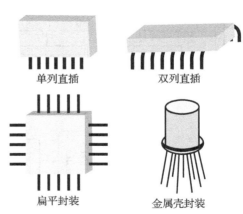

图 3-35　集成电路的封装

- 可靠性：物理封装能够使得 IC 中的元件免受干扰（灰尘、热、腐蚀等），因此比起将器件全部曝露在板子上要可靠得多；
- 调试：通常更换一个集成电路比试图在 100 000 个元件中除错要简单得多；
- 可用性：并不是所有的器件都能放到 IC 中，尤其是那些会大量发热的器件，比如大电感器和高功率放大器等。

简而言之，嵌入式系统板上的主处理器、从处理器还有存储器都是集成电路（见图 3-36a ~ e）。

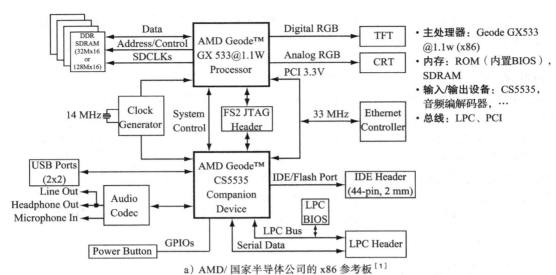

a) AMD/ 国家半导体公司的 x86 参考板[1]

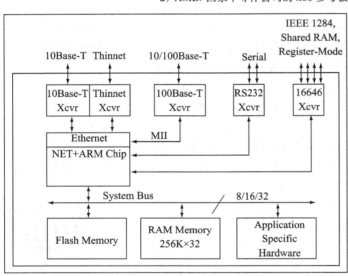

b) Net Silicon 公司的 ARM7 参考板[2]

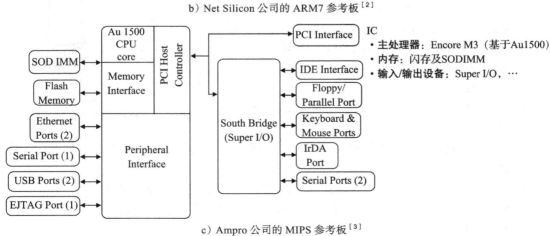

c) Ampro 公司的 MIPS 参考板[3]

图 3-36

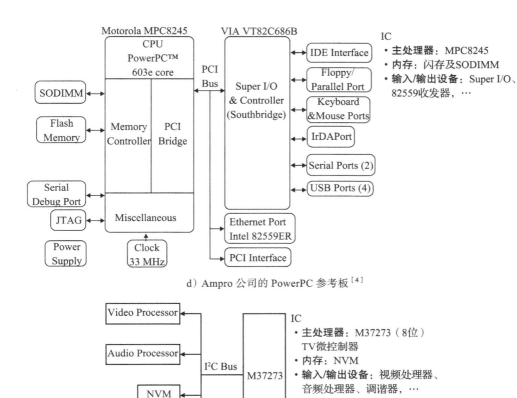

d）Ampro 公司的 PowerPC 参考板[4]

e）三菱公司的模拟电视参考板

图 3-36 （续）

3.8 小结

本章的目的是讨论嵌入式系统板上主要的功能性硬件组件。这些组件包括主处理器、存储器、I/O 和总线这些冯·诺依曼模型的基本组成部分。本章还讨论了构成冯·诺依曼模型中的组件的无源与有源电子元件，如电阻器、电容器、二极管和晶体管等。之后展示了如何用这些基本组件构成可以集成到嵌入式系统板中的更复杂的电路，如门电路、触发器以及集成电路等。最后，介绍并讨论了读懂硬件技术文档（如时序图和原理图）的重要性以及如何读懂的方法。

下一章通过介绍不同的指令集体系结构（ISA）模型，以及如何应用冯·诺依曼模型在处理器内部设计中实现 ISA 等内容，来介绍嵌入式处理器的设计细节。

习题

1. [a] 什么是冯·诺依曼模型？

[b] 冯·诺依曼模型中定义的主要要素有哪些？

[c] 根据图 3-37a、b 给出的方框图，以及第 3 章中的数据手册文件 "ePMC-PPC" 和 "sbc-ARM7"，指出图中与冯·诺依曼模型中的主要要素相对应的部分。

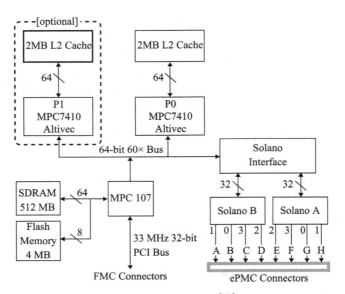

a) PowerPC 板的框图[13]

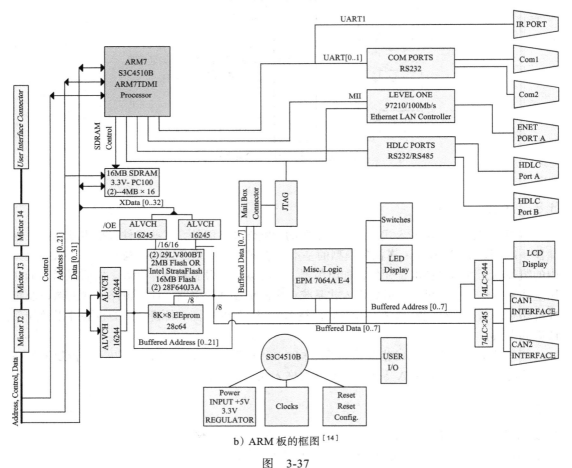

b) ARM 板的框图[14]

图　3-37

2. [a] 根据图 3-38 给出的简单手电筒示意图，画出对应的原理图。

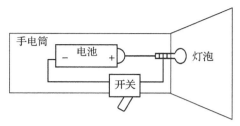

图 3-38　简单手电筒[15]

[b]阅读图 3-39 给出的原理图，识别其中的各种符号。

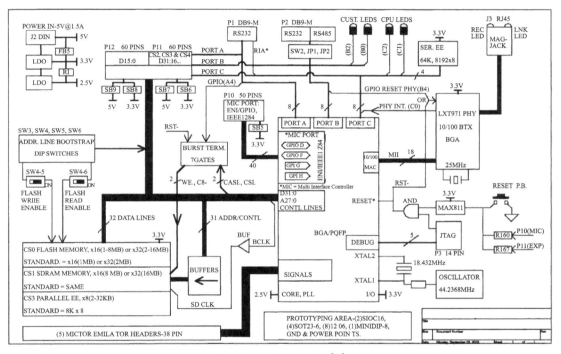

图 3-39　原理图示例[7]

3.[a] 构成嵌入式系统板上的各种元件的基本原材料是什么？

　　[b] 这些材料之间的主要区别是什么？

　　[c] 对每种材料举出两个例子。

4. 导线是：

　　A. 非绝缘体

　　B. 导体

　　C. 半导体

　　D. A 和 B 都对

　　E. 以上都不对

5.[T/F] 在 P 型半导体中存在多余的电子。

6.[a] 无源电路元件和有源电路元件的区别是什么？

　　[b] 分别说出 3 个无源元件和有源元件。

7. [a] 通过读图 3-40 中固定电阻器的色环信息并参考表 3-3a ～ d 的内容来解释图中电阻的各种属性。

   [b] 计算它的电阻值。

8. 电容器在哪里存储能量？

   A. 磁场

   B. 电场

   C. 以上都不对

   D. 以上都对

9. [a] 电感器在哪里存储能量？

   [b] 当电流发生变化时对电感器会有怎样的影响？

10. 什么特性不会影响导线的电感？

   A. 导线的直径

   B. 线圈的直径

   C. 线圈的匝数

   D. 构成导线的材料类型

   E. 构成线圈的导线总长度

   F. 以上都不会

11. 什么是 P-N 结？

12. [a] 什么是 LED ？

   [b] LED 是如何工作的？

13. [a] 什么是晶体管？

   [b] 晶体管是如何构成的？

14. [T/F] 图 3-41 展示的 NPN BJT 晶体管是截止的。

15. 在图 3-42a ～ d 中，哪一个描述的是导通的 P 沟道耗尽型 MOSFET ？

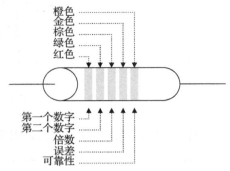

图 3-40   固定电阻器

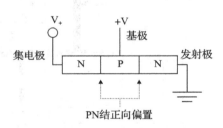

图 3-41   NPN 双极型晶体管

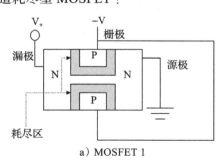

a) MOSFET 1

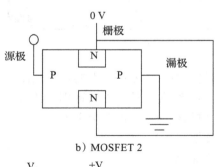

b) MOSFET 2

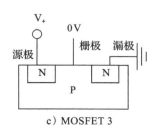

c) MOSFET 3

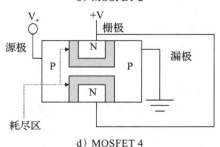

d) MOSFET 4

图   3-42

16. [a] 什么是门电路？

　　[b] 门电路通常设计用来实现什么功能？

　　[c] 画出逻辑二进制运算非、与非、与的真值表。

17. [a] 绘制并描述用 CMOS（MOSFET）晶体管构造的非门。

　　[b] 绘制并描述用 CMOS（MOSFET）晶体管构造的与非门。

　　[c] 绘制并描述用 CMOS（MOSFET）晶体管构造的与门。

18. 什么是触发器？

19. [a] 什么是集成电路？

　　[b] 给出并描述根据所包含元件的数量对集成电路的分类。

20. 在第 1 题给出的图 3-37a、b 中指出至少 5 个集成电路。

尾注

[1] National Semiconductor, Geode User Manual, Revision 1, p. 13.

[2] Net Silicon, Net + ARM40 Hardware Reference Guide, pp. 1–5.

[3] EnCore M3 Embedded Processor Reference Manual, Revision A, p. 8.

[4] EnCore PP1 Embedded Processor Reference Manual, Revision A, p. 9.

[5] *Teach Yourself Electricity and Electronics*, p. 400, S. Gibilisco, McGraw-Hill/TAB Electronics, 3rd edn, 2001.

[6] *Practical Electronics for Inventors*, p. 97, P. Scherz, McGraw-Hill/TAB Electronic, 2000.

[7] Net Silicon, Net50BlockDiagram.

[8] *Electrical Engineering Handbook*, pp. 1637–1638, R. C. Dorf, IEEE Computer Society Press, 2nd edn, 1998.

[9] *Embedded Microcomputer Systems*, p. 509, J. W. Valvano, CL Engineering, 2nd edn, 2006.

[10] *Beginner's Guide to Reading Schematics*, p. 49, R. J. Traister and A. L. Lisk, TAB Books, 2nd edn, 1991.

[11] *Foundations of Computer Architecture*, H. Malcolm. Additional references include: *Computer Organization and Architecture*, W. Stallings, Prentice-Hall, 4th edn, 1995; *Structured Computer Organization*, A. S. Tanenbaum, Prentice-Hall, 3rd edn, 1990; *Computer Architecture*, R. J. Baron and L. Higbie, Addison-Wesley, 1992; *MIPS RISC Architecture*, G. Kane and J. Heinrich, Prentice-Hall, 1992; *Computer Organization and Design: The Hardware/Software Interface*, D. A. Patterson and J. L. Hennessy, Morgan Kaufmann, 3rd edn, 2005.

[12] Intro to electrical engineering website, http://ece-web.vse.gmu.edu/people/full-time-faculty/bernd-peter-paris.

[13] Spectrum signal processing, http://www.spectrumsignal.com/Products/_Datasheets/ePMC-PPC_datasheet.asp.

[14] Wind River, Hardware Reference Designs for ARM7, Datasheet.

[15] *Beginner's Guide to Reading Schematics*, p. 52, R. J. Traister and A. L. Lisk, TAB Books, 2nd edn, 1991.

嵌入式处理器

本章内容

- ISA 的定义及其详细描述的内容
- 与冯·诺依曼模型有关的处理器内部设计
- 处理器性能

处理器是嵌入式系统板最主要的功能模块，主要负责处理指令和数据。一个电子设备至少包括一个主处理器，主处理器作为中心控制部件可以有很多附加的从处理器，从处理器受控于主处理器，并与主处理器协同工作。这些从处理器可以用于拓展主处理器的指令集，也可以用于管理内存、总线以及 I/O 接口等设备。在如图 4-1 所示的 x86 系列的参考板中，Atlas STPC 是主处理器，super I/O 控制器和以太网控制器为从处理器。

如图 4-1 所示，嵌入式系统板是以主处理器为中心进行设计的。通常，主处理器的复杂程度决定了它是一个微处理器还是微控制器。一般来说，微处理器仅包含很少的集成存储器和 I/O 接口，而微控制器则将大部分的系统存储器和 I/O 接口集成在一块芯片上。然而，需要注意的是，这些传统意义上的定义已经不能严格地适用于现代处理器的设计了。例如，微处理器也越来越集成化了。

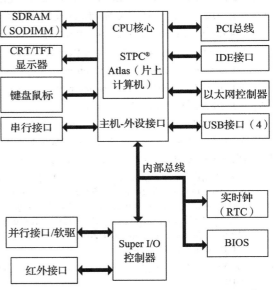

图 4-1　Ampro 公司的 Encore 400 系统板[1]

为什么要用集成处理器？

虽然有些部件（如 I/O）在集成到主存储器上时，性能比专用的从属芯片有所降低，但是其他许多部件的性能却有明显提升，因为这些部件不需要再去处理各处理器之间的数据传输。由于电路板上器件的减少，集成处理器也简化了电路板整体的设计，从而使得片上调试也更加简单（板级故障减少）。各个部件都集成到一块芯片上比同样的器件集成到一块电路板上所消耗的功耗要少很多。较少的器件和更低的能耗使得集成处理器体积更小，价格更低。另一方面，由于各部件是集成到处理器中而非集成到电路板上，导致在增加、改变或者移除某些功能时，集成处理器的灵活性相对来说要差一点。

现在已经有成百上千的嵌入式处理器了，但是没有一种完全主导了嵌入式系统设计。尽管有如此之多的可用设计，嵌入式处理器也可以被分为不同的体系结构。各体系结构分组的处理器可以处理的机器指令集，则是区分不同处理器分组体系结构的关键因素。能处理相同机器指令集的处理器就可以认为是具有相同的体系结构。表 4-1 列出了实际应用的各种处理器以及它们所属的体系结构类别。

表 4-1 实际应用的体系结构与处理器

体系结构	处理器	制造商
AMD	Au1xxx	Advanced Micro Devices, …
ARM	ARM7, ARM9, …	ARM, …
C16X	C167CS, C165H, C164CI, …	Infineon, …
ColdFire	5282, 5272, 5307, 5407, …	Motorola/Freescale, …
I960	I960	Vmetro, …
M32/R	32170, 32180, 32182, 32192, …	Renesas/Mitsubishi, …
M Core	MMC2113, MMC2114, …	Motorola/Freescale
MIPS32	R3K, R4K, 5K, 16, …	MTI4kx, IDT, MIPS Technologies, …
NEC	Vr55xx, Vr54xx, Vr41xx	NEC Corporation, …
PowerPC	82xx, 74xx, 8xx, 7xx, 6xx, 5xx, 4xx	IBM, Motorola/Freescale, …
68k	680x0 (68K, 68030/40/60, …),683xx	Motorola/Freescale, …
SuperH（SH）	SH3 (7702/07/08/09), SH4 (7750)	Hitachi, …
SHARC	SHARC	ADI, Transtech DSP, Radstone, …
StrongARM	strongARM	Intel, …
SPARC	UltraSPARC II	Sun Microsystems, …
TMS320C6xxx	TMS320C6xxx	Texas Instruments, …
x86	X86 [386, 486, Pentium (II, III, IV)…]	Intel, Transmeta, NS, Atlas, …
TriCore	TriCore1, TriCore2, …	Infineon, …

为什么要关心处理器的设计？

不论是从硬件工程师还是从程序员的角度来看，处理器的设计都是至关重要的。因为支持复杂嵌入式系统设计的能力和设计开发的时间，在可用功能、芯片花费以及最重要的处理器性能上，都会受到指令集体系结构（ISA）的影响。具有了解处理器性能以及根据通过软件来实现的需求而了解处理器设计中的相关内容的能力，是成功把嵌入式系统产品化的关键。这就意味着理解处理器性能本质上包含以下内容：

- 可用性：处理器在正常模式下无故障持续运行时间；
- 可恢复性：平均恢复时间（MTTR），即处理器从故障中恢复所用的平均时间；
- 可靠性：故障间隔的平均时间（MTBF）；
- 响应度：处理器的响应延迟时间，即处理器响应事件之前的等待时间；
- 吞吐率：处理器的平均执行速率，即在给定时间内处理器完成的工作量。例如，CPU 的吞吐率（字节 / 秒或兆字节 / 秒）= 1/（CPU 执行时间）：
  - CPU 执行时间（秒 / 字节总数）= 指令总数 × CPI × 时钟周期 =（指令数量 × CPI）/ 时钟频率。性能（处理器 "1"）/ 性能（处理器 "2"）= 执行时间（处理器 "1"）/ 执行时间（处理器 "2"）= "X"，即处理器 "1" 执行速度是处理器 "2" 的 "X" 倍；

■ CPI = 周期数 / 指令；

■ 时钟周期 = 每周期的秒数；

■ 时钟频率 = MHz。

处理器性能的总体提升可以由内部处理器设计的功能来实现，例如处理器 ALU 单元内部的流水线或者处理器是基于指令级并行的 ISA 模式的。这些种类的功能决定了时钟频率的上升或者 CPI 的下降等相关的处理器性能。

4.1   ISA 体系结构模型

构建到体系结构中的指令集功能称为 ISA。ISA 将这些功能定义为不同的操作，程序员可以用这些操作为这个体系结构编写程序，体系结构可以接受并处理操作数（数据），存储、寻址方式用来获取并处理操作数和中断。这些功能在随后会进行更加详细的描述，因为 ISA 的实现是确定嵌入式设计的重要特征，如性能、设计时间、可用的功能以及代价等决定性因素。

4.1.1   功能

操作

操作是由一条或几条执行特定命令的指令构成的。不同的处理器可以用不同数量以及不同类型的指令来实现完全相同的操作。ISA 通常详细描述了操作的类型和格式。

● 操作类型。操作是可以在数据上执行的功能，典型的操作包括计算（数学操作）、移动（从一个内存地址 / 寄存器中移到另外一个）、分支（有条件 / 无条件地转移到另一区域执行指令）、I/O 操作（数据在 I/O 设备和主存储器之间转发）以及上下文切换操作（当切换去执行另外一段程序时，将当前位置寄存器信息暂时保存，在程序段执行完之后，通过恢复之前暂存的信息，切换回去继续执行之前的指令流）。在流行的低端处理器（如 8051）中，指令集仅包括 100 多条指令，这些指令有数学计算、数据转移、按位操作、逻辑操作、分支转移与控制等。相对而言，高端处理器 MPC823（Motorola/Freescale PowerPC）的指令集要比 8051 的大一些，除了很多与 8051 中相同类型的操作之外，还包含另外一些指令，如整数运算、浮点数运算、数据存取操作、分支和流控操作、处理器控制操作、内存同步操作以及 PowerPC VEA 操作等。图 4-2a 中列出了一些 ISA 定义的常用操作。简而言之，不同的处理器可以拥有相似类型的指令，但是通常会拥有完全不同的指令集。正如上面所提到的，不同的体系结构可以拥有执行相同功能的操作（加、减、比较运算等），但是这些操作会有不同的名称，或者内部执行方式完全不同，如图 4-2b、c 所示。

数学和逻辑	移位/循环移位	存/取	比较指令…
Add	Logical Shift Right	Stack PUSH	移动指令…
Subtract	Logical Shift Left	Stack POP	分支指令…
Multiply	Rotate Right	Load	…..
Divide	Rotate Left	Store	
ANDOR	…..	…..	
XOR			
…..			

a）ISA 操作示例

图   4-2

CMP crfD, L, rA, rB ...

```
a ← EXTS(rA)
b ← EXTS(rB)
if a<b then c ← 0b100
else if a>b then  c ← 0b010
else c ← 0b001
CR[4 * crfD-4 *crfD +3] ← c ‖ XER[SO]}
```

b）MPC823 比较操作[2]

C.cond.S fs, ft
C.cond.D fs, ft ...

```
if SNaN(ValueFPR(fs, fmt)) or SNaN(ValueFPR(ft, fmt)) or
QNaN(ValueFPR(fs, fmt)) or QNaN(ValueFPR(ft, fmt)) then
less ← false
equal ← false
unordered ← true
if (SNaN(ValueFPR(fs,fmt)) or SNaN(ValueFPR(ft,fmt))) or
(cond3 and (QNaN(ValueFPR(fs,fmt)) or QNaN(ValueFPR(ft,fmt)))) then
SignalException(InvalidOperation)
endif
else
less ← ValueFPR(fs, fmt) <fmt ValueFPR(ft, fmt)
equal ← ValueFPR(fs, fmt) =fmt ValueFPR(ft, fmt)
unordered ← false
endif
condition ← (cond2 and less) or (cond1 and equal)
or (cond0 and unordered)
SetFPConditionCode(cc, condition)
```

c）MIPS32/MIPSI 比较操作[3]

图 4-2　（续）

- 操作格式。操作格式表示操作的实际的数字或者位的组合，通常称为操作编码或操作码。例如，MPC823 的操作码都具有相同的结构，即全部都是 6 位的长度（十进制 0 ～ 63），如图 4-3a 所示。MIPS32/MIPSI 操作码也是 6 位长，但是操作码的长度可以根据存储位置的不同而变化，如图 4-3b 所示。像 SA-1100（Intel StrongARM）这样基于 ARM v4 指令集的体系结构，则可以根据被执行的指令的类型而有多种指令集格式（见图 4-3c）。

a）MPC823 "CMP" 操作码长度[2]

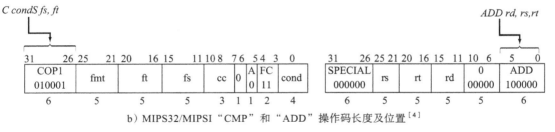

b）MIPS32/MIPSI "CMP" 和 "ADD" 操作码长度及位置[4]

图　4-3

指令格式（位 31 → 0，位边界：31 | 28 27 | 16 15 | 8 7 | 0）

指令类型	编码
数据处理1/PSR处理	Cond ∣ 00 ∣ I ∣ Opcode ∣ S ∣ Rn ∣ Rd ∣ Operand2
乘	Cond ∣ 00 00 ∣ 0 0 A S ∣ Rd ∣ Rn ∣ Rs ∣ 1 0 0 1 ∣ Rm
长乘	Cond ∣ 00 00 ∣ 1 U A S ∣ RdHi ∣ RdLo ∣ Rs ∣ 1 0 0 1 ∣ Rm
交换	Cond ∣ 00 01 ∣ 0 B 0 0 ∣ Rn ∣ Rd ∣ 0 0 0 0 ∣ 1 0 0 1 ∣ Rm
存取 字节/字	Cond ∣ 01 ∣ I P U B W L ∣ Rn ∣ Rd ∣ Offset
（块传输）	Cond ∣ 1 0 0 ∣ P U S W L ∣ Rn ∣ Register List
半字传输: 寄存器偏移	Cond ∣ 0 0 0 ∣ P U 1 W L ∣ Rn ∣ Rd ∣ Offset 1 ∣ 1 S H 1 ∣ Offset 2
半字传输: （立即数偏移）	Cond ∣ 0 0 0 ∣ P U 0 W L ∣ Rn ∣ Rd ∣ 0 0 0 0 ∣ 1 S H 1 ∣ Rm
分支	Cond ∣ 1 0 1 L ∣ Offset
分支交换	Cond ∣ 0 0 0 1 0 0 1 0 ∣ 1 1 1 1 ∣ 1 1 1 1 ∣ 1 1 1 1 ∣ 0 0 0 1 ∣ Rn
协处理器数据传输	Cond ∣ 1 1 0 ∣ P U N W L ∣ Rn ∣ CRd ∣ CPNum ∣ Offset
协处理器数据操作	Cond ∣ 1 0 1 1 ∣ Op1 ∣ CRn ∣ CRd ∣ CPNum ∣ Op2 ∣ 0 ∣ CRm
协处理器寄存器传输	Cond ∣ 1 0 1 1 ∣ Op1 L ∣ CRn ∣ CRd ∣ CPNum ∣ Op2 ∣ 1 ∣ CRm
软件中断	Cond ∣ 1 1 1 1 ∣ SWI Number
…	

c) SA-1100 指令[5]

图 4-3 （续）

1 - 数据处理操作码

0000 = AND – Rd: = Op1 AND Op2
0001 = EOR – Rd: = Op1 EOR Op2
0010 = SUR – Rd: = Op1 – Op2
0011 = RSB – Rd: = Op2 – Op1
0100 = ADD – Rd: = Op1 + Op2
0101 = ADC – Rd: = Op1 + Op2 + C
0110 = SEC – Rd: = Op2 – Op1 + C – 1
0111 = RSC – Rd: = Op2 – Op1 + C – 1
1000 = TST – 设置 Op1 AND Op2 的条件码
1001 = TEQ – 设置 Op1 EOR Op2 的条件码
1010 = CMP – 设置 Op1 – Op2 的条件码
1011 = CMN – 设置 Op1 + Op2 的条件码
1100 = ORR – Rd: = Op1 OR Op2
1101 = MOV – Rd: = Op2
1110 = BIC – Rd: = Op1 AND NOT Op2
1111 = MVN – Rd: = NOT Op2

操作数

操作数是操作中所处理的数据。特定体系结构的 ISA 均定义了其操作数的类型和格式。例如，在 MPC823、SA-1100 以及许多其他的体系结构中，ISA 定义了字节（8 位）、半字（16 位）和字（32 位）等简单操作数类型。更多复杂的数据类型（如整型、字符型和浮点指针）则是基于如图 4-4 所示的简单类型而定义的。

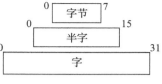

图 4-4　简单操作数类型

ISA 也定义了特定体系结构所能支持的操作数的格式（数据看起来的样式），例如二进制、十进制和十六进制。从图 4-5 的示例中，我们可以看到一种体系结构如何支持不同的操作数格式。

```
MOV          registerX, 10d           ; Move decimal value 10 into register X
MOV          registerX, $0Ah          ; Move hexadecimal value A (decimal 10) to registerX
MOV          registerX, 00001010b     ; Move binary value 00001010 (decimal 10) to registerX
.....
```

图 4-5　操作数类型伪代码示例

存储

ISA 详细描述了用于存储作为操作数被使用的数据的可编程存储器的功能，主要是用于存储操作数和寄存器组的存储器的组织，以及寄存器的使用方式。

用于存储操作数的存储器的组织

简单来说，存储器是一个可编程的存储阵列，如图 4-6 所示，可以存储数据，包括操作码和操作数。

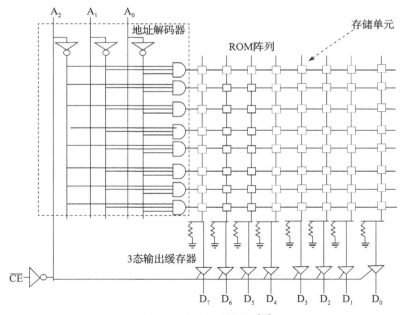

图 4-6　内存阵列框图[6]

这个阵列的索引是被称为内存地址的位置信息，每个位置都是可以独立被定位的存储单元。对处理器来说，实际可用的物理地址或者虚拟地址范围被称作地址空间。

ISA 详细描述了地址空间的具体的特征，例如它是否是：

- 线性的。线性地址空间是指具体内存地址，它是线性递增的，通常是从 0 到 2^{N-1}，其中 N 是地址宽度的位数；
- 分段的。分段地址空间是被分成几段的存储空间的其中一部分。具体的内存地址只能通过每个段的标识符和指定的偏移量来访问，段号可以显式定义也可以从寄存器隐式获取，偏移量位于分段的地址空间的指定段中。段内偏移量包含一个基地址和一个限定值，映射到设定为线性地址空间的内存的另一部分。如果偏移量少于或等于限定值，那么偏移量加上基地址就可以作为线性地址空间中非分段的地址；
- 包含任何特殊的地址区域；
- 以任何方式加以限制。

关于 ISA 和内存，非常重要的一点是不同的 ISA 不仅定义了数据存储的地址，还详细描述了数据在内存中具体是怎样存储的——特别是组成数据的位或字节是以怎样的顺序被存储的，这称为字节序。一般有两种字节序，分别称为大端存储（高字节或高位存储在低地址中）和小端存储（低字节或低位存储在低地址中）。例如：

- 68000 和 SPARC 是大端存储；
- x86 是小端存储；
- ARM、MIPS 和 PowerPC 可以用其机器状态寄存器上的某一位来设置成大端存储或者是小端存储。

寄存器组

寄存器是简单快速可编程的存储器，通常用来存放立即使用或是经常使用的操作数。处理器的寄存器集合通常称为寄存器组或者寄存器文件。不同的处理器拥有不同的寄存器组，所包含寄存器的数量从几个到几百个不等（有的甚至超过 1000）。例如，SA-1110 的寄存器组有 37 个 32 位的寄存器，而 MPC823 有几百个寄存器（其中包括通用、专用、浮点寄存器等）。

寄存器的使用

ISA 详细描述了哪些寄存器可以用于怎样的事务处理，如专用寄存器、浮点指针型寄存器，以及哪些寄存器可以被程序员用作通用寄存器。

最后，关于寄存器很重要的一点是，处理器可以根据其能够处理数据的大小（位数）以及其单一指令中可寻址存储空间的大小（位数）来进行分类。这就又回到了寄存器的基本构建模块——触发器，在 4.2 节我们将详细讨论这个问题。

如表 4-2 所示，通用嵌入式处理器支持 4 位、8 位、16 位、32 位或 64 位的处理。有些处理器能在单一指令中处理更多的数据和访问更大的内存空间，例如 128 位的体系结构，但是它们在嵌入式设计中并不常用。

表 4-2   "x- 位"体系结构示例

"x" – 位	体系结构
4	Intel 4004, ⋯
8	Mitsubishi M37273, 8051, 68HC08, Intel 8008/8080/8086, ⋯
16	ST ST10, TI MSP430, Intel 8086/286, ⋯
32	68K, PowerPC, ARM, x86 (386+), MIPS32, ⋯

寻址模式

寻址模式定义了处理器如何访问操作数的存储空间。事实上，寄存器的使用部分取决于 ISA 的内存寻址模式。两种最常用的寻址模式是：

- 载入-存储架构：仅允许指令操作处理寄存器中的数据，不能直接处理其他部位存储器中的数据。例如，PowerPC体系结构对于载入/存储指令只有一种寻址方式，即寄存器加上偏移量（支持立即数寄存器间接寻址、寄存器间接变址寻址等）。
- 寄存器-内存架构：允许指令操作直接处理寄存器以及其他存储器上的数据。Intel的i960 Jx处理器就是这种寻址模式的一个例子（支持绝对寻址、寄存器间接寻址等）。

中断和异常处理

中断（根据类型不同也可称为异常或陷阱）是为了响应一些事件而停止正常的程序流，转而去执行其他代码段的机制，这些事件包括硬件故障、复位等。ISA定义了处理器为中断提供了什么类型的硬件支持（如果有的话）。

注意：由于中断的复杂性，我们将在本章的4.2节做更详细的讨论。

4.1.2 ISA 模型

基于不同的体系结构，有不同的ISA模型，每种模型各自都有对其不同特征的定义。最常见的ISA模型包括专用的、通用的、指令级并行的，或者这三种模型的混合使用。

专用 ISA 模型

专用ISA模型详细描述了用于特定嵌入式应用的处理器，例如仅用于电视机的处理器。在嵌入式处理器中有好几种专用的ISA模型，最常见的有：

- 控制器模型：控制器ISA用于不需要执行复杂数据操作的处理器中，如用于作为电视机主板的从处理器的视频和音频处理器（见图4-7）。
- 数据通路模型：数据通路ISA模型主要用于重复处理不同数据集的固定计算的处理器中，最常见的例子如数字信号处理器（DSP），如图4-8a所示。

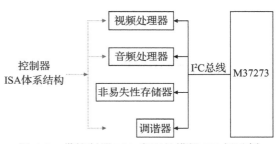

图 4-7 带控制器 ISA 实现的模拟 TV 板示例

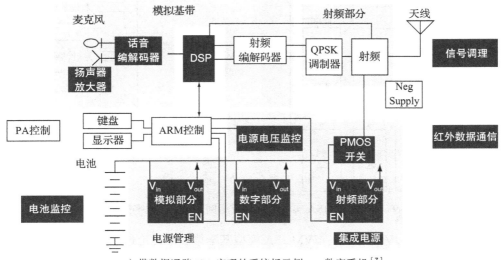

a）带数据通路 ISA 实现的系统板示例——数字手机[7]

图 4-8

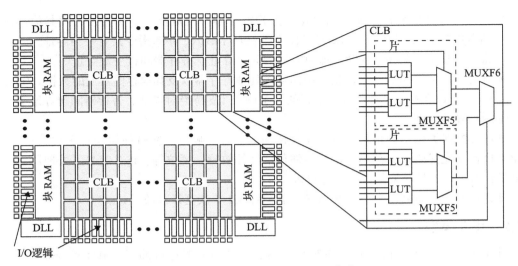

b）Altium 的 FPGA 高级设计框图[30]

图   4-8 （续）

- 带数据通路的有限状态机（FSMD）模型：FSMD ISA 模型是基于控制器 ISA 模型和数据通路 ISA 模型的结合应用，它既不需要处理复杂的数据操作，同时又要能够在不同的数据集上重复执行固定运算。最常见的例子是如图 4-9 所示的专用集成电路（ASIC）、可编程逻辑器件（PLD）和现场可编程门阵列（FPGA）。FPGA 已经成为嵌入式系统设计中一支强大而持续的力量。在图 4-8b 所示的最高级别中，FPGA 是互联的 CLB（可配置逻辑块）的组合，用来形成一个更复杂的数字电路。如今有大量的可用工具来创建 FPGA 订制电路，这些工具包括基于 VHDL（硬件描述语言的一种）、Verilog 或者原理图设计技术等。

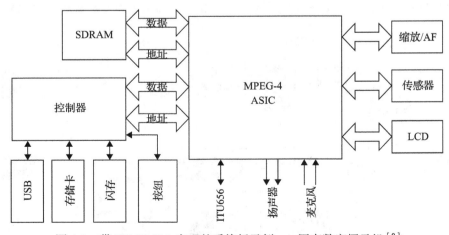

图 4-9 带 FSMD ISA 实现的系统板示例——固态数字摄录机[8]

- Java 虚拟机（JVM）模型：JVM ISA 模型基于第 2 章讨论过的 JVM 的标准。正如在第 2 章所描述过的一样，JVM 可以通过硬件方式部署到嵌入式系统中，例如在 aJile 的 aj-80 和 aj-100 处理器中那样（见图 4-10）。

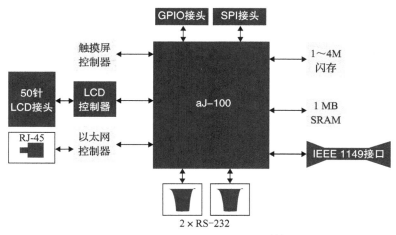

图 4-10 JVM ISA 实现示例[9]

通用 ISA 模型

通用 ISA 模型通常在面向各种不同系统而使用的处理器中实现,而非限于专用的嵌入式系统。嵌入式处理器中最常见的通用 ISA 模型为:

- 复杂指令集计算机(CISC)模型(见图 4-11):CISC ISA 模型,正如其名,定义了由多条指令组成的复杂的操作。最常见的例子是 Intel x86 系列和 Motorola/Freescale 的 68000 系列处理器。

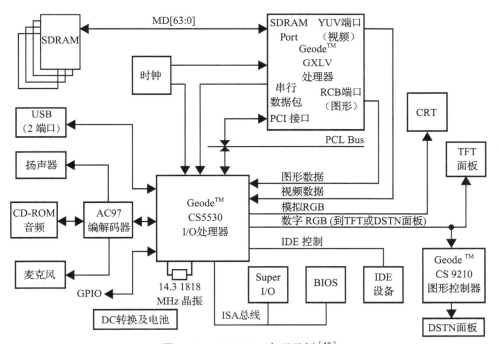

图 4-11 CISC ISA 实现示例[10]

- 精简指令集计算机(RISC)模型(见图 4-12):与 CISC 相反,RISC ISA 定义了:
  - 由较少指令组成的较简单操作的体系结构;
  - 精简了每个可用操作的周期数的体系结构。

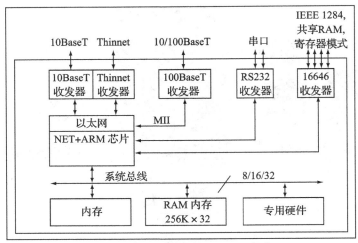

图 4-12 RISC ISA 实现示例[11]

许多 RISC 处理器仅有单周期的操作，而 CISC 则通常含有多周期的操作。ARM、PowerPC、SPARC 和 MIPS 是基于 RISC 架构的几个例子。

关于 CISC 和 RISC 的最终说明

在通用计算领域中，许多当前的处理器设计属于 CISC 或者 RISC 类别。RISC 处理器变得越来越复杂，而 CISC 处理器相对来说也变得更高效，这就使得 RISC 和 CISC 之间的界限更加模糊。从技术层面讲，这些处理器现在都具有 RISC 以及 CISC 的属性，而不管它们的定义如何。

指令级并行 ISA 模型

指令级并行 ISA 模型和通用 ISA 模型相类似，但前者在执行多条指令时是并行的。事实上，指令级并行 ISA 模型因其单周期的操作被认为是 RISC ISA 模型的高级演化，这也是 RISC 被认为是并行机制基础的其中一个原因。举例来说，指令级并行的 ISA 包括：

- 单指令多数据（SIMD）模型（见图 4-13）：SIMD 机器的 ISA 是设计用于可以同时处理需要对其执行操作的多个数据组件的指令。

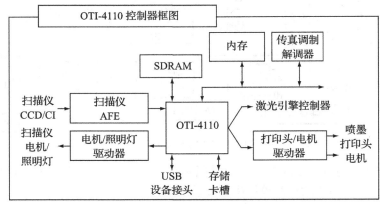

图 4-13 SIMD ISA 实现示例[12]

- 超标量机器模型（见图 4-14）：超标量 ISA 通过在处理器中部署多个功能组件，来实现在一个时钟周期内能够同时处理多条指令。

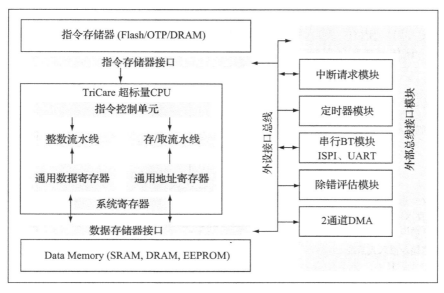

图 4-14　超标量 ISA 实现示例[13]

- 超长指令字计算（VLIW）模型（见图 4-15）：VLIW ISA 模型详细描述了这样一种体系结构，其中由多个操作构成一个超长的指令字。之后，这些操作被处理器中的多个执行单元分别并行执行。

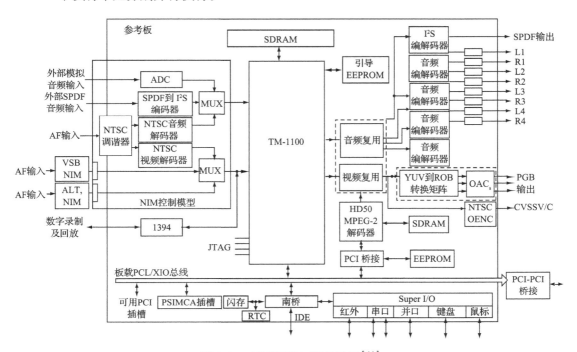

图 4-15　VLIW ISA 实现示例[14]

4.2 处理器内部设计

ISA 详细描述了处理器可以做什么，它是处理器内部相互联系的硬件组件，用来物理实现 ISA 的功能。有趣的是，组成嵌入式系统板的基础组件，与处理器中实现 ISA 功能的组件基本相同：CPU、内存、输入组件、输出组件和总线。正如在图 4-16 中提到的一样，这些组件是冯·诺依曼模型的基础。

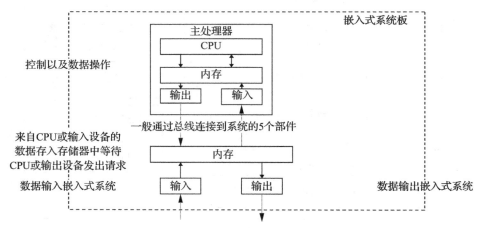

图 4-16 基于冯·诺依曼体系结构的处理器框图

当然，很多实际应用的处理器在设计上远比冯·诺依曼模型要复杂得多。然而，这些处理器的大多数硬件设计仍然是基于冯·诺依曼组件或者一种被称为哈佛结构模型（见图 4-17）的另一个冯·诺依曼模型版本。这两个模型的主要区别在于内存。冯·诺依曼体系结构定义了一个单一存储空间来存放指令和数据，而哈佛结构则为指令和数据定义了各自独立的存储空间；分开的指令总线和数据总线可以同时执行取指令和数据传输。使用冯·诺依曼结构还是哈佛结构背后的主要原因是性能。对于给定的 ISA（如 DSP 中断数据通路模型）和它们的功能（如在不同数据上连续执行固定运算），数据和指令分开存储可以增加每个单位时间内处理的数据量，这是因为避免了数据和指令的存取以及传送所需的空间和总线冲突。

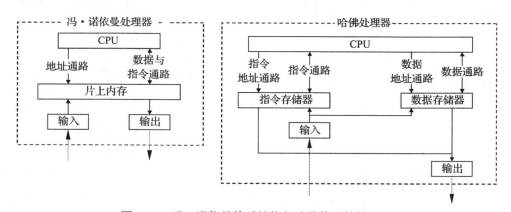

图 4-17 冯·诺依曼体系结构与哈佛体系结构对比

正如前面所提到的，大多数处理器是基于冯·诺依曼模型的变种（事实上，哈佛模型本身也是冯·诺依曼模型的变种）。实际应用中基于哈佛结构的处理器设计包括 ARM 系列的

ARM9/ARM10、MPC860、MPC8031 和 DSP（见图 4-18a），而 ARM 系列的 ARM7 和 x86 是基于冯·诺依曼结构设计的（见图 4-18b）。

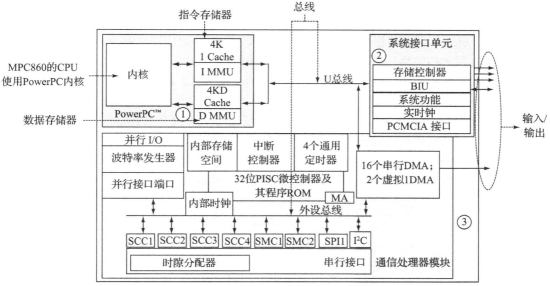

a）哈佛体系结构示例——MPC860[15]

虽然 MPC860 是一个复杂的处理器设计，但它依然基于哈佛模型的基础组件：CPU、指令存储器、数据存储器、I/O 以及总线。

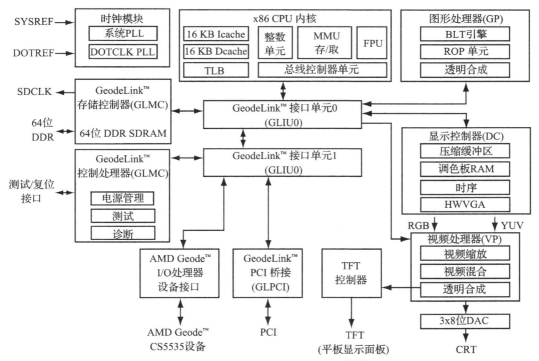

b）冯·诺依曼体系结构示例——x86[16]

x86 是基于冯·诺依曼模型的复杂处理器设计，与 MPC860 不同，其指令与数据共享同一个存储空间。

图 4-18

我们为什么要讨论冯·诺依曼模型?

冯·诺依曼模型不仅影响着处理器的内部结构（我们看不到的东西），也会影响我们看得到的以及处理器中可以访问到的内容。如第3章讨论过的，集成电路（处理器就是集成电路）有连接到电路板上的突出的引脚。虽然不同的处理器在引脚的数量和所连接的信号上有很大的差别，但是在电路板级和处理器内部的冯·诺依曼模型的组件，都定义了所有处理器必有的信号。如图4-19所示，为了适应电路板上的存储器，处理器通常都会有地址和数据信号用来从存储器中读取和写入数据。为了与存储器或I/O进行通信，处理器通常都有某种READ和WRITE引脚，用来指示它是要接收还是发送数据。

当然，也有其他没有被冯·诺依曼模型明确定义的用于特定功能的引脚，例如像驱动处理器的时钟信号这些同步机制，以及处理器的电源和接地信号。然而，不论处理器之间的差别如何，冯·诺依曼模型实际上驱动了所有处理器都有的外部引脚。

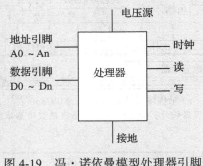

图 4-19　冯·诺依曼模型处理器引脚

4.2.1　中央处理单元

这个部分的语义可能让人有些困惑之处，因为处理器本身通常指的就是CPU，但是实际上处理器内部的处理单元才是真正的CPU。CPU负责执行取指、译码和执行等指令周期（见图4-20）。这个三步骤过程通常称为三级流水线，目前多数CPU都采用了流水线设计。

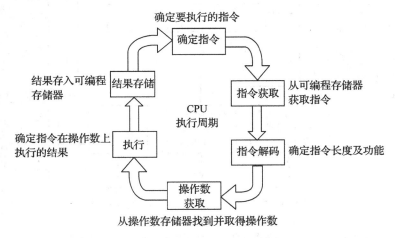

图 4-20　CPU 的取指令、解码以及执行周期

虽然 CPU 的设计可能有很大差别，但了解 CPU 的基本组件对理解处理器设计和图 4-20 中的周期会有很大的帮助。根据冯·诺依曼模型的定义，这个周期通过 4 个主要的 CPU 部件合作实现：

- 算术逻辑单元（ALU）：实现了 ISA 的操作；
- 寄存器：一种快速存储器；
- 控制单元（CU）：控制整个取指和执行周期；
- CPU 内部总线：实现 ALU、寄存器和 CU 的互连。

来看一个实际应用的处理器，这 4 种由冯·诺依曼模型定义的基本要素在 MPC860 的 CPU 中可以看到（见图 4-21）。

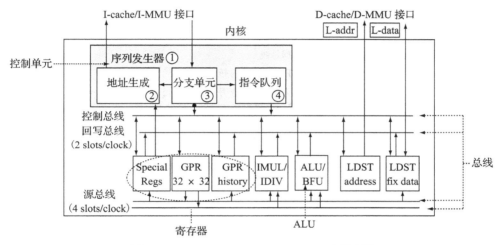

图 4-21 MPC860 CPU——PowerPC 内核[15]

记住：并不是所有的处理器都具有严格按照冯·诺依曼模型所定义的这些器件，但是在处理器中会有这些器件使用不同别名的组合体。要记住这个模型只是读者可以用来了解 CPU 设计的主要组件的一个参考工具。

CPU 内部总线

CPU 总线是 CPU 其他组件的连接机制，这些组件包括 ALU、寄存器和 CU（见图 4-22）。总线仅仅是连接 CPU 内部各个不同组件的导线。总线的每根线通常会按不同的逻辑功能分类，如数据总线（在寄存器和 ALU 之间双向传递数据）、地址总线（传输要发送的数据所在寄存器的地址）、控制总线（传输控制信号，如在寄存器、ALU 和 CU 之间的定时信号和控制信号）等。

ALU

ALU 负责执行由 ISA 定义的比较操作、算术运算和逻辑操作。在 CPU 的 ALU 中实现的操作的格式和类型因 ISA 不同而不同。作为任何处理器的核心，ALU 负责接收多个 n 位的二进制操作数，然后对其执行逻辑（与、或、非等）、算术（＋、－、× 等）和比较（=、>、< 等）运算。

ALU 是组合逻辑电路，可以有一个或多个输入，而只有一个输出。ALU 的输出仅由当前的输入决定，作为时间的函数，"没有"过去的状态（见第 3 章门电路）。大多数 ALU（从简单的到复杂的）的基本构件都是全加器——把三个 1 位的数作为输入，输出两个 1 位的数的逻辑电路。其工作细节随后做详细讨论。

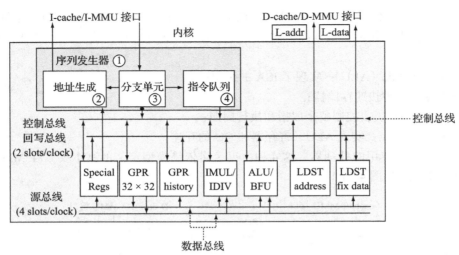

图 4-22　PowerPC 内核及总线[15]

在 PowerPC 内核中，有一个控制总线在 ALU、CU 和寄存器之间传递控制信号。PowerPC 所谓的"源总线"是在寄存器和 ALU 之间传递数据的数据总线。有一条被称为"回写"的附加总线，专用于把从源总线上接收到的数据从载入/存储单元直接回写到定点或浮点寄存器中。

注意：为了避免信息冗余，关于总线的细节将在第 7 章讨论。

为了理解全加器的工作，让我们先研究二进制数加法的机制。

从两个 1 位数的加法开始，它们相加之后，最多产生一个 2 位的数：

X_0	Y_0	S_0	C_{out}	
0	0	0	0	$\Rightarrow$ 0b + 0b = 0b
0	1	1	0	$\Rightarrow$ 0b + 1b = 1b
1	0	1	0	$\Rightarrow$ 1b + 0b = 1b
1	1	0	1	$\Rightarrow$ 1b + 1b = 10b (2d)。在两个 1 位数的二进制加法中，当结果超过 10（十进制的 2），则 1（C_{out}）进位并加到下一列，这样得到一个 2 位的数

这个简单的两个 2 位数相加的运算，可以由一个半加器电路（两个 1 位数作为输入，产生一个 2 位数输出的逻辑电路）来完成。半加器电路与所有逻辑电路一样，可以用几个门电路的组合来设计，如图 4-23a 所示。

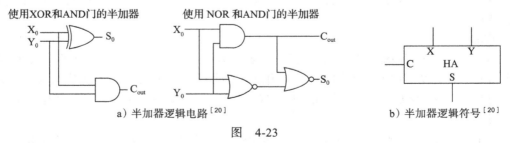

a）半加器逻辑电路[20]　　　　　　　　b）半加器逻辑符号[20]

图　4-23

为了能让更大的数相加，加法电路的复杂度必须增加，那么全加器就应运而生了。例如，为了实现两位数相加，全加器就要和半加器结合起来使用。半加器负责使两个数的第一位相加（X_0 和 Y_0），全加器的三个 1 位输入为两个数的第二位（X_1 和 Y_1）和半加器对第一位数字相加得到的进位（C_{in}）。半加器的输出为两个数第一位相加的和（S_0）以及进位（C_{out}）；全加器两个1位的输出为两个数第二位数相加的和（S_1）以及进位（C_{out}）。图4-24a表示的是逻辑等式及其真值表，图4-24b表示的是逻辑符号，图4-24c表示的是全加器门级电路的一个示例，在这个例子中是 XOR 和 NAND 门的结合。

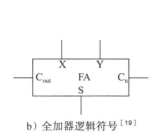

X	Y	C_{in}	S	C_{out}
0	0	0	0	0
0	0	1	1	0
0	1	0	1	0
0	1	1	0	1
1	0	0	1	0
1	0	1	0	1
1	1	0	0	1
1	1	1	1	1

$Sum(S) = XYC_{in} + XY'C_{in}' + X'YC_{in}' + X'Y'C_{in}$

$Carry\ Out(Cout) = XY + X\ C_{in} + Y\ C_{in}$

a）全加器真值表及逻辑等式[19]

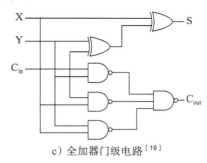

b）全加器逻辑符号[19]   c）全加器门级电路[19]

图 4-24

为了使再大一点的数相加，可以把全加器集成（级联）到半加器/全加器混合电路。图4-25中的示例表示基本的行波进位加法器（加法器的一种），其中 n 个全加器级联，从而使低级产生的进位逐级（行波）向高级传递，以便成功地实现加法操作。

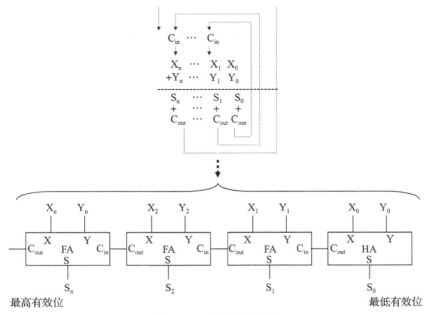

图 4-25　加法器的级联

多功能 ALU 不仅有加法功能，也以加法电路为中心提供了其他的算术和逻辑运算功能，与其他类型的电路结合起来之后，可以实现减法、逻辑与、逻辑或等（见图 4-26a）。图 4-26b 中所示的逻辑图展示的是两级的 n 位多功能 ALU。图 4-26 中的电路基于刚描述过的行波进位加法器。在图 4-26b 的逻辑电路中，控制输入 k_0、k_1、k_2 和 c_{in} 决定了将会在操作数上执行什么样的操作。操作数输入是 $X = x_{n-1}, \cdots, x_1 x_0$ 和 $Y = y_{n-1}, \cdots, y_1 y_0$，输出是 $S = s_{n-1}, \cdots, s_1 s_0$。

控制输入				结　果	功　能
k_2	k_1	k_0	c_{in}		
0	0	0	0	S = X	传输 X
0	0	0	1	S = X + 1	X 递增
0	0	1	0	S = X + Y	加法
0	0	1	1	S = X + Y + 1	带进位加法
0	1	0	0	S = X − Y − 1	带借位减法
0	1	0	1	S = X − Y	减法
0	1	1	0	S = X − 1	X 递减
0	1	1	1	S = X	传输 X
1	0	0	$\cdots$	S = X OR Y	逻辑或
1	0	1	$\cdots$	S = X XOR Y	逻辑异或
1	1	0	$\cdots$	S = X AND Y	逻辑与
1	1	1	$\cdots$	S = NOT X	按位取反

a）多功能 ALU 真值表及逻辑等式[19]

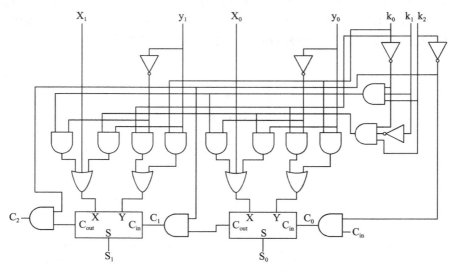

b）多功能 ALU 门级电路[19]

图　4-26

不同的体系结构 ALU 输出结果保存的位置也不一样。在图 4-27 所示的 PowerPC 中，结果保存在一个称为累加器的寄存器中。结果也可以保存在存储器（如栈或者其他地方）或者各种位置的组合中。

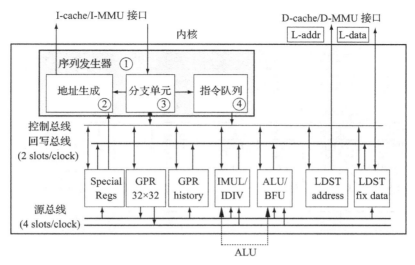

图 4-27　PowerPC 内核及 ALU[15]

在 PowerPC 的内核中，ALU 是 "定点单元" 的一部分，完成除载入 / 存储指令之外的所有定点指令。ALU 负责实现定点逻辑、加、减指令。以 PowerPC 为例，ALU 产生的结果存储在累加器中。注意 PowerPC 有一个 IMUL/IDIV 单元（实质上是另一个 ALU）专门用来执行乘法和除法操作。

寄存器

寄存器是不同触发器的简单组合，用于暂时存储数据或者延迟信号传输。存储寄存器是一个快速可编程的处理器内部存储器，用来暂时存储、复制和修改即刻或者频繁被系统使用的操作数。移位寄存器通过在每个时钟脉冲到来时在各个内部触发器之间传递信号来实现信号的延迟。

寄存器由一系列触发器构成，这些触发器既可以单独工作，也可以成组工作。事实上，每个寄存器中的这些触发器的数量才是真正用来描述处理器的（例如，32 位处理器具有的寄存器是 32 位宽度的，含有 32 个触发器，16 位处理器具有的寄存器是 16 位宽度的，含有 16 个触发器，等等）。寄存器内部的触发器的数量也决定了系统数据总线的宽度。图 4-28 中的示例展示了 8 个触发器组成一个 8 位寄存器以及影响数据总线宽度的方式。

简而言之，寄存器可以操作和存储的每一位都是由一个触发器组成的。

虽然根据 ISA 的设计，并不是所有的寄存器都用同样的方法来处理数据，但是通常会分成两类：通用的和专用的（见图 4-29）。通用寄存器可以由程序员决定用来存储和操作任何类型的数据，而专用寄存器则仅以 ISA 所定义的方式被使用，包括为特设类型的计算存放结果、预置标志位（寄存器中可以独立使用且可控制的单个位）、作为计数器（可以编程改变状态的寄存器，如指定一段时间后异步或同步的递增），以及控制 I/O 端口（寄存器管理连接处理器到电路板上的外部 I/O 引脚）。移位寄存器原本就因其功能有限仅具有特殊用途。

根据 ISA 的定义，寄存器的数量、寄存器种类和这些寄存器所能存储的数据大小（8 位、16 位、32 位等）因 CPU 而异。在取指和执行指令的周期中，CPU 的寄存器必须是快速的，以便快速为 ALU 提供数据，以及快速从 CPU 的内部总线上取得数据。寄存器还是多端口的，以便同时接收和发送数据到 CPU 的各个组件。下面给出一些体系结构中常见的寄存器是如何设计的实例，特别是标志位和计数器是怎样设计的。

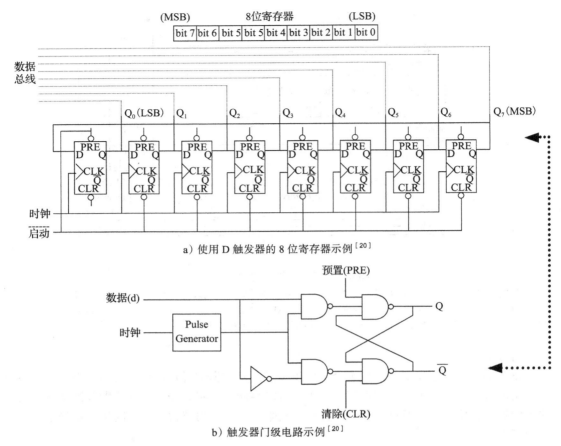

a) 使用 D 触发器的 8 位寄存器示例[20]

b) 触发器门级电路示例[20]

图 4-28

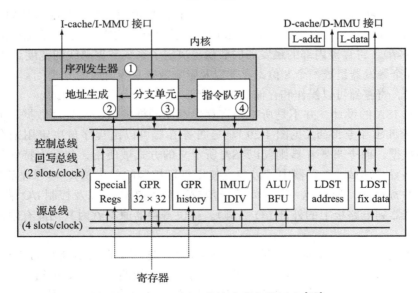

图 4-29 PowerPC 内核及寄存器用途[15]

PowerPC 内核有"寄存器单元",其中包括所有用户可见的寄存器。PowerPC 处理器通常有两种类型的寄存器:通用和专用(控制)寄存器。

例子 4.1：标志位

标志位通常是用来告诉其他电路发生了一个事件或者一个状态的改变。在某些体系结构中，标志位可以成组放在一起形成特定的标志位寄存器，而在其他体系结构中，标志位是一些不同类型寄存器中的一个部分。

为了理解标志位是怎样工作的，让我们先来研究一下可以用来设计标志位的逻辑电路。例如，对于给定的寄存器，我们假设位 0 是一个标志位（见图 4-30a、b），触发器和标志位的关联关系是一个置位/复位（S/R）触发器（最简单的数据存储异步时序逻辑）。示例中使用的（交叉 NAND）置位/复位触发器异步检测附属电路中经由触发器的置位或者复位信号事件的发生。当置位/复位信号由 0 变到 1 或者由 1 变到 0 时，它会马上改变触发器的状态，然后根据输入决定触发器的结果是置位还是复位。

a）使用 S-R 触发器的 N 位带标志位寄存器示例[20]

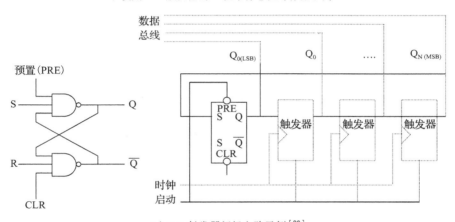

b）S-R 触发器门级电路示例[20]

图　4-30

例子 4.2：计数器

正如在本章一开始提到的，寄存器也可以设计成计数器，可以编程控制增加或减少、异步或同步，例如处理器的程序计数器（PC）或时钟本质上就是对时钟周期的计数器。异步计数器是触发器，不是由同一个中心时钟所驱动的寄存器。图 4-31a 中的例子是用 JK 触发器（有 256 个二进制状态，可以从 0 到 255 计数）实现的 8 位 MOD-256 的异步计数器。这个计数器是由 0 和 1 组成的二进制计数器，有 8 位数字，每个数字对应一个触发器。它的循环计数范围从 00000000 到 11111111，当计数到 11111111 时，再从 00000000 开始。增加计数器规模（计数器可以达到的最大值）的唯一办法是为每个增加的数字位增加一个触发器。

计数器上的所有触发器都固定为开关模式；可以看到图 4-31b 中的开关模式下的真值表，触发器的输入（J 和 K）都为 1（高）。在开关模式下，第一个触发器的输出（Q_0），在每次时钟下降沿时，都会将其当前状态取反。

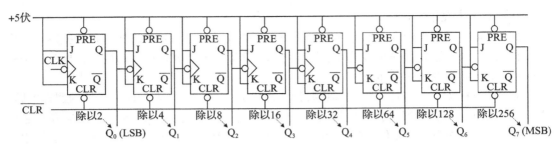

除以2　　除以4　　除以8　　除以16　　除以32　　除以64　　除以128　　除以256

Q_0 (LSB)　　Q_1　　　Q_2　　　Q_3　　　Q_4　　　Q_5　　　Q_6　　　Q_7 (MSB)

a) 8 位 MOD-256 异步计数器示例[20]

$\overline{PRE}$	$\overline{CLR}$	CLK	J	K	Q	$\overline{Q}$	模式
0	1	x	x	x	1	0	预置
1	0	x	x	x	0	1	清除
0	0	x	x	x	1	1	未用
1	1	—	0	0	Q_0	$\overline{Q_0}$	保持
1	1	—	0	1	0	0	复位
1	1	—	1	0	0	0	置位
1	1	—	1	1	$\overline{Q_0}$	Q_0	翻转
1	1	−0.1	1	1	Q_0	$\overline{Q_0}$	保持

b) J-K 触发器真值表[20]

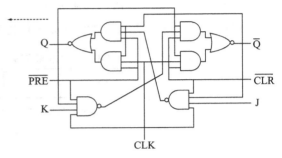

c) J-K 触发器门级电路[20]

图　4-31

从图 4-32 中可以看出，翻转模式的结果是第一个触发器的输出 Q_0 的频率是输入到它的触发器的 CLK 信号频率的一半。Q_0 在计数器中变成了下一个触发器的时钟信号。如图 4-33 中的时序图，第二个触发器的输出信号 Q_1 是其输入的 CLK 信号频率的一半（即原始时钟信号 CLK 的 1/4）。

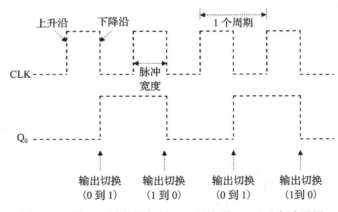

图 4-32　模 256 计数器的第一个触发器 CLK 时序波形图

前一个触发器的输出信号周期成为下一个触发器的时钟信号，依次下去直到最后一个触发器。在图 4-31a 中，我们可以看出输入到第一个触发器的原始时钟信号被分频。从图 4-34 中，可以看到所有的触发器都在作为时钟信号的前一个触发器的输出信号下降沿发生一次反转，输出信号组合起来即可看出计数器是如何从 00000000 到 11111111 实现计数的了。

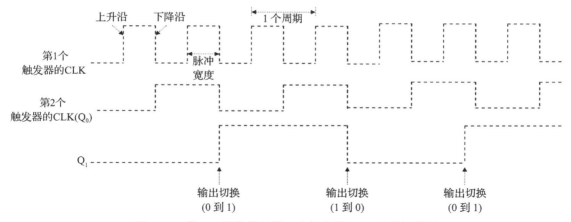

图 4-33　模 256 计数器的第二个触发器 CLK 时序波形图

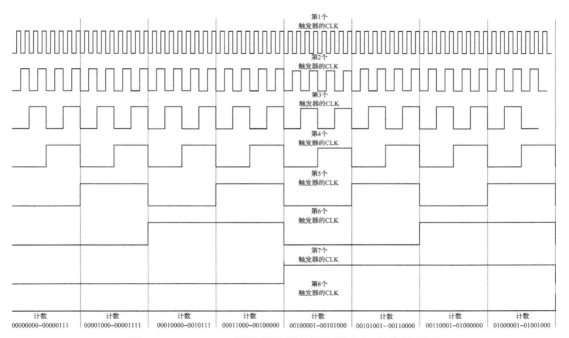

图 4-34　MOD-256 计数器的所有触发器 CLK 时序波形图

　　对于同步计数器来说，计数器内部的所有触发器都是由同一个公共时钟驱动的。还是利用 JK 触发器，图 4-35 展示了同步 MOD-256 计数器和异步 MOD-256 计数器（前一个例子）的区别。

　　图 4-35 的示例中同步计数器的 6 个附加的与门（由于绘图空间有限，图中仅显示出了 3 个）是用来设置触发器模式的，当输入 J 和 K 均为 0（低）时，触发器处于保持（HOLD）模式，而当 J 和 K 均为 1（高）时，触发器为翻转（TOGGLE）模式。请参见图 4-30b 的真值表。这个例子中的同步计数器工作原理为：当从 00000000 开始计数时，第一个触发器总是在翻转模式，而其他触发器是保持模式。当开始计数（第一个触发器从 0 到 1）的时候，下一个触发器变为翻转模式，而剩下的仍为保持模式。这样一直持续变化下去（第二个触发器 2 ~ 4，第三个触发器 4 ~ 8，第四个触发器 8 ~ 15，第五个触发器 15 ~ 31 等），直到所有计数完成为止，即 11111111。这时，所有变为翻转模式的触发器再一起变成保持模式。

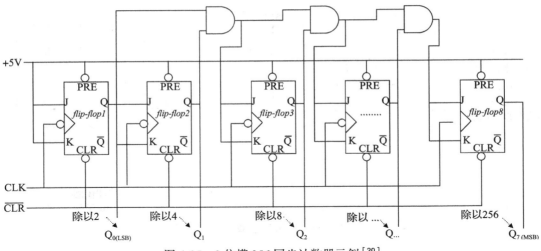

图 4-35　8 位模 256 同步计数器示例 [20]

CU

CU 主要用来产生定时信号，以及控制与协调 CPU 内的取指、译码和执行指令。在从内存中取出指令并译码之后，控制单元随即确定由 ALU 执行何种操作，然后选择并发出适合于 CPU 的内部或者外部的每个功能单元（内存、寄存器、ALU 等）的控制信号。为了更好地了解处理器的控制单元的功能，我们来仔细地研究一下 PowerPC 的控制单元。

如图 4-36 所示，PowerPC 内核中的控制单元被称为"定序器单元"，是 PowerPC 内核的核心部分。定序器单元负责管理在 PowerPC 工作时管理周期性的取指、译码和执行指令，包括以下的工作：

- 为 PowerPC 内核（CPU）中的其他主要单元（如寄存器、ALU、总线）提供数据和指令流的中央控制；
- 实现基本的指令流水线；
- 从存储器中取出指令，再发出这些指令到可用的执行单元；
- 维护处理异常情况的状态历史记录。

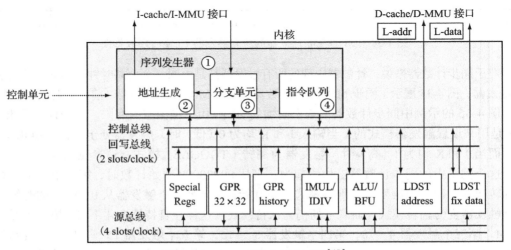

图 4-36　PowerPC 内核与 CU [15]

与许多控制单元一样，PowerPC 的定序器单元并不是物理上独立、明确定义的单元；相反地，它是由分布在 CPU 内的几部分电路组成，共同工作以提供管理功能。在定序器单元的内部，这些部件主要是地址产生单元（提供下一条要被执行的指令地址）、分支预测单元（处理分支指令）、定序器（为其他控制子单元提供指令流的信息和集中控制），以及指令队列（存储下一条要被执行的指令，并将队列中的下一条指令发送到合适的执行单元）。

CPU 和系统（主）时钟

处理器的执行最终是由位于主板上的外部系统或主时钟同步的。主时钟是一个振荡器和一些其他器件，如晶振。如图 4-37 所示，它产生固定频率的规则的开 / 关脉冲信号（方波）序列。控制单元和嵌入式系统板上的一些其他部件，都依赖于这个主时钟来工作。器件可以由信号的实际电平（"0"或"1"）、信号的上升沿（由"0"到"1"的转变）以及下降沿（由"1"到"0"的转变）驱动。根

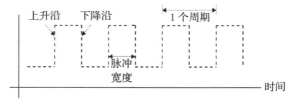

图 4-37　时钟信号

据电路的设计，不同的主时钟可以有不同的频率，但是必须满足电路板上速度最慢的器件的需求。在某些情况下，主时钟可以由电路板上的其他器件分频以产生供其使用的其他时钟信号。

例如，对于控制单元来说，由主时钟产生的信号通常在 CU 内部被分频或倍频，以产生至少一个内部时钟信号。然后，控制单元用这些内部时钟信号来控制和协调指令的获取、译码及执行。

4.2.2　片上存储器

注意：这部分的内容与第 5 章板上存储器的内容很相似，因为除了特定类型的存储器和存储器管理组件之外，集成到 IC 中的存储器跟在板上离散布置的存储器是很相似的。

CPU 要从存储器中获取需要处理的内容，因为所有要被系统执行的数据和指令都存放在存储器中。嵌入式平台具有分级存储器，是不同类型存储器的集合，每一种存储器都具有其特定的速度、大小和用途（见图 4-38）。其中有些存储器可以被物理集成到处理器中，例如寄存器、只读存储器（ROM）、特定类型的随机存取存储器（RAM），以及 1级 Cache。

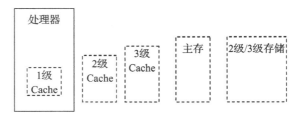

图 4-38　分级存储器

ROM

片上 ROM 是集成到处理器上的存储器，即使在系统没电时，它依然能保存数据和指令，有些片上只读存储器是由一块很小的、长寿命的电池供电的，因此也被视为非易失性存储器。片上 ROM 里的内容通常只能被使用它的系统读取。

为了更清晰地了解 ROM 是怎样工作的，我们来研究一个 8×8 的 ROM 的逻辑电路示例，如图 4-39 所示。这个包含 8 个字的 ROM 有 3 条地址线（$\log_2 8$），就是说有从 000 到 111 的 3 位地址分别代表 8 个字节。（注意：拥有完全相同矩阵尺寸的不同的 ROM 设计，可以有很多不同的寻址配置，这个寻址方案只是这些方案中的一个示例。）$D_0 \sim D_7$ 是读取数据的输出线，每条线一个位。在 ROM 矩阵中增加额外的行可以增加其在地址空间上的大小，

而增加额外的列则可以增大 ROM 存储的数据大小（每个地址空间可以存储的数据的位数）。ROM 的尺寸规范在实际应用中与本例描述的完全一致，矩阵的数字（8×8、16K×32 等）反映了 ROM 的实际大小，"×"之前的数字代表地址数目，"×"之后的数字是每个地址空间的数据大小（位数，8 = 字节，16 = 半字，32 = 字，等）。另外，请注意在某些设计文档中，ROM 的大小可以汇总描述。如 16KB（kbytes）的 ROM 是指 16K×8 的 ROM，32MB 的 ROM 是指 32M×8 的 ROM。

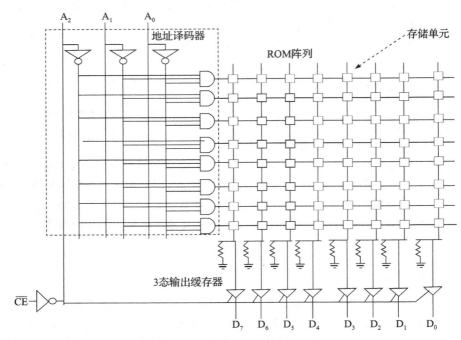

图 4-39 8×8 ROM 逻辑电路[6]

本例中，8×8 的 ROM 即为 8×8 的矩阵，意味着它可以存储 8 个不同的 8 位字节，或者说 64 位信息。矩阵中的每一个行与列的交叉点是一个存储器位置，叫作存储单元。每个存储单元可以包含一个双极型晶体管或者场效应管（视 ROM 种类不同）与一个熔丝连接（见图 4-40）。

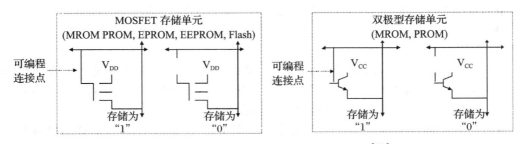

图 4-40 8×8 MOSFET 和双极型存储单元[20]

当一个可编程的连接接通，晶体管就被偏置为 ON，等于一个"1"被存储于此。ROM 中所有的存储单元通常都是以这样的配置方式生产的。当向 ROM 中写入数据时，断开可编程连接就等于存储一个"0"。如何断开连接取决于 ROM 的类型。怎样从 ROM 中读出数据取决于 ROM 器件本身，但是在本例中，芯片的使能（CE）线的逻辑跳变（从高变到低）使得允许存储的数据在收到 3 位地址请求之后经由 $D_0 \sim D_7$ 输出（见图 4-41）。

门	A2	A1	A0	D7	D6	D5	D4	D3	D2	D1	D0
1	0	0	0	1	1	1	1	0	1	1	1
2	0	0	1	1	1	0	1	1	1	0	1
3	0	1	0	0	1	1	1	1	1	0	1
4	0	1	1	0	0	1	0	1	1	0	1
5	1	0	0	1	1	1	1	1	1	1	1
6	1	0	1	1	1	0	0	0	0	1	1
7	1	1	0	0	1	1	1	1	1	0	1
8	1	1	1	1	0	1	1	1	1	1	0

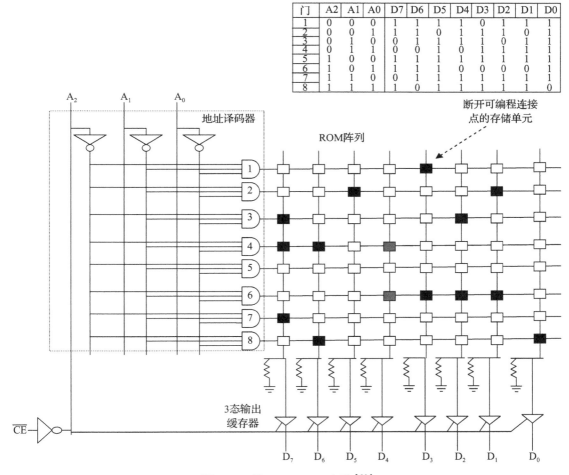

图 4-41　读 8 × 8 ROM 电路[20]

最后，最常用的片上集成 ROM 包括：

- MROM（掩膜 ROM）：在处理器的生产过程中 ROM 被永久地蚀刻在微芯片上，不能再被更改；
- PROM（可编程 ROM）或 OTP（一次性可编程）：可以被集成到片上系统中的一种 ROM，可以使用 PROM 编程器一次性编程（也就是说，可以在生产工厂外被编程）；
- EPROM（可擦除可编程 ROM）：可以集成在处理器中的 ROM，里面的内容可以被多次擦除和重新编程（具体次数由处理器决定）。EPROM 的内容可由特殊的分离设备写入，也可以用能输出强烈紫外线照射进处理器内建窗口的设备进行选择性或者全部擦除；
- EEPROM（电可擦除可编程 ROM）：它与 EPROM 一样，可以被多次擦除和重写。其次数由处理器决定。与 EPROM 不同的是，EEPROM 中的内容可以在嵌入式系统工作时不用任何特殊设备写入和擦除。其擦除必须是整体的，不像 EPROM 可以是选择性的。EEPROM 的一个低成本且快速的变种是闪存。EEPROM 写入和擦除都是以字节为单位进行的，而闪存是以块或者区（字节组）为单位。跟 EEPROM 一样，闪存的内容可以在嵌入式系统中被删除。

RAM

RAM 通常称为主存，它的所有地址都可被直接访问（随机访问，而不是由某个起始点开始顺序访问），它内部的内容也可以被多次修改。与 ROM 不同的是，断电之后 RAM 的内容将被擦除，也就是说 RAM 是易失性的。RAM 的两种主要类型为静态 RAM（SRAM）和动态 RAM（DRAM）。

如图 4-42a 所示，SRAM 的存储单元由基于晶体管的触发器电路组成，通过电路中的一对反相器实现对电流的双向切换来储存其数据，直到断电或数据被重写。

为了清晰地理解 SRAM 是怎样工作的，我们来看看如图 4-42b 所示的一个 4K×8 的 SRAM 的逻辑电路示例。

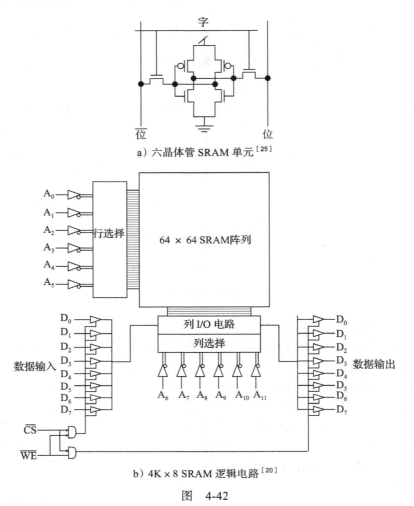

a）六晶体管 SRAM 单元[25]

b）4K×8 SRAM 逻辑电路[20]

图 4-42

在这个例子中，4K×8 的 SRAM 是一个 4K×8 的矩阵，意味着它可以存储 4096（4×1024）

个不同的 8 位字节，或者说 32 768 位的信息。如图所示，需要用 12 根地址线（$A_0 \sim A_{11}$）寻址所有 4096（000000000000b $\sim$ 111111111111b）个可能的地址，地址的每一位对应一条地址线。本例中，4K $\times$ 8 的 SRAM 由 64 $\times$ 64 的阵列组成，其中 $A_0 \sim A_5$ 代表不同的行，$A_6 \sim A_{11}$ 代表不同的列。正如 ROM 一样，每个行列交叉点都是 SRAM 的一个存储单元，SRAM 的存储单元可以包括主要基于半导体器件的触发器电路，这些半导体器件包括多晶硅负载电阻、双极型晶体管或 CMOS 晶体管。有 8 条输出线（$D_0 \sim D_7$）用于输出每个地址中存储的一个字节。

本例中，当片选（CS）信号为高时，存储器为待机模式（既不读也不写）。当片选信号变为低且写使能（WE）信号为低时，一个字节的数据将根据地址线指定的地址由数据输入线（$D_0 \sim D_7$）写入存储器。当 CS 为低，WE 为高时，一个字节的数据将从地址线（$A_0 \sim A_7$）指定的位置由数据输出线（$D_0 \sim D_7$）读出。

如图 4-43 所示，DRAM 存储单元是由电容器组成的电路，这些电容器所保持的充放电状态反映的就是数据。DRAM 电容器需要频繁刷新来维持其充电状态，并且在 DRAM 的内容被读出（读 DRAM 会对电容器放电）之后，对电容器进行充电刷新。存储单元的循环放电和充电就是这种 RAM 被称为"动态"的原因。

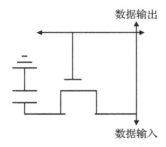

图 4-43 DRAM（基于电容的）存储单元[20]

我们给出一个 16K $\times$ 8 的 DRAM 逻辑电路示例，RAM 的配置是一个 128 行和 128 列的二维阵列，意味着它可以存储 16 384（16 $\times$ 1024）个不同的 8 位字节或 131 072 位的信息。根据这样的地址配置，这个更大的 DRAM 要么设计成由 14 条必要的地址线（$A_0 \sim A_{13}$）来寻址所有 16 384（00000000000000b $\sim$ 11111111111111b）个可用的地址单元（每条地址线对应地址的每一位），要么可以将这些地址线复用（或多条线结合共享减少线数），通过某种类型的数据选择电路来管理共享的信号线。图 4-44 中的示例展示了地址线的多路复用是如何工作的。

16K $\times$ 8 的 DRAM 配置由地址线 $A_0 \sim A_6$ 代表行，$A_7 \sim A_{13}$ 代表列。本例中行地址选通（RAS）线电平跳变（从高到低）发送 $A_0 \sim A_6$ 的数据，列地址选通（CAS）线电平跳变（从高到低）发送 $A_7 \sim A_{13}$ 的数据。在这之后，存储单元被锁定并准备好被写入或读出。有 8 条输出线（$D_0 \sim D_7$）用于输出每个地址中存储的一个字节。当 WE 输入线为高电平时，数据可以由输出线 $D_0 \sim D_7$ 读出；当 WE 为低电平时，数据由输入线 $D_0 \sim D_7$ 写入。

SRAM 和 DRAM 之间一个主要的区别是组成 DRAM 的存储阵列本身。DRAM 存储阵列中的电容器不能保持电荷（数据）。电荷在一定时间内会逐渐散失，故而需要某种附加机制来刷新 DRAM 保证数据的完整性。这种机制通过一个高灵敏度放大器电路来感知存储单元内存储的电荷，并在数据消失前读出再写回 DRAM 电路中。讽刺的是，从存储单元中读出数据的过程也会使电容器放电，即使首先从存储单元中读出数据是纠正电容器逐渐放电问题的过程中的首要部分。嵌入式系统中的存储控制器（MEMC，详见 5.4 节存储器管理）通常通过启动刷新和持续跟踪刷新事件序列来管理 DRAM 的充电和放电循环。正是这个存储单元的充放电刷新循环机制使得这种 RAM 获得"动态"这个命名，而 SRAM 对电荷的保持存储是其"静态"名字的基础。也是由于 DRAM 的额外刷新电路，使得 DRAM 比起 SRAM 来速度更慢。（注意：SRAM 通常比寄存器更慢，是因为其触发器内的晶体管通常更小，因而不能承载像寄存器内部那么大的电流。）

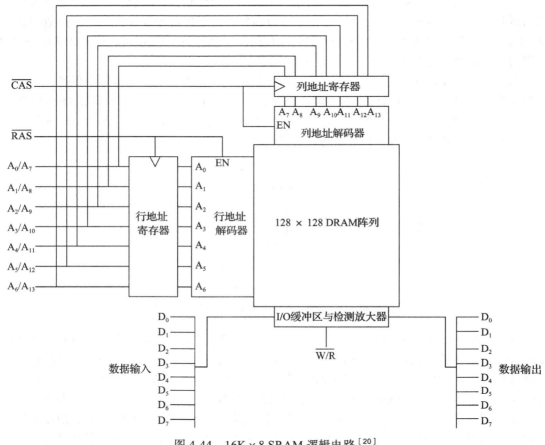

图 4-44　16K×8 SRAM 逻辑电路[20]

由于 SRAM 不需要额外的能量来刷新，因此通常 SRAM 比 DRAM 更省电。另一方面，基于电容的设计相对于 SRAM 的触发器设计（多个晶体管）来说，DRAM 要比 SRAM 更便宜。DRAM 比 SRAM 可以存储更多的数据，因为 DRAM 的电路比 SRAM 更小，所以在一块 IC 上可以集成更多的 DRAM 电路。

DRAM 通常在大容量应用中作为主存，同时 DRAM 也应用于视频 RAM 和 Cache 中。DRAM 应用在显存中也被称为帧缓存。SRAM 因为价格更贵则通常用于小容量应用，但因为它是最快速的 RAM，所以经常用于外部 Cache（见 5.2 节）和视频存储（当需要处理特定类型的图像，且有足够的预算时，系统可以部署更高性能的 RAM）。

表 4-3 总结了各种不同用途的 IC 中集成的不同类型 RAM 和 ROM 的示例。

表 4-3 片上存储器[26]

	主存	视频存储	Cache
SRAM	NA	RAMDAC（随机存取存储器数模转换器）用于非真彩色显示系统的视频卡，为诸如 CRT（阴极射线管）等模拟显示器将数字图像数据转换为模拟显示数据。内置 SRAM 包含调色板数据表，为内置在 RAMDAC 中的 DAC（数模转换器，将数字图像数据转换为模拟信号）使用的索引值提供 RGB（红/绿/蓝）信息	SRAM 用于 1 级和 2 级 Cache。与系统时钟或 Cache 总线时钟同步的一种被称为 BSRAM（Burst/ SynchBurst Static Random Access Memory）的 SRAM 主要用于 2 级 Cache（见 4.2 节）
DRAM	SDRAM (同步动态随机存取存储器）是与微处理器的时钟速度同步的 DRAM。诸如 JDEC SDRAM（JEDEC 同步动态随机存取存储器）、PC100 SDRAM (PC100 同步动态随机存取存储器）等几种和 DDR SDRAM（双倍速率同步动态随机存取存储器）类型的 SDRAM 就用于各种系统中。ESDRAM（增强型同步动态随机存取存储器）是将 SRAM 集成在 SDRAM 内的 SDRAM，成为更快的 SDRAM（首先在 ESDRAM 中更快的 SRAM 部分检查数据，如果没有找到，再搜索剩余的 SDRAM 部分 DRDRAM（直接 Rambus 动态随机存取存储器）和 SLDRAM（SyncLink 动态随机存取存储器）是其总线信号可以在一条线上集成和访问的 DRAM，从而减少访问时间（因为不需要在多条线上进行同步操作） FRAM（铁电随机存取存储器）是非易失性 DRAM，意味着在掉电后数据不会从 DRAM 中丢失。FRAM 具有比其他类型的 SRAM、DRAM 和某些 ROM（Flash）更低的功耗需求，针对小的手持设备（PDA，手机等） FPM DRAM（快速页模式动态随机存取存储器）、EDO DRAM（数据输出随机存取存储器）、EDORAM/EDO DRAM(数据突发扩展数据随机存取动态随机存取存储器）和 BEDO DRAM(随机突发扩展数据输出动态随机存取存储器）……	增强型动态随机存取存储器（EDRAM）实际上是将 SRAM 集成在 DRAM 内，通常用作 2 级 Cache（见 4.2 节）。首先搜索 EDRAM 较快的 SRAM 部分，如果没有找到，再搜索 EDRAM 的 DRAM 部分 RDRAM（片上 Rambus 动态随机存取存储器）和 MDRAM（片上多存储体动态随机存取存储器）通常用作存储位值阵列（显示器上的图像的像素值）的显示存储器的 DRAM。图像的分辨率由用于定义每个像素的位数决定 FPM DRAM（快速页模式动态随机存取存储器）、EDORAM/EDO DRAM（数据输出随机存取存储器）和 BEDO DRAM（数据突发扩展随机输出动态随机存取存储器）……	

Cache（1 级高速缓存）

Cache 是存储体系中介于 CPU 和主存之间的存储器（见图 4-45）。Cache 可以被集成到
处理器内部或片外。片上的 Cache 通常是指
1 级高速缓存，通常会用 SRAM 来做 1 级
Cache。Cache（SRAM）因速度快而其成本
更高，因此不管是在片内还是片外，处理器
通常都使用容量很小的 Cache。

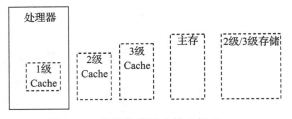

使用 Cache 已经非常普遍，这是响应
系统显示良好的局部性引用，即这些系统在
给定的时间段内会从有限的内存区段访问大

图 4-45   分级存储器中的 1 级 Cache

部分数据。Cache 用来存储最经常被使用或者访问的主存子集。有些处理器对于指令和数据
共用一个 Cache，而另一些处理器则为其使用各自独立的片上 Cache。参见图 4-46。

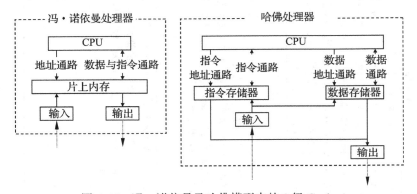

图 4-46   冯·诺依曼及哈佛模型中的 1 级 Cache

从 1 级 Cache 和主存中读写数据使用了不同的策略。这些策略包括在 Cache 和内存中
以字和多字的块为单位传输数据。这些数据块由来自主存中的数据以及代表着数据在主存中
位置的标签组成。

向主存中写数据时，由 CPU 给出主存地址，该地址被转换以确定其在 1 级 Cache 中的
等效位置，因为 Cache 是主存子集的快照。写操作必须要同时在主存和 Cache 中完成以保
证 Cache 和主存的一致性（具有相同的值）。确保一致性的两种常见写策略是写直达（全写）
法，即每次写入同时在主存和 Cache 中进行，以及写回法，即数据最初只是写入到 Cache
中，且仅当数据发生冲突和被替换时，才写回主存。

当 CPU 想从内存中读取数据时，首先检查 1 级 Cache。如果数据在 Cache 中，则称为
Cache 命中。数据被送回给 CPU，内存访问过程完成。如果数据不在 1 级 Cache 中，则称为
Cache 未命中。此时再检查片外 Cache（如果有的话）是否有所需数据，如果还未命中，就
访问主存以检索数据并送回给 CPU。

数据通常以下面三种方案存储在 Cache 中：

- 直接映射：Cache 中的数据定位由与其相关联的主存块地址（使用块的"标签"部分）决定；
- 组相联：Cache 被分成组，每个组可以有多个不同的块放入。块根据映射到 Cache 的
  特定组的索引字段来定位；
- 全相联：块可以放置在 Cache 中的任意位置，且每次必须通过查询整个 Cache 来定位。

在具有执行地址转换的存储管理单元（MMU）的系统中（见下一节"片上存储器管理"），Cache 可以被集成到 CPU 和 MMU 之间，或 MMU 和主存之间。对于 MMU 来说，两种 Cache 集成方法各有利弊，主要在于 DMA（直接内存访问）的处理，即板上的从处理器不经过主处理器而直接访问片外主存储器的处理方式。当 Cache 被集成到 CPU 和 MMU 之间时，只有 CPU 访问内存会影响 Cache；因此，DMA 写入存储器可能会使 Cache 与主存储器产生不一致，除非在 DMA 数据传输时，CPU 对存储器的访问受限或者 Cache 可以由系统内除 CPU 之外的其他单元持续更新。当 Cache 集成到 MMU 和主存之间时，需要进行更多的地址转换，因为 Cache 会受 CPU 和 DMA 的共同影响。

片上存储器管理

许多不同类型的存储器可以集成到一个系统中，并且 CPU 上运行的软件在如何使用内存地址（逻辑 / 虚拟地址）和实际物理地址（二维阵列或行和列）上是有差异的。存储管理器是设计用来管理这些问题的 IC，在某些情况下是被集成到主处理器中的。

集成到主处理器中的两种最常见的内存管理器类型是 MEMC 和 MMU。MEMC 用于实现和提供系统内不同类型存储器（如 Cache、SRAM 和 DRAM 等）的无缝接口、同步访问内存以及验证所传输数据的完整性。MEMC 直接使用存储器自身的物理（二维）地址访问内存。控制器管理来自主处理器的请求并访问相应的存储器，等待反馈并将反馈送回主处理器。在某些情况下，MEMC 主要管理一种类型的存储器，可以由存储器名称来说明（如 DRAM 控制器、Cache 控制器等）。

MMU 用于把逻辑地址转换成物理地址（存储器映射），以及处理存储器安全、控制 Cache、处理 CPU 和存储器之间的总线仲裁，并产生适当的异常中断。图 4-47 展示的是同时拥有集成 MMU（在内核中）和集成 MEMC（在系统接口单元中）的 MPC860。

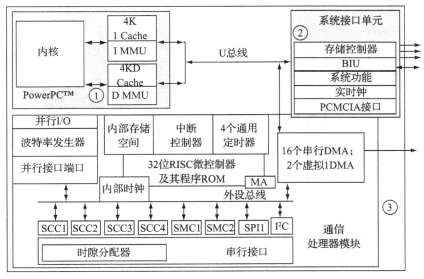

图 4-47　MPC860 和内存管理[15]

对于地址翻译，MMU 可以利用处理器中的 1 级 Cache 或者分配作为缓冲区的 Cache 的一部分来高速缓存地址转换，即通常所说的快表（TLB），来存储逻辑地址到物理地址的映射。MMU 也必须支持地址转换的各种方案，主要是段式、页式，或者这两种方式的组合。

一般来说，段式是把逻辑内存分为较大的大小可变的区域，而页式则是把逻辑内存分为较小的大小固定的单元。

内存保护机制则会对不同的页或段提供共享、读写或者是只读的可访问性支持。如果某个内存访问是没有定义或者不被允许的，通常会触发中断。在地址转换时如果某个页或者段不可访问（在页模式时，即为页缺失，等等），也会触发中断。这种情况下，中断需要被处理（例如页或段必须要从辅助存储器中获取）。MMU 是否支持页式或段式，通常取决于软件（如操作系统 OS）。请阅读第 9 章操作系统的部分了解关于虚拟存储器以及 MMU 与系统软件一起使用来管理虚拟存储器的方式。

存储器组织

存储器组织不仅包括特定平台下的分级存储器的组成，也包括存储器的内部组织——特别是存储器中的不同部分可以或不可以用作什么，以及不同类型的内存是如何组织以及被系统的其他部分访问的。例如，有些体系结构会把内存分开，一部分只能用来存储指令，而另一部分只能存储数据。SHAPC DSP 包含的集成存储器被分成不同的存储器空间（存储区段），分别用来存储数据和程序（指令）。在 ARM 体系结构中，有些是基于冯·诺依曼模型（如 ARM7），就是说它只有一个存储空间用来存放指令和数据，而其他的 ARM 体系结构（如 ARM9）则是基于哈佛模型，即存储器分为独立的数据段和指令段。

主处理器和软件一起把内存视为一个大的一维阵列，叫作**存储器映射**（见图 4-48a）。这个映射清楚地定义了哪些组件占用哪个或哪组内存。

在这个存储器映射中，体系结构可以定义仅对某些类型的信息可访问的多个地址空间。例如，有些处理器可能要求在特定的位置（或者随机的位置）一组偏移量保留用作其内部寄存器空间（见图 4-48b）。处理器还可以允许特定的地址空间仅能由内部 I/O 功能、指令（程序）或数据进行访问。

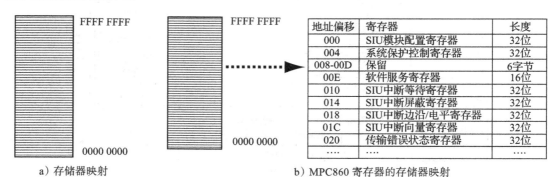

地址偏移	寄存器	长度
000	SIU模块配置寄存器	32位
004	系统保护控制寄存器	32位
008-00D	保留	6字节
00E	软件服务寄存器	16位
010	SIU中断等待寄存器	32位
014	SIU中断屏蔽寄存器	32位
018	SIU中断边沿/电平寄存器	32位
01C	SIU中断向量寄存器	32位
020	传输错误状态寄存器	32位
....	....	....

a）存储器映射   b）MPC860 寄存器的存储器映射

图   4-48

4.2.3   处理器 I/O

注意：这部分的内容和第 6 章中板载 I/O 中的内容类似，除了特定类型的 I/O 或者 I/O 子系统中的组件是集成到 IC 上的之外，与直接部署在电路板上相比，其他基本特性从本质上讲是一样的。

处理器上的 I/O 组件负责在处理器的其他组件和电路板上的存储器及处理器外部的 I/O 之间转移数据（见图 4-49）。处理器 I/O 既可以作为只将信息输入主处理器的输入组件，或者只将信息从主处理器输出的输出组件，也可以同时作为输入和输出组件。

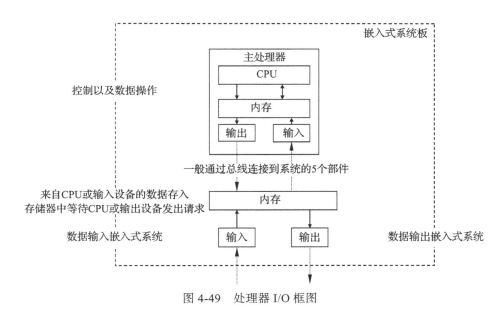

图 4-49 处理器 I/O 框图

事实上任何机电系统，嵌入式的和非嵌入式的、常规的（键盘、鼠标等）和非传统的（发电厂、人体四肢等），都可以连接到嵌入式板上并作为其 I/O 设备。I/O 是高级分组，可以被细分为输入设备、输出设备或者输入 / 输出设备等子类。输出设备可以从板载 I/O 组件接收数据，并且以某种方式显示这些数据，例如打印到纸上，存储到磁盘上，显示到屏幕上或者通过闪烁的发光二极管（LED）让人可以看到。输入设备把数据传输至板载 I/O 组件，例如鼠标、键盘或者遥控装置。I/O 设备则既可以输入数据也能输出数据，例如可以与互联网交换数据的网络设备。I/O 设备可以通过有线或者无线数据传输介质（如键盘或遥控装置）连接到嵌入式系统板上，也可以直接部署到嵌入式系统板上，如 LED。

由于 I/O 设备可以是各种各样的机电系统，从简单电路到另一个完整的嵌入式系统，因此可以基于其支持的功能将处理器 I/O 组件分类，最常见的包括：

- 网络与通信 I/O（OSI 的物理层模型，参见第 2 章）；
- 输入 I/O（键盘、鼠标、遥控装置、声音等）；
- 图像和输出 I/O（触摸屏、CRT、打印机、LED 等）；
- 存储 I/O（光盘控制器、磁盘控制器、磁带控制器等）；
- 调试 I/O（后台调试模式 BDM、JTAG、串行端口、并行端口等）；
- 实时及其他 I/O（定时器 / 计数器、模数转换器、数模转换器、按键开关等）。

简而言之，I/O 子系统既可以像直接连接主处理器和 I/O 设备（如主处理器连接板上的时钟和 LED 的 I/O 端口）的基础电路一样简单，也可以复杂到包括几个功能单元，如图 4-50 所示。I/O 硬件通常由 6 个主要逻辑单元的全部或者部分组成：

- 传输介质：将 I/O 设备和嵌入式系统板连接起来，用于数据通信和交换的无线或者有线介质；
- 通信端口：传输介质连接到电路板上的端口，或者无线系统的信号收发器；
- 通信接口：管理主 CPU 和 I/O 设备或者 I/O 控制器之间的数据通信；同时负责来自或者发往 IC 以及 I/O 端口逻辑层的数据编码和解码。接口可以集成到主处理器上，也可以作为独立的 IC；

- I/O 控制器：管理 I/O 设备的从处理器；
- I/O 总线：板载 I/O 和主处理器直接的连接线；
- 主处理器集成的 I/O。

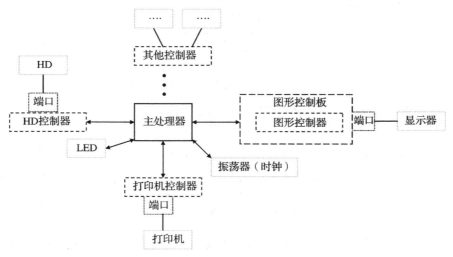

图 4-50 嵌入式系统板上的端口及设备控制器

这就是说，板载 I/O 可以如图 4-51a 所示是多种组件的复杂组合，也可以是如图 4-51b 所示的几个集成的 I/O 板上部件。

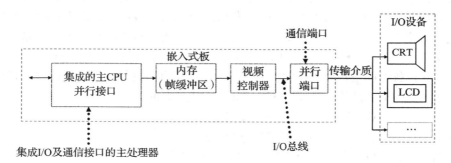

a) 复杂 I/O 子系统

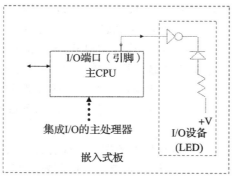

b) 简单 I/O 子系统

图 4-51

传输介质、总线和板载 I/O 已经超出了本节的内容范围，他们分别在第 2 章（传输介质）、第 7 章（板载总线）和第 6 章（板载 I/O）中有详细说明。I/O 控制器是一种处理器（见4.1 节）。如果 I/O 设备是部署在板上的，那么它可以通过 I/O 端口直接连接到主处理器上，也可以通过集成到主处理器上或者板载的独立 IC 上的通信接口实现间接的连接。

从图 4-52 中的示例电路可以看出，I/O 引脚通常连接到某种类型的电流源或者开关器件。本例中是一个 MOSFET 晶体管。此例中的电路允许该引脚既可作为输入又可作为输出。当晶体管关闭（开路）时，该引脚作为输入引脚，而当开关打开时，这个引脚作为输出端口。

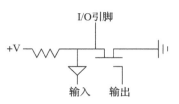

图 4-52　I/O 端口电路示例[23]

处理器上的一个或一组引脚可以通过主处理器中的控制寄存器来编程使其支持特定的 I/O 功能（以太网端口接收器、串口发送器、总线信号等），如图 4-53 所示。

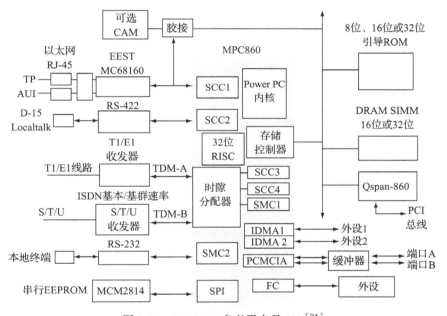

图 4-53　MPC860 参考平台及 I/O[24]

在 MPC860 中，诸如以太网和 RS-422 的 I/O 由 SCC 寄存器操作，RS-232 则由 SMC2 操作，等等。在软件中实现的引脚配置等操作会在第 8 章中讨论。

在各种 I/O 类别（网络、调试、存储等）中，处理器 I/O 通常根据数据的管理方式划分子类别。需要注意的是，与嵌入式系统模型相关，实际的子类别可能会完全不同，这取决于不同的体系结构视角。这里的"视角"指的是从硬件和软件的角度来看 I/O（并因此分类）是不同的。即便是在软件中，在不同的层次上（系统软件相对于应用软件，操作系统相对于设备驱动，等等）看，子类也可能是不同的。例如，在许多操作系统中，I/O 被认为是块或者字符 I/O。块 I/O 以固定大小的块为单位存储和传输数据，且只能以块为单位寻址。另一方面，字符 I/O 管理的是数据流中的字符，字符的大小则由体系结构决定，比如 1 个字节。

从硬件角度来看，I/O 是以串行、并行或者两者的结合方式来管理（传输及存储）数据的。

管理 I/O 数据：串行 I/O 与并行 I/O

串行 I/O

可以发送和接收串行数据的处理器 I/O 是由每次存储、发送及接收数据的一个数据位的部件组成的。串行 I/O 硬件通常是由之前在图 4-50 中描述的 6 个主要逻辑单元中的某几个组合构成的。串行通信在其 I/O 子系统中包含一个串行端口和一个串行接口。

串行接口管理主 CPU 与 I/O 设备或 I/O 控制器之间的串行数据发送和接收。其中包括接收和发送缓冲区，用于存储和编码或者决定它们所处理的数据是发送到主 CPU 还是 I/O 设备。至于串行数据不同的发送和接收模式，其区别通常包括数据可以发送和接收的方向，以及在数据流中的数据位如何被发送（接收）的实际过程。

在两个设备之间的数据传输可以有下面三种方向性特征：单向传输、因为共用一条传输线而分时的双向传输以及同时双向传输。串行 I/O 数据通信的单工模式是指数据流只能在一个方向上发送或接收（见图 4-54a）。半双工模式是指数据流可以双向发送和接收，但是同一时间只能在一个方向上传输（见图 4-54b）。全双工模式是指数据流可以同时在任何方向上发送和接收（见图 4-54c）。

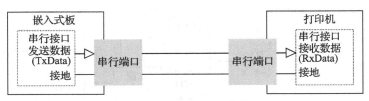

a）单工传输模式示例[18]

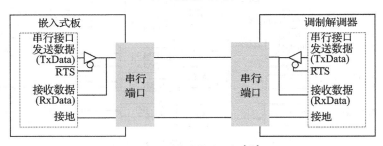

b）半双工传输模式示例[18]

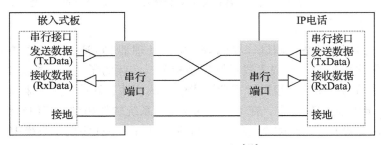

c）全双工传输模式示例[18]

图 4-54

在实际的数据流中，串行 I/O 传输既可以是由 CPU 时钟调节的规则时间间隔的稳定

（连续）数据流，称为同步传输，也可以是间歇性的以不规则（随机）的时间间隔进行传输的异步传输。

在异步传输（见图 4-55）中，被传输的数据可以在串行接口的发送缓冲区或者寄存器里存储和修改。发送器的串行接口通常把数据流分成 4 ～ 8 位或者 5 ～ 9 位（每个字符的位数）的数据包。然后每个数据包被封装成帧分别发送。数据帧是在发送前被串行接口修改的数据包，即在数据流之前加一个起始位并在数据流的最后加一个或多个停止位（可以是 1、1.5 或者 2 个位的长度，以确保识别由 1 变到 0 的下一帧的开始）。在帧内，数据位之后和停止位之前，还可以附加一个奇偶校验位。起始位代表了帧的开始，停止位则表示着帧的结束，而奇偶校验位是可选的位，用于进行非常基本的差错检查。基本上，串行传输的奇偶校验可以是没有（无校验位故而无差错检查）、偶校验（在传输数据流中不包含起始位与停止位的"1"的总个数是偶数则代表传输成功）或者奇校验（在传输数据流中不包含起始位与停止位的"1"的总个数是奇数则代表传输成功）。

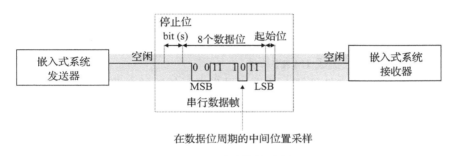

图 4-55　异步传输示例

在发送的数据帧之间，信道保持在空闲状态，意味着保持着逻辑电平"1"或者不归零（NRZ）状态。

接收器的串行接口根据帧的起始位来同步接收数据帧，经过短暂的延迟后，逐位移位到接收缓冲区中，直到接收到停止位为止。为了能够实现异步传输，在通信中涉及的所有串行接口的比特率（带宽）必须是同步的。其中比特率定义为：

比特率 = 每一帧实际的数据位数 / 每一帧总的位数 × 波特率

波特率是在单位时间内发送的所有类型数据位的总数（单位为 kbits/s，Mbits/s）。

发送器的串行接口和接收器的串行接口都要和独立的比特率时钟同步，以确保正确采样数据位。在发送端，一个新的帧发送开始的时候时钟开始启动，并持续到帧发送结束，以确保数据流在接收端可以处理的时间间隔内发送。在接收端，时钟从接收到一个新的帧开始启动，延迟适当的时间（根据比特率），在每个数据位周期的中间位置采样，然后在接收到帧的停止位时结束。

在同步传输（见图 4-56）中，数据流中没有附加的起始位和停止位，也没有空闲时期。与异步传输一样，接收和发送的数据率必须保持同步。然而，与异步传输中使用独立的时钟不同，同步传输中涉及的设备是与同一个公共时钟来同步的，这个时钟不会在每一个新的帧传输过程中开始和停止（在某些电路板上可能会有一个完全独立的时钟线，用于串行接口来协调数据位的传输）。在某些同步串行接口中，如果没有独立的时钟线，那么时钟信号甚至可能和数据位一起发送。

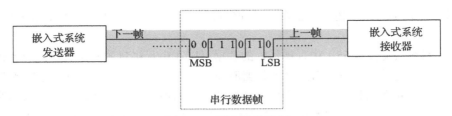

图 4-56 同步传输示例

UART（通用异步接收发送器）是进行异步串行传输的串行接口的实例，而 SPI（串行外设接口）是同步串行接口的实例。（注意：集成 UART 或其他类型串行接口的不同的体系结构对于相同类型的接口可以有不同的命名，例如 MPC860，具有 SMC（串行管理控制器）UART。请参考相关文献以了解其规格。）

串行接口可以是板上单独的从属 IC，也可以是集成到主处理器上的。串行接口与 I/O 设备之间通过串行端口传输数据（见第 6 章）。串行端口是串行的通信（COM）接口，通常用于板外的串行 I/O 设备和板上的串行板载 I/O 之间互连。串行接口负责把去往和来自串行端口的数据在串行端口的逻辑电平转换成主 CPU 的逻辑电路可以处理的数据。

处理器串行 I/O 例 1：集成 UART

UART 是可以集成到主处理器上并进行异步串行传输的全双工串行接口的实例。如前所述，UART 可以存在许多变体，并有许多名称；然而，它们都基于相同的设计——在老式 PC 上部署的最初的 8251 UART 控制器。UART 必须在通信信道的两端，在 I/O 设备和嵌入式系统板上都存在，才能使这种通信方案正常工作。

在本例中，我们来看 MPC860 内部的 UART 方案，因为 MPC860 有不止一种 UART 的实现方式。MPC860 允许两种方式来配置 UART：使用 SCC（串行通信控制器）或者 SMC（串行管理控制器）。这两种控制器都存在于 PowerPC 的通信处理器模型（见图 4-57）中，并且可以配置以支持多种不同的通信方案，例如 SCC 配置支持以太网和 HDLC，以及 SMC 配置支持透明传输和 GCI。但在本例中，我们只研究被配置为支持 UART 功能。

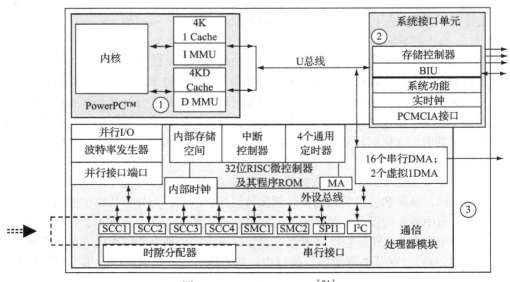

图 4-57　MPC860 UART[24]

配置 MPC860 SCC 为 UART 模式

如本节开始部分所介绍的那样，在异步传输中被发送的数据可以在串行接口发送缓冲区中存储和修改。使用 MPC860 中的 SCC，有两个 UART FIFO（先进先出）缓冲区——一个用于处理器接收数据，另一个用于发送数据到外部 I/O（见图 4-58a、b）。两个缓冲器通常都在主存中分配空间。

如图 4-58a、b 所示，与接收和发送缓冲区同时存在的还有控制寄存器，它用于定义波特率、每个字符的位数、校验位、停止位的长度及其他信息。如图 4-58a、b 和图 4-59 所示，PowerPC 芯片上引出了 5 个引脚，SCC 被连接用来进行数据发送和接收：发送（TxD）、接收（RxD）、载波检测（CDx）、允许发送（CTS）和请求发生（RTS）。以下详细描述了这些引脚是如何一起工作的。

在接收和发送模式中，内部 SCC 时钟被激活。在异步传输中，每个 UART 都有自己的内部时钟，虽然与外部 I/O 设备的 UART 的时钟是不同步的，但它设置成与它通信的设备的 UART 有相同的波特率。然后 CDx 用来允许 SCC 接收数据，CTSx 用来允许 SCC 发送数据。

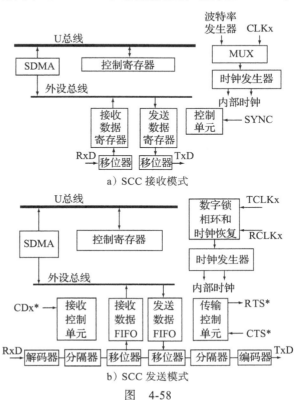

a）SCC 接收模式

b）SCC 发送模式

图 4-58

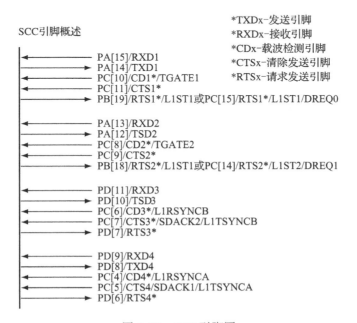

SCC 引脚概述

*TXDx-发送引脚
*RXDx-接收引脚
*CDx-载波检测引脚
*CTSx-清除发送引脚
*RTSx-请求发送引脚

PA[15]/RXD1
PA[14]/TXD1
PC[10]/CD1*/TGATE1
PC[11]/CTS1*
PB[19]/RTS1*/L1ST1或PC[15]/RTS1*/L1ST1/DREQ0

PA[13]/RXD2
PA[12]/TSD2
PC[8]/CD2*/TGATE2
PC[9]/CTS2*
PB[18]/RTS2*/L1ST1或PC[14]/RTS2*/L1ST2/DREQ1

PD[11]/RXD3
PD[10]/TSD3
PC[6]/CD3*/L1RSYNCB
PC[7]/CTS3*/SDACK2/L1TSYNCB
PD[7]/RTS3*

PD[9]/RXD4
PD[8]/TXD4
PC[4]/CD4*/L1RSYNCA
PC[5]/CTS4/SDACK1/L1TSYNCA
PD[6]/RTS4*

图 4-59　SCC 引脚图

前面提到过，数据在异步串行传输中被封装成帧。当发送数据时，SDMA 把数据传输到发送 FIFO，并使 RTS 引脚信号有效（因为它是一个发送控制引脚，当数据被装载到发送 FIFO 变为有效）。然后数据被（并行地）传输到移位器中。移位器（串行地）把数据移位到分隔器中，数据将被附加上帧标志位（起始位、停止位等）。数据帧随后被发送到编码器中，在被传输之前进行编码。在 SCC 接收数据的情况下，帧数据在解码器中被解码，然后发送到分隔器中去除数据之外的起始位和停止位等，数据之后被串行地移入到移位器中，再被（并行地）传输到接收数据 FIFO 中。最后，SDMA 把接收到的数据再传输到另一个缓冲区，由处理器继续进行处理。

配置 MPC860 SMC 为 UART 模式

如图 4-60a 所示，SMC 的内部设计和 SCC 的内部设计有很大的差异，实际上比 SCC 的功能更少。SMC 没有编码器、解码器、分隔器及接收 / 发送 FIFO 缓冲区。它使用的是寄存器。如图 4-60b 所示，SMC 只连接有 3 个引脚：发送引脚（SMTXDx）、接收引脚（SMRXDx）和同步信号引脚（SMSYN）。同步引脚用于透明传输以控制接收和发送操作。

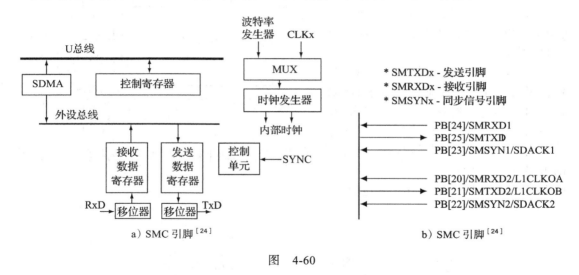

图　4-60

数据由接收引脚接收到接收移位器中，然后 SDMA 从接收寄存器传输接收到的数据。要发送的数据被存储在发送寄存器中，然后转移到移位器中以通过发送引脚进行发送。请注意，SMC 不提供 SCC 中的控制位（起始位、停止位等）附加和剥离功能。

处理器串行 I/O 例 2：集成的 SPI

SPI 是可以集成到主处理器中进行同步串行传输的全双工串行接口的实例。像 UART 一样，SPI 需要存在于通信信道的两端（在 I/O 设备以及嵌入式系统板上）以实现这种通信方案。在本例中，我们研究 MPC860 内部的 SPI，它位于 PowerPC 的通信处理器模块中（见图 4-61）。

在同步串行通信模式中，两个设备都是由其中一方所产生的同一个时钟信号来同步的。在这种情况下产生了主从关系，主设备产生它和从设备都遵循的时钟信号。这种关系是 MPC 860 的 SPI 连接 4 个引脚的基础（见图 4-62b）：主设备输出 / 从设备输入或发送信号（SPIMOSI）、主设备输入 / 从设备输出或接收信号（SPIMISO）、时钟信号（SPICLK）以及从设备选择信号（SPISEL）。

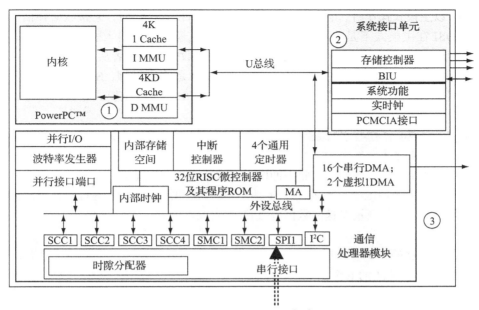

图 4-61 MPC860 SPI[15]

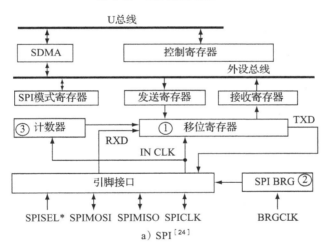

a) SPI[24]

* SPIMOSI - 主设备输出，从设备输入引脚
* SPIMISO - 主设备输入，从设备输出引脚
* SPICLK - SPI时钟引脚
* SPISEL - SPI从设备选择引脚，在860 SPI作为从设备时使用

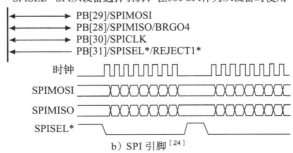

b) SPI 引脚[24]

图 4-62

当 SPI 以主模式操作时，它产生时钟信号，而在从模式操作时，它接收时钟信号作为输入。SPIMOSI 在主模式下是输出引脚，SPIMISO 在主模式下是输入引脚，SPICLK 在主模式下提供输出时钟信号，用来从 SPIMISO 同步移位接收的数据或者从 SPIMOSI 移出发送的数据。在从模式下，SPIMOSI 是输入引脚，SPIMISO 是输出引脚，SPICLK 从主设备接收时钟信号用来从发送和接收引脚上同步移位数据。SPISEL 也是从模式相关的信号，因为它使能时作为从设备。

图 4-62a 中说明了这些引脚是与 SPI 内部的组件协调工作的方式。本质上，数据是经过一个移位寄存器来接收和发送的。如果接收到数据，则将其移入接收寄存器中。SDMA 然后把数据传输到通常位于主存中的接收缓冲区。在数据发送的情况下，SDMA 把将要发送的数据从主存中的发送缓冲区中移入发送寄存器。SPI 发送和接收是同时进行的；当数据被接收到移位寄存器中时，需要被发送的数据也被移位发出去了。

并行 I/O

并行传输数据的 I/O 组件允许同时传输多位数据。与串行 I/O 一样，并行 I/O 的硬件通常也是由图 4-50 中所述的 6 个主要逻辑单元组合而成，只不过端口是并行端口，通信接口是并行接口。

并行接口管理着主 CPU 和 I/O 设备或其控制器之间的并行数据发送和接收。它们负责解码由 I/O 设备发送出来，从并行端口引脚接收到的数据位，并接收从主 CPU 中发出的数据，然后将其编码后发送到并行端口引脚上去。

它们具备接收和发送缓冲区用来存储及操作其负责发送到主 CPU 或者 I/O 设备中去的数据。并行数据的发送和接收方案，类似于串行 I/O 传输，其区别通常包括数据可以发送和接收的方向，以及在数据流中的数据位如何被发送（接收）的实际过程。并行 I/O 的传输方向与串行 I/O 一样，也具有单工、半双工和全双工模式。同样，类似于串行 I/O，并行 I/O 也具有异步或同步传输两种方式。与串行 I/O 不同的是，并行 I/O 具有更大的数据传输容量，因为它可以同时发送或者接收多个数据位。并行发送和接收数据的 I/O 设备实例包括 IEEE1284 控制器（用于打印机及显示 I/O 设备）、CRT 端口以及 SCSI（用于存储 I/O 设备）。

主处理器与 I/O 控制器的连接

当通信接口集成到主处理器中，与 MPC860 的情况一样，会面临一个连接主处理器和 I/O 控制器之间相同的发送及接收数据引脚的问题。剩下的控制引脚则根据其功能进行连接。例如，在图 4-63a 中，PowerPC 上的 RTS（请求发送）和以太网控制器的发送使能（TENA）连接在一起，如果数据被加载到发送 FIFO 后，RTS 就会自动有效通知控制器数据已经准备好可以发送。PowerPC 端的 CTS（允许发送）和以太网控制器的 CLSN（允许发送）信号连接在一起，CD(载波检测) 连接到 RENA(接收使能) 引脚，因为 CD 或者 CTS 信号有效的时候，数据的发送或接收就可以进行。如果控制器没有运行发送或者没有接收使能以指示数据已经准备好可以传输到 PowerPC，那么发送和接收都无法进行。图 4-63b 展示了 MPC860 SMC 和 RS-232 IC 连接的情况，本例中 SMC 的信号（发送引脚 SMTXDx 及接收引脚 SMRXDx）对应连接到 RS-232 的端口上。

图 4-63c 中展示了 PowerPC SPI 在主模式下和某些从属 IC 之间的连接示例，其中 SPIMISO（主模式输入 / 从模式输出）和 SPISO（SPI 从模式输出）对应连接。因为在主模式下 SPIMISO 是输入端口，所以 SPIMOSI（主模式输出 / 从模式输入）和 SPISI（从模式输入）相连。SPIMOSI

在主模式下是输出端口，由于两个 IC 是按照同一时钟同步，故而 SPICLK 和 SPICK（时钟）相连接，SPISEL 连接到 SPISS（从模式选择输入），其中 SPISS 只有在 PowerPC 是从模式时才有相关作用。如果是相反的情况（即 PowerPC 是从模式，而从属的 IC 是主模式），接口的连接关系还是相同的。

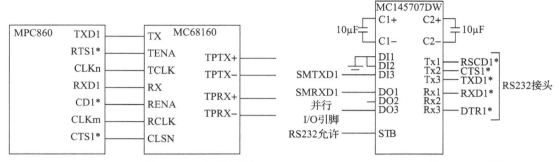

a）MPC860 SCC UART 连接到以太网控制器[24]　　　　b）MPC860 SMC 连接到 RS-232[24]

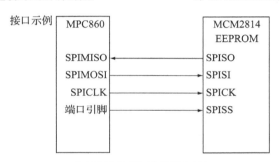

c）MPC860 SPI 连接到 ROM

图　4-63

最后，对于包含 I/O 控制器来管理 I/O 设备的子系统，I/O 控制器和主 CPU 之间的接口（通过通信接口）基于以下四个要求：

- 主 CPU 具备初始化和监视 I/O 控制器的能力。通常可以通过控制寄存器来配置 I/O 控制器，并通过状态寄存器来监视 I/O 控制器。这些寄存器都位于 I/O 控制器内部。控制寄存器可以由主处理器修改以配置 I/O 控制器。状态寄存器是只读寄存器，主处理器可以从中获取关于 I/O 控制器的状态信息。主 CPU 利用这些状态和控制寄存器，通过 I/O 控制器来和相连接的 I/O 设备通信，并对其实施控制。
- 主处理器具备请求 I/O 的途径。主处理器通过 I/O 控制器请求 I/O 设备最常见的机制是 ISA 的特殊 I/O 指令（I/O 映射指令）以及存储器映射 I/O（I/O 控制寄存器在主存中有保留的空间）；
- I/O 设备具备联系主 CPU 的途径。能够通过中断联系主处理器的 I/O 控制器称为中断驱动的 I/O。通常，I/O 设备初始化异步中断请求信号以指示（例如）可以读写控制和状态寄存器。之后主 CPU 利用其中断机制确定何时发现中断事件。
- 双方具备某种数据交换机制。这指的是在 I/O 控制器和主处理器之间实际的数据交换过程。在程序化传输中，主处理器从 I/O 控制器中接收数据到其寄存器，然后 CPU 把数据发送到存储器。对于存储器映射 I/O 机制来说，DMA（直接内存访问）电路可以完全绕过主 CPU。DMA 可以直接管理主存和 I/O 设备间的数据发送和接收。在某些系统中，DMA 是集成到主处理器上的，其他系统则具有独立的 DMA 控制器。

注意：与 I/O 有关的更多内容请参见第 6 章。有些处理器（非集成的）具有与板载 I/O 连接在一起工作的 I/O 组件，因此会有大量的重叠内容。

中断

中断是在主处理器执行指令流期间由某些事件触发的信号。这就意味着中断可以由外部硬件设备、复位、电源故障等事件异步启动，也可以由指令相关的活动如系统调用或者非法指令等同步启动。这些信号导致主处理器停止执行当前的指令流，转而开始进行中断处理过程。

中断主要包括来源于软件、内部硬件和外部硬件这三种类型。软件中断是由正在被主处理器执行的当前指令流中的某些指令在内部显式触发的。另一方面，内部硬件中断是主处理器正在执行的当前指令流由于硬件的功能（或限制）而产生问题的事件引起的，例如发生了像溢出和被零除等非法算术运算、调试（单步、断点）、无效的指令（操作码）等情况。由某些内部事件向主处理器引发（请求）的中断（基本上是软件中断和内部硬件中断）通常也称为异常或陷阱（取决于中断的类型）。最后，外部硬件中断是指由主 CPU 之外的硬件（板载总线、I/O 等）引发的。实际可以触发中断的来源通常是由软件在初始化设备驱动代码中通过寄存器中的数据位设置来激活或禁用潜在的中断源来确定的。

对于由外部事件引发的中断，主处理器要么是通过被称为 IRQ（中断请求）引脚或端口的输入引脚连接外部中间硬件（即中断控制器），要么是直接连接板上具有专门中断端口的其他部件，用于在发起中断时发信号给主 CPU。这些类型的中断都是由以下两种方式触发的：电平触发或者边沿触发。电平触发的中断是当 IRQ 信号处于某一特定的电平（高或者低，见图 4-64a）时触发的。这些中断是在 CPU 采样 IRQ 信号线时发现电平触发请求时被处理的，例如在处理完每条指令之后来处理中断。

边沿触发的中断是在 IRQ 信号线上发生电平由低到高（上升沿）或者由高到低（下降沿）时被触发的（见图 4-64b）。一旦被触发，这些中断将被锁存在 CPU 中直到中断被处理。

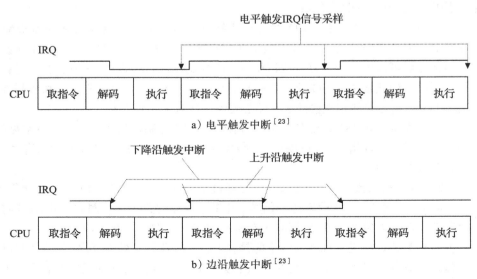

a）电平触发中断[23]

b）边沿触发中断[23]

图 4-64

　　两种类型的中断各有优缺点。电平触发的中断，如图 4-65a 所示，如果请求正在被处理，并且在下一个采样周期之前未被禁止，CPU 会尝试再次处理同一个中断。另一方面，如果电平触发的中断发生后在 CPU 的采样周期之前被禁止了，则 CPU 根本不会意识到它的存在，因此永远不会去处理这个中断。对于边沿触发的中断，如果多个中断共享同一条 IRQ 信号线，可能会发生问题，也就是说，它们会以相同的方式大约同时（例如在 CPU 可以处理第一个中断之前）被触发时，会导致 CPU 只能检测到其中一个中断（见图 4-65b）。

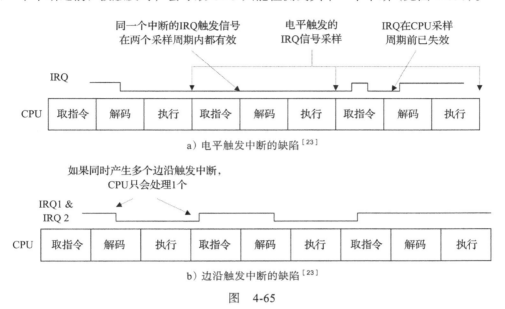

a）电平触发中断的缺陷[23]

b）边沿触发中断的缺陷[23]

图 4-65

　　正是由于这些缺陷，电平触发方式通常推荐用于共享 IRQ 信号线的中断，而边沿触发方式通常推荐用于中断信号非常短或者非常长的中断。

　　在主处理器的 IRQ 接收到已经产生中断信号的时候，是由系统内的中断处理机制来处理的。这些机制由硬件和软件组件结合而成。对硬件来说，中断控制器可以被集成到电路板上或者处理器内部和软件一起协调处理中断事务。在中断处理机制中包含了中断控制器的体系结构，包括使用两个 PIC（Intel 的可编程中断控制器）的 286/386（x86）体系结构；依赖外部中断控制器的 MIPS32；以及集成了两个中断控制器（一个在 CPM 中，一个在 SIU 中）的 MPC860（见图 4-66a）。对于没有中断控制器的系统，如 Mitsubishi M37267M8 TV 微控制器（见图 4-66b），中断请求线直接连接到主处理器上，中断事务是通过软件和一些内部电路（如寄存器、计数器）控制的。

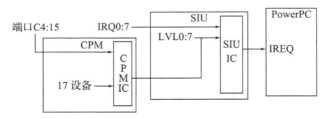

a）Motorola/Freescale MPC860 的中断控制器[24]

图 4-66

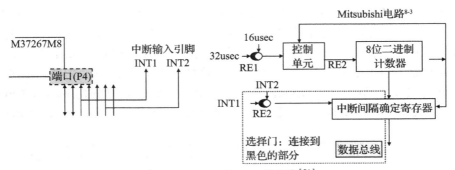

b）Mitsubishi M37267M8 的电路[21]

图 4-66 （续）

当外部设备触发中断时，中断应答（IACK）通常是由主处理器处理的。因为 IACK 周期是本地总线的功能，所以主 CPU 的 IACK 功能是由系统总线的中断机制和系统内触发中断的组件的中断策略所决定的。关于外部设备触发中断，中断机制取决于设备是否能提供中断向量（存储器中保存中断服务程序地址的位置）。对于不能提供中断向量的设备，即非向量中断，主处理器实现一个自动向量中断机制并通过软件进行应答。

一种中断向量机制被用于支持外围设备，可以通过总线提供一个中断向量并能自动应答。主 CPU 上的某些 IACK 寄存器通知设备，要求中断停止请求中断服务，并为主处理器提供正确处理中断所需的信息（如中断号或者向量号）。基于外部中断引脚的状态、中断控制器的中断选择寄存器、设备的中断选择寄存器，或者这些的某种组合，主处理器可以决定执行哪个 ISR（中断服务程序）。ISR 完成之后，主处理器通过调整处理器状态寄存器中的标志位或者外部中断控制器的中断屏蔽字来复位中断状态。中断请求和应答机制由请求中断的设备（因为它确定了触发哪个中断服务）、主处理器以及系统总线协议来确定。

要注意这只是有关中断处理的一般性介绍，包含了一些在各种机制中的关键特性。完整的中断处理机制根据体系结构的不同有很大的差异。例如，PowerPC 体系结构实现了一个自动向量方案，没有中断向量基址寄存器。68000 体系结构同时支持自动向量和中断向量方案，而 MIPS32 体系结构没有 IACK 周期，因此由中断服务程序来处理触发的中断。

处理器内部所有的中断都具有相应的中断级别，这是系统内该中断的优先级。通常中断都是从系统内的最高级"1"级开始，依次递增（2、3、4 等）的数字代表了依次递减的优先级。具有更高优先级的中断优先于被主处理器执行的任何指令流。这就意味着中断不仅优先于主程序的执行，而且还优先于其他更低优先级的中断。

主处理器内部的设计决定了可用中断的数量和类型，以及在嵌入式系统中支持的中断级别（优先级）。在图 4-67a 中，MPC860 的 CPM、SIU 和 PowerPC 内核协同工作来实现 MPC823 处理器的中断处理。CPM 允许用于内部中断（两个 SCC、两个 SMC、SPI、I^2C、PIP、通用定时器、两个 IDMA、一个 SDMA、一个 RISC 定时器）和端口 C 的 12 个外部引脚，并驱动 SIU 上的中断级别。SIU 从八个外部引脚（IRQ0 ～ 7）和八个内部中断源接收总共 16 个中断源（其中一个是 CPM），并驱动 IREQ 输入到内核。当 IREQ 引脚有效时，开始处理外部中断。优先级如图 4-67b 所示。

在其他体系结构中，例如 68000（见图 4-68a、b）有 8 个级别的中断（0 ～ 7），其中"7"

级是最高优先级。68000 的中断表（见图 4-68b）包括 256 个 32 位向量。

M37267M8 体系结构（见图 4-69a）允许由 16 个事件（13 个内部、2 个外部和 1 个软件）产生中断，其优先级和使用方法总结在图 4-69b 中。

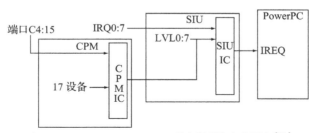

a）Motorola/Freescale MPC860 的中断引脚和中断表[24]

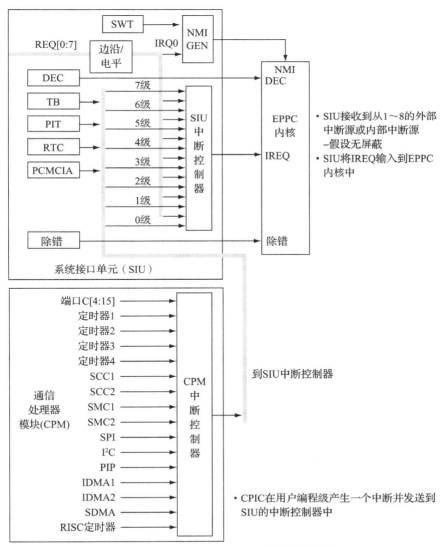

b）Motorola/Freescale MPC860 的中断级别[24]

图 4-67

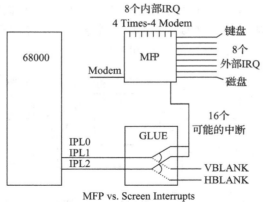

MFP vs. Screen Interrupts

a) Motorola/Freescale 68K IRQ [22]

向量号	向量偏移 （16进制）	功能
0	000	Reset Initial Interrupt Stack Pointer
1	004	Reset initial Program Counter
2	008	Access Fault
3	00C	Address Error
4	010	Illegal Instruction
5	014	Integer Divide by Zero
6	018	CHK, CHK2 instruction
7	01C	FTRAPcc, TRAPcc, TRAPV instructions
8	020	Privilege Violation
9	024	Trace
10	028	Line 1010 Emulator (Unimplemented A-Line Opcode)
11	02C	Line 1111 Emulator (Unimplemented F-Line Opcode)
12	030	(Unassigned, Reserved)
13	034	Coprocessor Protocol Violation
14	038	Format Error
15	03C	Uninitialized Interrupt
16-23	040−050	(Unassigned, Reserved)
24	060	Spurious Interrupt
25	064	Level 1 Interrupt Autovector
26	068	Level 2 Interrupt Autovector
27	06C	Level 3 Interrupt Autovector
28	070	Level 4 Interrupt Autovector
29	074	Level 5 Interrupt Autovector
30	078	Level 6 Interrupt Autovector
31	07C	Level 7 Interrupt Autovector
32-47	080-08C	TRAP #0 D 15 Instructor Vectors
48	0C0	FP Branch or Set on Unordered Condition
49	0C4	FP Inexact Result
50	0C8	FP Divide by Zero
51	0CC	FP Underflow
52	0D0	FP Operand Error
53	0D4	FP Overflow
54	0D8	FP Signaling NAN
55	0DC	FP Unimplemented Data Type (Defined for MC68040)
56	0E0	MMU Configuration Error
57	0E4	MMU Illegal Operation Error
58	0E8	MMU Access Level Violation Error
59-63	0ECD0FC	(Unassigned, Reserved)
64_255	100D3FC	User Defined Vectors (192)

b) Motorola/Freescale 68K IRQ 表

图   4-68

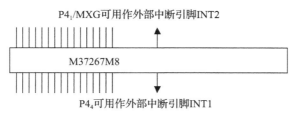

P4₁/MXG可用作外部中断引脚INT2

M37267M8

P4₄可用作外部中断引脚INT1

a）Mitsubishi M37267M8 8 位 TV 微控制器中断[21]

中断源	优先级	中断原因
RESET	1	(nonmaskable)
CRT	2	Occurs after character block display to CRT is completed
INT1	3	External Interrupt ** the processor detects that the level of a pin changes from 0 (LOW) to 1 (HIGH), or 1 (HIGH) to 0 (LOW) and generates an interrupt request
Data Slicer	4	Interrupt occurs at end of line specified in caption position register
Serial I/O	5	Interrupt request from synchronous serial I/O function
Timer 4	6	Interrupt generated by overflow of timer 4
Xin & 4096	7	Interrupt occurs regularly w/a f(Xin)/4096 period
Vsync	8	An interrupt request synchronized with the vertical sync signal
Timer 3	9	Interrupt generated by overflow of timer 3
Timer 2	10	Interrupt generated by overflow of timer 2
Timer 1	11	Interrupt generated by overflow of timer 1
INT2	12	External Interrupt ** the processor detects that the level of a pin changes from 0 (LOW) to 1 (HIGH), or 1 (HIGH) to 0 (LOW) and generates an interrupt request
Multimaster I^{2}C Bus interface	13	Related to I^{2}C bus interface
Timer 5 & 6	14	Interrupt generated by overflow of timer 5 or 6
BRK instruction	15	(nonmaskable software)

b）Mitsubishi M37267M8 8 位 TV 微控制器中断表[21]

图 4-69

各种不同的优先级方案被实现在不同的体系结构中。这些方案通常属于三种模型：平等的单一优先级（最近被触发的中断获得 CPU）、静态多优先级（优先级由优先级编码器指定，最高优先级的中断获得 CPU）、动态多优先级（由优先级编码器指定优先级，且当新的中断被触发时会重新指定优先级）。

中断被应答之后，如上所述后续的中断处理过程通常由软件处理，因此关于中断的内容将在第 8 章中继续讨论。

4.2.4 处理器总线

与 CPU 总线类似，处理器总线将处理器主要的内部组件（这里指 CPU、存储器、I/O 等，如图 4-70 所示）互相连接起来，在不同的组件之间传递信号。

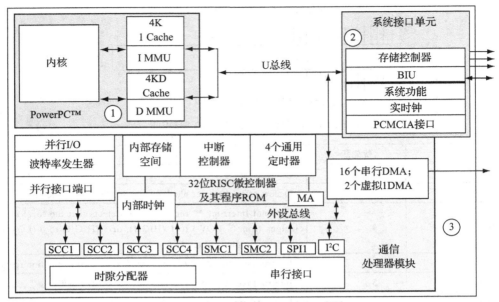

图 4-70　MPC860 处理器总线 [15]

在 MPC860 中，处理器总线包括用于系统接口单元（SIU）、通信处理器模块（CPM）以及 PowerPC 内核进行互连的 U 总线。在 CPM 内部，还有一个外设总线。当然，也包括 CPU 内部的总线。

处理器总线的一个关键特征是其宽度，指的是同时可以传送的数据位数。这个参数同时取决于处理器内部使用的总线（x86 包含的总线宽度有 16/32/64，68K 有 8/16/32 位的总线，MIPS32 具有 32 位总线，等等）和 ISA 定义的寄存器大小。每种总线都有其总线速率（以 MHz 为单位），直接影响着处理器的性能。实际应用的处理器设计中断总线有 MPC8xx 系列处理器的 U 总线、外设总线和 CPM 总线，以及 x86 系列的 C 总线和 X 总线等。

注意：为避免冗余信息，有关总线的其他详细内容会在第 7 章继续讨论，并会提供更多示例。

4.3　处理器性能

处理器的性能虽有多种度量方法，但都是基于在给定的时间段内处理器的表现。对处理器性能最常见的定义就是处理器的吞吐率——在给定时间段内 CPU 完成的工作量。

正如在 4.2.1 节讨论过的那样，处理器的执行最终由位于电路板上的外部系统或主时钟同步。主时钟只是一个简单的振荡器，用来产生固定频率的常规开 / 关脉冲信号序列，这个信号通常会由 CPU 的 CU 分频或倍频产生至少一个恒定时钟周期（或时钟频率）的内部时钟信号，以控制和协调指令的获取、解码及执行。CPU 的时钟频率以兆赫兹（MHz）来表示。

利用时钟频率可以计算 CPU 的执行时间，即处理器执行某些程序所用的总时间，以秒 / 程序（总字节数）为单位。根据时钟频率，CPU 完成一个时钟周期所需的时间是时钟频率的倒数，称为时钟周期或周期时间，并以秒 / 周期为单位表示。处理器的时钟频率或者时钟周期通常会列在处理器的规格书文档中。

对于指令集，CPI（每条指令使用的平均时钟周期数）可以通过几种方式来确定。一种方法是获取每条指令的 CPI（从处理器的指令手册），再乘以这条指令出现的频率，然后把这些数相加得到总的 CPI。

$$CPI = \sum (每条指令的 CPI \times 指令出现的频率)$$

在此基础上 CPU 的总执行时间可以这样确定：

CPU 的执行时间（秒 / 程序）= 每个程序的总指令数 $\times$CPI（周期数 / 指令）

$\times$ 时钟周期（秒 / 周期）=（指令数 $\times$CPI（周期数 / 指令））/ 时钟频率（MHz）

处理器的平均执行速率，也称为吞吐率或带宽，反映 CPU 在一段时间内完成的工作量，也就是 CPU 执行时间的倒数：

CPU 吞吐率（bytes/s 或 MB/s）= 1/CPU 执行时间 = CPU 性能

已知两种体系结构（例如 Geode 和 SA-1100）的性能，那么一个体系结构相对于另一个的加速比可以如下计算：

性能（Geode）/ 性能（SA-1100）= 执行时间（SA-1100）/ 执行时间（Geode）="X"

也就是说，Geode 运行速度是 SA-1100 的"X"倍。

除了吞吐率之外，对于性能的其他定义还有：

- 处理器的响应速度，或称为延迟：处理器从某些事件出现到做出响应所经过的时间；
- 处理器的可用性：处理器正常无故障运行的总时间；可靠性：发生故障的平均间隔时间（MTBF）；可恢复性：CPU 从故障中恢复所用的平均时间（MTTR）。

最后，处理器的内部设计决定了处理器的时钟频率和 CPI；因此处理器的性能取决于其实现了何种 ISA 和如何实现 ISA。例如，实现了指令级并行 ISA 的体系结构因其内部的并行机制，使得其性能比一般的专用和通用处理器会更好。性能可以因处理器内部的 ISA 的实际物理实现而加以提升，例如在 ALU 内部实现流水线机制。（注意：对全加器的实现有各种改进的变体可以提供额外的性能提升，例如超前进位加法器（CLA）、进位完成加法器、条件和加法器以及选择进位加法器等。实际上，一些可以提升处理器性能的算法是通过把 ALU 设计成能够以更高的吞吐率来处理算术和逻辑运算，即流水线技术来实现的。）处理器和存储器之间不断增长的性能差距可以通过实现指令和数据预取（利用分支预测减少拖延时间）的高速缓存算法，以及非锁定高速缓存技术等来加以改善。基本上，任何能够增加时钟频率或减少 CPI 的设计特性都能够全面提升处理器的性能。

测试基准

嵌入式市场处理器性能的常用度量指标是每秒执行的百万指令数（MIPS）：

$$MIPS = 指令数 /（CPU 执行时间 \times 10^6）= 时钟频率 /（CPI \times 10^6）$$

MIPS 这个性能指标给人的直观印象是处理器速度越快其 MIPS 值也越大，因为计算 MIPS 的公式中的一部分是与 CPU 执行时间成反比的。然而有几个原因可能会使得 MIPS 误导人们得到这种假设：

- 指令的复杂度和完成的功能在 MIPS 公式中没有加以考虑，所以不能用 MIPS 指标来比较采用不同 ISA 的处理器的能力；
- 在同一处理器上执行不同的程序时，得到的 MIPS 也会有差异（由于不同的指令数和不同的指令类型）。

被称为测试基准（benchmarks）的软件可在处理器上运行来度量其性能；关于性能的问题将在本书第四部分继续讨论。

4.4   阅读处理器的数据手册

处理器的数据手册提供了有用的处理器信息的关键内容。

作者注

我不认为自己从供货商那里得到的信息是 100% 正确的，除非在我看到处理器能够正常运行，并亲自验证了其功能之后。

几乎所有的组件（包括软件和硬件）都有其数据手册（datasheet），不同厂商提供的数据手册包含的内容也不相同。有些数据手册只有几页，其中也只列出了系统的主要功能，而另外一些则包含了上百页的技术细节。在这小节内容中，我使用了有 80 多页的 MPC860EC 的 6.3 修订版本数据手册作为示例，来总结处理器数据手册里一些关键部分的有用信息。读者可以通过这个例子学习阅读其他处理器的数据手册，通常它们都有相似的产品概述和技术信息。

MPC860 数据手册举例

MPC860 数据手册第 2 部分：处理器功能概述

图 4-71a 是 MPC860 的系统框图，图 4-71b 中展示的数据手册中的功能列表对其进行了描述说明。正如概述部分中的阴影和非阴影部分所示，归纳出了从 IC 的物理封装到处理器内部存储模式主要功能的所有内容。数据手册的其余部分还提供了各种各样的信息，包括提供了如何将 MPC860 集成到 PCB 上去的建议，例如：应该为 VDD 引脚提供到板载电源的低阻抗路径，应该为 GND 引脚提供接地的低阻抗路径，所有在复位时是输入性质的未使用输入端都应该有上拉电路，提供 IEEE 1149.1 JTAG 时序的电特性，CPM 的 AC 和 DC 电特性，UTOPIA 接口的 AC 电特性，快速以太网控制器（FEC）的 AC 电特性等。

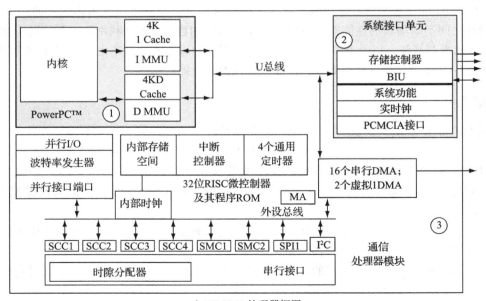

a）MPC860 处理器框图

图   4-71

Datasheet Overview

- Embedded single-issue, 32-bit PowerPC core (implementing the PowerPC architecture) with thirty-two 32-bit general-purpose registers (GPRs)
    — The core performs branch prediction with conditional prefetch without conditional execution.

On-chip Memory

— 4- or 8-Kbyte data cache and 4- or 16-Kbyte instruction cache
– 16-Kbyte instruction caches are four-way, set-associative with 256 sets; 4-Kbyte instruction caches are two-way, set-associative with 128 sets.
– 8-Kbyte data caches are two-way, set-associative with 256 sets; 4-Kbyte data caches are two-way, set-associative with 128 sets.
– Cache coherency for both instruction and data caches is maintained on 128-bit (4-word) cache blocks.
– Caches are physically addressed, implement a least recently used (LRU) replacement algorithm, and are lockable on a cache block basis.

Memory Management

— MMUs with 32-entry TLB, fully-associative instruction, and data TLBs
— MMUs support multiple page sizes of 4-, 16-, and 512-Kbytes, and 8-Mbytes; 16 virtual address spaces and 16 protection groups

— Advanced on-chip-emulation debug mode

External Data Bus Width and Support

- Up to 32-bit data bus (dynamic bus sizing for 8, 16, and 32 bits)
- 32 address lines
- Operates at up to 80 MHz

Memory Management

- Memory controller (eight banks)
    — Contains complete dynamic RAM (DRAM) controller
    — Each bank can be a chip select or RAS to support a DRAM bank.
    — Up to 15 wait states programmable per memory bank
    — Glueless interface to DRAM, SIMMS, SRAM, EPROM, Flash EPROM, and other memory devices
    — DRAM controller programmable to support most size and speed memory interfaces
    — Four CAS lines, four WE lines, and one OE line
    — Boot chip-select available at reset (options for 8-, 16-, or 32-bit memory)
    — Variable block sizes (32 Kbyte to 256 Mbyte)
    — Selectable write protection
    — On-chip bus arbitration logic

SIU features (timers, ports, etc.)

- General-purpose timers
    — Four 16-bit timers or two 32-bit timers
    — Gate mode can enable/disable counting
    — Interrupt can be masked on reference match and event capture.

- System integration unit (SIU)
    — Bus monitor
    — Software watchdog
    — Periodic interrupt timer (PIT)
    — Low-power stop mode
    — Clock synthesizer
    — Decrementer, time base, and real-time clock (RTC) from the PowerPC architecture
    — Reset controller
    — IEEE 1149.1 test access port (JTAG)

b1）MPC860 数据手册中的概述部分[17]

图 4-71 （续 1）

Datasheet Overview

• Interrupts
Interrupt Scheme
— Seven external interrupt request (IRQ) lines
— 12 port pins with interrupt capability
— 23 internal interrupt sources
— Programmable priority between SCCs
— Programmable highest priority reques

I/O NetworkingFeatures

• 10/100 Mbps Ethernet support, fully compliant with the IEEE 802.3u Standard (not available when using ATM over UTOPIA interface)

• ATM support compliant with ATM forum UNI 4.0 specification
— Cell processing up to 50–70 Mbps at 50-MHz system clock
— Cell multiplexing/demultiplexing
— Support of AAL5 and AAL0 protocols on a per-VC basis. AAL0 support enables OAM and software implementation of other protocols.
— ATM pace control (APC) scheduler, providing direct support for constant bit rate (CBR) and unspecified bit rate (UBR) and providing control mechanisms enabling software support of available bit rate (ABR)
— Physical interface support for UTOPIA (10/100-Mbps is not supported with this interface) and byte-aligned serial (for example, T1/E1/ADSL)
— UTOPIA-mode ATM supports level-1 master with cell-level handshake, multi-PHY (up to four physical layer devices), connection to 25-, 51-, or 155-Mbps framers, and UTOPIA/system clock ratios of 1/2 or 1/3.
— Serial-mode ATM connection supports transmission convergence (TC) function for T1/E1/ADSL lines, cell delineation, cell payload scrambling/descrambling, automatic idle/unassigned cell insertion/stripping, header error control (HEC) generation, checking, and statistics.

CPM Features

• Communications processor module (CPM)
— RISC communications processor (CP)
— Communication-specific commands (for example, GRACEFUL –STOP-TRANSMIT, ENTER-HUNT-MODE, and RESTART-TRANSMIT)
— Supports continuous mode transmission and reception on all serial channels

CPM Internal Memory and Memory Management

— Up to 8 Kbytes of dual-port RAM
— 16 serial DMA (SDMA) channels

CPM I/O

— Three parallel I/O registers with open-drain capability

• Four baud-rate generators (BRGs)
— Independent (can be tied to any SCC or SMC)
— Allows changes during operation
— Autobaud support option

• Four serial communications controllers (SCCs)
CPM I/O
— Ethernet/IEEE 802.3 optional on SCC1–4, supporting full 10-Mbps operation (available only on specially programmed devices)
— HDLC/SDLC (all channels supported at 2 Mbps)
— HDLC bus (implements an HDLC-based local area network (LAN))
— Asynchronous HDLC to support point-to-point protocol (PPP)
— AppleTalk
— Universal asynchronous receiver transmitter (UART)
— Synchronous UART
— Serial infrared (IrDA)
— Binary synchronous communication (BISYNC)
— Totally transparent (bit streams)
— Totally transparent (frame-based with optional cyclic redundancy check (CRC))

b2)

图 4-71 （续 2 ）

Datasheet Overview

CPM Features

CPM I/O

- Two SMCs (serial management channels)
  - UART
  - Transparent
  - General circuit interface (GCI) controller
  - Can be connected to the time-division multiplexed (TDM) channels
- One SPI (serial peripheral interface)
  - Supports master and slave modes
  - Supports multimaster operation on the same bus

External Bus Support

- One I2C (inter-integrated circuit) port
  - Supports master and slave modes
  - Multiple-master environment support

CPM I/O

- Time-slot assiger (TSA)
  - Allows SCCs and SMCs to run in multiplexed and/or non-multiplexed operation
  - Supports T1, CEPT, PCM highway, ISDN basic rate, ISDN primary rate, user defined
  - 1- or 8-bit resolution
  - Allows independent transmit and receive routing, frame synchronization, and clocking
  - Allows dynamic changes
  - Can be internally connected to six serial channels (four SCCs and two SMCs)
- Parallel interface port (PIP)
  - Centronics interface support
  - Supports fast connection between compatible ports on the MPC860 or the MC68360
- PCMCIA interface
  - Master (socket) interface, release 2.1 compliant
  - Supports two independent PCMCIA sockets
  - Supports eight memory or I/O windows

- Lowpower support
  - Full on—all units fully powered
  - Doze—core functional units disabled except time base decrementer, PLL, memory controller, RTC, and CPM in lowpower standby
  - Sleep—all units disabled except RTC and PIT, PLL active for fast wake up
  - Deep sleep—all units disabled including PLL except RTC and PIT
  - Power down mode—all units powered down except PLL, RTC, PIT, time base, and decrementer

Debugging Support

- Debug interface
  - Eight comparators: four operate on instruction address, two operate on data address, and two operate on data
  - Supports conditions: =.< >
  - Each watchpoint can generate a break-point internally.

Voltage Source/Power Information

- 3.3-V operation with 5-V TTL compatibility except EXTAL and EXTCLK

IC Packaging

- 357-pin ball grid array (BGA) package

b3）

图 4-71 （续 3）

MPC860 数据手册第 3 部分：最大允许额定值

MPC860 数据手册的这一部分提供了有关该处理器可以经受的最大电压和温度范围的信息（相关内容参见表 4-4a）。处理器的最大允许温度是处理器在不会被损坏的前提下可以承受的最高温度，而最大允许电压是处理器在不会被损坏的前提下可以承受的最高电压值。

不同的处理器都有其自己的电压和功率的最大允许额定值（如表 4-4b 是 NET+ ARM 处理器温度和电压的最大值）。

表　4-4

a）MPC860 处理器电压和温度的最大允许额定值			
参　　数	符　　号	值	单位
供电电压[①]	V_{DDH}	−0.3 ～ 4.0	V
	V_{DDL}	−0.3 ～ 4.0	V
	KAPWR	−0.3 ～ 4.0	V
	VDDSYN	−0.3 ～ 4.0	V
输入电压[②]	V_{in}	GND − 0.3 ～ VDDH	V
温度[③]（标准）	$T_{A(min)}$	0	℃
	$T_{i(max)}$	95	℃
温度[③]（扩展）	$T_{A(min)}$	−40	℃
	$T_{i(max)}$	95	℃
存储温度范围	T_{sig}	−55 ～ 150	℃

b）NET + ARM 处理器电压及温度的最大允许额定值 [17]				
特　　征	符号	最小	最大	单位
热阻 – 结到环境	θ_{JA}		31	℃ /W
工作时结温度	T_J	−40	100	℃
工作时环境温度	T_A	−40	85	℃
存储温度	T_{STG}	−60	150	℃
内部内核功率 @3.3V Cache 有效	P_{INT}		15	mW/MHz
内部内核功率 @3.3V Cache 无效	P_{INT}		9	mW/MHz

符号	参数	条件	最小	最大	单位
V_{DD3}	直流电源电压	内核及标准 I/O	−0.3	4.6	V
V_I	直流输入电压，3.3V I/O		−0.3	V_{DD3} +0.3，最高 4.6	V
V_O	直流输出电压，3.3V I/O		−0.3	V_{DD3} +0.3，最高 4.6	V
TEMP	工作环境温度	工业	−40	+85	℃
T_{SIG}	存储温度		−60	150	℃

① 设备电源必须从 0.0V 开始升压；

② 正常工作条件包含表 4-4b 中的 DC 电特性。绝对最大额定值仅为压力测试额定值；在最大值条件下不保证正常工作。超出所列额定值的情况下可能会影响器件的可靠性或造成永久性损坏。警告：所有允许 5V 的输入端不能输入超过电源电压 2.5V 的输入电压。该限制适用于上电及正常工作中（如果 MPC860 未供电时，不允许对输入端加载大于 2.5V 的电压）；

③ 保证可用的最低温度为环境温度 T_A。保证可用的最高温度为结温 T_j。

MPC860 数据手册第 4 部分：热特性

处理器的热性能表示在具体的电路板上使用该处理器时需要考虑的热工设计需求。表

4-5 显示的是 MPC860 的热特性；关于热工管理的更多信息包含在数据手册的第 5 和第 7 部分。超过处理器的绝对和工作温度限制范围可能产生的运行风险包括发生逻辑错误、性能下降、操作特性改变以及处理器永久性物理损坏。

表 4-5　MPC860 处理器热特性[17]

参　　　　数	环　　　　境		符　　号	版本 A	版本 B、C 和 D	单位
结到环境①	自然对流	单层板（1s）	$R_{\theta JA}$②	31	40	℃/W
		四层板（2s2p）	$R_{\theta JMA}$③	20	25	
	气流（200 英尺/分钟）	单层板（1s）	$R_{\theta JMA}$③	26	32	
		四层板（2s2p）	$R_{\theta JMA}$③	16	21	
结到印制板④			$R_{\theta JB}$	8	15	
结到外壳⑤			$R_{\theta JC}$	5	7	
结到封装表面⑥	自然对流		Ψ_{JT}	1	2	
	气流（200 英尺/分钟）			2	3	

① 结温是片上功耗、封装热阻、安装位置（电路板）温度、环境温度、空气流量、板上其他器件功耗以及电路板热阻的函数；

② 依照 SEMI G38-87 和 JEDEC JESD51-2 测量的单层板水平；

③ 依照 JEDEC JESD51-6 测量当前板水平；

④ 依照 JEDEC JESD51-8 测量的芯片到印制板的热阻。板温度在靠近封装的板顶部表面测量；

⑤ 表示使用冷板温度作为外壳温度测得的芯片到外壳顶部表面的平均冷板热阻。对于有用于焊接的裸焊盘的封装，结到外壳的热阻是从结到裸焊盘的无接触热阻的模拟值；

⑥ 热特性参数表示依照 JEDEC JESD51-2 测量的封装顶部与结温之间的温差。

处理器的温度是由它所在的嵌入式系统板及其自身的热特性所决定的。处理器的热特性取决于 IC 的封装尺寸及材料、与嵌入式系统板的互连方式、是否有散热机制及其类型（散热片、散热管、热电冷却、液体冷却等）以及嵌入式系统板对处理器的热工约束（如功率密度、热导率/气流、局部环境温度和散热器尺寸等）。

MPC860 数据手册第 5 部分：功耗

对嵌入式系统板的热性能管理包括必须实现以排除由嵌入式系统板上的诸如处理器等各个部件所产生的热量的技术、工艺以及标准。热量必须以受控方式转移到电路板的冷却机构，该机构通过确保电路板上的部件保持在正常工作温度范围内来避免电路板上部件过热。

处理器的功耗会导致温度相对于参考点来说升高，随着处理器封装内的芯片结点与参考点之间净热阻（与散发的热能的流动方向相反，定义为每单位功率升高的温度）的增加。事实上，影响处理器可以消耗多少功耗的最重要因素就是热阻（关于热阻的更多信息在数据手册的第 7 部分）。

表 4-6 提供了 MPC860 处理器以不同频率运行以及 CPU 和总线速度相等（1:1）或者 CPU 频率是总线速度的两倍（2:1）模式下的功耗。

表 4-6　MPC860 处理器功耗[17]

芯片版本	频率（MHz）	典型①	最大②	单位
A.3 和之前版本	25	450	550	mW
	40	700	850	mW
	50	870	1050	mW

（续）

芯片版本	频率（MHz）	典型①	最大②	单位
B.1 和 C.1	33	375	TBD	mW
	50	575	TBD	mW
	66	750	TBD	mW
D.3 和 D.4 （1 : 1 模式）	50	656	735	mW
	66	TBD	TBD	mW
D.3 和 D.4 （2 : 1 模式）	66	722	762	mW
	80	851	909	mW

① 典型功耗在 3.3V 条件下测得。

② 最大功耗在 3.5V 条件下测得。

表 4-5 中指出处理器需要保持不得超过的最大结温 MPC860 的热特性，表 4-6 中所示的处理器功耗等级，将共同确定板上散热机制需要如何设计，以保持 PowerPC 的结温在可接受的范围之内。（注意：为整个电路板开发可靠的散热解决方案意味着要考虑所有的板上组件的散热需求，而不是只考虑处理器的。）

MPC860 数据手册第 6 部分：直流特性

表 4-7 列出了 MPC860 的直流（DC）电特性，这是此处理器具体的工作电压范围。在这个表中的特性一般有：

- 处理器的工作电压（表 4-7 的前两项）是指从供电电源加载到处理器上电源引脚（V_{DD}、V_{CC} 等）的电压值；
- 输入高电压（表中第 3 项）是除了 EXTAL 和 EXTLCK 之外其他引脚的逻辑高电平时的电压范围，当电压超过最大值时，可能会损坏处理器，而当电压低于最小值时，通常会被解释为逻辑电平低或者未定义；
- 输入低电压（表中第 4 项）是所有引脚的逻辑低电平时的电压范围，当电压低于最小值时，可能会损坏处理器或导致处理器工作不可靠，而当电压高于最大值时，通常会被解释为逻辑高电平或者未定义；
- EXTAL 和 EXTLCK 输入高电压（表中第 5 项）是指这两个引脚允许的最大和最小电压值，此处的电压值必须保持在最大和最小值之间以避免损坏处理器；
- 不同 V_{in} 时的输入漏电流（表中第 6 ~ 8 项）是指当输入电压在规定的范围内，漏电流会在各端口流动，除了 TMS、TRST、DSCK 和 DSDI 引脚；
- 输出高电压（表中第 10 项）指出当处理器提供 2.0mA 的电流时的最小高电平输出电压不低于 2.4V，除了 XTAL、XFC 和漏极开路的引脚；
- 输出低电压（表中最后一项）指出当处理器的不同引脚提供不同的电流时，其最大低电平输出电压不高于 0.5V。

表 4-7　MPC860 处理器的直流特性 [17]

特　性	符　号	最小值	最大值	单位
40MHz 及以下时工作电压	V_{DDH}、V_{DDH}、VDDSYN	3.0	3.6	V
	KAPWR（掉电模式）	2.0	3.6	V
	KAPWR（所有其他工作模式）	V_{DDH}-0.4	V_{DDH}	V
40MHz 以上时工作电压	V_{DDH}、V_{DDH}、KAPWR、VDDSYN	3.135	3.465	V

（续）

特　性	符　号	最小值	最大值	单位
40MHz 以上时工作电压	KAPWR（掉电模式）	2.0	3.6	V
	KAPWR（所有其他工作模式）	V_{DDH}−0.4	V_{DDH}	V
输入高电压（除 EXTAL 和 EXTCLK 以外的所有输入）	V_{IH}	2.0	5.5	V
输入低电压	V_{IL}	GND	0.8	V
EXTAL、EXTCLK 输入高电压	V_{IHC}	$0.7 \times V_{DDH}$	V_{DDH} + 0.3	V
输入漏电流，V_{in}=5.5V（TMS、TRST、DSCK 及 DSDI 除外）	I_{in}	—	100	μA
输入漏电流，V_{in}=3.6V（TMS、TRST、DSCK 及 DSDI 除外）	I_{in}	—	10	μA
输入漏电流，V_{in}=0V（TMS、TRST、DSCK 及 DSDI 除外）	I_{in}	—	10	μA
输入电容①	C_{in}	—	20	pF
输出高电压，I_{OH}=−2.0mA，V_{DDH}=3.0V（XTAL、XFC 及漏极开路引脚除外）	V_{OH}	2.4	—	V
输出低电压，I_{OL}=2.0mA，CLKOUT I_{OL}=3.2mA② I_{OL}=5.3mA③ I_{OL}=7.0mA TXD1/PA14，TXD2/PA12 I_{OL}=8.9mA /TS，/TA，/TEA，/BI，/BB FIRESET，SRESET	V_{OL}	—	0.5	V

① 输入电容是周期性采样的。

② A(0:31), TSIZ0/ $\overline{REG}$, TSIZ1, D(0:31), DP(0:3)/ $\overline{IRQ}$ (3:6), RD/ $\overline{WR}$, $\overline{BURST}$, $\overline{RSV}$/IRQ2, IP_B(0:1)/ IWP(0:1)/VFLS(0:1), IP_B2/IOIS16_B/AT2, IP_B3/IWP2/VF2, IP_B4/LWP0/VF0, IP_B5/LWP1/VF1, IP_ B6/DSDI/AT0, IP_B7/PTR/AT3, RXD1/PA15, RXD2/PA13, L1TXDB/PA11, L1RXDB/PA10, L1TXDA/PA9, L1RXDA/ PA8, TIN1/L1RCLKA/BRGO1/CLK1/PA7, BRGCLK1/ $\overline{TOUT1}$ /CLK2/PA6, TIN2/L1TCLKA/ BRGO2/CLK3/PA5, $\overline{TOUT2}$ /CLK4/PA4, TIN3/BRGO3/CLK5/PA3, BRGCLK2/L1RCLKB/ $\overline{TOUT3}$ /CLK6/ PA2, TIN4/BRGO4/CLK7/PA1, L1TCLKB/ TOUT4 /CLK8/PA0, $\overline{REJCT1}$/ $\overline{SPISEL}$ /PB31, SPICLK/PB30, SPIMOSI/PB29, BRGO4/ SPIMJSO/PB28, BRGO1/I2CSDA/PB27, BRGO2/I2CSCL/PB26, SMTXD1/ PB25, SMRXD1/PB24, $\overline{SMSYN1}$ / $\overline{SDACK1}$/PB23, SMSYN2/ $\overline{SDACK2}$ /PB22, SMTXD2/ L1CLKOB/PB21, SMRXD2/L1CLKOA/PB20, L1ST1/ $\overline{RTS1}$ /PB19, L1ST2/ $\overline{RTS2}$ /PB18, L1ST3/ $\overline{LIRQB}$ /PB17, L1ST4/ $\overline{LIRQA}$ /PB16, BRGO3/PB15, $\overline{RSTRT1}$/PB14, L1ST1/ $\overline{RTS1}$ / $\overline{DREQ0}$ /PC15, L1ST2/ RTS2 /DREQ1 /PC14, L1ST3/ LIRQB /PC13, L1ST4/ $\overline{LIRQA}$ /PC12, $\overline{CTS1}$/PC11, $\overline{TGATE1}$ / $\overline{CD1}$ /PC10, $\overline{CTS2}$ /PC9, $\overline{TGATE2}$/ CD2/ /PC8, $\overline{SDACK2}$ /L1TSYNCB/PC7, L1RSYNCB/PC6, $\overline{SDACK1}$/L1TSYNCA/PC5, L1RSYNCA/PC4, PD15, PD14, PD13, PD12, PD11, PD10, PD9, PD8, PD5, PD6, PD7, PD4, PD3, MII_MDC, MII_TX_ER, MII_ EN, MII_MDIO, MII_TXD[0:3]。

③ $\overline{BDIP}$/GPL_B(5), $\overline{BR}$, $\overline{BG}$, FRZ/IRQ6, $\overline{CS}$ (0:5), $\overline{CS}$ (6)/ $\overline{CE}$ (1)_B, $\overline{CS}$ (7)/ $\overline{CE}$ (2)_B, $\overline{WE0}$/$\overline{BS}$_B0/ $\overline{IORD}$, $\overline{WE1}$/BS_B1/ $\overline{IORD}$, $\overline{WE2}$/BS_B2/PCOE, $\overline{WE3}$/BS_B3/PCWE, BS_A(0:3), $\overline{GPL\_A0}$/GPL_B0, OE/GPL_ A1/GPL_B1, GPL_A(2:3)/GPL_B(2:3)/CS(2:3), UPWAITA/GPL_A4, UPWAITB/GPL_B4, GPL_A5, ALE_ A, CE1_A, CE2_A, ALE_B/DSCK/AT1, OP(0:1), OP2/MODCK1/ $\overline{STS}$, OP3/MODCK2/DSDO, BADDR (28:30)。

MPC860 数据手册第 7 部分：热参数计算和测量

在数据手册第 5 部分介绍过，热阻是确定处理器功耗的最重要因素之一。在这个数据手册中，MPC860 具体的热参数（见图 4-72）是由结到环境（$R_{\theta JA}$）、结到外壳（$R_{\theta JC}$）以及结到
电路板（$R_{\theta JB}$）所估计出来的热阻。对于这些计
算公式，假定 $P_D = (V_{DD} \times I_{DD}) + P_{I/O}$，其中：

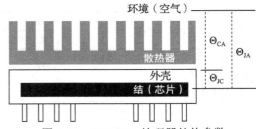

图 4-72   MPC860 处理器的热参数

P_D = 封装内的功耗；

$P_{I/O}$ = I/O 驱动器的功率消耗；

V_{DD} = 供应电压；

I_{DD} = 供应电流。

结到环境热阻

这是一个提供热性能估计的行业标准值。

处理器的结温 T_J（封装内芯片的平均温度，单位为℃）可以由下面的公式得到：

$$T_j = T_A + (R_{\theta JA} \times P_D)$$

其中：

T_A = 环境温度（℃）是包周围的未分配的环境空气温度，通常在距离处理器包一段固定
距离内测量；

$R_{\theta JA}$ = 封装中结到环境热阻（℃ /W）；

P_D = 包内功率损耗。

结到外壳热阻

结到外壳热阻是在使用散热器时或者从处理器包封装表面散发大量热量的时候用来估计
热性能的。通常在这些情况下，热阻抗表示为：

$$R_{\theta JA} = R_{\theta JC} + R_{\theta CA}（结到外壳热阻与外壳到环境热阻的和）$$

其中：

$R_{\theta JA}$ = 结到环境热阻（℃ /W）；

$R_{\theta JC}$ = 结到外壳热阻（℃ /W）（注意：$R_{\theta JC}$ 是设备相关的，不受使用者影响）；

$R_{\theta CA}$ = 外壳到环境热阻（℃ /W）（注意：使用者可以通过调节散热环境来影响外壳到环
境热阻）。

结到电路板热阻

当大多数热量传导到嵌入式系统板时，结到电路板热阻用来估计热性能。节点 – 电路板
热阻抗是在嵌入式系统板上的热量产生时估计的热性能。给定了已知的电路板温度并假设散
失到空气中的热量可以被忽略时，可以由以下等式估计结温：

$$T_J = T_B + (R_{\theta JB} \times P_D)$$

其中：

T_B = 电路板的温度（℃）；

$R_{\theta JB}$ = 结到电路板热阻（℃ /W）；

P_D = 封装内的功耗。

当电路板温度未知时，我们推荐使用热仿真。如果已有实际的原型系统，那么结温可以
计算如下：

$$T_J = T_T + (\Psi_{JT} \times P_D)$$

其中：

Ψ_{JT} = 从处理器封装外壳的顶部中心位置测量温度得到的热特性参数。

4.5 小结

本章讨论了嵌入式处理器是什么以及它由什么所组成。首先介绍了作为处理器之间的主要区别的 ISA 的概念，然后继续讨论了 ISA 所定义的内容，以及哪些常见类型的处理器归属于哪些特定类型的 ISA 模型（专用、通用、指令级并行）。讨论了 ISA 之后，本章的第二个主要部分讨论了 ISA 的功能是如何在处理器上物理实现的。因此，冯·诺依曼模型再次发挥作用，因为嵌入式系统板上可以找到的相同的主要类型组件在 IC 级别上也是类似的。最后，以讨论处理器性能的一般测量方法以及深入了解如何阅读处理器的数据手册作为本章的总结。

下一章将介绍系统板上的存储器的硬件基础知识，并讨论板载存储器对嵌入式系统性能的影响。

习题

1. [a] ISA 是什么？

   [b] ISA 详细描述了什么功能？

2. [a] 给出并描述作为体系结构基础的三个最常见的 ISA 模型。

   [b] 给出并描述属于这三个 ISA 模型中的每一个两种类型的 ISA。

   [c] 给出四种属于 b 中列出的 ISA 类型的实际应用的处理器。

3. 根据冯·诺依曼模型，电路板上的主要组件和处理器内部设计的共同点是什么？

4. [T/F] 哈佛模型来源于冯·诺依曼模型。

5. 指出图 4-73a、b 是属于冯·诺依曼模型还是哈佛模型，并陈述理由。

6. 根据冯·诺依曼模型，列出并详细描述 CPU 的主要组件。

7. [a] 寄存器是什么？

   [b] 给出并描述两种常见寄存器的类型。

8. 构成寄存器的有源电子元件是什么？

9. 处理器的执行最终是由电路板上的哪种机制进行同步的？

   A. 系统时钟

   B. 存储器

   C. I/O 总线

   D. 网络从处理器

   E. 以上都不是

10. 画出并描述嵌入式系统的分级存储器。

11. 可以集成到处理器中的存储器有哪些类型？

12. [a] ROM 和 RAM 的区别是什么？

    [b] 上述每种存储器各给出两个例子。

13. [a] 在 Cache 中存取数据最常用的三种方案是什么？

    [b] Cache 命中和未命中的区别是什么？

14. 给出并描述两种常见的内存管理单元的类型。

15. 物理内存和逻辑内存的区别是什么？

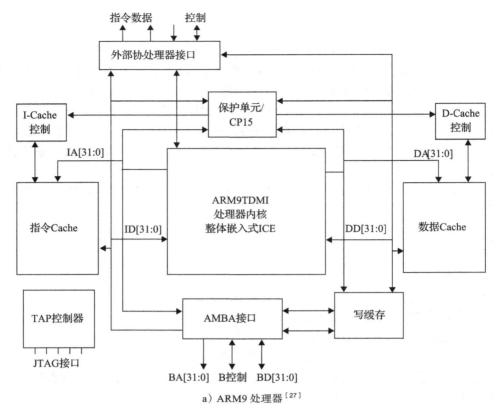

a) ARM9 处理器 [27]

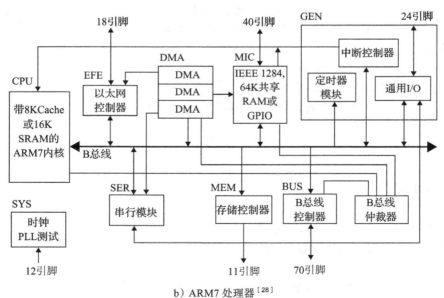

b) ARM7 处理器 [28]

图 4-73

16. [a] 什么是存储器映射?

[b] 具有图 4-74 中所示存储器映射的系统其存储器构成是什么?

[c] 在图 4-74 所示存储器映射中,什么类型的存储器元件通常集成到主处理器中?

地址范围	访问的设备	端口宽度
0 × 00000000 ～ 0 × 003FFFFF	闪存 PROM 存储体 1	32
0 × 00400000 ～ 0 × 007FFFFF	闪存 PROM 存储体 2	32
0 × 04000000 ～ 0 × 043FFFFF	DRAM 4Mbytes（1M × 32 位）	32
0 × 09000000 ～ 0 × 09003FFF	MPC 内部存储映射	32
0 × 09100000 ～ 0 × 09100003	BCSR – 板控制及状态寄存器	32
0 × 10000000 ～ 0 × 17FFFFFF	PCMCIA 通道	16

图 4-74　存储器映射[24]

17. 给出并描述用来分类 I/O 硬件的 6 个逻辑单元。

18. [a] 串行和并行 I/O 的区别是什么？

　　[b] 每种各给出一个实际应用的例子。

19. 在包含有 I/O 控制器来管理 I/O 设备的系统中，给出至少两个在主处理器和 I/O 控制器之间的接口通常基于的要求。

20. 处理器的执行时间和吞吐率之间的区别是什么？

尾注

[1] EnCore 400 Embedded Processor Reference Manual, Revision A, p. 9.

[2] Motorola, MPC8xx Instruction Set Manual, p. 28.

[3] MIPS Technologies, MIPS32™ Architecture for Programmers Volume II: The MIPS32™ Instruction Set, Revision 0.95, p. 91.

[4] MIPS Technologies, MIPS32™ Architecture for Programmers Volume II: The MIPS32™ Instruction Set, Revision 0.95, pp. 39 and 90.

[5] *ARM Architecture*, pp. 12 and 15, V. Pietikainen.

[6] *Practical Electronics for Inventors*, p. 538 P. Scherz. McGraw-Hill/TAB Electronic; 2000.

[7] Texas Instruments website: http://focus.ti.com/docs/apps/catalog/resources/blockdiagram.jhtml?appId = 178&bdId = 112.

[8] "A Highly Integrated MPEG-4 ASIC for SDCAM Application," p. 4, C.-Ta Lee, J. Zhu, Y. Liu and K.-Hu Tzou, Divio, Sunnyvale, CA.

[9] www.ajile.com

[10] National Semiconductor, Geode User's Manual, Revision 1.

[11] Net Silicon, Net + ARM40 Hardware Reference Guide.

[12] www.zoran.com

[13] www.infineon.com

[14] www.semiconductors.philips.com

[15] Freescale, MPC860 PowerQUICC User's Manual.

[16] National Semiconductor, Geode User's Manual, Revision 1.

[17] Freescale, MPC860EC Revision 6.3 Datasheet.

[18] *Embedded Microcomputer Systems*, J. W. Valvano, CL Engineering, 2nd edn, 2006.

[19] *The Electrical Engineering Handbook*, p. 1742, R. C. Dorf, IEEE Computer Society Press, 2nd edn, 1998.

[20] *Practical Electronics for Inventors*, P. Scherz. McGraw-Hill/TAB Electronic; 2000.

[21] Mitsubishi Electronics, M37267M8 Specification.

[22] Motorola, 68000 User's Manual.

[23] *Embedded Controller Hardware Design*, K. Arnold, Newnes.

[24] Freescale, MPC860 Training Manual.

[25] "Computer Organization and Programming," p. 14, D. Ramm.

[26] "This RAM, that RAM … Which is Which?," J. Robbins.

[27] "The ARM9 Family—High Performance Microprocessors for Embedded Applications," S. Segars, p. 5.

[28] Net Silicon, NET + 50/20M Hardware Reference, p. 3.

[29] *Computers As Components*, p. 206, W. Wolf, Morgan Kaufmann, 2nd edn, 2008.

[30] "Altium FPGA Design," www.altium.com, p. 6.

Embedded Systems Architecture: A Comprehensive Guide for Engineers and Programmers, Second Edition

板载存储器

本章内容

- 不同类型的板载存储器
- 板载存储器的存储管理
- 存储器性能

为什么要说明并理解系统板上的存储器映射问题？

对读者来说，了解存储器硬件之间的差异从而了解上层组件的实现以及这些组件基于这些不同的底层技术如何工作是非常重要的。例如，当存储器的带宽低于主 CPU 时，存储器会影响系统板的性能。所以，在这种情况下了解存储器的时间参数（性能指标），如存储器访问时间和刷新周期等就是非常重要的。本章重点是让读者更好地了解存储器的内部设计，因为确定存储器对性能的影响是基于对其内部设计的了解。这包括了诸如下列内容：

- 使用独立的指令和数据存储器缓冲区和端口；
- 把总线信号集成到一路以减小访问存储器时的总线仲裁时间；
- 增加存储器接口连接（引脚）的数量，以增加传输带宽；
- 加快存储器接口连接（引脚）的信号速率；
- 实现带有多级 Cache 的分级存储器结构。

另一个例子是嵌入式系统可以利用不同的硬件存储设备。在现有的各类存储介质中，其底层技术在工作原理、性能以及数据存储的物理实现等方面通常是完全不同的。因此，通过学习现有各种硬件存储介质特性，读者会更易于理解在各种嵌入式设计用到的特定的上层组件，以及如何修改某个支持存储介质的特定设计，并确定对于设备最适用的上层组件。也就是说对读者来讲，了解存储介质的相关特性，并在分析需要支持特定存储介质的整体嵌入式实现时能够用到这些知识，是尤为重要的。

存储器硬件的功能、特殊性以及局限性，将决定所需的上层技术类型以及在特定的嵌入式设计中要支持该存储器硬件所必须进行的修改。这包括了：

- 存储器的数量（即是否足够满足运行时的需求？）；
- 存储器的定位以及如何保留；
- 性能（即处理器和存储器的速度差距）；
- 存储器的内部设计；
- 板上可用的存储器类型（即使用闪存、RAM 还是 EEPROM 等）。

注意：下一节的一些内容和第 4 章中片上存储器的部分类似，因为存储器无论是集成到集成电路中，还是在电路板上分立式存在，其基本工作原理是相同的。

正如第 4 章中首次介绍的那样,嵌入式平台可以使用分级存储结构——使用不同类型存储器的集合,每种存储器都有其特定的速率、大小和用途(见图 5-1)。其中有些类型的存储器可以物理地集成到处理器中,例如寄存器和特定类型的主存,主存指的是只读存储器(ROM)、随机存取存储器(RAM)和 1 级 Cache 等直接连接到处理器或集成在处理器中的存储器。可以集成到处理器中的存储器类型在第 4 章中已经介绍过。本章讨论的是通常位于处理器外部的存储器,或者那些既可以集成到处理器中也能放在处理器之外的存储器。这包括了其他类型的主存储器,例如 ROM、2 级及以上的 Cache、主存储器,还包括 2 级 /3 级存储器,即连接到系统板上但不直接连接主处理器的存储器,比如 CD-ROM、软盘驱动器、硬盘驱动器和磁带。

主存储器通常是存储子系统(见图 5-2)的一部分,存储子系统由三部分组成:

- 存储器芯片
- 地址总线
- 数据总线

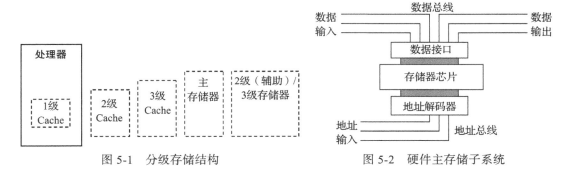

图 5-1　分级存储结构　　　　　图 5-2　硬件主存储子系统

一般来讲,存储器芯片由三个单元组成:存储器阵列、地址解码器和数据接口。存储器阵列实际上是存储数据位的物理存储体。虽然主处理器和程序员把存储器视为一个一维阵列来处理,阵列的每个单元都是一行字节且每行的位数可变,但实际上物理存储器是一个由通过唯一的行和列来寻址的存储单元组成的二维阵列,其中每个单元存储一个数据位(见图 5-3)。

二维存储器阵列中每个存储单元的位置通常称为*物理存储器地址*,由行、列参数组成。存储单元主要的基本硬件构建模块与存储器的类型相关,将在本章后面讨论。

存储器芯片的其他主要部件:地址解码器,根据从地址总线上接收到的信息,在存储器阵列中定位数据的地址;数据接口将要传送的数据提供到数据总线上。地址总线向存储器芯片的地址解码器发送地址,数据总线与存储器芯片的数据接口交换数据(第 7 章会讨论有关总线的更多详细内容)。

可以连接到系统板上使用的存储器芯片,根据存储器的类型不同有各种各样的封装形式。这些封装形式包括:双列直插式封装(DIP)、单列直插式存储模块(SIMM)、双列直插式存储器模块(DIMM)等。如图 5-4a 所示,双列直插式集成电路封装形式由陶瓷或塑料材料组成,引脚从元件封装的两个相对的侧面引出。引脚数量因存储器芯片而异,但是不同存储器芯片实际的引脚已经由 JEDEC(联合电子设备工程委员会,目前的名称是 JEDEC 固态技术协会)标准化,以简化处理器与外部存储器芯片的连接过程。

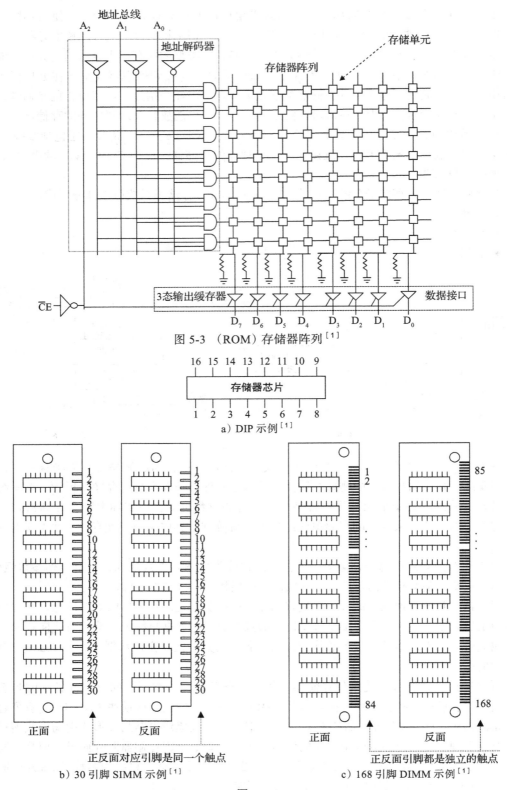

图 5-3 （ROM）存储器阵列[1]

a）DIP 示例[1]

正反面对应引脚是同一个触点

b）30 引脚 SIMM 示例[1]

正反面引脚都是独立的触点

c）168 引脚 DIMM 示例[1]

图   5-4

SIMM 和 DIMM（见图 5-4b 和图 5-4c）都是承载若干个存储器芯片的小型模组（印制电路板 PCB 形式）。SIMM 和 DIMM 具有从模组的一侧（正面和反面）延伸出来的引脚连到嵌入式主板上去。SIMM 和 DIMM 模组上的存储器芯片都可以配置成不同的容量大小（256KB、1MB 等）。比如，一个 256K × 8 的 SIMM，是一个提供 256K（256 × 1024）个 1 字节数据地址空间的模组。例如，要支持一个 16 位的主处理器，需要两个这样的 SIMM；要支持一个 32 位体系结构，需要配置 4 个这样的 SIMM，等等。

SIMM 和 DIMM 的引脚数目也是可变的（30、72、168 引脚等几种配置）。SIMM 和 DIMM 配置更多引脚的好处在于只需要较少的模组来支持较大的体系结构。例如对于 32 位的体系结构，一个 72 引脚的 SIMM（256K × 32）可以代替 4 个 30 引脚的 SIMM（256K × 8）。最后，SIMM 和 DIMM 的主要差别在于模块上引脚的定义：对于 SIMM，印制板两面的两个对应引脚是连通的，构成同一个触点，而 DIMM 这两个对应引脚是各自独立的触点（见图 5-4b 和图 5-4c）。

在最高级别上，主存储器和辅助存储器可以分成两类：非易失的和易失的。非易失存储器是指在电路板主供电电源被关闭后仍能存储数据的存储器（通常是因为有一个小型板载长寿命电池作为电源）。易失存储器在主供电电源被关闭后会丢失其存储的所有数据位。在嵌入式系统板上有两种类型的非易失存储器（ROM 和辅助存储器），以及一类易失存储器（RAM）。下面讨论不同类型的存储器，每一种都在系统中提供了独特的功能。

5.1 ROM

ROM 是一种非易失存储器，通常能通过一个独立于板上主供电电源的较小的板载电源供电，用于在嵌入式系统中永久存储数据。在嵌入式系统 ROM 上存储的数据类型（至少）包括设备出厂后需要在使用现场运行的软件。ROM 的内容通常只能被主处理器读取；然而根据 ROM 类型的不同，主处理器可能会，也可能不会擦除及修改 ROM 中的数据。

基本上，ROM 电路通过接受行、列地址输入完成工作，如图 5-5 所示。每个单元（由一个行和一个列的组合来寻址）根据内部电压的高低来存储 1 或 0。事实上，每个 ROM 单元都被设计为只使用直接连接着的电压源来永久性保存 1 或 0。集成的解码器通过行、列输入来选择指定的 ROM 单元。虽然对 ROM 的实际存储和选择机制取决于构成 ROM 的组件类型（二极管、MOS 管、双极型晶体管等这些在第 3 章介绍的基本构建模块），但所有类型的 ROM 都可以作为主 CPU 的外部芯片来使用。

图 5-5 中所示的电路包括代表 8 个字的 3 条地址线（$\log_2 8$），即 3 位地址范围从 000 ～ 111，每个地址存储了 8 个字节数据中的一个。（注意：对完全相同的阵列大小，不同的 ROM 设计其地址配置各不相同，图示的寻址方案只是其中的一个示例。）D_0 ～ D_7 用于读出数据的输出线，每条线输出 1 个数据位。在 ROM 阵列中增加额外的行，相当于增加地址空间的大小，而增加额外的列等于增加了 ROM 中数据的大小或者说每个地址可以存储的数据位数。ROM 的大小在实际应用中通过阵列的参数（如 8 × 8、16K × 32 等）来区分，反映的是 ROM 的实际大小。其中第一个数代表地址的数量，第二个数（× 后面的数）代表在每个地址位置存放的数据的大小，或者说数据的位数（8 = 一个字节、16 = 半个字、32 = 一个字等）。还要注意，在某些设计文档中，ROM 阵列的大小可能被汇总表达出来。例如，16KB 的 ROM 表示的是 16K × 8 的 ROM、32MB 的 ROM 表示的是 32M × 8 的 ROM。

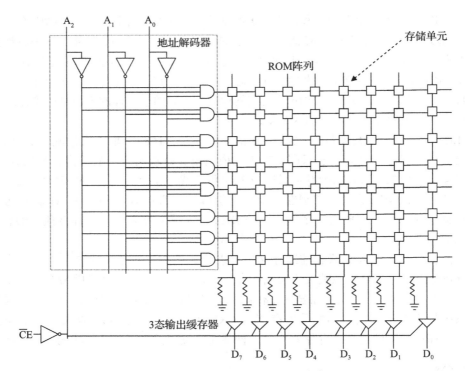

图 5-5　8×8 ROM 逻辑电路[1]

在这个示例中，8×8 的 ROM 是一个 8×8 的阵列，表示该存储器能存储 8 个不同的 8 位数据，或 64 位信息。阵列行、列的相交点即为存储位置，称为存储单元。每个存储单元中可能使用双极型或者场效应晶体管（取决于 ROM 类型）和一个可熔断的链接（见图 5-6）。

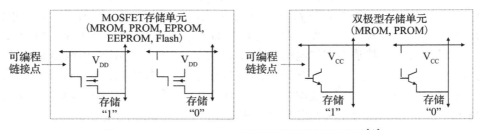

图 5-6　8×8 MOSFET 和双极型晶体管存储单元[1]

当可编程的链接存在时，晶体管偏置导通，等于"1"被存入。所有的 ROM 存储单元通常在出厂是都是如此配置。当向 ROM 编程写入数据时，通过将对应的可编程链接断开来存入"0"。断开链接的方法取决于 ROM 的类型；这会在本节最后总结各种不同类型的 ROM 时讨论。如何从 ROM 中读取数据也取决于具体的 ROM，不过此例中，通过片选（CE）信号的跳变（即高电平到低电平）允许存储器在接收到 3 位地址请求之后，将所存数据输出到 $D_0 \sim D_7$ 数据线上（见图 5-7）。

嵌入式系统板上最常见的 ROM 类型有：

● 掩膜型 ROM（MROM）。数据位被外部 MROM 芯片制造商永久地写入到微芯片中。MROM 设计通常是基于 MOS（NMOS、CMOS）或双极型晶体管电路。这是 ROM

设计最初的类型。因为对于 MROM 制造商来说初始设置成本较大，通常只用于大批量生产，并且通常要等几周甚至几个月时间才能生产出来。然而在设计中使用 MROM 产品是一种相对便宜的解决方案。

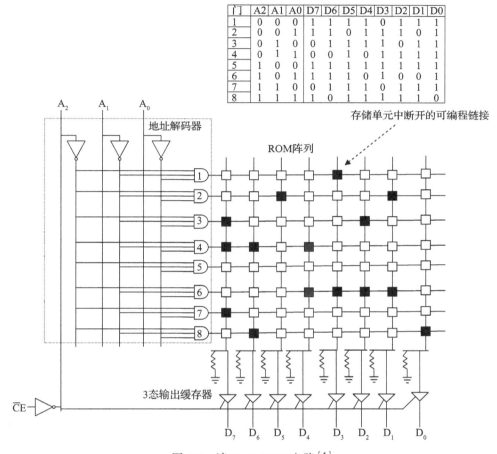

门	A2	A1	A0	D7	D6	D5	D4	D3	D2	D1	D0
1	0	0	0	1	1	1	1	0	1	1	1
2	0	0	1	1	1	0	1	1	1	0	1
3	0	1	0	0	1	1	1	1	0	1	1
4	0	1	1	0	0	1	0	1	1	1	1
5	1	0	0	1	1	1	1	1	1	1	1
6	1	0	1	1	1	1	0	1	0	0	1
7	1	1	0	0	1	1	1	0	1	1	1
8	1	1	1	1	0	1	1	1	1	1	0

图 5-7 读 8×8 ROM 电路[1]

- 一次可编程 ROM（OTP 或 OTPRom）。正如其命名所表达的，这类 ROM 只能被（永久性）编程一次，但是可以在制造出厂以后由用户使用 ROM 编程器来完成。OTP 是基于双极型晶体管的，ROM 编程器可以使用较高的电压/电流脉冲，把存储单元中的熔丝烧断来写入"1"。
- 可擦除可编程 ROM（EPROM）。EPROM 可以通过某种产生强烈的短波长紫外线的设备将紫外光射入 EPROM 封装上内置的透明窗口，进行多次擦除操作（OTP 是一次可编程的 EPROM，它的封装没有内置透明窗口供擦除数据，这样封装成本较低）。EPROM 由 MOS（即 CMOS、NMOS）晶体管组成，管子内部有额外的"浮栅"（栅电容），通过"雪崩注入迁移"这种使用高电压来击穿浮栅的技术，可以实现对浮栅充电，之后电荷会被持续保存在浮栅上，这样等于存储了数据"0"。浮栅由浮置于绝缘体内的导体构成，绝缘体允许用足够的电流将电子捕获于浮栅内，浮栅周围的绝缘体可以防止栅极漏电。浮栅通过紫外线照射而放电，等于存储了"1"。因为紫外线发射出来的高能量光子为电子逃离浮栅绝缘层的阻碍提供了足够的能量（回忆第3章中提到的，即使是最好的绝缘体在给定了合适的条件后也能导电）。可以重复擦写的总次数的限额取决于具体的 EPROM。

- 电可擦除可编程 ROM（EEPROM）。与 EPROM 类似，EEPROM 可以进行多次擦除。擦写的总次数限额与具体的 EEPROM 相关。与 EPROM 不同的是，EEPROM 可以做到以字节为单位来重写和擦写其内容而不需要使用特殊设备。也就是说，EEPROM 可以安装在印制板上，并由用户通过连接到板上的接口对其内容进行访问和修改。EEPROM 是基于 NMOS 晶体管电路的，除了 EEPROM 中浮栅的绝缘体比 EPROM 更薄之外，EEPROM 给浮栅充电的方法称为 Fowler-Nordheim 隧道效应方法（电子穿过绝缘材料最薄的部位，被浮栅捕获）。擦除已被电子编程的 EEPROM，是通过施加一个极性相反的高电压来释放浮栅内被捕获的电子。尽管如此，对 EEPROM 电控放电这件事可能比较微妙，因为晶体管栅极的任何物理缺陷都会导致 EEPROM 在重新编程之前放电不完全。EEPROM 一般比 EPROM 重复擦写次数多，但价格也更贵。EEPROM 的一种更便宜速度更快的变种是 Flash 存储器（闪存）。EEPROM 是以字节为单位被重写及擦除，而闪存能以块和区段（一组字节）为单位进行重写及擦除。与 EEPROM 一样，闪存也能驻留在嵌入式设备中直接进行电子擦除。与 EEPROM 基于 NMOS 不同，闪存通常是基于 CMOS 的。

不同 ROM 的使用

嵌入式系统板可以使用差别很大的不同板载 ROM 类型，这不仅体现在量产系统中，也会体现在开发过程中。例如，在开始开发时可以使用更昂贵的 EPROM 来测试软件和硬件，而在开发的结束阶段，可以使用 OPT 为各个其他小组（如测试/质量保证、硬件、MROM 制造商等）提供面向特定平台的不同修订版本的代码。实际上被应用批量生产并部署到嵌入式系统中的应该是 MROM（上述 ROM 系列产品中最便宜的解决方案）。在更复杂更昂贵的平台上，闪存可能是设备整个开发及部署过程中使用的唯一 ROM 类型，或者可以和另一种类型的 ROM（如用于引导的 MROM）结合使用。

5.2 RAM

对于通常被用作主存储器的 RAM，其内部的任何位置都可以直接进行随机访问，而不用从某个起点开始顺序访问，其内容也可多次修改，修改次数取决于具体硬件。与 ROM 不同的是，如果电路板掉电，RAM 的内容也就都清零了，即 RAM 是易失的。RAM 的两种主要类型是静态 RAM（SRAM）和动态 RAM（DRAM）。

如图 5-8a 所示，SRAM 存储单元由基于晶体管的触发器电路构成，该电路因为可以实现电流双向切换的一对反相器门电路而通常用于保持数据，直到断电或者数据被重写。为了更清楚地了解 SRAM 的工作原理，我们来研究图 5-8b 所示的 4K×8 的 SRAM 逻辑电路示例。

在这个示例中，4K×8 的 SRAM 是一个 4K×8 的阵列，表示它能存储 4096（4×1024）个不同的 8 位字节数据，或者 32 768 位的信息。如图 5-8b 所示，需要 12 条地址线（$A_0 \sim A_{11}$）来定位 4096（000000000000b $\sim$ 111111111111b）个可能的地址，每条地址线表示地址中一个地址位。有 8 条输入及输出线（$D_0 \sim D_7$），即存储到每个地址的一个字节数据。还有一个片选（CS）和一个写使能（WE）输入信号，分别表示数据引脚是否可用以及当前操作是读还是写（WE）。

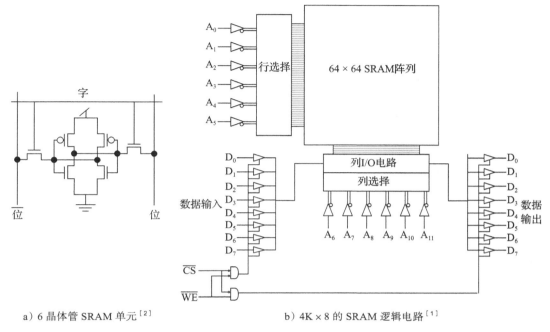

a）6 晶体管 SRAM 单元[2]　　　　b）4K×8 的 SRAM 逻辑电路[1]

图　5-8

在这个示例中，该 4K×8 的 SRAM 被设置成 64×64 的阵列，其行地址为 $A_0 \sim A_5$，列地址为 $A_6 \sim A_{11}$。与 ROM 一样，SRAM 中的行与列的交点也是存储单元，而对于 SRAM 的存储单元，可以包含的触发器电路主要基于如多晶硅负载电阻和 NMOS 晶体管、双极型晶体管以及 CMOS（NMOS 和 PMOS）晶体管的半导体器件（示例电路见图 5-9）。数据通过在触发器内的一对反相器电路中被双向切换的连续电流存储在这些单元中。

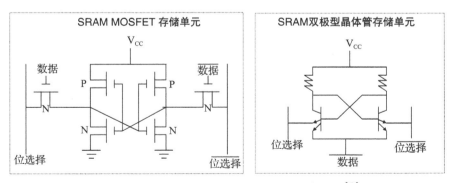

图 5-9　触发器 SRAM 存储单元逻辑电路示例[2]

当图 5-8 中的 CS 为高电平时，存储器处于待机状态（无读、写操作）。当 CS 跳变到低电平（即从高电平变为低电平）且 WE 为低电平时，一个字节的数据通过这些数据输入线路（$D_0 \sim D_7$）写入到地址线所指示的地址中。在 CS 是低电平且 WE 是高电平时，一个字节的数据从这些数据输入线路（$D_0 \sim D_7$）读出根据地址线（$A_0 \sim A_{11}$）所指示的地址中的数据。图 5-10 中的时序图展示了不同的信号如何用于 SRAM 存储器的读和写。

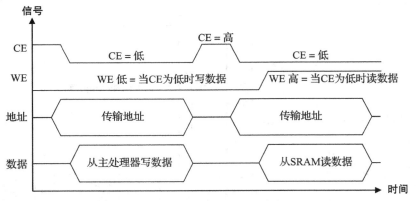

图 5-10 SRAM 时序图[1]

如图 5-11a 所示，DRAM 存储单元电路是用电容来保持电荷的——电荷的有无反映了不同的数据。DRAM 电容需要频繁加电刷新以维持它们各自的电荷，且由于 DRAM 的读取操作会使电容器放电，故读完后需要对电容重新充电。正是因为存在对存储单元的放电和充电循环，所以把这类 RAM 称为动态的。

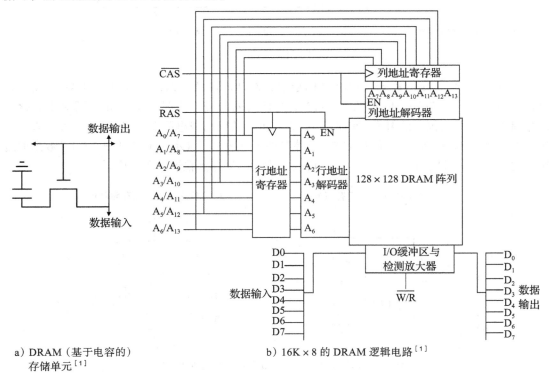

a) DRAM（基于电容的）
存储单元[1]

b) 16K×8 的 DRAM 逻辑电路[1]

图 5-11

我们来看一个 16K×8 的 DRAM 逻辑电路的示例。这个 RAM 配置成一个 128 行、128 列的二维阵列，意味着能存储 16 384（16×1024）个不同的 8 位字节或者 131 072 位的信息。根据地址的配置，设计这个 DRAM 需要用 14 条地址线（$A_0 \sim A_{13}$）定位所有 16 384（00000000000000b $\sim$ 11111111111111b）个可能的地址，每条地址线代表地址中的一位，或者这些地址线可以通过某种数据选择电路管理共享总线来进行复用。图 5-11b 展示了此例中地址线是如何被复用的。

16K×8 的 DRAM 配置成由地址线 $A_0 \sim A_6$ 代表行，$A_7 \sim A_{13}$ 代表列。如图 5-12a 所示，行地址选通（RAS）线电平跳变（从高到低）发送 $A_0 \sim A_6$ 的数据，列地址选通（CAS）线电平跳变（从高到低）发送 $A_7 \sim A_{13}$ 的数据。在这之后，存储单元被锁定并准备好被写入或读出。有 8 条输出线（$D_0 \sim D_7$）用于输出每个地址中存储的一个字节。当 WE 输入线为高电平时，数据可以由输出线 $D_0 \sim D_7$ 读出，当 WE 为低电平时，数据由输入线 $D_0 \sim D_7$ 写入。图 5-12 中的时序图展示了不同的信号如何用于 DRAM 存储器的读和写。

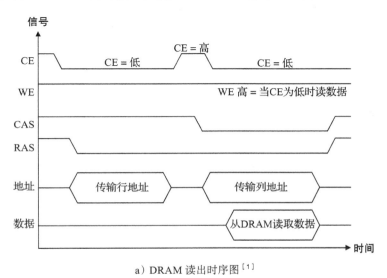

a）DRAM 读出时序图[1]

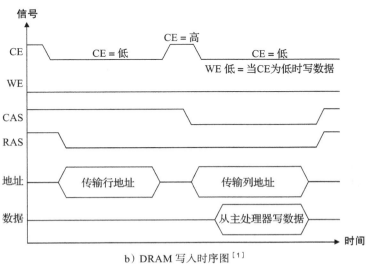

b）DRAM 写入时序图[1]

图　5-12

SRAM 和 DRAM 之间一个主要的区别是组成 DRAM 的存储阵列本身。DRAM 存储阵列中的电容器不能保持电荷（数据）。电荷在一定时间内会逐渐散失，故而需要某种附加机制刷新 DRAM 来保证数据的完整性。这种机制通过一个高灵敏度放大器电路来感知存储单元内存储的电荷，并在数据消失前读出再写回 DRAM 电路中。讽刺的是，从存储单元中读出数据的过程也会使电容器放电，即使首先从存储单元中读出数据是纠正电容器逐渐放电的问题的过程中的首要部分。嵌入式系统中使用存储控制器（MEMC，详见 5.4 节）通常通过启动刷新和持续跟踪刷新事件序列来管理 DRAM 的充电和放电循环。正是这个存储单元的充放电刷新循环机制使得这种 RAM 获得 "动态" 这个命名，而 SRAM 对电荷的保持存储是其 "静态" 名字的基础。也是由于 DRAM 的额外刷新电路，使得 DRAM 比起 SRAM 来速度更慢。注意，SRAM 通常比寄存器更慢，是由于其触发器内的晶体管通常更小，因而不能承载像寄存器内部那么大的电流。

由于 SRAM 不需要额外的能量来刷新，所以通常 SRAM 比 DRAM 更省电。另一方面，因为基于电容的设计相对于 SRAM 的触发器设计（多个晶体管）来说，DRAM 要比 SRAM 更便宜。DRAM 比 SRAM 可以存储更多的数据，因为 DRAM 的电路比 SRAM 更小，所以在一块 IC 上可以集成更多的 DRAM 电路。

DRAM 通常在大容量应用中作为主存，同时 DRAM 也应用于视频 RAM 和 Cache 中。DRAM 应用在显存中也称为帧缓存。SRAM 因为价格更贵则通常用于小容量应用，但因为它是最快速的 RAM，所以经常用于外部 Cache（参见下一小节）和视频存储（当需要处理特定类型的图像且有足够的预算时，系统可以部署更高性能的 RAM）。

表 5-1 总结了用于各种用途的嵌入式系统上不同类型的 RAM 和 ROM 的示例。

表 5-1　板载存储器[4]

	主　存	视频存储	Cache
SRAM	…	…	BSRAM（Burst/Synch-Burst 随机存储器）是一种与系统时钟或 Cache 总线时钟同步的 SRAM
DRAM	SDRAM（同步动态随机存取存储器）是与微处理器的时钟速度同步的 DRAM。诸如 JDEC SDRAM（JEDEC 同步动态随机存取存储器）、PC100 SDRAM（PC100 同步动态随机存取存储器）和 DDR SDRAM（双倍速率同步动态随机存取存储器）等几种类型的 SDRAM 被用于各种系统中。ESDRAM（增强型同步动态随机存取存储器）是将 SRAM 集成在 SDRAM 内的 SDRAM，成为更快的 SDRAM（首先在 ESDRAM 中更快的 SRAM 部分检查数据，如果没有找到，再搜索剩余的 SDRAM 部分）	RDRAM（片上 Rambus 动态随机存取存储器）和 MDRAM（片上多存储体动态随机存取存储器）是通常用作存储位阵列（显示器上的图像的像素值）的显示存储器的 DRAM。图像的分辨率由用于定义每个像素的位数决定	增强型动态随机存取存储器（EDRAM）实际上是将 SRAM 集成在 DRAM 内，通常用作 2 级 Cache（见 4.2 节）。首先搜索 EDRAM 的较快的 SRAM 部分，如果没有找到，再搜索 EDRAM 的 DRAM 部分
	DRDRAM（直接 Rambus 动态随机存取存储器）和 SLDRAM（SyncLink 动态随机存取存储器）是其总线信号可以在一条线上集成和访问的 DRAM，从而减少访问时间（因为不需要在多条线上进行同步操作）	视频 RAM（VRAM）由 DRAM 构成，其刷新缓冲区被复制出一份同时通过串行端口连接到外部。可以像刷新过程一样并行地获取一行数据，然后串行读出。如果 RAM 中包含的是像素值，那么这一行数据正好对应于显示器上的一条扫描线方便显示生成。与此同时，主处理器可以几乎不受干扰地正常访问 RAM	…

（续）

	主　　存	视频存储	Cache
DRAM	FRAM（铁电随机存取存储器）是非易失性 DRAM，意味着在掉电后数据不会从 DRAM 中丢失。FRAM 具有比其他类型的 SRAM、DRAM 和某些 ROM（Flash）更低的功耗需求，针对用于较小的手持设备（PDA、手机等）	FPM DRAM（快速页模式动态随机存取存储器）、EDORAM/EDO DRAM（数据输出随机存取 / 动态随机存取存储器）和 BEDO DRAM（数据突发扩展数据输出动态随机存取存储器）…	…
	FPM DRAM（快速页模式动态随机存取存储器）、EDORAM/EDO DRAM（数据输出随机存取 / 动态随机存取存储器）和 BEDO DRAM（数据突发扩展数据输出动态随机存取存储器）…	…	…

2 级及 2 级以上 Cache

2 级及 2 级以上 Cache 是在分级存储器架构中处于 CPU 和主存储器之间的存储器级别（见图 5-13）。

在本小节中，介绍处理器外部的 Cache（即高于 1 级的 Cache）。如表 5-1 所示，外部 Cache（如 2 级 Cache）通常用 SRAM 存储器来实现，因为 Cache 的目的是提高存储系统的性能，而 SRAM 通常比 DRAM 更快。（SRAM）Cache 使用高速存储器，因而比较昂贵，所以处理器通常只配置少量的 Cache（片上、片外或两者都有）。

图 5-13　分级存储结构中的 2 级和 2 级以上 Cache

在表现出对于引用位置有良好局部性的系统中普遍开始使用 Cache，这种局部性是指在给定时间段内访问的大部分数据来自存储器的一个有限区域。基本上 Cache 是用来存放最常被使用或访问的主存储器的子集，利用引用的局部性并使得主存储器看起来执行得更快。因为 Cache 保存了主存储器中的副本，所以它会使主处理器产生错觉，将实际上在 Cache 上的操作认为是在访问主存储器。

当对一组存储器地址（称为工作集）和 Cache 之间写入和读取数据时，使用了不同的策略。存储器和 Cache 之间以单字或多字块为单位进行数据传输。这些块由来自主存储器中的数据以及表示数据在主存中的位置的标签组成。

向主存中写数据时，由 CPU 给出主存地址，该地址被转换以确定其在 1 级 Cache 中的等效位置，因为 Cache 是主存子集的快照。写操作必须要同时在主存和 Cache 中完成以保证 Cache 和主存的一致性（具有相同的值）。确保一致性的两种常见写策略是写直达（全写）法（即每次写入同时在主存和 Cache 中进行），以及写回法（即数据最初只是写入到 Cache 中，且仅当数据发生冲突和被替换时，才写回主存）。

当 CPU 想从内存中读取数据时，首先检查 1 级 Cache。如果数据在 Cache 中，则称为 Cache 命中。数据被送回给 CPU，内存访问过程完成。如果数据不在 1 级 Cache 中，则称为 Cache 未命中。此时再检查片外 Cache（如果有的话）是否有所需数据，如果还未命中，就访问主存以检索数据并送回给 CPU。

数据存储在 Cache 中通常有下面三种方案：直接映射、组相联、全相联。在直接映射 Cache 方案中，Cache 的地址空间被分为多个块。每个块都包括数据、有效标签（表明该块是否有效）和一个表明该块代表的主存地址空间的标签。在这种方案中，数据通过使用块的标签部分即所关联的存储器中的块地址定位。标签根据实际的主存地址得来，且由三部分组成：标签、索引和偏移量。索引值表示块号，偏移值表示块内所请求地址的偏移，而标签用于与实际地址标签做比较，以确保定位到了正确的地址。

组相联 Cache 方案中，Cache 被分为多个组，每个组内又有多个块。组相联方案在组级别下实现，而在块级别则使用直接映射方案。基本上对于所需的地址要通过一个全局广播检查所有的组。然后根据一个映射到 Cache 中特定组的标签来定位所需要的块。全相联 Cache 方案与组相联 Cache 方案类似，也由块构成。在全相联方案中，块可以放在 Cache 的任何地方，并且每次对块的定位都需要查询整个 Cache。

对任何一个 Cache 方案来说，都有其优点和缺点。组相联和全相联方案比直接映射方案慢，但当块太大时，直接映射 Cache 方案就会出现性能问题。另一方面，组相联和全相联方案较直接映射方案可预见性更差，因其算法更加复杂。

最后，实际的 Cache 替换方案由体系结构决定。最常见的 Cache 选择和替换方案包括：

- 最佳替换算法：使用将来参考时间，把最近的将来不被使用的页替换出去；
- 最近最少使用算法（LRU）：将最近最少使用的页替换出去；
- 先入先出（FIFO）：正如其名，将最旧的那一页替换出去，不管该页在系统中是否频繁使用。虽然 FIFO 算法比 LRU 更简单，但效率更低；
- 最近未使用算法（NRU）：将最近某段时间内未使用的页替换出去；
- 第二次机会算法：带一个参考位的 FIFO 算法，如果参考位为 0，则将该页替换出去（当被访问时将参考位置 1，在检查该页之后将参考位置 0）；
- 时钟页面替换算法：如果页面未被访问（当被访问时将参考位置 1，在检查该页之后将参考位置 0），则基于时钟信息（在存储器中已存在多久）依照时钟顺序将页面替换出去。

最后要注意的是，这些选择和替换算法不仅限于 Cache 数据的进出交换，也可以通过软件来实现用于其他类型的存储器内容替换（见第 9 章）。

管理 Cache

在具有执行地址转换的存储器管理单元（MMU）的系统中（见 5.4 节），Cache 可以集成到主处理器和 MMU 之间，或者 MMU 和主存储器之间。这两种把 Cache 和 MMU 集成到一起的方法，都有各自的优缺点，这主要与 DMA（直接存储器访问）设备的处理密切相关，DMA 设备允许不经过主处理器就能直接访问片外主存储器的数据（DMA 在第 6 章中讨论）。当 Cache 集成在主处理器和 MMU 之间时，只有主处理器访问主存时才能影响 Cache；因此，当 DMA 向存储器写入数据传输时会导致 Cache 和主存不一致，除非在 DMA 传输期间限制主处理器对主存的访问，或者 Cache 被系统内除主处理器之外的其他单元随时更新。当 Cache 集成在 MMU 和主存之间时，因为主处理器和 DMA 设备对 Cache 都有影响，所以会有更多的地址转换操作。

在某些系统中，可能会使用一个 MEMC 来管理带有外部 Cache 的系统（例如，请求数据和写数据）。有关 MEMC 的详情参见 5.4 节。

5.3 辅助存储器

正如本章开头所述，有些类型的存储器能直接连接到主处理器，例如 RAM、ROM 和

Cache，而被称作辅助存储器的其他类型存储器，是通过其他设备间接连接到主处理器的。如

图 5-14 所示，这类存储器是外部的二级和三级存储器，常称为辅助存储器。辅助存储器通常是非易失的存储器，用于长期或永久性地存储大量常规的、归档的和备份的数据。

辅助存储器只能通过一个插入到嵌入式系统板的设备对其访问，诸如硬盘驱动器里的盘片，用 CD-ROM 读 CD，用软盘驱动器访问软盘以及要用磁带驱动器访问

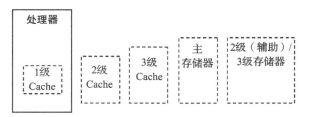

图 5-14　分级存储结构中的辅助存储器

磁带。用于访问辅助存储器的辅助设备，通常被归类为 I/O 设备，第 6 章将会详细讨论。本小节讨论的是能插入到这些 I/O 设备并被主 CPU 访问的辅助存储器。辅助存储器通常按照其关联的辅助设备访问（读 / 写）其内部数据的方式进行分类：顺序访问，只能按顺序访问数据；随机访问，可以直接随机访问任何数据；直接访问，是顺序和随机访问方式的结合。

磁带是顺序访问类型的存储器，也就是说其数据只能按顺序访问，而且信息是按顺序地存储在磁带上，多个行组成一个块。任何时刻唯一可以实时访问的数据是正在和磁带机的读 / 写 / 擦除磁头接触到的数据。当读 / 写 / 擦除磁头被定位到磁带的开始位置时，数据检索所需的访问时间由数据在磁带上的位置决定，因为在检索到所需数据之前必须先访问它前面的所有数据。图 5-15a、b 显示了磁带的工作过程。磁带上的标记表明磁带的开始和结束。在磁带内，也有标记用于表明文件的开始和结束。每个文件中的数据都被分成块，块之间用间隙（无数据）分开，允许硬件按需加速（如开始操作）和减速。每个块中的数据被分成多个行，每行都是整个数据宽度（例如 9 位，1 字节数据 +1 个校验位）的 1 位，而每行称为一个磁道。每个磁道都有各自的读 / 写 / 擦除磁头，这意味着 9 个磁道就有 9 个写磁头、9 个读磁头以及 9 个擦除磁头（见图 5-15a）。

a）顺序存取磁带驱动器[3]

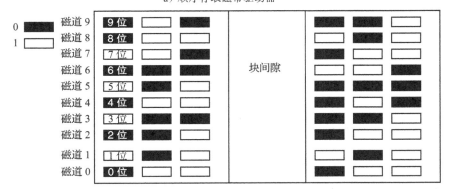

b）磁带数据块[3]

图　5-15

磁带这种存储介质由覆盖了铁磁（高磁性）粉氧化层的聚酯输送层构成（见图5-16）。读/写/擦除磁头也是由高磁性的材料制成的（如铁和钴）。为了将数据写在磁带上，电流需要通过写磁头的磁性线圈在磁头气隙内产生一个泄漏磁场。该磁场使得磁带被磁化，反向流经写磁头的电流会使磁带上磁场极性反转。当磁带经过磁头，已磁化的数据行被写入磁带，0对应的磁带上的氧化层磁极不变，而1对应磁极的改变。要从磁带上读取数据，当磁带经过读磁头时会使读磁头的磁性线圈上产生感应电压，根据磁带上磁场的极性感应到的不同电压被转换成0或1。擦除磁头用来给磁带消磁。

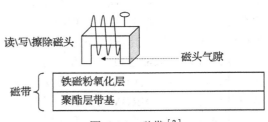

图 5-16 磁带[3]

如图5-17a所示，一个硬盘驱动器有多个涂有磁性材料（薄膜）以记录数据的金属圆形盘片。每个盘片都包含多个磁道，如图5-17b所示。这些分离的同心圆代表用于记录信息的独立区域。每个磁道被划分成多个扇区，扇区是可同时读写的基本子区域。

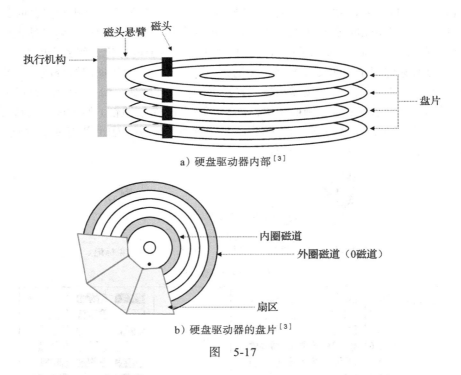

a）硬盘驱动器内部[3]

b）硬盘驱动器的盘片[3]

图　5-17

根据硬盘驱动器的大小，可以有多个磁头，磁头是通过可切换的磁场对盘片进行数据记录和读取的电磁铁。磁头用悬臂支撑通过执行机构推动磁头移动到合适的位置，进行数据的存储、读取和删除。

磁盘驱动器是存储器使用直接访问存储器方案的例子，其中结合使用随机访问和顺序访问方案来检索和存储数据。在每个磁道上，数据是按顺序存储的。而读/写磁头能随机移动访问到正确的磁道，然后顺序访问磁道上的扇区来定位适合的数据。

与硬盘驱动器内的磁盘类似，光盘也被划分成多个磁道和扇区（见图 5-18）。

磁盘驱动器和 CD 上盘片的主要差别在于：纯光学 CD 上的薄膜不是磁性的，而是一种超薄光学金属材料。此外，硬盘驱动器上用电磁铁读写盘片数据，CD 上用的是激光读写数据。两者之间另外一个主要区别是：硬盘片上的数据可以多次读写，而 CD 只能一次写入（用高强度激光），多次读取（用低强度激光）。有些光盘是可擦除的，它们的薄膜由磁性和光学金属材料制成。这些光盘通过激光和磁场操控相结合的方式进行读、写和擦除。

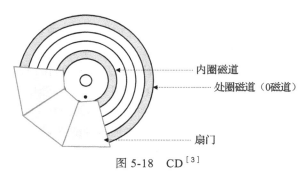

图 5-18　CD[3]

主存储器和辅助存储器的主要区别在于它们与主处理器之间交互的方式。主处理器直接与主存储器相连，也只能从主存储器中直接访问数据。其他任何主处理器希望访问的数据（如辅助存储器中的数据）必须先被传送到主存储器后，才能被主处理器访问。辅助存储器通常由一些中间设备控制，而不能直接被主处理器访问。

不论是主存储器还是辅助存储器，都可以采用如随机访问、顺序访问或直接访问这些不同的访问方式。然而，因为主存储器一般需要更快的访问速度，它们通常采用这些访问方式中速度较快的随机访问方式。不过，这种类型的访问方式所需要的电路使得主存储器比辅助存储器更大更贵，功耗也更高。

5.4　外部存储器的存储管理

一个系统中能集成多种不同类型的存储器，而且 CPU 上运行的软件如何看待逻辑 / 虚拟存储地址和实际物理存储地址（二维阵列或行列编号）也有所区别。存储管理器芯片就是设计用来管理这些问题的。某些情况下，存储管理器会集成到主处理器中。

嵌入式系统板上两种最常见的存储管理器类型是 MEMC 和 MMU。MEMC（见图 5-19）用于为系统各类存储器（如 SRAM 和 DRAM）实现和提供无缝接口、同步对存储器的访问以及验证所传输数据的完整性。MEMC 使用存储器的物理二维地址直接访问存储器。控制器管理从主处理器发出的请求并访问相应的存储体，等待反馈并将反馈传回给主处理器。在某些情况下，MEMC 主要管理一种存储器，可以按照该存储器的名称来指称 MEMC（例如 DRAM 控制器、Cache 控制器等）。

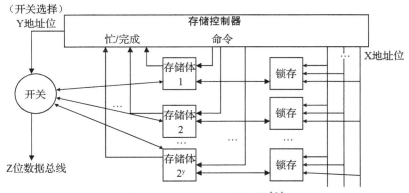

图 5-19　MEMC 示例电路[3]

　　MMU 主要用于实际物理存储器小而虚拟存储器（抽象）空间大的系统带来使用灵活性。
MMU（见图 5-20）可以存在于主处理器之外用于把
逻辑（虚拟）地址转换成物理地址（地址映射），同
时处理存储安全（存储保护）、控制 Cache、处理
CPU 和存储器之间的总线仲裁以及产生适当的异常。

图 5-20　Motorola/Freescale M68020 外置存储器管理

　　对于地址翻译，MMU 可以利用处理器中的 1
级 Cache 或者分配作为缓冲区的 Cache 的一部分来高速缓存地址转换，即通常所说的快表
（TLB），来存储逻辑地址到物理地址的映射。MMU 也必须支持地址转换的各种方案，主要
是段式、页式，或者这两种方式的组合。一般来说，段式是把逻辑内存分为较大的大小可变
的区域，而页式是把逻辑内存分为较小的大小固定的单元。

　　内存保护机制则会对不同的页或段提供共享、读写或只读的可访问性支持。如果某个内
存访问是没有定义或者不被允许的，通常会触发中断。在地址转换时，如果某个页或者段不
可访问（在页模式时，即为页缺失，等等），也会触发中断。这种情况下，需要处理中断（例
如页或段必须要从辅助存储器中获取）。

　　MMU 是否支持页式或段式，通常取决于软件（如操作系统）。请阅读第 9 章操作系统
的部分了解关于虚拟存储器以及 MMU 与系统软件一起使用来管理虚拟存储器的方法。

5.5　板载存储器及其性能

　　如第 4 章所讨论过的，处理器性能最常见的度量就是处理器吞吐率（带宽），或者 CPU
的平均执行速率。处理器吞吐率性能受主存储器的负面影响很大，特别是因为用于主存储器
的 DRAM 可能具有比处理器低得多的带宽。有一些存储器相关的特定的时间参数（存储器
访问时间、DRAM 刷新周期等）可以作为存储器的性能指标。

　　提高主存储器带宽的方案包括：

- 采用哈佛结构，有独立的指令和数据存储器的缓冲区和接口，适用于需要执行大量
存储器访问和大量数据计算的系统；
- 使用诸如 DRDRAM 和 SLDRAM 这样的 DRAM，将总线信号集成于一路，以减少访
问存储器时存储器总线的仲裁时间；
- 使用更多的存储器接口（引脚），提高传输带宽；
- 在存储器接口（引脚）使用更高的信号频率；
- 实现一个带有多级 Cache 的分级存储器架构，比其他类型存储器的访问时间更快。

　　分级存储器架构（见图 5-1）的设计在一定程度上提高了性能。这是因为程序执行期间
存储器访问往往趋于非随机，且表现出良好的局部性引用。这意味着在给定的时间段内会从
有限的内存区段访问大部分数据（空间局部性），或者同一个数据在这段给定的时间段里会
被再次访问（时间局部性）。因此，被称为 Cache 的更快的存储器（通常为 SRAM）被集成
到存储系统中，用于 CPU 存储和访问这类数据。这种不同类型存储器的集成称为分级存储
器架构。因为主处理的大部分时间用访问存储器以处理相关的数据，所以分级存储器架构的
有效性非常重要。可以通过计算由存储器访问延迟或吞吐率问题而花费（浪费）的时钟周期，
来评估存储器的层次结构，其中：

$$存储器停顿周期数 = 指令数 \times (内存访问数 / 指令) \times Cache\ 未命中率$$
$$\times Cache\ 未命中罚值$$

简而言之,可以通过以下方式提高存储器性能:

- 引入 Cache,意味着减少较慢的 DRAM 访问次数从而减少平均主存访问时间;非阻塞 Cache 尤其会降低 Cache 未命中罚值。注意:因为 Cache 的引入,平均总存储器访问时间 =(Cache 命中时间 +(Cache 未命中率 × Cache 未命中罚值))+ Cache 未命中百分比 × 平均主存储器访问时间),其中(Cache 命中时间 +(Cache 未命中率 × Cache 未命中罚值))= 平均 Cache 访问时间;

- 降低 Cache 未命中率,通过提高 Cache 块的大小或实现指令预取(软件或硬件)——一种把将来理论上需要的数据或者指令从主存传输并存储到 Cache 的技术;

- 实现流水线,把访问存储器相关的各种功能拆分成子步骤,并且重叠执行其中某些步骤的过程。流水线虽然对指令延迟(执行一条指令所用的时间)没有帮助,但是有助于提高吞吐率,例如减少降低写入 Cache 的时间,因而减少 Cache 写命中次数。流水线速率的瓶颈仅受限于流水线中最慢的那一级;

- 增加较小的多级 Cache 的数量,而不是使用一级大 Cache。因为小 Cache 减少了 Cache 未命中罚值以及平均访问时间(命中时间),而一个更大的 Cache 对于部署的流水线中流水线级别会有更长的周期时间;

- 将主存储器集成到主处理器上,这样成本也更低,因为片上带宽通常比引脚带宽成本更低。

5.6 小结

本章介绍了一些涉及嵌入式系统板上常见存储器的基础硬件概念,尤其是各种类型的板载存储器以及构造它们的基本电子元件。虽然板载存储器和集成到处理器中断存储器之间几乎没有根本性的差异,但存在某些类型的存储器,如特定类型的 ROM 和 RAM(见表 5-1)以及辅助存储器,在嵌入式系统板上可以或者只能部署在主处理器外部。本章最后介绍一些关于板载存储器的关键性能问题。

下一章将讨论嵌入式系统板上能见到的各种硬件 I/O。

习题

1. 画出并描述嵌入式系统存储器的分级存储架构。
2. 分级存储架构中,哪部分存储器通常部署在系统板上主处理器的外部?

　　A. 2 级 Cache

　　B. 主存

　　C. 2 级存储器

　　D. 以上都是

　　E. 以上都不是

3. [a] 什么是 ROM?

　　[b] 给出并描述三种 ROM。

4. [a] 什么是 RAM?

　　[b] 给出并描述三种 RAM。

5. [a] 画出 ROM、SRAM 和 DRAM 存储单元的示例图。

　　[b] 描述这些存储单元的主要区别。

6. [T/F] 因为 SRAM 比 DRAM 慢，所以 SRAM 常被用于外部 Cache。

7. 什么类型的存储器通常用作主存？

8. [a] 1 级、2 级、3 级 Cache 的区别是什么？

   [b] 它们如何在同一个系统中共同工作？

9. [a] 存储和获取 Cache 数据的三种最常见的方案是什么？

   [b] Cache 命中和 Cache 未命中的区别是什么？

10. 列举并描述至少 4 种 Cache 替换方案。

11. [a] 什么是辅助存储器？

    [b] 列举 4 个辅助存储器例子。

12. [T/F] 辅助存储器通常按照数据存取方式分类。

13. [a] 给出并详细描述 3 种辅助存储器上常用的数据访问方式。

    [b] 为每种方案给出一个实例。

14. 完成句子：未集成到主处理器的 MMU 和 MEMC，通常是实现于：

    A. 独立的从芯片

    B. 软件

    C. 总线

    D. 以上都是

    E. 以上都不是

15. [a] MMU 和 MEMC 之间的区别是什么？

    [b] 一个嵌入式系统中能同时部署它们吗？为什么？

16. 物理存储器和逻辑存储器的区别是什么？

17. [a] 什么是存储器映射？

    [b] 具有如图 5-21 所示存储器映射的系统其存储器构成是什么？

    [c] 图 5-21 所示存储器映射中，什么类型的存储器元件通常位于系统板的主处理器外部？

地址范围	访问的设备	端口宽度
0×00000000 ～ 0×003FFFFF	闪存PROM 存储体1	32
0×00400000 ～ 0×007FFFFF	闪存PROM 存储体2	32
0×04000000 ～ 0×043FFFFF	DRAM 4Mbytes（1M×32位）	32
0×09000000 ～ 0×09003FFF	MPC内部存储映射	32
0×09100000 ～ 0×09100003	BCSR —— 板控制及状态寄存器	32
0×10000000 ～ 0×17FFFFFF	PCMCIA通道	16

图 5-21 存储器映射[5]

18. 存储器如何影响系统性能？

19. 给出 5 种可以提高存储子系统的主存带宽或整体性能的方法。

尾注

[1] *Practical Electronics for Inventors,* P. Scherz, McGraw-Hill/TAB Electronic; 2000.

[2] *Computer Organization and Programming,* p. 14, D. Ramm, MIT Press, 2002.

[3] *The Electrical Engineering Handbook,* R. C. Dorf, IEEE Computer Society Press, 2nd edn, 1998.

[4] "This RAM, that RAM … Which is Which?," J. Robbins.

[5] Freescale, MPC860 Training Manual.

板载 I/O

本章内容

- 板载 I/O
- 串行和并行 I/O 之间的差别
- I/O 的接口方式
- I/O 性能

由于 I/O 子系统会在吞吐率、执行时间、响应时间等方面大大影响整个嵌入式系统的性能，因此关心目标硬件的 I/O 是至关重要的，特别是由传输介质、端口和接口、I/O 控制器、总线和主处理器集成的 I/O 等构成的 I/O 子系统。因此对读者来说，了解板载 I/O 硬件坚实的基础知识非常重要，这包括：

- I/O 设备的数据率；
- 如何做到主处理器与 I/O 的速度同步；
- I/O 和主处理器如何通信。

注意：本节的内容与 4.2.3 节的内容类似，因为对于处理器 I/O 来说，除了特定类型的 I/O 或者 I/O 子系统的组件是集成到 IC 上的之外，与直接部署在电路板上相比，其基本特性从本质上讲是一样的。

系统板上的 I/O 组件负责在系统板和连接到嵌入式系统的 I/O 设备之间交换信息。板载 I/O 可以包括：输入组件，只负责把来自输入设备的信息送到主处理器；输出组件，只负责把主处理输出的信息送到输出设备上；以及兼具两种功能的输入输出设备（见图 6-1）。

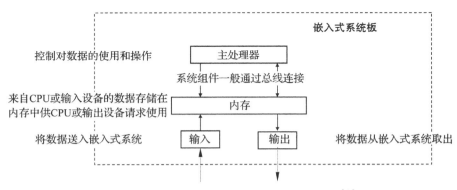

图 6-1　基于冯·诺依曼结构的 I/O 模块图[1]

事实上，任何机电系统，嵌入式的和非嵌入式的、传统的和非传统的，都可以连接到嵌入式板上并作为其 I/O 设备。I/O 是高级分组，它可以细分为输入设备、输出设备或输入 / 输出设备等子类。输出设备可以从板载 I/O 组件接收数据，并且以某种方式显示这些数据，例如打印到纸上，存储到磁盘上，显示到屏幕上或者通过闪烁的发光二极管（LED）让人可以看到。输入设备把数据传输至板载 I/O 组件，例如鼠标、键盘或者遥控装置。I/O 设备则既可以输入数据也能输出数据，例如可以与互联网交换数据的网络设备。I/O 设备可以通过有线或者无线数据传输介质（如键盘或遥控装置）连接到嵌入式系统板上，也可以直接部署到嵌入式系统板上，如 LED。

从简单的电路到复杂的嵌入式系统，I/O 设备各不相同，所以板载 I/O 组件能划分成不同的类别，最常见的包括以下几类：

- 网络与通信 I/O（OSI 模型的物理层模型，参见第 2 章）；
- 输入（键盘、鼠标、遥控装置、声音等）；
- 图像和输出 I/O（触摸屏、CRT、打印机、LED 等）；
- 存储 I/O（光盘控制器、磁盘控制器、磁带控制器等）；
- 调试 I/O（后台调试模式（BDM）、JTAG、串行端口、并行端口等）；
- 实时及其他 I/O（定时器 / 计数器、模数转换器、数模转换器、按键开关等）。

简而言之，I/O 子系统既可以像直接连接主处理器和 I/O 设备（如主处理器连接板上的时钟和 LED 的 I/O 端口）的基础电路一样简单，也可以复杂到包括几个功能单元，如图 6-2 所示。I/O 硬件通常由 6 个主要逻辑单元的全部或者部分组成：

- **传输介质**：将 I/O 设备与嵌入式系统板连接起来用于数据通信和交换的无线或者有线介质。
- **通信端口**：传输介质连接到电路板上的端口，或者无线系统的信号收发器。
- **通信接口**：管理主 CPU 和 I/O 设备或者 I/O 控制器之间的数据通信；同时负责来自或者发往 IC 以及 I/O 端口逻辑层的数据编码和解码。接口可以集成到主处理器上，也可以作为独立的 IC；
- **I/O 控制器**：管理 I/O 设备的从处理器；
- **I/O 总线**：板载 I/O 和主处理器之间的连接线；
- **主处理器集成的 I/O。**

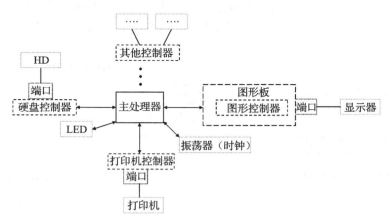

图 6-2 嵌入式系统板上的端口和设备控制器

板载 I/O 可以是如图 6-3a 所示的多种组件的复杂组合，也可以是如图 6-3b 所示的几个集成的 I/O 板上部件。

嵌入式板上实现的 I/O 系统的实际构成，无论是使用连接器和端口，或者使用 I/O 设备控制器，都取决于所连到或位于嵌入式板上的 I/O 设备的类型。这意味着，虽然其他诸如可靠性和可扩展性等因素在设计 I/O 子系统时很重要，但决定 I/O 设计背后细节的最主要因素是 I/O 设备的功能特性——它在系统中的用途，以及 I/O 子系统的性能，这些将在 6.3 节中讨论。有关传输介质、总线和主处理器 I/O 都不在本节的内容范围之内，分别在第 2 章、第 7 章和第 4 章中讨论。一个 I/O 控制器本质上是一种处理器，所以还请参考第 4 章了解更多细节。

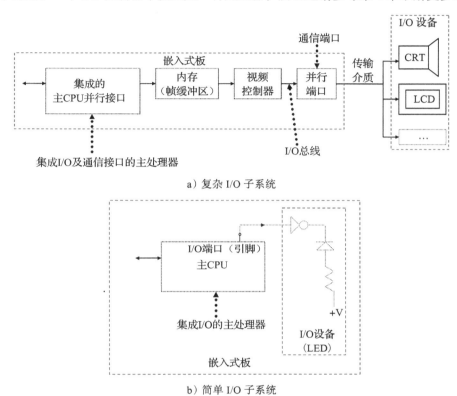

a）复杂 I/O 子系统

b）简单 I/O 子系统

图　6-3

在各种 I/O 类别（网络、调试、存储等）中，板载 I/O 通常根据数据的管理（发送）方式划分子类别。需要注意的是，与嵌入式系统模型相关，实际的子类别可能会完全不同，这取决于不同的体系结构视角。这里的"视角"指的是从硬件和软件的角度来看，并因此分类板载 I/O 是不同的。即便是在软件中，在不同的层次上（系统软件相对于应用软件，操作系统相对于设备驱动，等等），子类也可能是不同的。例如，在许多操作系统中，I/O 被视为块或者字符 I/O。块 I/O 以固定大小的块为单位存储和传输数据，且只能以块为单位寻址。另一方面，字符 I/O 管理的是数据流中的字符，字符的大小则由体系结构决定，比如 1 字节。

从硬件角度来看，I/O 是以串行、并行或者两者的结合方式来管理（传输及存储）数据的。

6.1　数据管理：串行 I/O 与并行 I/O

6.1.1　串行 I/O

可以发送和接收串行数据的板载 I/O 是由每次存储、发送及接收数据（字符）的一个数据位的部件组成的。串行 I/O 硬件通常是由在本章开始的部分中描述的 6 个主要逻辑单元中的某几个组合构成的。串行通信在其 I/O 子系统中包含一个串行端口和一个串行接口。

　　串行接口管理主 CPU 与 I/O 设备或 I/O 控制器之间的串行数据发送和接收。其中包括接收和发送缓冲区，用于存储和编码或者决定它们所处理的数据是发送到主 CPU 还是 I/O 设备。至于串行数据不同的发送和接收模式，其区别通常包括数据可以发送和接收的方向，以及在数据流中的数据位如何发送（接收）的实际过程。

　　在两个设备之间的数据传输可以分为三种模式：串行 I/O 数据通信的单工模式是指数据流只能在一个方向上发送或接收（见图 6-4a）；半双工模式是指数据流可以双向发送和接收，但是同一时间只能在一个方向上传输（见图 6-4b）；全双工模式是指数据流可以同时在任何方向上发送和接收（见图 6-4c）。

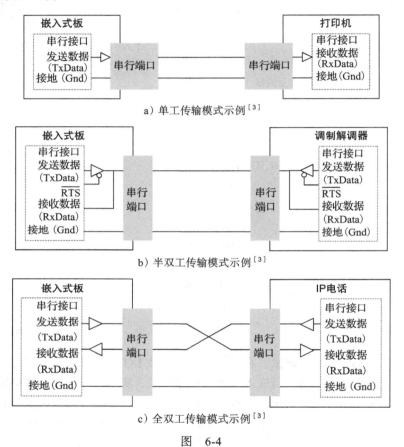

a）单工传输模式示例[3]

b）半双工传输模式示例[3]

c）全双工传输模式示例[3]

图　6-4

　　在实际的数据流中，串行 I/O 传输既可以是由 CPU 时钟调节的固定时间间隔的稳定（连续）数据流，称为同步传输，也可以是间歇性的以不固定（随机）时间间隔进行传输的异步传输。

　　在异步传输（见图 6-5）中，传输的数据通常在串行接口的发送缓冲区或者寄存器里存储和修改。发送器的串行接口通常把数据流分成每个字符为 4～8 位或者 5～9 位的数据包。然后每个数据包被封装成帧分别发送。数据帧是被串行接口所修改（在发送前）的数据包，即在数据流之前加一个起始位并在数据流的最后加一个或多个停止位（即可以是 1、1.5 或者 2 位的长度，以确保识别由 1 变到 0 的下一帧的开始）。在帧内，数据位之后和停止位之前，还可以附加一个奇偶校验位。起始位代表帧的开始，停止位则表示着帧的结束，而奇偶校验位是可选的位，用于进行非常基本的差错检查。基本上，串行传输的奇偶校验可以没有，即无校验位故而无差错检查；偶校验，即在传输数据流中不包含起始位与停止位的"1"的总个数是偶数则代表传输成功；或者奇校验，即在传输数据流中不包含起始位与停止位的"1"的总个数是奇数则代表传输成功。

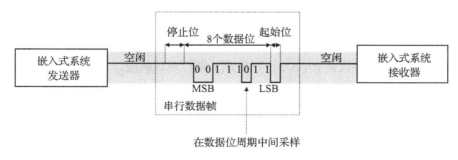

图 6-5 异步传输示例

在发送的数据帧之间，信道保持在空闲状态，意味着保持逻辑电平"1"或者不归零（NRZ）状态。

接收器的串行接口根据帧的起始位来同步接收数据帧，经过短暂的延迟后，逐位移位到接收缓冲区中，直到接收到停止位为止。为了能够实现异步传输，在通信中涉及的所有串行接口的比特率（带宽）必须是同步的。其中比特率定义为：

$$比特率 = 每一帧实际的数据位数 / 每一帧总的位数 \times 波特率$$

波特率是在单位时间内发送的所有类型数据位的总数（kbit/s，Mbit/s）。

发送器的串行接口和接收器的串行接口都要与独立的比特率时钟同步，以确保正确采样数据位。在发送端，一个新的帧发送开始的时候时钟开始启动，并持续到帧发送完结束，以确保数据流在接收端可以处理的时间间隔内发送。在接收端，时钟从接收到一个新的帧开始启动，延迟适当的时间（根据比特率），在每个数据位周期的中间位置采样，然后在接收到帧的停止位时结束。

在同步传输（见图 6-6）中，数据流中没有附加的起始位和停止位，也没有空闲时期。与异步传输一样，接收和发送的数据率必须保持同步。然而，与异步传输中使用独立的时钟不同，同步传输中涉及的设备是与同一个公共时钟来同步的，这个时钟不会在每一个新的帧传输过程中开始和停止。在某些电路板上可能会有一个完全独立的时钟线，用于串行接口来协调数据位的传输。在某些同步串行接口中，如果没有独立的时钟线，那么时钟信号甚至可能和数据位一起发送。

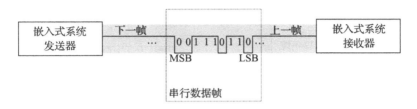

图 6-6 同步传输示例

UART（通用异步接收发送器）是进行异步串行传输的串行接口的实例，而 SPI（串行外设接口）是同步串行接口的实例。（注意：集成 UART 或其他类型串行接口的不同的体系结构对于相同类型的接口可以有不同的命名，例如 MPC860，具有 SMC（串行管理控制器）的 UART。请参考相关文献以了解其规格。）

串行接口可以是电路板上单独的从属 IC，也可以集成到主处理器上。串行接口与 I/O 设备之间通过串行端口传输数据（见图 6-4a ～ c）。串行端口是串行的通信（COM）接口，通常用于板外的串行 I/O 设备和板上的串行板载 I/O 之间互连。串行接口负责把去往和来自串行端口的数据在串行端口的逻辑电平转换成主 CPU 的逻辑电路可以处理的数据。

最常见的串行通信协议是 RS-232，它规定了串行端口的设计方式以及哪些信号与总线中不同信号线相关联。

串行 I/O 示例 1：网络和通信——RS-232

应用最广泛的同步或异步传输串行 I/O 协议是 RS-232 或 EIA-232（电子工业协会 -232），它主要基于电子工业协会的标准系列。这些标准定义了任何基于 RS-232 的系统的主要组成部分，它基本上均以硬件实现。

硬件组件都可以映射到 OSI 模型的物理层（见图 6-7）。允许使用 RS-232 功能的固件（软件）映射到数据链路层的下部，但不会在本节中讨论（见第 8 章）。

图 6-7　OSI 模型

根据 EIA-232 标准，RS-232 兼容的设备（见图 6-8）称为 DTE（数据终端设备）或 DCE（数据线路端接设备）。诸如 PC 或嵌入式系统板等 DTE 设备是串行通信的发起端。DCE 是 DTE 要与之通信的对象，例如连接到嵌入式系统板的 I/O 设备。

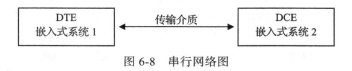

图 6-8　串行网络图

RS-232 规范的核心称为 RS-232 接口（见图 6-9）。RS-232 接口规定了串行端口和信号的细节以及用来映射同步串行接口（如 SPI）或异步串行接口（如 UART）的信号到串行端口的附加电路，并延伸到 I/O 设备本身。通过定义串行端口的细节，RS-232 也定义了传输介质，即串行电缆。要实现串行通信方案，在串行通信传输（DTE 和 DCE 或嵌入式系统板和 I/O 设备）的两端都必须有同样的 RS-232 接口，并使用 RS-232 串行电缆连接起来。

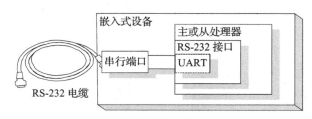

图 6-9　串行部件框图

串行端口背后的实际物理特性，即信号的数量和信号的详细描述，在不同的 EIA232 标准中有差别。RS-232 的父代标准定义了总共 25 个信号，以及一个称为 DB25 连接器的连接接头，位于有线传输介质的两端，如图 6-10a 所示。EIA RS-232 标准相关的 EIA574 标准只定义了兼容 DB9 连接器（见图 6-10b）的 9 个信号（原 25 个信号的子集），而 EIA561 标准定义了兼容 RJ-45 连接器（见图 6-10c）的 8 个信号（也是原 RS-232 信号的子集）。

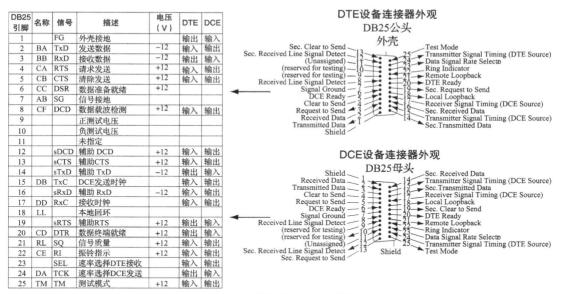

DB25 引脚	名称	信号	描述	电压（V）	DTE	DCE
1		FG	外壳接地		输出	输入
2	BA	TxD	发送数据	-12	输入	输出
3	BB	RxD	接收数据	-12	输出	输入
4	CA	RTS	请求发送	+12	输入	输出
5	CB	CTS	清除发送	+12	输入	输出
6	CC	DSR	数据准备就绪	+12		
7	AB	SG	信号接地			
8	CF	DCD	数据载波检测	+12	输入	输出
9			正测试电压			
10			负测试电压			
11			未指定			
12		sDCD	辅助 DCD	+12	输入	输出
13		sCTS	辅助 CTS	+12	输入	输出
14		sTxD	辅助 TxD	-12	输出	输入
15	DB	TxC	DCE 发送时钟		输入	输出
16		sRxD	辅助 RxD	-12	输入	输出
17	DD	RxC	接收时钟		输入	输出
18	LL		本地回环			
19		sRTS	辅助 RTS	+12	输出	输入
20	CD	DTR	数据终端就绪	+12	输出	输入
21	RL	SQ	信号质量	+12	输入	输出
22	CE	RI	振铃指示	+12	输入	输出
23		SEL	速率选择 DTE 接收		输入	输出
24	DA	TCK	速率选择 DCE 发送		输出	输入
25	TM	TM	测试模式	+12	输入	输出

a）RS-232 信号和 DB25 连接器

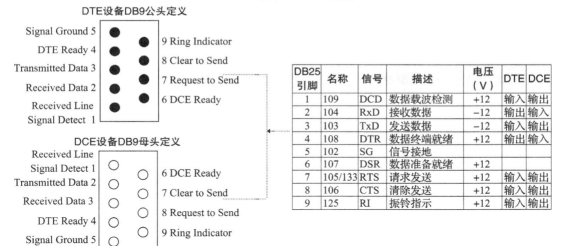

DB25 引脚	名称	信号	描述	电压（V）	DTE	DCE
1	109	DCD	数据载波检测	+12	输入	输出
2	104	RxD	接收数据	-12	输出	输入
3	103	TxD	发送数据	-12	输入	输出
4	108	DTR	数据终端就绪	+12	输出	输入
5	102	SG	信号接地			
6	107	DSR	数据准备就绪	+12		
7	105/133	RTS	请求发送	+12	输入	输出
8	106	CTS	清除发送	+12	输入	输出
9	125	RI	振铃指示	+12	输入	输出

b）RS-232 信号和 DB9 连接器[4]

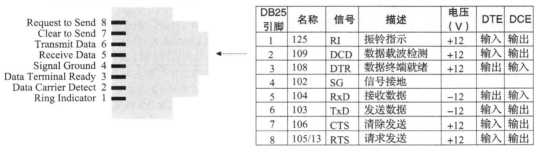

DB25 引脚	名称	信号	描述	电压（V）	DTE	DCE
1	125	RI	振铃指示	+12	输入	输出
2	109	DCD	数据载波检测	+12	输入	输出
3	108	DTR	数据终端就绪	+12	输出	输入
4	102	SG	信号接地			
5	104	RxD	接收数据	-12	输出	输入
6	103	TxD	发送数据	-12	输入	输出
7	106	CTS	清除发送	+12	输入	输出
8	105/13	RTS	请求发送	+12	输入	输出

c）RS-232 信号和 RJ-45 连接器[4]

图　6-10

两个 DTE 设备可以使用内部接线有变化的称为零 modem 的串行电缆直接互连。由于两个 DTE 设备在相同位置的引脚上发送和接收数据，因此在零 modem 电缆中这些引脚交叉连接，以协调两个 DTE 设备上的发送和接收的连接关系（见图 6-11）。

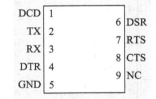

图 6-11 RS-232 串行端口连接器

示例：Motorola/Freescale 的 MPC823 FADS 板的 RS-232 系统模型

Motorola/Freescale 的 FADS 板（基于 MPC8xx 系列处理器的硬件和软件开发平台）上的串行接口集成在主处理器（本例中为 MPC823）中。要了解电路板上的其他主要串行组件、串行端口，只需要去读开发板的硬件手册即可。

Motorola/Freescale 的 8xxFADS 用户手册（修订版 1）的 4.9.3 节详细介绍了 Motorola/Freescale 的 FADS 板上的 RS-232 系统：

4.9.3 RS232 端口

为了协助用户的应用并同时为终端和主机提供便捷的通信信道，在 FADS 上提供了两个相同的 RS232 端口……

使用 9 针 D 型母端连接器，配置为可以直接（通过扁平电缆）连接到一个标准的类似 IBM-PC 的 RS232 连接器上

4.9.3.1 RS-232 信号说明

列表如下：

● DCD（O）——数据载波检测

● TX（O）——发送数据

● ……

从这本手册中，我们可以看到 FADS RS-232 端口的定义是基于 EIA-574 的 DB9 DCE 母端设备连接器的定义。

串行 I/O 示例 2：网络和通信——IEEE 802.11 无线局域网

IEEE 802.11 系列网络标准是串行无线局域网标准，表 6-1 中做了概述。这些标准详细描述了无线局域网系统的主要组成部分。

表 6-1 802.11 标准

IEEE 802.11 标准	描 述
802.11—1999 根标准 信息技术 – 系统间远程通信和信息交换 – 局域网和城域网 – 特定要求 – 第 11 部分：无线局域网的介质访问控制（MAC）及物理层（PHY）规范	802.11 标准是定义网络中的无线数据如何发送的首次尝试。该标准详细描述了 TCP/IP 网络中 MAC 层和 PHY 层的操作和接口。定义了 3 个 PHY 层接口（1 个 IRC 即红外线接口），2 个射频信号接口：跳频扩频（FHSS）和直序扩频（DSSS）），三者之间没有互操作。使用 CSMA/CA（载波侦听多路访问 / 冲突避免）作为链路共享的基本介质访问方案，使用相移键控（PSK）调制
802.11a—1999 "WiFi5" 修正 1：5GHz 频段的高速物理层	在 5 ～ 6GHz 的频段工作以防止与众多消费电子产品互扰。使用 CSMA/CA 作为链路共享的基础介质访问方案。与 PSK 不同，采用的调制方案为正交频分多路复用（OFDM），提供高达 54Mbps 的数据率
802.11b—1999 对 802.11—1999 "WiFi" 的补充，无线局域网 MAC 和 PHY 层规范：2.4GHz 频段的更高速物理层（PHY）扩展	向后兼容 802.11。具有 11Mbps 的速率，单个 PHY 层（DSSS），使用 CSMA/CA 作为链路共享的基础介质访问方案，并使用互补编码键控（CCK）使得数据率更高且多路径传播干扰更少

（续）

IEEE 802.11 标准	描　述
802.11b—1999/Cor1—2001　修正 2：2.4GHz 频段的更高速物理层（PHY）扩展 – 勘误 1	修正 802.11b 中 MIB 定义的缺陷
802.11c　IEEE 信息技术标准 – 系统间远程通信和信息交换 – 局域网 – 介质访问控制桥接（MAC）桥接 -IEEE802.11 的补充支持	1998 年指定在 2.5 节，内部子层服务支持中通过特定 MAC 规程添加一个子类以覆盖 IEEE 802.11 MAC 桥接操作。运行使用 802.11 的 AP 可以在相互距离相对较短的网络之间（例如，实心墙阻断了一个有线网络）实现桥接
802.11d—2001　IEEE 802.11—1999（ISO/IEC 8802—11）的修正案，附加管制域的操作规范	国际化——定义了物理层的要求（信道化、跳频模式、当前 MIB 属性的新值及其他要求）以扩展 802.11 WLAN 的运营到新的监管域（国家）
802.11e　标准的修正，信息技术 – 系统间远程通信和信息交换 – 局域网和城域网 – 特定要求 – 第 11 部分：无线局域网介质访问控制和物理层规范：介质访问方法服务质量增强	加强 802.11 MAC 以改善和管理服务质量，提供服务等级，在分布式协调功能（DCF）和点协调功能（PCF）领域提升效率。定义一系列 802.11 网络的扩展以允许 QoS 操作（即通过预分配部分可靠带宽来适应流式音频或视频）
802.11f—2003　IEEE 推荐的跨越支持 IEEE 802.11 操作的分布系统接入点间协议的多厂商 AP 互操作性实践	2006 年 2 月被 IEEE 批准撤销
802.11g—2003　修正 4：2.4GHz 频段的更高速物理层扩展	对 802.11b 的一个更高速的 PHY 层扩展，相较 802.11b 标准的最高 11Mbps，在相对较短距离上提供高达 54Mbps 的无线传输，且在 2.4GHz 频段工作，使用 CSMA/CA 作为链路共享的基础介质访问方案
802.11h—2001　在欧洲 5GHz 频段的频谱和发射功率管理的扩展	加强 802.11 MAC 标准和对 802.11a 5GHz 频段高速 PHY 标准的补充；为欧洲 5GHz 许可证豁免频段添加室内和室外信道选择；加强信道能量测量和报告机制以改进频谱和发射功率管理
802.11i　标准的修正，信息技术 – 系统间远程通信和信息交换 – 局域网和城域网 – 特定要求 – 第 11 部分：无线局域网介质访问控制和物理层规范：介质访问方法安全增强	增强 802.11 MAC 以增强安全和验证机制，改善用于这些网络的物理层安全
802.11j　标准的修正，信息技术 – 系统间远程通信和信息交换 – 局域网和城域网 – 特定要求 – 第 11 部分：无线局域网介质访问控制和物理层规范：在日本使用 4.9-5GHz 的运营	根据日本规定做的升级
802.11k　标准的修正，信息技术 – 系统间远程通信和信息交换 – 局域网和城域网 – 特定要求 – 第 11 部分：无线局域网介质访问控制和物理层规范：无线局域网的无线资源测量	定义无线资源测量的改进，为无线和网络测量提供对上层的接口
802.11ma　信息技术 – 系统间远程通信和信息交换 – 局域网和城域网 – 特定要求 – 第 11 部分：无线局域网的介质访问控制（MAC）及物理层（PHY）规范 - 修正 x：技术性更正和澄清	将累积的维护更改（编辑性和技术性更正）纳入 802.11—1999，2003 版本（包括 802.11a—1999，802.11b—1999，802.11b—1999 勘误 1—2001 和 802.11d—2001）
802.11n　标准的修正，信息技术 – 系统间远程通信和信息交换 – 局域网和城域网 – 特定要求 – 第 11 部分：无线局域网介质访问控制和物理层规范：更高吞吐率的增强	目标是定义一个修正案，对 802.11 PHY 和 802.11 MAC 进行标准化修改，以便能够启用能够提供更高吞吐率的操作模式，最大吞吐率至少为 100Mbps，在 MAC 数据服务接入点（SAP）处测量

　　第一步是了解 802.11 系统的主要组件，无论这些组件是以硬件还是软件实现的。这一步很重要，因为不同的嵌入式体系结构和系统板的 802.11 实现组件不同。如今在大多数平

台上 802.11 标准都由几乎完全用硬件实现的主体组件构成。硬件组件都可以映射到 OSI 模型的物理层，如图 6-12 所示。启用 802.11 功能所需的任何软件能映射到 OSI 数据链路层的下部，但本节不做讨论。

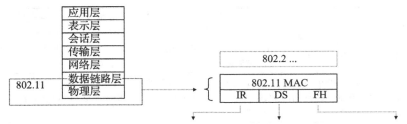

红外（IR）脉冲位置调制。此物理层提供 1Mbit/s 和可选的 2Mbit/s 的传输能力。1Mbit/s 版本使用16位置（16-PPM）的脉冲位置调制，2Mbit/s 版本使用4-PPM

工作在2400～2483.5MHz 频段（取决于当地法规）的直接序列扩频。该物理层提供1和2Mbit/s的操作。1Mbit/s版本使用差分二进制相移键控（DBPSK），2Mbit/s版本使用差分正交相移键控（DQPSK）

工作在2400～2483.5MHz 频段（取决于当地法规）的跳频扩频。该物理层提供1Mbit/s（可选2Mbit/s）操作。1Mbit/s版本使用2级高斯频移键控（GFSK）调制，2Mbit/s版本使用4级GFSK

图 6-12   OSI 模型[5]

现成的无线硬件模块支持一个或多个 802.11 标准（802.11a、802.11b、802.11g 等），已经在许多方面使得统一无线局域网标准的努力复杂化。这些模块具有各种不同的形态，包括嵌入式处理器套装、PCMCIA 卡、CF 卡和 PCI 卡等。通常，如图 6-13a、b 所示，嵌入式系统板需要将 802.11 功能通过从控制器实现或者集成到主芯片内，否则板上就需要支持其他形式的标准连接器（如 PCI、PCMCIA、CF 等接口）。这意味着 802.11 芯片组厂商要么可以为 802.11 嵌入式解决方案生产或移植其 PC 卡固件，这可用于小批量 / 高成本的设备或产品开发期间，要么同一厂商的标准 PC 卡上的芯片组可以安装到嵌入系统板上，这可用于大批量制造的设备。

除了 802.11 芯片组集成之外，嵌入式系统板的设计需要考虑到无线局域网天线的放置和信号传输的需求。设计者必须确保没有妨碍接收和发送数据的障碍物。当 802.11 没有集成到主 CPU 中时，如图 6-13b 所示的片上系统（SoC），则需要设计主 CPU 和 802.11 系统板硬件之间的接口。

6.1.2   并行 I/O

并行传输数据的组件是可以同时传输多位数据的设备。与串行 I/O 一样，并行 I/O 的硬件通常也由本章开始部分介绍的 6 个主要逻辑单元组合而成，只不过端口是并行端口、通信接口是并行接口。

并行接口管理着主 CPU 和 I/O 设备或其控制器之间的并行数据发送和接收。它们负责解码从并行端口引脚接收到（由 I/O 设备发送出来）的数据位，并接收从主 CPU 中发出的数据，然后将其编码后发送到并行端口引脚上去。

它们具备接收和发送缓冲区用来存储及操作正被传送的数据。就并行数据的发送和接收方案来说，类似于串行 I/O 传输，其区别通常包括数据可以发送和接收的方向，以及在数据流中的数据位发送 / 接收的实际过程。关于传输方向，和串行 I/O 一样，并行 I/O 也具有单工、半双工和全双工模式。同样，类似于串行 I/O，并行 I/O 也具有异步或同步传输两种方式。只不过并行 I/O 具有比串行 I/O 更大的数据传输容量，因为它可以同时发送或者接收多个数据位。并行发送和接收数据的板载 I/O 实例包括：IEEE 1284 控制器（用于打印机及显示 I/O 设备，见示例 3）、CRT 端口以及 SCSI（用于存储 I/O 设备）。示例 4 中给出了有可能同时支持并行和串行 I/O 的以太网协议。

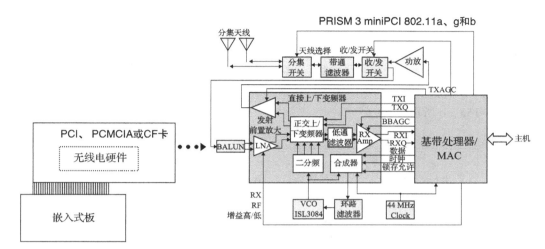

a) 802.11 硬件配置 PCI 卡示例[6]

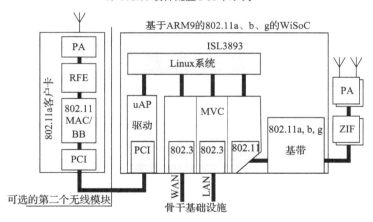

b) 基于 SoC 的 802.11 硬件配置示例[7]

图 6-13

并行 I/O 示例 3："并行" 输出和图形 I/O

在技术上，在嵌入式系统中创建、存储和操纵的模型和图像都是图形。如图 6-14 所示，嵌入式系统板的图形 I/O 通常包括三个逻辑组件（引擎）：

- 几何引擎：负责定义对象。这包括实现颜色模型、对象的物理几何结构、材料和光照属性等。
- 渲染引擎：负责截取对象的描述。这包括提供几何变换、投影、绘图、制图、贴图、阴影、照明等功能支持。
- 光栅化和显示引擎：负责物理地显示出对象。它使得输出 I/O 硬件发挥作用。

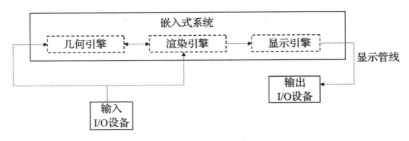

图 6-14　图形化设计引擎

嵌入式系统可以通过软拷贝（视频）或硬拷贝（纸上）方式输出图形。显示管线中的内容根据输出 I/O 设备要输出的是图形的硬拷贝或是软拷贝而不同，所以相应的显示引擎也不同，如图 6-15a、b 所示。

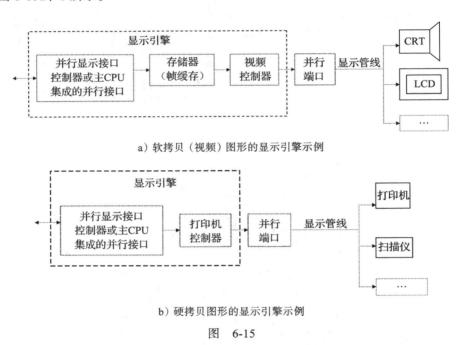

a）软拷贝（视频）图形的显示引擎示例

b）硬拷贝图形的显示引擎示例

图　6-15

实际的并行端口配置在信号数量和所需电缆方面根据不同的标准而异。例如，Net Silicon 公司的 NET＋ARM50 嵌入式主板上（见图 6-16），其主处理器（基于 ARM7 的体系结构）有一个集成的 IEEE 1284 接口，是集成在主处理器中的可配置多接口控制器（MIC），通过 4 个板载并行端口实现并行 I/O 传输。

IEEE 1284 规范定义了一个 40 个信号的端口，但在 NET＋ARM50 系统板上复用了数据和控制信号以尽量减少主处理器的引脚数量。除了 8 路数据信号 DATA[8:1]（$D_0 \sim D_7$）之外，IEEE 1284 的控制信号还包括：

- PDIR，用于双向模式并定义外部数据收发器的方向。其状态直接由 IEEE 1284 控制寄存器的 BIDIR 位控制（0 状态：数据从外部收发器发送到 1285 电缆；1 状态：从电缆接收数据）。
- PIO，由固件控制。其状态直接通过 IEEE 1284 控制寄存器的 PIO 位控制。

- LOOPBACK，在外部环回模式时配置端口，并可以用于控制外部 FCT646 设备的多路复用器线（设置为 1，则 FCT646 收发器从输入锁存器接收输入数据而非实时的数据电缆接口）。它的状态由 IEEE 1284 控制寄存器中的 LOOP 位直接控制。LOOP 选通信号负责将输出数据写入到输入锁存器（完成环回路径）。LOOP 选通信号是 STROBE* 信号的反相副本。

- STROBE*（nSTROBE），AUTOFD*（nAUTOFEED），INIT*（nINIT），HSELECT*（nSELECTIN），*ACK（NACK），BUSY，PE，PSELECT（SELECT），*FAULT（nERROR），……[2]

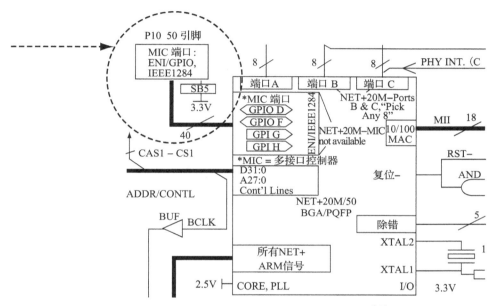

图 6-16　NET+ ARM50 嵌入式系统板的并行 I/O[8]

并行和串行 I/O 示例 4：网络和通信——以太网

以太网是应用最广泛的局域网协议之一，它主要是基于 IEEE 802.3 系列标准的。这些标准详细描述了所有以太网系统的主要组件。因此，为了充分了解以太网系统的设计，首先需要了解的是 IEEE 规范。（记住：这不是一本关于以太网的书，以太网所涉及内容远远超过本书所覆盖的内容。这个例子讨论了网络协议以及如何基于网络协议（如以太网）设计一个系统。）

第一步是了解以太网系统的主要组件，无论这些组件是由硬件还是软件来实现的。这一步很重要，因为不同的嵌入式体系结构和系统板的以太网组件的实现各不相同。不过在大多数平台上，以太网几乎完全是用硬件实现的。

硬件组件都可以映射到 OSI 模型的物理层（见图 6-17）。启用以太网功能所需的固件（软件）映射到 OSI 的数据链路层的下部，但不在本节讨论（见第 8 章）。

在 IEEE 802.3 规范中描述了几种以太网系统模型，所以我们来看看其中的几个以便了解哪些是最常见的以

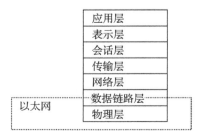

图 6-17　OSI 模型

太网硬件组件。

以太网设备通过以太网线缆连接到网络：粗同轴电缆、细同轴电缆、双绞线或光缆。这些线缆通常用它们的 IEEE 名称引用。这些名字由三部分组成：数据传输速率、所使用信号的类型以及线缆类型或线缆长度。

例如，10Base-T 线缆支持 10Mbps（每秒百万比特）的数据传输率，只承载以太网信号（基带信号），并且是双绞线电缆。100Base-F 线缆支持 100Mbps 的数据传输率，支持基带信号，并且是光缆。粗或细同轴电缆传输速度为 10Mbps，支持基带信号，但一段线缆的长度上限不同（粗同轴电缆为 500m，细同轴电缆为 200 m）。因此，称粗同轴电缆为 10Base-5（500 的简写），而细同轴电缆为 10Base-2（200 的简写）。

以太网线缆必须连接到嵌入式设备来使用。线缆的类型以及系统板的 I/O（通信接口、通信端口等），决定了以太网 I/O 传输是串行还是并行的。介质相关接口（MDI）是板上的网络端口，以太网线缆插入其中。不同类型的 MDI 允许插入不同类型的以太网线缆。例如，一个 10Base-T 电缆使用 RJ-45 接口的 MDI。在图 6-18 所示的系统模型中，MDI 是收发器的一个集成部分。

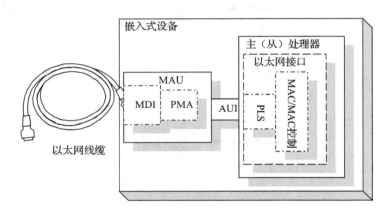

图 6-18　以太网组件图

收发器是接收和发送数据位的物理设备；在本例中它是介质连接单元（MAU）。MAU 不仅包含 MDI，还包含物理介质连接（PMA）组件。PMA "包含发送、接收功能"（取决于收发器），以及 "冲突检测、时钟恢复和扭曲矫正功能"（IEEE 802.3，第 25 页）。基本上 PMA 串行化（分解成一个比特流）接收到的码组以通过传输介质传输或者对从传输介质接收到的比特流做解串行操作后将其转换成码组。

收发器连接到一个连接单元接口（AUI），它在 MAU 和处理器中的以太网接口之间传递编码信号。具体来讲，AUI 是为速度可达 10Mbps 的以太网设备定义的，并指定 MAU 和物理层信号（PLS）子层（信号特性、连接器、线缆长度等）之间的连接。

以太网接口可以存在于主处理器或从机处理器中，并包含其余的以太网硬件和软件组件。PLS 组件监视传输介质，并为媒体访问控制（MAC）组件提供载波侦听信号。发起数据传输的是 MAC，因此它在启动一个传输之前检查载波信号，以避免在传输介质上与其他数据争用。

让我们首先看一个这种类型以太网系统示例中的嵌入式系统板。

以太网示例 1：Motorola/Freescale MPC823 FADS 系统板的以太网系统模型

Motorola/Freescale 8xxFADS 用户手册（修订版 1）的 4.9.1 小节详细说明了 Motorola/Freescale FADS 板上的以太网系统：

4.9.1 以太网端口

MPC8xxFADS 有一个 10BASE-T 接口的以太网端口。位于板上的通信端口由布线于子板上的 MPC8xx 类型决定。以太网端口使用一个 MC68160 EEST 10Base-T 收发器。

你也可以使用位于子板的扩展连接器上和主板的通信端口扩展连接器（P8）上的以太网 SCC 引脚。在任何时候都可以通过对 BCSR1 的 EthEn 位写 1 或 0 来禁用或启用以太网收发器。

从这段文字中，我们知道板上有一个 RJ-45 类型的 MDI，MC68160 增强型以太网串行收发器（EEST）是 MAU。MAU 第二段话以及 PowerPC MPC823 用户手册第 28 章会告诉我们更多关于 MPC823 处理器上的 AUI 和以太网接口的内容。

在 MPC823 上（见图 6-19），有一个 7 线接口充当 AUI 的功能。SCC2 是以太网接口，可以"执行全套的 IEEE 802.3/Ethernet CSMA / CD 介质访问控制和信道接口功能"。（见 MPC823 PowerPC 用户手册的第 16 ~ 312 页）

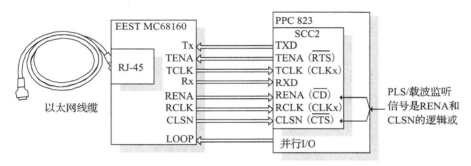

图 6-19　MPC823 以太网示意图

能够以远高于 10Mbps 的速率发送和接收数据的局域网设备由不同的以太网组件实现。IEEE 802.3u 快速以太网（100Mbps 数据率）和 IEEE 802.3z 千兆以太网（1000Mbps 数据率）系统是从原始的以太网系统模型（如前所述）演变而来的，以图 6-20 中所示的系统模型为基础。

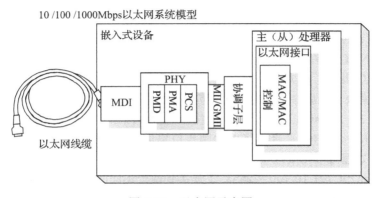

图 6-20　以太网示意图

这个系统的 MDI 连接到收发器上，而不是收发器中的一部分（如早前的系统型号）。该系统中物理层设备（PHY）收发器包含三个组件：PMA（与 1/10Mbps 系统模型的 MAU 收发器相同）、物理编码子层（PCS）和物理介质相关子层（PMD）。

PMD 是 PMA 和传输介质之间（通过 MDI）的接口。PMD 负责从 PMA 接收串行比特位，并将其转换为适合传输介质的信号（如光纤的光信号等）。当发送到 PMA 时，PCS 负责把要发送的数据编码为适当的码组。当从 PMA 接收码组时，PCS 将码组转换成以太网上层可以理解和处理的数据格式。

介质无关接口（MII）和千兆介质无关接口（GMII）原理上与 AUI 类似，只是它们在收发器和协调子层（RS）之间传输信号（透明地）。此外 MII 支持高达 100Mbps 的局域网数据率，而 GMII（MII 的扩展）支持高达 1000 Mps 的数据率。最后，RS 将 PLS 传输介质信号映射成两个状态信号（载波存在和冲突检测），并将其提供给以太网接口。

以太网示例 2：Net Silicon ARM7（6127001）开发板的以太网系统模型

Net Silicon 公司的 NET+ Works 6127001 开发板的跳线和组件手册里有一部分有关基于 ARM 的参考电路板上以太网接口的内容，从这些内容我们可以开始了解该平台上的以太网系统（见图 6-21）。

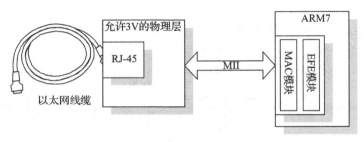

图 6-21   NET+ARM 以太网框图

以太网接口

3V 的 NET + Works 硬件开发板的 10/100 版本提供了一个全双工 10/100Mbit 以太网接口，该接口使用可工作于 3V 的 PHY 芯片。NET + ARM 芯片可工作于 3V 的 PHY 接口采用标准 MII 接口。

可工作于 3V 的 PHY LEDL(链路指示)信号与 NET + ARM PORTC6 的 GPIO 信号相连。PORT6 的输入信号可用于确定当前以太网链路状态（MII 接口也可用来确定当前以太网链路状态）……

从这一段内容可知此板具有一个 RJ-45 类型的 MDI，可工作于 3V 的 PHY 是其 MAU。NET + ARM 的 NET + Works 硬件参考指南（第 5 部分：以太网控制器接口）告诉我们基于 ARM7 的 ASIC 集成了以太网控制器，其以太网接口实际上由两部分组成：以太网前端（EFE）和 MAC 模块。最后，手册中的 1.3 节告诉我们 MII 集成了 RS。

以太网示例 3：Adastra Neptune x86 主板的以太网系统模型

虽然 ARM 和 PowerPC 平台都将以太网接口集成到了主处理器中，但这个 x86 平台使用一个独立的从处理器来完成这些功能。据 Neptune 的用户手册修订版 A.2 所述，以太网控制器（"MAC Am79C791 10/100 控制器"）连接到两个不同的收发器，分别连接到一个 AUI 或 MII 以支持各种传输介质（见图 6-22）。

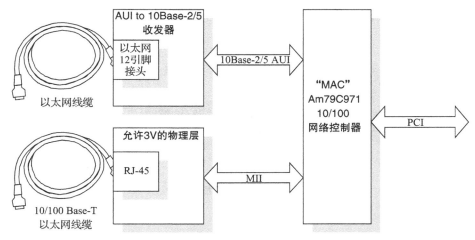

图 6-22　x86 以太网示意图

6.2　互连 I/O 组件

本章开头已经讨论过，I/O 硬件是由集成于主处理器的 I/O、I/O 控制器、通信接口、通信端口、I/O 总线和传输介质等全部或部分构成的（见图 6-23）。

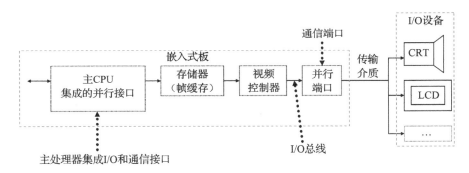

图 6-23　I/O 子系统示例

所有这些组件通过硬件、软件或软硬件结合实现接口和通信机制，以成功集成并发挥其功能。

6.2.1　互连 I/O 设备和嵌入式系统板

对于诸如键盘、鼠标、液晶显示器或打印机等这些非板载的 I/O 设备，要通过通信端口使用传输介质将这些 I/O 设备与嵌入式系统板互连。除了应用到系统板上的 I/O 方案（串行与并行）之外，传输介质是无线的（见图 6-24b）还是有线的（见图 6-24a）也会影响 I/O 设备与嵌入式系统板互连的总体方案。

如图 6-24a 所示，使用 I/O 设备和嵌入式系统板之间的有线传输介质，只需要将配置了正确的连接器头的线缆插到嵌入式系统板上去即可。电缆然后通过其内部的导线传输数据。给定一个 I/O 设备，例如图 6-24b 所示的遥控器，通过无线介质发送数据，了解它如何连接嵌入式系统板意味着要了解红外无线通信的基本性质，因为并没有独立的端口用于传输数据与控制信号（见第 2 章）。实质上，遥控器发射电磁波由嵌入式系统板上的红外线接收器侦听。

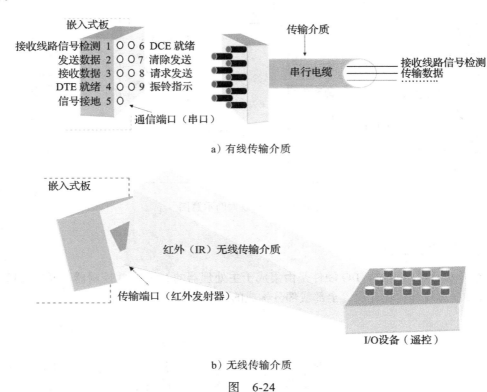

a）有线传输介质

b）无线传输介质

图 6-24

通信端口然后通过嵌入式系统板上的 I/O 总线连接到 I/O 控制器，即通信接口控制器，或者主处理器（带有集成的通信接口），参见图 6-25。I/O 总线实质上是传输数据的导线的集合。

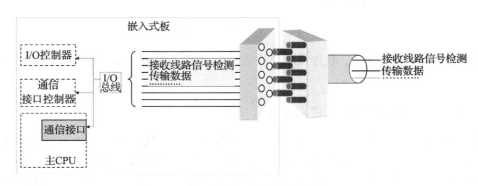

图 6-25 将通信端口连到其他板的 I/O

简而言之，如果 I/O 设备部署在系统板上，则其可以通过 I/O 端口（处理器针脚）直接连接到主处理器，或者使用集成到主处理器中或系统板上独立的 IC 提供的通信接口和通信端口间接连接到主处理器。通信接口本身不是直接连接到 I/O 设备就是连接到设备的 I/O 控制器。对于非板载的 I/O 设备，通过 I/O 总线与相关的板载 I/O 组件互连。

6.2.2 互连 I/O 控制器和主 CPU

在一个包含 I/O 控制器来管理 I/O 设备的子系统中，在 I/O 控制器与主 CPU 之间基于通信接口的互连设计，需要考虑四个要求：

- 主 CPU 有初始化和监视 I/O 控制器的能力。I/O 控制器通常可以通过控制寄存器进行配置，并通过状态寄存器进行监视。这些寄存器都位于 I/O 控制器上。控制寄存器是可以被主处理器修改的数据寄存器，用于配置 I/O 控制器。状态寄存器是只读寄存器，主处理器可以从中获取关于 I/O 控制器状态的信息。主 CPU 通过 I/O 控制器使用这些状态寄存器和控制寄存器与连接到 I/O 设备通信，并实现对它的控制；
- 主处理器有请求 I/O 的方法。主处理器通过 I/O 控制器请求 I/O 的最常见机制是指令集架构（ISA）中的特殊 I/O 指令，以及 I/O 控制器的寄存器在主存中有专用保留空间的内存映射 I/O 方式；
- I/O 设备有联系主 CPU 的方法。具有通过中断方式来联系主处理器的能力的 I/O 控制器称为中断驱动的 I/O。通常，I/O 设备发起一个异步中断请求信号来指示控制寄存器和状态寄存器已经准备好可以被读出或写入了。然后主 CPU 使用其中断机制来确定何时可以发现中断；
- 某些双方都支持的机制来互换数据。这指的是实际的数据交换是如何在 I/O 控制器和主处理器之间进行的。在编程控制的数据传递中，主处理器从 I/O 控制器接收数据到它的寄存器中，然后 CPU 将这个数据发送到存储器。对于内存映射 I/O 方案，DMA（直接存储器访问）电路可以用于完全绕过主 CPU。DMA 具有管理主存储器和 I/O 设备之间直接进行数据交换能力。在有些系统中，DMA 被集成到主处理器内，而其他的系统则具有单独的 DMA 控制器。实质上，DMA 向主处理器请求对总线的控制权。

6.3 I/O 与性能

I/O 性能是嵌入式设计中最重要的问题之一。I/O 可能因性能瓶颈对整个系统产生负面影响。为了了解 I/O 必须克服的性能障碍的类型，了解各种各样的 I/O 设备每一种都具有自己独特的性质是非常重要的。因此，在适当的设计中，工程师需要根据个别情况具体考虑这些独特的性质。I/O 中某些可能对系统板性能产生负面影响的最重要的共同特性包括：

- I/O 设备的数据率。系统板上的 I/O 设备从键盘或鼠标每秒几个字符的速度到每秒传输 Mbytes 数量级数据（网络、磁带、磁盘），数据率差异很大；
- 主处理器的速度。主处理器的时钟频率可以从几十 MHz 到几百 MHz 不等。对于一个数据速率非常慢的 I/O 设备，主 CPU 可以在 I/O 处理少量数据的时间段内处理千倍的数据。而对于极快速的 I/O，在 I/O 设备准备好继续前进之前，主处理器甚至可能无法处理任何事情；
- 如何使主处理器的速度和 I/O 的速度同步。考虑到性能的极端范围，必须实现一个现实的方案，允许无论 I/O 和主处理器的速率差别有多大，它们都能成功处理数据。否则，比如一个 I/O 设备处理数据比主处理器发送数据要慢得多，I/O 设备就会丢失数据。如果设备没有准备好，假设没有处理这种情况的机制，那么它可能会挂起整个系统；

- I/O 和主处理器如何进行通信。这包括主 CPU 和 I/O 设备之间是否有中间专用 I/O 控制器为主处理器管理 I/O，从而释放 CPU 来更有效地处理数据。相对于 I/O 控制器方式，需要考虑通信方式采取的是中断驱动、轮询，还是内存映射（使用专用 DMA 用于释放主 CPU）。例如，如果是中断驱动的，I/O 设备可能中断其他 I/O 吗？或是否不管有多慢，队列中的设备都要等待直到前一个设备处理完毕？

为了提高 I/O 性能并防止瓶颈，系统板设计人员需要检查各种 I/O 与主处理器的通信方案以确保每个设备都可以通过其中一个可用方案成功进行管理。例如，要使慢速 I/O 设备和主 CPU 同步，状态标志或中断可以对所有 IC 都有效，以便他们能够在处理数据时互相沟通各自的状态。另一个例子，当 I/O 设备比主 CPU 更快时，可以使这些设备完全绕过主处理器的某种类型的接口（即 DMA），终究也是一个替代方案。

测量 I/O 相关性能最常用的指标包括：

- 各种 I/O 组件的吞吐率：单位时间内的最大可处理数据量，以字节／每秒为单位。不同组件的值也不同。吞吐率最低的组件决定了整个系统的性能；
- I/O 组件的执行时间：处理其提供的所有数据所需要的时间；
- I/O 组件的响应时间或延迟时间：从数据处理请求开始到组件实际开始处理数据之间所需的时间。

为了准确地确定待测量的性能类型，基准测试程序必须和系统中的 I/O 功能相匹配。如果系统板将会被访问和处理几个较大的存储的数据文件，则需要基准测试程序来测量内存和 2 级 /3 级存储介质之间的吞吐率。如果访问的是一些很小的文件，那么响应时间就是关键的性能指标，因为小文件的执行时间非常快，且 I/O 速率取决于每秒的存储访问次数，包括延迟。最后，测得的性能要能反映系统在实际中如何使用，以便使任何基准测试程序都可用。

6.4 小结

本章介绍了由传输介质、通信端口、通信接口、I/O 控制器、I/O 总线和主处理器集成 I/O 等组合而成的 I/O 子系统。I/O 子系统中通信端口和通信接口如果没有集成到主处理器中，I/O 控制器和 I/O 总线就是系统的板载 I/O。本章还讨论了子系统中相互关联的各种 I/O 组件的集成。书中提供了网络方案（RS-232、以太网和 IEEE 802.11）分别作为串行和并行传输 I/O 的示例，以及用于并行传输的图形示例。最后，本章讨论了板载 I/O 对嵌入式系统性能的影响。

接下来的第 7 章会讨论可在嵌入式系统板上应用的总线类型，并提供板载总线硬件的实际实现示例。

习题

1. [a] 系统板上的 I/O 其作用是什么？

[b] 列举 5 类板载 I/O，每一类各给出 2 个实例。

2. 列出并描述 I/O 硬件能被分成哪 6 个逻辑单元。

3. 在图 6-26a、b 中，指出每个 I/O 组件都属于哪个逻辑单元。

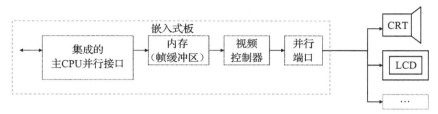

a）复杂 I/O 子系统

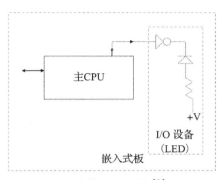

b）简单 I/O 子系统[2]

图 6-26

4. [a] 串行 I/O 和并行 I/O 的区别是什么？

[b] 每种类型各给出一个实例。

5. [a] 单工、半双工和全双工传输的区别是什么？

[b] 指出图 6-27a ～ c 分别属于哪一种传输模式。

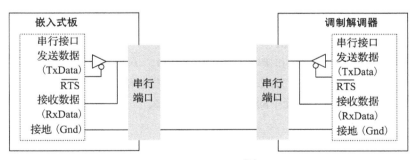

a）传输模式示例[3]

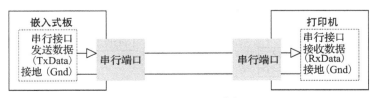

b）传输模式示例[3]

图 6-27

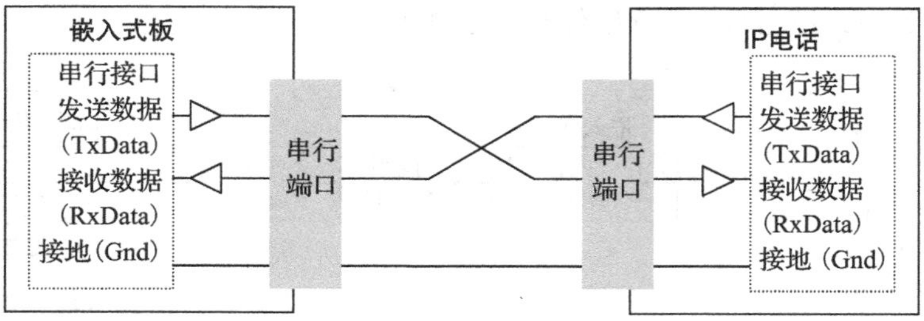

c）传输模式示例[3]

图　6-27 （续）

6. [a] 什么是串行数据的异步传输？

[b] 画图解释串行数据异步传输的工作原理。

7. 波特率是：

A. 串行接口的带宽

B. 所传输数据的总位数

C. 单位时间内所传输数据的总位数

D. 以上都不是

8. [a] 串行接口的比特率是什么？

[b] 写出其公式。

9. [a] 什么是串行数据的同步传输？

[b] 画图并解释串行数据同步传输的工作原理。

10. [T/F] UART 是同步串行接口的一个例子。

11. UART 和 SPI 之间有什么区别？

12. [a] 什么是串行端口？

[b] 给出一个串行 I/O 协议的实例。

[c] 画出该协议定义的主要组件的框图，并给出这些组件的详细描述。

13. I/O 接口的硬件组件映射到 OSI 模型的哪一层？

14. [a] 举例说明一种能并行发送和接收数据的板载 I/O。

[b] 举例说明一种既能以串行方式也能以并行方式发送和接收数据的 I/O 协议。

15. [a] 图 6-28 中所示嵌入式系统中的 I/O 子系统是什么？

[b] 定义并描述每一个引擎。

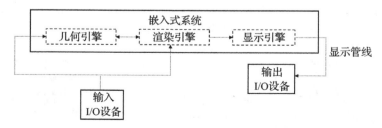

图 6-28　图形化设计引擎

16. 分别画出一个产生软拷贝图形和硬拷贝图形的显示引擎。

17.［T/F］IEEE 802.3 系列标准是局域网协议。

18.［a］以太网协议映射到 OSI 模型中的哪一层?

　　［b］画出并详细描述 10Mbps 以太网子系统的主要组件。

19. 对于一个包含 I/O 控制器以管理 I/O 设备的系统，给出至少两个主处理器和 I/O 控制器之间的接口所基于的需求条件。

20. 板载 I/O 是如何负面影响系统性能的?

21. 如果没有 I/O 设备和主 CPU 之间速度差异的同步机制，那么:

　　A. 数据可能会丢失

　　B. 不会出现错误

　　C. 整个系统会崩溃

　　D. 只有 A 和 C 对

　　E. 以上都不对

尾注

[1]　*Foundations of Computer Architecture*, H. Malcolm. Additional references include: *Computer Organization and Architecture*, W. Stallings, Prentice Hall, 4th edn, 1995. *Structured Computer Organization*, A. S. Tanenbaum, Prentice Hall, 3rd edn, 1990; *Computer Architecture*, R. J. Baron and L. Higbie, Addison-Wesley, 1992; *MIPS RISC Architecture*, G. Kane and J. Heinrich, Prentice Hall, 1992; *Computer Organization and Design: The Hardware/Software Interface*, D. A. Patterson and J. L. Hennessy, Morgan Kaufmann, 3rd edn, 2005.

[2]　*Computers As Components*, p. 206, W. Wolf, Morgan Kaufmann, 2 edn, 2008.

[3]　*Embedded Microcomputer Systems*, J. W. Valvano, CL Engineering, 2nd edn, 2006.

[4]　http://www.camiresearch.com/Data_Com_Basics/RS232_standard.html#anchor1155222

[5]　http://grouper.ieee.org/groups/802/11/

[6]　Conexant, PRISM 3 Product Brief.

[7]　Conexant, PRISM APDK Product Brief.

[8]　Net Silicon, NET + ARM50 Block Diagram.

Embedded Systems Architecture: A Comprehensive Guide for Engineers and Programmers, Second Edition

板载总线

本章内容

- 不同类型的总线
- 总线仲裁和握手方案
- I²C 和 PCI 总线示例

构成嵌入式主板的所有其他主要组件（主处理器、I/O 组件以及存储器）都是通过总线在嵌入式系统板上互连的。根据之前的定义，总线仅仅是在嵌入式系统板上的其他主要部件之间传输数据信号、地址信号和控制信号（时钟信号、请求、应答、数据类型等）的导线的集合，这些主要组件包括了 I/O 子系统、存储子系统和主处理器。在嵌入式系统板上，至少有一个总线用于系统中其他主要组件的互连（见图 7-1）。

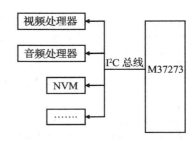

图 7-1　通用总线结构

但为什么读者需要特别重视板载总线呢？为什么了解本章的内容（如总线的仲裁、握手、信号线和时序等）很重要呢？

这是因为总线的性能是通过带宽衡量的，而物理设计以及相关的协议都对它具有重要的影响。例如：

- 总线握手机制越简单，则带宽越高；
- 总线越短，连接设备数越少，以及数据线数量越多，通常意味着总线的速度越快且总线带宽越高；
- 更多的总线线路数量意味着在任一时刻可以物理地并行传输更多数据；
- 总线宽度越大，则延迟越少且带宽越高。

在更复杂的电路板设计中，可以集成多种总线到板上去（见图 7-2）。对于有多种总线用于相互通信的组件的嵌入式系统板，会使用桥接器连接各种总线，并将信息从一个总线传递到另一个总线。在图 7-2 中所示的 PowerManna PCI 桥接器就是这样

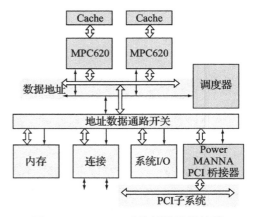

图 7-2　MPC620 系统板以及桥接器

一个示例。当数据要从一个总线传送到另一个总线时，桥接器能自动提供地址信息的透明映射，为各种总线实现满足不同需求的控制信号（例如确认周期），并根据不同总线传输协议的差异修改被传输的数据。例如，如果字节序不同，桥接器可以完成字节交换。

板载总线通常有以下三种：系统总线、背板总线及 I/O 总线。系统总线（也称为"主"、"本地"或"处理器 - 存储器"总线）将外部存储器和 Cache 连接到主 CPU 以及任何到其他总线的桥接器上。系统总线通常是长度较短、速度较高的自定义总线。背板总线通常也是速度较高的总线，它是用于存储器、主处理器和 I/O 互连的一体化总线。I/O 总线，也称为"扩展"、"外部"或"宿主"总线，实际上是作为系统总线的扩展，将其余组件通过桥接器与主 CPU、其他组件以及系统总线进行互连，或者通过 I/O 通信端口连接到嵌入式系统本身。I/O 总线通常是标准化的总线，可以是比较短、速度较高的总线，如 PCI 和 USB，也可以是较长、速度较慢的总线，如 SCSI。

系统总线和 I/O 总线之间的主要区别在于 I/O 总线上可能存在 IRQ（中断请求）控制信号。I/O 和主处理器可以通过多种方式进行通信，而中断是最常用的方法之一。IRQ 线路允许总线上的 I/O 设备通过在该线路上发出一个信号告知主处理器有事件发生或操作已经完成。不同的 I/O 总线可以对中断方案产生不同的影响。例如，ISA 总线要求每个产生中断的插卡必须被分配一个唯一的 IRQ 值（通过在卡上设置开关或跳线）。但 PCI 总线则不同，可以允许两个或更多的 I/O 插卡共享相同的 IRQ 值。

每个总线类别又可以根据该总线是否可扩展被进一步细分。可扩展的总线（如 PCMCIA、PCI、IDE、SCSI、USB 等）是指可以随时插入额外的组件到系统板上的总线，而非可扩展总线（如 DIB、VME、I^2C 等）是不能简单地把额外的组件插到系统板上，然后通过总线和其他组件进行通信的总线。

虽然实现可扩展总线的系统更灵活，因为组件可以即插即用，但是可扩展总线往往实现起来更昂贵。如果系统板最初的设计没有考虑所有将来可能被加入的组件，那么在可扩展总线上添加过多高消耗型或设计不良的组件会对系统性能产生负面影响。

7.1 总线仲裁和时序

与每个总线密切相关的是某些定义设备如何获得总线访问权（仲裁）的协议，即所连接的设备在总线上进行通信（握手）时必须遵循的规则以及与各条总线线路相关联的信号。

板载设备通过总线仲裁方案获得对总线的访问权。总线仲裁是基于设备的，设备可分为主设备（可以发起总线事务的设备）和从设备（仅通过响应主设备请求才能访问总线的设备）两种。最简单的仲裁方案是板上只允许一个设备（主处理器）作为主设备，而所有其他组件都作为从设备。在这种情况下只能有一个主设备，无需仲裁。

对于允许多个主设备的总线，其中有些仲裁器（独立的硬件电路）确定在什么情况下哪一个主设备控制总线。有多种总线仲裁方案适用于嵌入式总线，其中最常见的有动态集中式并行仲裁、集中式串行（菊花链）仲裁，以及分布式自选择仲裁。

动态集中式并行仲裁方案（见图 7-3a）是一种仲裁器位于中心位置的方案。所有的总线主设备都连接到中央仲裁器。在这个方案中，主设备通过 FIFO（见图 7-3b）或基于优先级的系统（见图 7-3c）被授权访问总线。FIFO 算法实现某种类型的 FIFO 队列，按照总线请求的顺序存储准备要使用总线的主设备列表。主设备从末尾添加进队列并允许从队列起始位置进入总线。这种方式的一个主要缺点是，如果在队列最前面的一个主设备保持对总线的控制且一直不结束，仲裁器有可能无法介入从而无法允许其他主设备访问总线。

基于优先级的仲裁方案基于不同主设备相对于系统以及相互之间的重要性来区分主设备。基本上每一个主设备都分配有一个优先级，作为系统中优先顺序的一个指标。如果仲裁器实现的是基于优先级的抢占式仲裁方案，那么具有最高优先级的主设备在想要访问总线时，总是可以抢占较低优先级主设备的总线访问权，这意味着如果一个更高优先级的主设备请求总线访问时，仲裁器将迫使当前访问总线的主设备放弃总线。图 7-3c 描述了三个主设备（1、2 和 3，其中主设备 1 优先级最低，主设备 3 优先级最高）；主设备 3 会抢占主设备 2 的总线访问权，主设备 2 则会抢占主设备 1 的总线访问权。

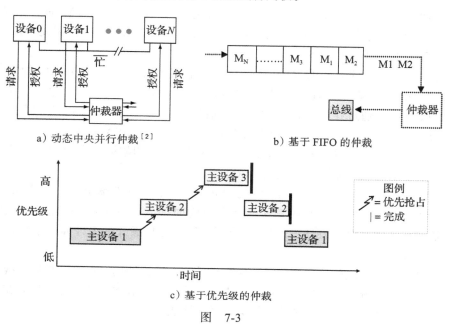

a）动态中央并行仲裁[2]　　　　　　　　　b）基于 FIFO 的仲裁

c）基于优先级的仲裁

图　7-3

集中式串行仲裁也称为菊花链仲裁，其中仲裁器连接所有主设备，而这些主设备是以串行方式连接起来的。无论哪个主设备请求总线，该设备链中的第一个主设备将被赋予总线访问权，每个主设备当不再需要总线时才会将"总线授权"传递到下一个主设备（见图 7-4）。

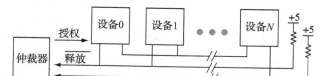

图 7-4　集中式串行 / 菊花链仲裁[2]

还有分布式的仲裁方案，意味着没有中央仲裁器和额外的电路，如图 7-5 所示。在这些方案中，主设备通过交换优先级信息以确认是否有更高优先级的主设备正在请求总线的方式来自行仲裁，或者甚至采取移除所有仲裁线，等待并检测总线上是否存在冲突的方式，这意味着总线会因为多个主设备尝试使用总线而处于繁忙状态。

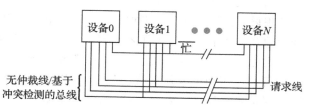

图 7-5　通过自主选择的分布式仲裁[2]

同样，依赖于具体的总线，总线仲裁器可以授权总线给某个主设备原子性地使用（即不可中断直到主设备完成其传输），或者允许可分批完成传输，即仲裁器能在传输期间抢占总线，在主设备之间切换总线访问权。

一旦有主设备被授予总线访问权，在任何时刻总线上只能有两个设备进行通信：一个是主设备，另一个是从设备。总线设备只能执行两种类型的操作：读（接收）和写（发送）。这些操作可以发生在两个处理器（例如主设备和 I/O 控制器）之间或处理器和存储器（例如主处理器和存储器）之间。无论是读还是写，任何一种类型的操作中都可以有若干特定的规则要求每个设备都需要遵守以完成操作。这些规则因通信设备类型的不同以及总线之间的不同而大不相同。这些通常称为总线握手机制的规则集合是构成任何总线协议的基础。

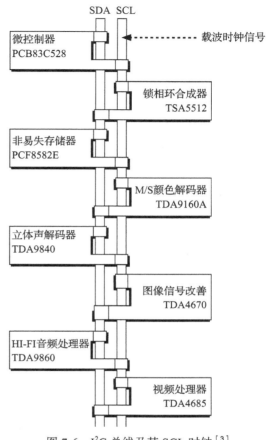

图 7-6　I²C 总线及其 SCL 时钟[3]

任何总线握手机制的基础最终都取决于总线的时序设计方案。总线基于同步或异步总线时序设计的一种或多种组合方案，方案允许连接到总线的组件能同步其传输。同步总线（见图 7-6）除了其传输的如数据、地址和其他控制信号之外，还包括一个时钟信号。使用同步总线的组件都在同一时钟频率下运行，且数据均在时钟周期信号的上升沿或下降沿时发送（取决于具体总线）。为了使该方案可行，要么组件都必须工作在接近的较快时钟频率，要么降低时钟频率以适应较长的总线。总线如果太长且时钟速率过快（或者连接到总线上的组件过多）时，会导致传输时发生同步时钟扭曲，因为在这样的系统中的传输将难以与时钟同步。简而言之，这意味着速度较快的总线通常采用同步总线时序设计方案。

如图 7-7 中所示的异步总线的传输中没有时钟信号，而是以发送其他（非基于时钟）的"握手"信号来代替，例如请求和应答信号。虽然异步方式对于需要协调请求命令、应答命令等的设备来说更为复杂，但它不存在有关总线长度或总线上参与通信的组件数量过多的问题，因为其传输不以时钟为基础。然而异步总线确实需要一些其他的"同步机制"来管理信息的交换，并实现通信互锁。

启动任何总线握手的两个最基本协议是主设备指示或请求一个（读或写）操作，以及从设备对操作指示或请求做出响应（例如，应答 / ACK 或查询 / ENQ）。这两个协议的基础是通过专用的控制总线或数据线控制信号传输。无论是请求存储器中的数据还是请求 I/O 控制器的控制寄存器或状态寄存器的值，如果从设备对主设备的操作请求做出了肯定的响应，那么操作所涉及的数据的地址要么通过专用地址总线或数据线进行交换，要么该地址作为初始操作请求中的一部分被发送出去。如果地址有效，则通过数据线进行数据交换（加上或减去多个应答信息到其他线上或者复用到同一个数据流中）。再次提醒，握手协议会因为不同的总线而各异。例如，某一种总线每次传输数据都需要传输请求及应答信息，而其他的总线可能只是简单地允许向所有总线（从）设备广播主设备发送的数据，并且仅有与此操作相关的从设备向发送者回传数据。关于握手协议之间差异的另一个示例可以是，所有握手都是基于时钟信号，而不是所需控制信号信息的复杂交换。

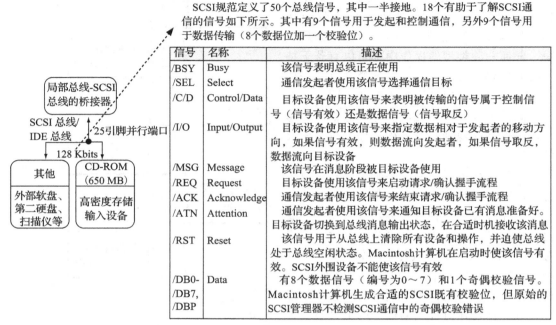

SCSI规范定义了50个总线信号，其中一半接地。18个有助于了解SCSI通信的信号如下所示。其中有9个信号用于发起和控制通信，另外9个信号用于数据传输（8个数据位加一个校验位）。

信号	名称	描述
/BSY	Busy	该信号表明总线正在使用
/SEL	Select	通信发起者使用该信号选择通信目标
/C/D	Control/Data	目标设备使用该信号来表明被传输的信号属于控制信号（信号有效）还是数据信号（信号取反）
/I/O	Input/Output	目标设备使用该信号来指定数据相对于发起者的移动方向，如果信号有效，则数据流向发起者，如果信号取反，数据流向目标设备
/MSG	Message	该信号在消息阶段被目标设备使用
/REQ	Request	目标设备使用该信号来启动请求/确认握手流程
/ACK	Acknowledge	通信发起者使用该信号来结束请求/确认握手流程
/ATN	Attention	通信发起者使用该信号来通知目标设备已有消息准备好。目标设备切换到总线消息输出状态，在合适时机接收该消息
/RST	Reset	该信号用于从总线上清除所有设备和操作，并迫使总线处于总线空闲状态。Macintosh计算机在启动时使该信号有效。SCSI外围设备不能使该信号有效
/DB0-/DB7, /DBP	Data	有8个数据信号（编号为0～7）和1个奇偶校验信号。Macintosh计算机生成合适的SCSI既有校验位，但原始的SCSI管理器不检测SCSI通信中的奇偶校验错误

局部总线-SCSI总线的桥接器

SCSI总线/IDE总线

25引脚并行端口

128 Kbits

其他
外部软盘、第二硬盘、扫描仪等

CD-ROM（650 MB）
高密度存储输入设备

图 7-7　SCSI 总线[4]

总线还可以包括各种传输模式方案，这决定了如何在总线上传输数据。最常见的方案是单字传输方案，每次传输一个字的数据之前都先传输其地址，再有就是块传输方案，传输多个字组成的成块数据之前只传输一次地址。块传输方案可以提高总线的带宽（没有因重复发送地址信息所需的额外空间和时间），有时也称其为突发传输方案。它通常用于特定类型的内存事务，例如 cache 操作。但是，块传输方案可能因为使得其他设备要等待更长的时间才能访问总线而给总线性能带来负面的影响。单字传输方案的优点包括从设备无需具备用来存储地址和该地址相关的多字数据的缓冲区，也不必处理可能出现的多字数据的乱序到达或与地址不直接相关联等问题。

非可扩展总线：I²C 总线示例

I²C 总线用于互连带有片上 I²C 接口的处理器，允许这些处理器通过总线直接通信。这些处理器间的主从关系在任何时候都存在，以主处理器作为主发送器或主接收器。如图 7-8 所示，I²C 总线是包含一条串行数据线（SDA）和一条串行时钟线（SCL）的双线总线。通过 I²C 连接的每一个处理器都可以通过唯一的地址寻址，该地址信息是设备之间传送的数据流的一部分。

I²C 主设备发起数据传输，并产生时钟信号以允许传输。基本上 SCL 只是高、低电平的周期性循环（见图 7-9）。

主设备使用 SDA 线（SCL 同时有效）将数据发送给从设备。会话的启动和终止如图 7-10 所示，主设备在 SCL 信号为高电平时将 SDA 端口（引脚）电平拉低以"启动"会话，而"终止"条件是主设备在 SCL 为高电平时将 SDA 端口电平拉高。

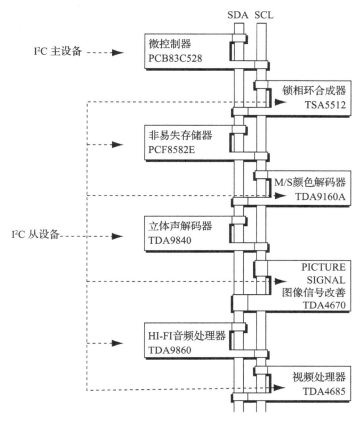

图 7-8　模拟电视电路板示例

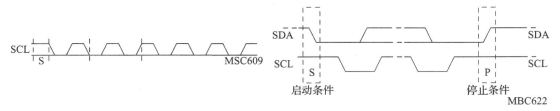

图 7-9　SCL 周期　　　　　　　　图 7-10　I²C 启动和停止条件[3]

　　关于数据的传输，I²C 总线是一个串行的 8 位总线。这意味着虽然对于一次会话中可以传输的字节数目没有限制，但每一次只有一个字节（8 位）的数据被逐位（串行地）传送出去。将数据转换为使用 SDA 和 SCL 信号进行传输的具体过程是：每当 SCL 信号从低电平变到高电平后，则"读取"一个数据位。此时如果 SDA 信号为高电平，数据位被读为"1"，如果 SDA 信号为低电平时，数据位被读为"0"。如图 7-11a 所示为传输一个字节"00000001"的示例，而图 7-11b 中则描述了一个完整的传输会话的示例。

PCI（外部组件互连）总线示例：可扩展的

　　PCI 局部总线规范中定义了 PCI 总线的实现要求（机械、电气、时序、协议等）。PCI 是一个同步总线，这意味着它使用时钟来同步通信过程。以标准修订版 2.1 为例，定义了一个至少具有 33 MHz 时钟（最高可达 66MHz）和至少 32 位（最多 64 位）总线宽度的 PCI 总线设计，可以提供至少约 132Mbytes/s（（33MHz × 32 位）/ 8），且在给定 66MHz 的时钟、64 位总线宽度时最高达 528 Mbytes/s 的吞吐率。无论 PCI 总线上的组件以何种速率运行，PCI 都以上述任一时钟速度工作。

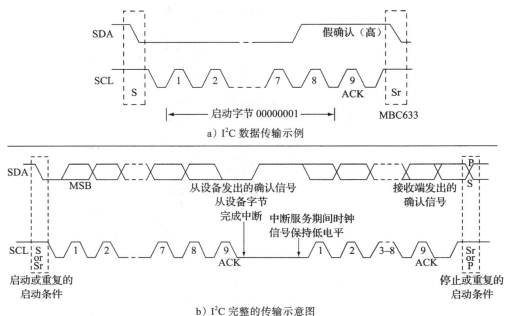

a）I²C 数据传输示例

b）I²C 完整的传输示意图

图　7-11

如图 7-12 所示，PCI 总线具有两个连接接口：一个内部 PCI 接口通过 EIDE 通道连接到主板（桥接器、处理器等）；另一个是 PCI 扩充接口，包含若干个可插入 PCI 适配卡（音频、视频等）的插槽。通过扩充接口使 PCI 成为可扩展的总线；它允许硬件插入到总线上，并为整个系统实现自动调整和正确操作。

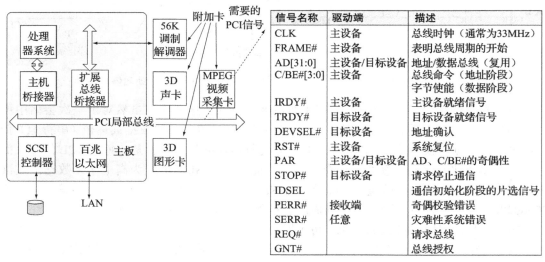

信号名称	驱动端	描述
CLK	主设备	总线时钟（通常为33MHz）
FRAME#	主设备	表明总线周期的开始
AD[31:0]	主设备/目标设备	地址/数据总线（复用）
C/BE#[3:0]	主设备	总线命令（地址阶段）字节使能（数据阶段）
IRDY#	主设备	主设备就绪信号
TRDY#	目标设备	目标设备就绪信号
DEVSEL#	目标设备	地址确认
RST#	主设备	系统复位
PAR	主设备/目标设备	AD、C/BE#的奇偶性
STOP#	目标设备	请求停止通信
IDSEL		通信初始化阶段的片选信号
PERR#	接收端	奇偶校验错误
SERR#	任意	灾难性系统错误
REQ#		请求总线
GNT#		总线授权

图 7-12　PCI 总线[5]

在 32 位的实现中，PCI 总线由功能复用的数据和地址信号（32 个引脚），以及通过 17 个引脚实现的其余控制信号（见图 7-12 中表格的内容）的 49 条线路组成。

因为 PCI 总线允许多个总线主设备（总线通信发起者），它实现了一个动态的集中式并行仲裁方案（见图 7-13）。PCI 的仲裁方案基本上采用 REQ# 和 GNT# 信号来完成发起者和总线仲裁器之间的通信。每个主设备都有自己的 REQ# 和 GNT# 引脚，允许仲裁器实现一个公平的仲裁方案，并在当前发起者传输数据时确定下一个被授予总线使用权的目标。

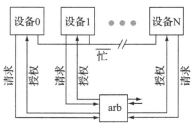

图 7-13 PCI 仲裁方案[2]

在一般情况下，一个 PCI 传输过程由 5 个步骤组成：

1. 发起者通过发送一个 REQ# 信号给中央仲裁作为总线请求；

2. 中央仲裁器通过发送 GNT# 信号为发起者作出总线授权；

3. 当发起者启动 FRAME# 信号时，从地址阶段开始，然后设置 C/BE［3:0］# 信号来定义数据传输的类型（存储器或 I/O 的读或写）。之后发起者通过 AD［31:0］信号在下一个时钟边沿发送地址；

4. 地址发送后，下一个时钟边沿开始一个或多个数据阶段（传输数据）。数据同样经由 AD［31:0］信号传送。C/BE［3:0］连同 IRDY# 和 TRDY# 信号一起，用于指示发送的数据是否有效；

5. 发起者或目标都可以通过在最后一个数据阶段传输时解除 FRAME# 信号来终止总线传输。STOP# 信号也用于终止所有总线传输。

图 7-14a、b 展示了 PCI 信号是如何用于信息传输的。

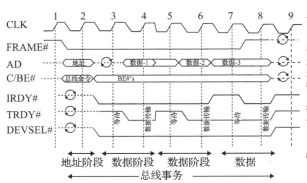

地址阶段　数据阶段　数据阶段　数据

总线事务

时钟周期1——总线空闲。

时钟周期2——通信发起者确立有效的地址信号，并在C/BE#信号上施加读命令。

** 地址阶段开始 **

时钟周期3——发起者的三态地址为目标设备驱动读取数据做准备。发起者C/BE#信号上驱动有效的字节使能信息。发起者置IRDY#为低电平有效来表明它准备好读取数据。目标设备置DEVSEL#信号为低电平有效（在这个或下个时钟周期）来确认它解码地址。目标设备驱动TRDY#为高电平来表明它尚未提供有效读取数据。

时钟周期4——目标设备提供有效数据，并置TRDY#为低电平有效指示通信发起者数据是有效的。IRDY#和TRDY#在本周期内都拉低会引发数据传输。

** 进入第一个数据阶段，发起者捕获数据 **

时钟周期5——目标设备使TRDY#为高电平无效表明它需要更多时间来准备下一次数据传输。

时钟周期6——IRDY#和TRDY#都为低。

** 进入下一个数据阶段，发起者捕获来自目标设备的数据 **

时钟周期7——目标者在第三数据阶段提供有效数据，但是发起者通过IRDY#信号为高电平无效来表明自己未就绪。

时钟周期8——发起者再次设置IRDY#信号为低电平有效来完成第三个数据阶段。发起者驱动FRAME#信号为高电平，来指示这是最后的数据阶段（主设备终止）。

** 进入最后的数据阶段，发起者捕获来自目标设备的数据，并终止 **

时钟周期9——FRAME#、AD和C/BE#信号为三态信号，因为IRDY#、TRDY#和DEVSEL#信号在被设置为三态之前的某个时钟周期内被驱动为无效的高电平状态。

a）PCI 读操作示例[5]

图 7-14

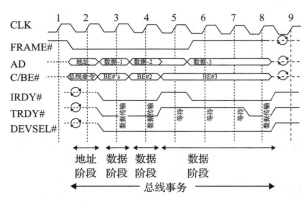

时钟周期1——总线空闲。

时钟周期2——通信发起者确立有效的地址信号，并在C/BE#信号上施加读命令。

** 地址阶段开始 **

时钟周期3——发起者驱动有效的写数据和字节使能信号。发起者使IRDY#为低电平有效来表明它准备好读取数据。目标设备将置DEVSEL#信号置为低电平有效（在本个或下个时钟周期）来确认它已解码地址（目标设备在DEVSEL#之前设置TRDY为有效）。目标设备驱动TRDY#为低电平来表明它已准备好捕获数据。2RDY#和TRDT＃都为低。

** 进入第一个数据阶段，目标设备捕获写入数据 **

时钟周期4——发起者提供有效数据和字节使能。IRDY#和TRDY#都为低。

** 进入下一个数据阶段，目标设备捕获写入数据 **

时钟周期5——发起者通过设IRDY#信号为高电平无效来表明自己没有准备好下一份数据。目标设置设TRDY#为高电平无效来指示它没有准备好捕获下一份数据。

时钟周期6——发起者提供有效数据并设IRDY#为低电平有效。发起者驱动FRAME#信号为高电平，指示这是最后的数据阶段（主设备终止）。目标设备仍未就绪并保持TRDY高电平无效。

时钟周期7——目标设备仍未就绪并保持TRDY高电平无效。

时钟周期8——目标设备就绪，并置TRDY为低电平有效。IRDY#和TRDY#都为低电平有效。

** 进入最后的数据阶段，目标设备捕获写入数据 **

时钟周期9——FRAME#、AD和C/BE#信号为三态信号，而DEVSEL#信号在被设置为三态之前的某个时钟周期内被驱动为无效的高电平状态。

b）PCI 写操作示例[5]

图　7-14　（续）

7.2　将总线与其他板载组件集成

不同总线的物理特性各不相同，这些特性反映在与总线互连的组件中，主要是处理器和存储器芯片的引脚，反映了总线可以传输的信号（见图7-15）。

在体系结构中，也可能存在支持总线协议功能的逻辑。例如在图 7-16a 中所示的 MPC860 包括一个集成的 I²C 总线控制器。

如本章前面所讨论过的，I²C 总线中包含两个信号：SDA 和 SCL，两者都显示在图 7-16b 中 PowerPC 的 I²C 控制器的内部框图中。因为 I²C 是同步总线，如果 PowerPC 充当主设备和两个单元（接收器和发射器）一起负责总线通信的处理和管理，那么控制器内的波特率发生器会提供时钟信号。在这个集成了 I²C 的控制器中，地址和数据信息经由发送数据寄存器以及移位寄存器的输出在

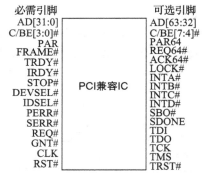

图 7-15　PCI- 兼容 IC[5]

总线上传输。当 MPC860 接收数据时，数据通过移位寄存器传送到接收数据寄存器中。

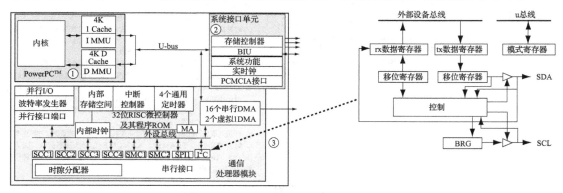

a）MPC 860 上的 I²C 总线[6]　　　　　　b）MPC 860 上的 I²C 总线[6]

图　7-16

7.3 总线性能

总线的性能通常由其带宽（即给定的时间段内总线可以传输的数据量）来衡量。总线物理设计及其相关协议都会影响其性能。例如在协议方面，握手机制越简单（更少的"发送查询""等待确认"等步骤），总线带宽越高。总线的实际物理设计（其长度、线路数、可支持设备的数目，等等）可以限制或增强其性能。总线越短，连接设备越少以及数据线数量越多，通常总线越快且带宽也越高。

总线线路的数量及其被如何使用（例如，是每个信号都使用独立的线路还是用较少的共享线路来复用多个信号）是影响总线带宽的附加因素。总线的线路（导线）越多，在任何时间能够物理地并行传送数据就更多。较少的线路意味着更多的数据需要通过共享访问这些传输线以进行传输，这样导致任意时间能传输的数据变少。相对于成本，要注意如果增加板上的导电材料，这里即为用于总线的导电线路，会增加电路板的成本。不过还要注意，线路复用会在传输的两端都带来延迟，因为总线两端都需要有功能逻辑用来复用和解复用由不同种类信息组成的信号。

影响总线带宽的另一个重要因素是总线在一个给定的总线周期内可以传输的数据位数，这就是总线宽度。总线带宽通常是 2 的整数幂，例如 1（2^0）表示一条串行总线宽度，8（2^3）位，16（2^4）位，32（2^5）位等。考虑一个需要传输 32 位数据的例子，如果一个特定的总线具有 8 位的宽度，则该数据要被分成四次独立的传输；如果总线宽度为 16 位，则分成两个分组进行传输；而一个 32 位的数据总线只需要发送一个数据包，对于串行传输意味着在任一时刻只能发送 1 位数据。总线宽度限制了总线的带宽，因为它限制了在任何一次通信时能够发送的数据的位数。每次传输会话都有可能产生延迟，这是由于握手（应答序列）、总线流量以及通信组件时钟频率的差异等使系统中的组件置于延迟状况之下，比如一个等待状态（一个超时周期）。随着需要被发送的数据包的数量增加，这些延迟情况也会更多。因此，总线宽度越大，则延迟越少且带宽（吞吐率）也越大。

对于具有更复杂握手协议的总线，实现的传输方案可能会极大地影响其性能。块传输方案比单字传输方案的带宽更高，因为传输同样多的数据时，块传输方案的握手开销比单字方案更少。另一方面，块传输可能会添加延迟，这是因为基于块传输的操作比基于单字传输的操作持续时间更长，进而设备访问总线时的等待时间会更长。这类延迟的通常解决方法是让总线允许分组传输，其中总线在握手过程中（如等待回复应答信号时）被释放。该方法允许其他设备的总线操作也能同时进行，且总线在等待一个设备操作时无需保持在空闲等待状态。但是，该方法要求总线在单个通信中被多次访问，所以它确实增加了原始通信传输的延迟。

7.4 小结

本章介绍了板载总线功能背后的基本概念，特别是不同类型的总线以及与总线上数据传输相关的协议。提供了两个实例——I²C 总线（非可扩展总线）和 PCI 总线（可扩展总线）——来说明总线的一些基本原理，例如总线握手、仲裁和时序。本章最后总结了总线对嵌入式系统性能的影响。

接下来第 8 章介绍嵌入式系统板中最底层的软件。该章是本书第三部分的开头，第三部分讨论的内容为嵌入式设计的主要软件组件。

习题

1. [a] 什么是总线？

   [b] 总线的功能是什么？

2. 系统板上的什么组件负责互连不同的总线，将信息从一个总线传输到另一个总线？

   A. CDROM 驱动器

   B. MMU

   C. 桥接器

   D. 以上都是

   E. 以上都不是

3. [a] 定义和描述板载总线通常被划分成哪三类。

   [b] 为每一类总线给出一个实例。

4. [a] 可扩展总线和非可扩展总线的区别是什么？

   [b] 这两类总线的优缺点都有哪些？

   [c] 为每一类各举一个实例。

5. 总线协议定义了：

   A. 总线仲裁方案

   B. 总线握手机制

   C. 总线线路的关联信号

   D. 只有 A 和 B

   E. 以上都是

6. 总线主设备和总线从设备的区别是什么？

7. [a] 给出并描述三种常见的总线仲裁方案。

   [b] 什么是总线仲裁器？

8. 基于 FIFO 的总线授权方案和基于优先级的总线授权方案的区别是什么？

9. [a] 什么是总线握手？

   [b] 任何总线握手的基础是什么？

10. 总线可以基于如下哪种时序方案：

    A. 同步方案

    B. 异步方案

    C. A 和 B

    D. 以上都是

11. [T/F] 异步总线除了其传输的其他类型控制信号之外还包括一个时钟信号。

12. [a] 什么是传输模式方案？

    [b] 给出并描述两种最常见的传输模式方案。

13. 什么是 I^2C 总线？

14. 画出 I^2C 总线的起始和终止状态的时序图。

15. 如图 7-17 所示给出的时序图，解释起始字节 "00000001" 是如何使用 SDA 和 SCL 信号传输的。

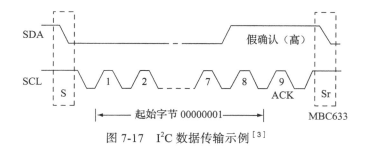

图 7-17   I²C 数据传输示例[3]

16. PCI 总线传输的五个步骤是什么？

17. [a] 总线带宽和总线宽度的区别是什么？

　　[b] 总线带宽是以什么来度量的？

18. 给出能影响总线性能的三个物理的或相关协议的特征。

尾注

[1]　http://www.first.gmd.de/PowerMANNA/PciBus.html

[2]　*Computers As Components*, W. Wolf, Morgan Kaufmann, 2nd edn, 2008.

[3]　"The I²C Bus Specification," Version 2.1, Philips Semiconductor.

[4]　www.scsita.org

[5]　*PCI Bus Demystified*, D. Abbott, Newnes, 2nd edn, 2004.

[6]　Freescale, MPC860 Training Manual.

Embedded Systems Architecture: A Comprehensive Guide for Engineers and Programmers, Second Edition

嵌入式软件介绍

　　第三部分将参照嵌入式系统模型进一步对嵌入式软件进行介绍，将讨论嵌入式系统中软件层次的可能排列。基本来看，嵌入式软件可以被划分为两大类：系统软件与应用软件。系统软件是指支持应用的任何软件，比如，设备驱动程序、操作系统和中间件。应用软件是指实现了嵌入式设备功能与用途的上层软件，负责处理与用户和管理员的交互。在接下来的3章中，将给出软件层组件的实际示例，从体系结构级别到伪代码级别。尽管本书不是一本面向编程的书，但在体系结构相关讨论中包含伪代码是很重要的，因为这可以使得读者理解需求和标准是如何从理论演变成具体软件流程的。提供伪代码能够帮助读者可视化地理解不同软件层组件背后的软件。

　　第三部分的结构是基于嵌入式系统中实现的软件层次来组织的。第8章讨论设备驱动程序，第9章讨论操作系统与板级支持包BSP，而第10章介绍中间件与应用软件。

　　最后需要注意一点，对于不具备扎实的硬件技术基础并且已经跳过第二部分内容的读者，要记住本书所体现的潜在的明智做法，了解任何嵌入式系统体系结构与设计的关键基础的最强有力的方法之一，是采用系统性方法。这意味着需要通过详细描述和了解在嵌入式软件之下的所有需要的硬件组件，从而拥有扎实的技术基础。

　　因此，为什么不回到第二部分，开始了解硬件呢？

　　因为设计复杂嵌入式系统的程序员犯的一些最常见的错误，导致了高成本的项目延迟与问题，包括：

- 被嵌入式硬件和工具所限制；
- 像对待 PC Windows 桌面系统一样对待所有的嵌入式硬件；
- 等待硬件可用；
- 使用 PC 来代替"可用的"嵌入式硬件进行开发与测试；
- 未使用和量产硬件相同的嵌入式硬件，主要是指相同的 I/O、处理能力和存储器。

　　为嵌入式硬件开发软件与为 PC 或大型计算机系统开发软件是不同的，尤其会因为引入第三部分中所讨论的软件组件而增加额外的复杂性层次。作为本书中实际示例的嵌入式系统板展示了其在设计上会呈现怎样彻底的不同（意味着这些系统板示例中的每一个将在所支持的嵌入式软件上呈现很大的不同）。这是因为主要的硬件组件是不同的，表现在主处理器类型、可用内存、I/O 设备等。在项目的开始，目标系统硬件需求将最终依赖软件，尤其是对于复杂系统，其包含了操作系统、中间件组件，还有上层的应用软件。

　　因此，读者必须学会阅读硬件技术手册（在第二部分中讨论的），由此了解和验证嵌入式系统板上的主要组件。这是为了确保处理器设计是足够强大的，以支持软件栈的需求，确保嵌入式硬件包括需要的 I/O，确保硬件具有足够的正确类型的内存。

设备驱动程序

本章内容

- 设备驱动程序
- 面向特定体系结构和特定系统板的驱动的不同之处
- 不同类型的设备驱动程序的几个示例

大多数嵌入式硬件需要某种类型的软件来初始化和管理，这种直接与硬件相接口并控制硬件的软件被称为设备驱动程序。所有需要软件的嵌入式系统都至少在系统软件层具备设备驱动程序。设备驱动程序是初始化硬件的软件库，管理来自上层软件对硬件的访问。设备驱动程序就是硬件和操作系统、中间件和应用层之间的联系桥梁（见图 8-1）。

如果硬件组件不是百分之百地与嵌入式系统当前所支持的内容相同，读者必须检查有关特定硬件的详细信息。即使该硬件与该嵌入式设备当前支持的硬件是相同类型的，也永远不要假定在嵌入式系统中

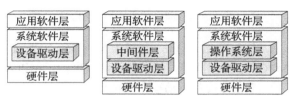

图 8-1　嵌入式系统模型与设备驱动程序

现有的设备驱动程序会兼容某个特定的硬件部分。因此，当你想要了解设备驱动程序库时，以下几点是非常重要的：

- 不同类型的硬件有不同的需要满足的设备驱动程序需求；
- 在嵌入式设备中，即使是同一类型的硬件，比如闪存，由不同生产商制造的设备可能要求实质上完全不同的设备驱动程序软件库来支持它们。

需要设备驱动程序支持的硬件组件类型因系统板的不同而不同，但是它们可以按照第 3 章介绍的冯·诺依曼模型方法进行分类（见图 8-2）。冯·诺依曼模型可以作为一个软件模型，也可以作为一个硬件模型，来决定一个特定的平台需要哪些设备驱动程序。具体来说，这包括主处理器体系结构相关功能的驱动程序、存储器和存储器管理驱动程序、总线初始化和事务驱动程序，以及 I/O 的初始化和控制驱动程序（如网络、图形、输入设备、存储设备，或者调试 I/O），涵盖系统板和主 CPU 的层级。

设备驱动程序通常被认为要么是面向特定体系结构的，要么就是通用的。一个面向特定体系结构的设备驱动程序管理着集成在主处理器（体系结构）中的硬件。在主处理器中负责初始化和启用组件的驱动程序示例包括片上存储器、集成的存储器管理器（存储器管理单元 MMU）和浮点硬件。一个通用的设备驱动程序管理位于系统板上而非集成于主处理器中的硬件。在一个通用的驱动程序中，有典型的面向特定体系结构的源代码部分，因为主处理器是中央控制单元，访问系统板上的任何资源通常需要经过主处理器。然而，通用驱动程序还管理那些不针对某种特定处理器的板载硬件，这就意味着一个通用驱动程序可以配置运行在

多种体系结构上（每种体系结构包含相关的板载硬件）。通用驱动程序包含初始化和管理那些访问系统板上其他主要部件的代码，包括板载总线（I²C、PCI、PCMCIA 等）的代码、片外存储器（控制器、2 级以上 Cache、闪存等）以及片外 I/O（以太网、RS232、显示器、鼠标等）。

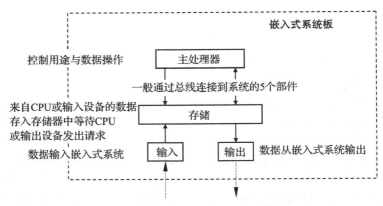

图 8-2　嵌入式系统板组成[1]

基于冯·诺依曼结构模型（也称作普林斯顿结构）

　　图 8-3a 给出了一个基于 MPC860 的系统板的硬件框图，图 8-3b 则展示了一个包含 MPC860 处理器相关的设备驱动程序的示例以及通用设备驱动程序的系统框图。

　　不考虑设备驱动程序的类型或它所管理的硬件，所有的设备驱动程序通常由以下所有功能或部分功能的组合构成：

- 硬件启动：在接通电源或复位时初始化硬件；
- 硬件关闭：配置硬件使其进入断电状态；
- 硬件禁用：允许其他软件随时禁用硬件；
- 硬件启用：允许其他软件随时启用硬件；
- 硬件获取：允许其他软件获得（锁定）对硬件独有访问权；
- 硬件释放：允许其他软件释放（解锁）硬件；
- 硬件读取：允许其他软件从硬件读取数据；
- 硬件写入：允许其他软件向硬件写入数据；
- 硬件安装：允许其他软件随时安装新的硬件；
- 硬件卸载：允许其他软件随时卸载已安装的硬件；
- 硬件映射：当读、写以及删除数据时，允许对硬件存储设备的地址映射；
- 硬件映射解除：允许解除（移除）对硬件存储设备的数据块映射。

　　当然，设备驱动程序可以具有一些附加功能，但是以上所述的某些或所有功能是驱动程序所固有的一些普通功能。这些功能是基于软件对硬件的固有认知，也就是指硬件在任何给定时刻处于三种状态（未激活、忙、完成）之一。硬件处于未激活状态时可以被认为是断开连接（因此需要有安装功能）、断电（因此需要一个初始化程序）或者是禁用状态（因此需要一个启用程序）。忙和完成状态相对于未激活状态则属于激活的硬件状态，因此需要卸载、关闭以及禁用功能。硬件处于忙状态时会主动处理某些类型的数据并且不会空闲下来，因而可能需要某种类型的释放机制。硬件处于完成状态时就相当于在空闲状态，该状态允许诸如获取、读或写的请求。

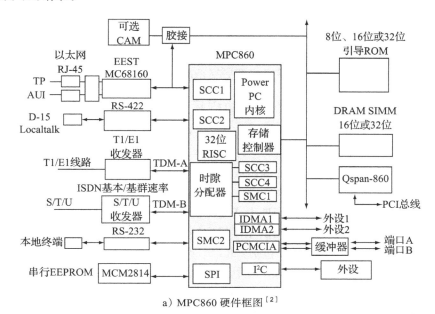

a）MPC860硬件框图[2]

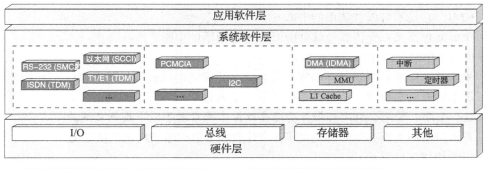

b）MPC860体系结构的设备驱动系统栈

图 8-3

还有，设备驱动程序可能拥有这些功能中的所有或者一部分，而且可以将其中的一些功能集成为一个单一的更强大的功能。这些驱动功能中每一个通常都会有直接与硬件相接口的代码以及与上层软件相接口的代码。在某些情况下，这些层之间的区别是明确的，而在其他驱动程序中，代码是紧密集成的（见图8-4）。

最后值得注意的是，依赖于主处理器，不同类型的软件可能会在不同的模式下执行，最常见的模式是管理模式和用户模式。这些模式本质上的区别在于软件被允许访问哪些系统组件，软件运行在管理模式下比在用户模式下具有更多的访问权限。设备驱动程序代码通常运行在管理模式。

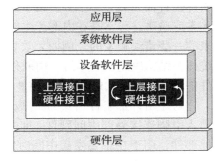

图 8-4　驱动代码层

在接下来的几节中给出一些设备驱动程序的实际示例，来展示怎样编写设备驱动程序的相关功能以及它们是如何工作的。通过学习这些例子，读者应该能够查看任何系统板，并能相对快速地弄清楚需要在该系统中包含哪些可能的驱动程序，这都是通过检查硬件并查阅清单，同时采用冯·诺依曼模型作为工具对这些可能需要驱动程序的硬件类型进行追踪。虽然在本章中没有讨论设备驱动程序怎样集成到更复杂的软件系统中，但后面的章节会介绍。

8.1 示例 1：中断处理的设备驱动程序

如前面所讨论的，中断是主处理器执行指令流的过程中某种事件所触发的信号。这就意味着中断可能是异步地被发起，比如对于外部硬件设备、复位、电源故障等，也可能是同步的，比如对于指令相关的活动（系统调用或非法指令）。这些信号会导致主处理器停止执行当前指令流，并开始进行处理中断的过程。

负责在主处理器上处理中断并管理中断硬件机构（例如中断控制器）的软件由中断处理的设备驱动程序组成。本章开头介绍的驱动程序功能列表中的 10 个功能里至少有 4 个被中断处理的设备驱动程序所支持，具体包括：

- 中断处理启动：加电或复位时，对中断硬件（中断控制器、激活中断等）的初始化；
- 中断处理关闭：配置中断硬件（中断控制器、禁用中断等）使其进入断电状态；
- 中断处理禁用：允许其他软件随时禁用当前活动的中断（不适用于不可屏蔽中断 NMI，它是不可以被禁用的中断）；
- 中断处理启用：允许其他软件随时启用未激活的中断。

外加一个中断处理中所独有的功能：

- 中断处理服务：中断处理程序自身，在主程序流的执行被中断后执行（既可以是一个简单的非嵌套程序，也可以是嵌套及可重入程序）。

启动、关闭、禁用、启用和服务功能在软件中通常基于以下规则实现的：

- 可用中断的类型、编号和优先级（由片载和板载中断硬件机制决定）；
- 中断如何被触发；
- 系统内触发中断的组件的中断策略，服务由处理中断的主 CPU 提供。

注意：以下的几段材料与 4.2.3 节中关于中断的内容是类似的。

中断主要包括来源于软件、内部硬件和外部硬件这三种类型。软件中断是由正在被主处理器执行的当前指令流中的某些指令在内部显式触发的。另一方面，内部硬件中断是主处理器正在执行的当前指令流由于硬件的功能（或限制）而产生问题的事件引起的，例如发生了非法算术运算（溢出、被零除）、调试（单步、断点）、无效的指令（操作码）等情况。由某些内部事件向主处理器引发（请求）的中断（基本上是软件中断和内部硬件中断）通常也称为异常或陷阱。异常是在内部产生的硬件中断，该中断是由在软件执行过程中主处理器检测出来的一些错误触发的，例如无效数据或者被零除。怎么规定异常的优先级和如何处理是由系统体系结构决定的。陷阱是由软件通过一条异常指令生成的特有的软件中断。最后，外部硬件中断是指由主 CPU 之外的硬件（板载总线、I/O 等）引发的。

对于由外部事件引发的中断，主处理器要么是通过称为 IRQ（中断请求）引脚或端口的输入引脚连接外部中间硬件（即中断控制器），要么是直接连接板上具有专门中断端口的其他部件，用于在想要发起中断时发信号给主 CPU。这些类型的中断都是由以下两种方式触发的：电平触发或者边沿触发。电平触发的中断是当 IRQ 信号处于某一特定的电平（高或者低，参见图 8-5a）时触发的。这些中断是在 CPU 采样 IRQ 信号线时发现电平触发请求时被处理的，例如在处理完每条指令之后来处理中断。

边沿触发的中断是在 IRQ 信号线上发生电平由低到高（上升沿）或者由高到低（下降沿）时被触发的（见图 8-5b）。一旦被触发，这些中断将被锁存在 CPU 中直到中断被处理。

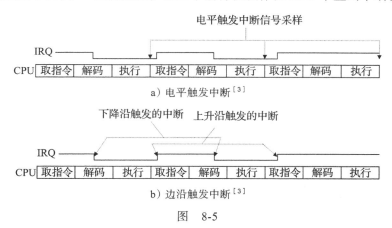

图 8-5

两种类型的中断各有优缺点。电平触发的中断，如图 8-6a 所示，如果请求正在处理，并且在下一个采样周期之前未被禁止，CPU 将会尝试再次处理同一个中断。另一方面，如果电平触发的中断发生后在 CPU 的采样周期之前被禁止了，则 CPU 根本不会意识到它的存在，并且因此永远不会去处理这个中断。对于边沿触发的中断，如果多个中断共享同一条 IRQ 信号线时可能会发生问题，即可能它们会以相同的方式大约同时（例如在 CPU 可以处理第一个中断之前）被触发时，会导致 CPU 只能检测到其中一个中断的存在（见图 8-6b）。

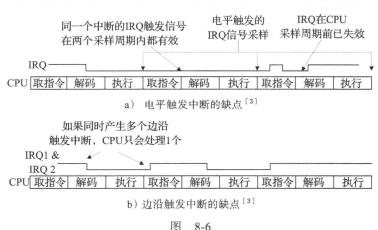

图 8-6

正是由于这些缺陷，电平触发方式通常推荐用于共享 IRQ 信号线的中断，而边沿触发方式通常推荐用于中断信号非常短或者非常长的中断。

在主处理器的 IRQ 接收到已经产生中断信号的时候，是由系统内的中断处理机制来处理的。这些机制是由硬件和软件组件结合起来组成的。对硬件来说，中断控制器可以被集成到电路板上或者处理器内部和软件一起协调处理中断事务。在中断处理机制中包含了中断控制器的体系结构包括使用两个 PIC（Intel 的可编程中断控制器）的 286/386（x86）体系结构；

依赖外部中断控制器的 MIPS32；以及集成了两个中断控制器（一个在 CPM 中，一个在 SIU 中）的 MPC860（见图 8-7a）。对于没有中断控制器的系统，如 Mitsubishi M37267M8 TV 微控制器（见图 8-7b），中断请求线直接连接到主处理器上，中断事务是通过软件和一些内部电路（如寄存器、计数器）控制的。

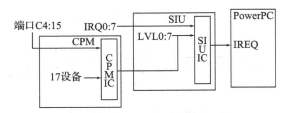

a）Motorola/Freescale MPC860 的中断控制器[4]

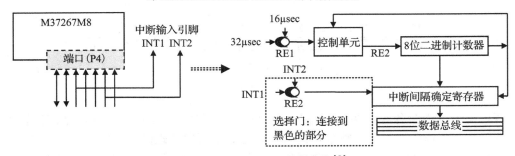

b）Mitsubishi M37267M8 的电路[5]

图 8-7

当外部设备触发中断时，中断应答（IACK）通常是由主处理器处理的。因为 IACK 周期是本地总线的功能，所以主 CPU 的 IACK 功能是由系统总线的中断政策和系统内触发中断的组件的中断策略所决定的。关于外部设备触发中断，中断方案取决于设备是否能提供中断向量，即存储器中保存中断服务程序（ISR）地址的位置。对于不能提供中断向量的设备，即非向量中断，主处理器实现一个自动向量中断方案，其中的 ISR 是由非向量中断共享的；判断需要处理哪个特定的中断，中断应答等都是由 ISR 处理的。

一种中断向量机制被实现用于支持外围设备，可以通过总线提供一个中断向量并能自动应答。主 CPU 上的某些 IACK 寄存器通知设备，要求中断停止请求中断服务，并为主处理器提供正确处理中断所需的信息（如中断号或者向量号）。基于外部中断引脚的状态、中断控制器的中断选择寄存器、设备的中断选择寄存器，或者这些的某种组合，主处理器可以决定执行哪个 ISR。在 ISR 完成之后，主处理器通过调整处理器状态寄存器中的标志位或者外部中断控制器的中断屏蔽字来复位中断状态。中断请求和应答机制由请求中断的设备（因为它确定了触发哪个中断服务）、主处理器以及系统总线协议来确定。

要注意这只是有关中断处理的一般性介绍，包含了一些在各种机制中的关键特性。完整的中断处理机制根据体系结构的不同有很大的差异。例如，PowerPC 体系结构实现了一个自动向量方案，没有中断向量基址寄存器。68000 体系结构同时支持自动向量和中断向量方案，而 MIPS32 体系结构没有 IACK 周期，因此由中断处理程序来处理触发的中断。

8.1.1 中断优先级

由于在嵌入式系统板上潜在地会有多个组件可能需要请求中断，管理所有不同类型中断的方案是基于优先级实现的。这就意味着，一个处理器内部所有的中断都具有相关的中断优先级，这是系统内该中断的优先级。通常中断都是从系统内的最高级"1"级开始，依次递增（2、3、4 等）的数字代表了依次递减的优先级。具有更高优先级的中断优先于被主处理器执行的任何指令流。这就意味着中断不仅优先于主程序的执行，而且还优先于其他更低优先级的中断。当一个中断被触发时，较低优先级的中断通常会被屏蔽，这意味着当系统正在处理另一个高优先级中断时不允许它们被触发。具有最高优先级的中断通常称为 NMI。

　　至于外部设备，组件的优先级由它们所连接的 IRQ 线确定，或者依赖于处理器设计进行指定。主处理器的内部设计决定了一个嵌入式系统内支持的可用外部中断和中断优先级的数量。在图 8-8a 中，MPC860 CPM、SIU 以及 PowerPC Core 协同工作来实现 MPC823 处理

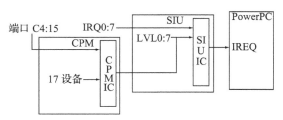

a）Motorola/Freescale MPC860 的中断引脚和中断表[4]

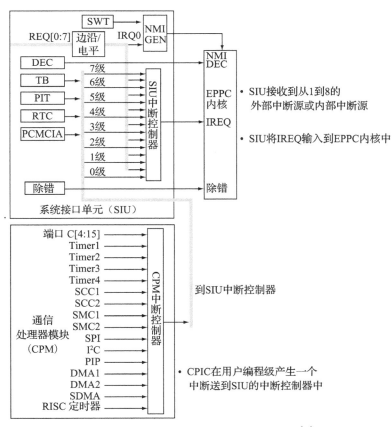

b）Motorola/Freescale MPC860 的中断优先级[4]

图　8-8

器的中断处理。CPM 允许内部中断（两个 SCC、两个 SMC、SPI、I²C、PIP、通用定时器、两个 IDMA、SDMA、RISC 定时器）以及端口 C 的 12 个外部引脚，并驱动 SIU 上的中断优先级。SIU 接收来自 8 个外部引脚（IRQ0 ～ 7）及 8 个内部中断源的中断，总共 16 个中断源（其中一个可以是 CPM），并驱动 IREQ 输入到内核。当 IREQ 引脚有效时，开始处理外部中断。优先级如图 8-8b 所示。

在另一个处理器 68000 中（见图 8-9a、b），有 8 个级别的中断（0 ～ 7），其中 7 级是最高优先级。68000 的中断表（见图 8-9b）包含 256 个 32 位的向量。

向量号	向量偏移 （16进制）	功能
0	000	重置初始中断栈指针
1	004	重置初始程序计数器
2	008	访问故障
3	00C	地址错误
4	010	非法指令
5	014	整数被零除
6	018	CHK、CHK2指令
7	01C	FTRAPcc、TRAPcc、TRAPV指令
8	020	违反权限
9	024	跟踪
10	028	1010线仿真器 未实现的A-Line操作码)
11	02C	1111线仿真器（未实现的F-Line操作码)
12	030	（未分配的，保留的）
13	034	违反协处理器协议
14	038	格式错误
15	03C	未初始化的中断
19-23	040-050	（未分配的，保留的）
24	060	伪中断
25	064	1级中断自动向量
26	068	2级中断自动向量
27	06C	3级中断自动向量
28	070	4级中断自动向量
29	074	5级中断自动向量
30	078	6级中断自动向量
31	07C	7级中断自动向量
32-47	080-08C	陷阱 #0 D 15指令向量
48	0C0	FP分支或无序条件置位
49	0C4	FP非精确结果
50	0C8	FP被零除
51	0CC	FP下溢
52	0D0	FP操作数错误
53	0D4	FP溢出
54	0D8	FP信号NAN
55	0DC	FP未实现数据类型（为MC68040定义）
56	0E0	MMU配置错误
57	0E4	MMU非法操作错误
58	0E8	违反MMU访问级别错误
59-63	0ECD0FC	（未分配的，保留的）
64-255	100D3FC	用户定义向量（192）

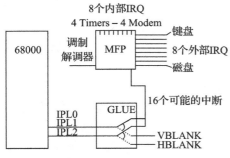

a）Motorola/Freescale 68000 的 IRQ[6]

b）Motorola/Freescale 的 68000 IRQ 中断表[6]

图 8-9

M37267M8 体系结构（见图 8-10a）允许由 16 种事件（13 个内部、2 个外部和 1 个软件）产生中断，其优先级和使用方法总结在图 8-10b 中。

几种不同的优先级方案被实现在各种体系结构中。这些方案一般划分为以下三种模式：

同一优先级，其中最近被触发的中断获得 CPU；静态多优先级，其中优先级由优先级编码器指定，最高优先级的中断获得 CPU；动态多优先级，由优先级编码器指定优先级，且当新的中断被触发时会重新指定优先级。

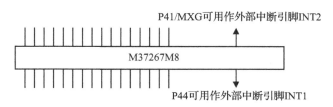

P41/MXG可用作外部中断引脚INT2

M37267M8

P44可用作外部中断引脚INT1

a）Mitsubishi M37267M8 28 位 TV 微控制器中断[5]

中断源	优先级	中断原因
RESET	1	(nonmaskable)
CRT	2	Occurs after character block display to CRT is completed
INT1	3	External Interrupt ** the processor detects that the level of a pin changes from 0 (LOW) to 1 (HIGH), or 1 (HIGH) to 0 (LOW) and generates an interrupt request
Data Slicer	4	Interrupt occurs at end of line specified in caption position register
Serial I/O	5	Interrupt request from synchronous serial I/O function
Timer 4	6	Interrupt generated by overflow of timer 4
Xin & 4096	7	Interrupt occurs regularly with a f(Xin)/4096 period
Vsync	8	Interrupt request synchronized with the vertical sync signal
Timer 3	9	Interrupt generated by overflow of timer 3
Timer 2	10	Interrupt generated by overflow of timer 2
Timer 1	11	Interrupt generated by overflow of timer 1
INT2	12	External Interrupt ** the processor detects that the level of a pin changes from 0 (LOW) to 1 (HIGH), or 1 (HIGH) to 0 (LOW) and generates an interrupt request
Multimaster I²C Bus interface	13	Related to I²C bus interface
Timer 5 & 6	14	Interrupt generated by overflow of timer 5 or 6
BRK instruction	15	(nonmaskable software)

b）Mitsubishi M37267M8 38 位 TV 微控制器中断表[5]

图 8-10

8.1.2 上下文切换

在硬件机构已经决定对哪个中断进行处理并应答了这个中断后，当前指令流被暂停并进行一个上下文切换操作，上下文切换是一个主处理器从当前执行的指令流转换到另一组指令的过程。这组作为中断的结果被执行的替代指令，就是 ISR 或者中断处理程序。ISR 是当中断被触发时被执行的一个快速而简短的程序。一个特定中断所执行的中断服务程序取决于是否存在一个非向量或者向量方式。在非向量中断的情况下，一个内存地址包含了 ISR 服务程序的起始地址，PC（程序计数器）或者某种类似的机制会跳转到该地址来处理所有的非向量中断。ISR 代码接着确定中断源并提供相应的处理。在向量方式下，通常是中断向量表包含了 ISR 的地址。

在中断上下文切换中所涉及的步骤包括停止当前程序正在执行的指令，保存上下文信息（寄存器、PC 或者类似的可以指示处理器在执行完 ISR 程序后应该跳转的地址的机制）入栈，该栈是专用的或者是与其他系统软件共享的，也许还包括禁用其他的中断。在主处理器执行完 ISR 程序后，利用上下文信息做参考，它会将上下文切换回原来被中断的指令流执行的地方。

由驱动程序代码提供的中断服务，根据以上讨论的机制，包括启用／禁用中断（通过主 CPU 上的中断控制寄存器或者禁用中断控制器），将 ISR 关联到中断向量表，提供中断优先级和向量号给外设，提供地址和控制数据给相应的寄存器等。在中断访问驱动程序中实现的附加服务包括中断的锁定／解锁，以及 ISR 的实际实现。下面示例中的伪代码说明了中断处理的初始化及访问驱动，该驱动担当 MPC860 上的中断服务（在 CPM 和 SIU 中）的基础。

8.1.3　中断设备驱动程序伪代码示例

下面的伪代码示例演示了 MPC860 上的各种中断处理程序的实现，具体包括该体系结构下的启动、关闭、禁用、启用和中断服务功能。这些例子展示了中断处理程序在类似 MPC860 这样一个更复杂的体系结构上是如何实现的，而反过来这又可以作为一个了解怎样在其他可能和 MPC860 一样复杂或比它简单的处理器上编写中断处理程序的指南。

MPC860 中断处理启动（初始化）

MPC860（CPM 和 SIU）上的中断初始化概述

1. 在 MPC860 上初始化 CPM 中断

    1.1. 通过 CICR 设置中断优先级；

    1.2. 通过 CIMR 设置具体的中断允许位；

    1.3. 通过 SIU 屏蔽寄存器初始化 SIU 中断，包括设置与 CPM 用来声明一个中断的优先级相关的 SIU 位；

    1.4. 为所有 CPM 中断设置主允许位。

2. 在 MPC860 上初始化 SIU 中断

    2.1. 初始化 SIEL 寄存器来选择处理外部中断是边沿触发还是电平触发，以及处理器是否能从低能耗模式中退出／唤醒；

    2.2. 如果未完成，则通过 SIU 屏蔽寄存器初始化 SIU 中断，包括设置与 CPM 用来声明一个中断的优先级相关的 SIU 位。

    ** 下一步通过 MPC860 的"mtspr"指令启用所有中断，见中断处理启用 **

```
// Initializing CPM for interrupts - four-step process
// ***** step 1 *****
// initializing the 24-bit CICR (see Figure 8-11), setting priorities and the
interrupt
// levels. Interrupt Request Level, or IRL[0:2] allows a user to program the
priority
// request level of the CPM interrupt with any number from level 0 (highest
priority)
// through level 7 (lowest priority).
```

```
...
int RESERVED94 = 0xFF000000;    // bits 0-7 reserved, all set to 1

// the PowerPC SCCs are prioritized relative to each other. Each SCxP field is
representative
// of a priority for each SCC where SCdP is the lowest and ScaP is the highest
priority.
// Each SCxP field is made up of 2 bits (0-3), one for each SCC, where 0d (00b) = SCC1,
// 1d (01b) = SCC2, 2d (10b) = SCC3, and 3d (11b) = SCC4. See Figure 8-11b.

int CICR.SCdP = 0x00C00000;     // bits 8-9 both = 1, SCC4 = lowest priority
int CICR.SCcP = 0x00000000;     // bits 10-11, both = 0, SCC1 = 2nd to lowest
                                //               priority
int CICR.SCbP = 0x00040000;     // bits 12-13,=01b, SCC2 2nd highest priority
int CICR.SCaP = 0x00020000;     // bits 14-15,=10b, SCC3 highest priority

// IRL0_IRL2 is a 3-bit configuration parameter called the Interrupt Request
Level - it
// allows a user to program the priority request level of the CPM interrupt with
bits
// 16-18 with a value of 0-7 in terms of its priority mapping within the SIU.
In this
// example, it is a priority 7 since all 3 bits set to 1.
int CICR.IRL0 = 0x00008000;     // interrupt request level 0 (bit 16)=1
int CICR.IRL1 = 0x00004000;     // interrupt request level 1 (bit 17)=1
int CICR.IRL2 = 0x00002000;     // interrupt request level 2 (bit 18)=1

// HP0-HP 4 are five bits (19-23) used to represent one of the CPM Interrupt
Controller
// interrupt sources (shown in Figure 8-8b) as being the highest priority source
relative to
// their bit location in the CIPR register - see Figure 8-11c. In this example,
HP0-HP4
//=11111b (31d) so highest external priority source to the PowerPC core is PC15
int CICR.HP0 = 0x00001000;      /* Highest priority */
int CICR.HP1 = 0x00000800;      /* Highest priority */
int CICR.HP2 = 0x00000400;      /* Highest priority */
int CICR.HP3 = 0x00000200;      /* Highest priority */
int CICR.HP4 = 0x00000100;      /* Highest priority */
// IEN bit 24 - Master enable for CPM interrupts - not enabled here - see step 4
int RESERVED95 = 0x0000007E;    // bits 25-30 reserved, all set to 1
int CICR.SPS = 0x00000001;      // Spread priority scheme in which SCCs are spread
                                // out by priority in interrupt table, rather than
                                grouped
                                // by priority at the top of the table
```

CICR - CPM 中断配置寄存器

0 1 2 3 4 5 6 7	8 9	10 11	12 13	14 15
	SCdP	SCcP	SCbP	SCaP

16 17 18	19 20 21 22 23	24 25	26 27 28 29 30	31
IRL0_IRL2	HP0_HP4	IEN	-	SPS

a) CICR 寄存器[2]

图 8-11

SCC	Code	最高		最低	
		SCaP	SCbP	SCcP	SCdP
SCC1	00			00	
SCC2	01		01		
SCC3	10	10			
SCC4	11				11

b）SCC 优先级[2]

CIPR - CPM 中断悬挂寄存器

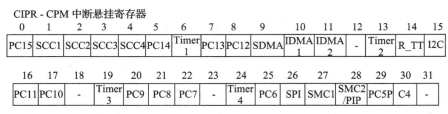

c）CIPR 寄存器[2]

图 8-11 （续）

CIPR - CPM 中断屏蔽寄存器

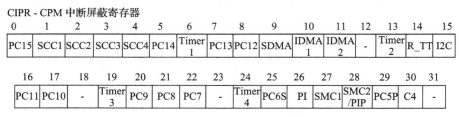

图 8-12 CIMR 寄存器[2]

```
// ***** step 2 *****
// initializing the 32-bit CIMR (see Figure 8-12), CIMR bits correspond to CMP
// Interrupt Sources indicated in CIPR (see Figure 8-11c), by setting the bits
// associated with the desired interrupt sources in the CIMR register (each bit
// corresponds to a CPM interrupt source).
```

```
int CIMR.PC15 = 0×80000000;        // PC15 (Bit 0) set to 1, interrupt source
                                   enabled
int CIMR.SCC1 = 0×40000000;        // SCC1 (Bit 1) set to 1, interrupt source
                                   enabled
int CIMR.SCC2 = 0×20000000;        // SCC2 (Bit 2) set to 1, interrupt source
                                   enabled
int CIMR.SCC4 = 0×08000000;        // SCC4 (Bit 4) set to 1, interrupt source
                                   enabled
int CIMR.PC14 = 0×04000000;        // PC14 (Bit 5) set to 1, interrupt source
                                   enabled
int CIMR.TIMER1 = 0×02000000;      // Timer1 (Bit 6) set to 1, interrupt source
                                   enabled
int CIMR.PC13 = 0×01000000;        // PC13 (Bit 7) set to 1, interrupt source
                                   enabled
int CIMR.PC12 = 0×00800000;        // PC12 (Bit 8) set to 1, interrupt source
                                   enabled
int CIMR.SDMA = 0×00400000;        // SDMA (Bit 9) set to 1, interrupt source
                                   enabled
int CIMR.IDMA1 = 0×00200000;       // IDMA1 (Bit 10) set to 1, interrupt source
                                   enabled
```

```
int CIMR.IDMA2 = 0×00100000;        // IDMA2 (Bit 11) set to 1, interrupt source
                                    enabled
int RESERVED100 = 0×00080000;       // unused bit 12
int CIMR.TIMER2 = 0×00040000;       // Timer2 (Bit 13) set to 1, interrupt source
                                    enabled
int CIMR.R.TT = 0×00020000;         // R-TT (Bit 14) set to 1, interrupt source
                                    enabled
int CIMR.I2C = 0×00010000;          // I2C (Bit 15) set to 1, interrupt source
                                    enabled
int CIMR.PC11 = 0×00008000;         // PC11 (Bit 16) set to 1, interrupt source
                                    enabled

int CIMR.PC10 = 0×00004000;         // PC10 (Bit 17) set to 1, interrupt source
                                    enabled
int RESERVED101 = 0×00002000;       // unused bit 18
int CIMR.TIMER3 = 0×00001000;       // Timer3 (Bit 19) set to 1, interrupt source
                                    enabled
int CIMR.PC9 = 0×00000800;          // PC9 (Bit 20) set to 1, interrupt source
                                    enabled
int CIMR.PC8 = 0×00000400;          // PC8 (Bit 21) set to 1, interrupt source
                                    enabled
int CIMR.PC7 = 0×00000200;          // PC7 (Bit 22) set to 1, interrupt source
                                    enabled
int RESERVED102 = 0×00000100;       // unused bit 23
int CIMR.TIMER4 = 0×00000080;       // Timer4 (Bit 24) set to 1, interrupt source
                                    enabled
int CIMR.PC6 = 0×00000040;          // PC6 (Bit 25) set to 1, interrupt source
                                    enabled
int CIMR.SPI = 0×00000020;          // SPI (Bit 26) set to 1, interrupt source
                                    enabled
int CIMR.SMC1 = 0×00000010;         // SMC1 (Bit 27) set to 1, interrupt source
                                    enabled
int CIMR.SMC2-PIP = 0×00000008;     // SMC2/PIP (Bit 28) set to 1, interrupt source
                                    enabled
int CIMR.PC5 = 0×00000004;          // PC5 (Bit 29) set to 1, interrupt source
                                    enabled
int CIMR.PC4 = 0×00000002;          // PC4 (Bit 30) set to 1, interrupt source
                                    enabled
int RESERVED103 = 0×00000001;       // unused bit 31
```

```
// ***** step 3 *****
// Initializing the SIU Interrupt Mask Register (see Figure 8-13) including setting
the SIU
// bit associated with the level that the CPM uses to assert an interrupt.
```

SIMASK - SIU屏蔽寄存器

0	1	2	3	4	5	6	7	8	9	10	11	12	13	14	15
IRM0	LVM0	IRM1	LVM1	IRM2	LVM2	IRM3	LVM3	IRM4	LVM4	IRM5	LVM5	IRM6	LVM6	IRM7	LVM7

16	17	18	19	20	21	22	23	24	25	26	27	28	29	30	31
Reserved															

图 8-13 SIMASK 寄存器[2]

```
int SIMASK.IRM0 = 0×80000000;      // enable external interrupt input level 0
int SIMASK.LVM0 = 0×40000000;      // enable internal interrupt input level 0
int SIMASK.IRM1 = 0×20000000;      // enable external interrupt input level 1
int SIMASK.LVM1 = 0×10000000;      // enable internal interrupt input level 1
int SIMASK.IRM2 = 0×08000000;      // enable external interrupt input level 2
int SIMASK.LVM2 = 0×04000000;      // enable internal interrupt input level 2
int SIMASK.IRM3 = 0×02000000;      // enable external interrupt input level 3
int SIMASK.LVM3 = 0×01000000;      // enable internal interrupt input level 3
int SIMASK.IRM4 = 0×00800000;      // enable external interrupt input level 4
int SIMASK.LVM4 = 0×00400000;      // enable internal interrupt input level 4
int SIMASK.IRM5 = 0×00200000;      // enable external interrupt input level 5
int SIMASK.LVM5 = 0×00100000;      // enable internal interrupt input level 5
int SIMASK.IRM6 = 0×00080000;      // enable external interrupt input level 6
int SIMASK.LVM6 = 0×00040000;      // enable internal interrupt input level 6
int SIMASK.IRM7 = 0×00020000;      // enable external interrupt input level 7
int SIMASK.LVM7 = 0×00010000;      // enable internal interrupt input level 7
int RESERVED6 = 0×0000FFFF;        // unused bits 16-31
```

```
// ***** step 4 *****
```

```
// IEN bit 24 of CICR register - Master enable for CPM interrupts
int CICR.IEN = 0×00000080;      // interrupts enabled IEN = 1
```

```
// Initializing SIU for interrupts - two-step process
```

```
// ***** step 1 *****
// Initializing the SIEL Register (see Figure 8-14) to select the edge-triggered (set to 1
// for falling edge indicating interrupt request) or level-triggered (set to 0 for a 0 logic
// level indicating interrupt request) interrupt handling for external interrupts (bits
// 0, 2, 4, 6, 8, 10, 12, 14) and whether processor can exit/wakeup from low power mode
// (bits 1, 3, 5, 7, 9, 11, 13, 15). Set to 0 is NO, set to 1 is Yes
```

SIEL - SIU边沿电平屏蔽寄存器

0	1	2	3	4	5	6	7	8	9	10	11	12	13	14	15
ED0	WM0	ED1	WM1	ED2	WM2	ED3	WM3	ED4	WM4	ED5	WM5	ED6	WM6	ED7	WM7

16	17	18	19	20	21	22	23	24	25	26	27	28	29	30	31
Reserved																

图 8-14   SIEL 寄存器[2]

```
int SIEL.ED0 = 0×80000000;      // interrupt level 0 (falling) edge-triggered
int SIEL.WM0 = 0×40000000;      // IRQ at interrupt level 0 allows CPU to exit from low
                                // power mode
int SIEL.ED1 = 0×20000000;      // interrupt level 1 (falling) edge-triggered
int SIEL.WM1 = 0×10000000;      // IRQ at interrupt level 1 allows CPU to exit from
```

```
                                    low
                                    // power mode
int SIEL.ED2 = 0x08000000;          // interrupt level 2 (falling) edge-triggered
int SIEL.WM2 = 0x04000000;          // IRQ at interrupt level 2 allows CPU to exit from
                                    low
                                    // power mode
int SIEL.ED3 = 0x02000000;          // interrupt level 3 (falling) edge-triggered
int SIEL.WM3 = 0x01000000;          // IRQ at interrupt level 3 allows CPU to exit from
                                    low
                                    // power mode
int SIEL.ED4 = 0x00800000;          // interrupt level 4 (falling) edge-triggered
int SIEL.WM4 = 0x00400000;          // IRQ at interrupt level 4 allows CPU to exit from
                                    low
                                    // power mode
int SIEL.ED5 = 0x00200000;          // interrupt level 5 (falling) edge-triggered
int SIEL.WM5 = 0x00100000;          // IRQ at interrupt level 5 allows CPU to exit from
                                    low
                                    // power mode
int SIEL.ED6 = 0x00080000;          // interrupt level 6 (falling) edge-triggered
int SIEL.WM6 = 0x00040000;          // IRQ at interrupt level 6 allows CPU to exit from
                                    low
                                    // power mode
int SIEL.ED7 = 0x00020000;          // interrupt level 7 (falling) edge-triggered
int SIEL.WM7 = 0x00010000;          // IRQ at interrupt level 7 allows CPU to exit from
                                    low
                                    // power mode
int RESERVED7 = 0x0000FFFF;         // bits 16-31 unused
```

```
// ***** step 2 *****
// Initializing SIMASK register - done in step 3 of initializing CPM.
```

MPC860 中断处理关闭

本质上，在 MPC860 上没有中断处理的关闭操作，但有可能禁用中断。

```
// Essentially disabling all interrupts via IEN bit 24 of CICR - Master disable for
CPM
// interrupts
CICR.IEN="CICR.IEN" AND "0";     // interrupts disabled IEN = 0
```

MPC860 中断处理禁用

```
// To disable specific interrupt means modifying the SIMASK, so disabling the
external
// interrupt at level 7 (IRQ7) for example is done by clearing bit 14
SIMASK.IRM7="SIMASK.IRM7" AND "0";     // disable external interrupt input level 7

// disabling of all interrupts takes effect with the mtspr instruction.
mtspr 82,0;                             // disable interrupts via mtspr (move to
                                        special purpose register)
    // instruction
```

MPC860 中断处理启用

```
// specific enabling of particular interrupts done in initialization section of
this example -
// so the interrupt enable of all interrupts takes effect with the mtspr
instruction.

mtspr 80,0;                              // enable interrupts via mtspr (move to
special purpose
                                         // register) instruction

// in review, to enable specific interrupt means modifying the SIMASK, so enabling
the
// external interrupt at level 7 (IRQ7) for example is done by setting bit 14
SIMASK.IRM7="SIMASK.IRM7" OR "1";     // enable external interrupt input level 7
```

MPC860 上的中断处理服务

一般情况下，此 ISR（大多数 ISR）基本上首先禁用中断，保存上下文信息，处理该中断，恢复上下文，然后允许中断。

```
InterruptServiceRoutineExample ()
{
  …
  // disable interrupts
  disableInterrupts();                        // mtspr 82,0;
  // save registers
  saveState();
  // read which interrupt from SI Vector Register (SIVEC)
  interruptCode = SIVEC.IC;

  // if IRQ 7 then execute
  if (interruptCode = IRQ7) {
  …

  // If an IRQx is edge-triggered, then clear the service bit in the SI Pending
Register
  // by putting a "1".
  SIPEND.IRQ7 = SIPEND.IRQ7 OR "1";
  // main process
  …
  }                                           // endif IRQ7

  // restore registers
  restoreState();
  // re-enable interrupts
  enableInterrupts();     // mtspr 80,0;
}
```

8.1.4 中断处理及其性能

嵌入式系统设计的性能受其中断处理方案所引入的延迟影响。中断延迟本质上是从一个中断被触发到其 ISR 开始执行之间的间隔时间。正常情况下，主 CPU 花了很多时间处理中断请求和对中断进行应答，获得中断向量（在中断向量方案中），以及将上下文切换到 ISR。当一个低优先级中断在另一个高优先级中断正在处理过程中被触发，或者一个高优先级中断在一个低优先级中断正在处理时被触发的情况下，原来的低优先级中断的中断延迟会增加，其中包含了高优先级中断处理所花的时间（也就是低优先级中断被禁用所花费的时间）。图 8-15 总结了影响中断延迟的各种因素。

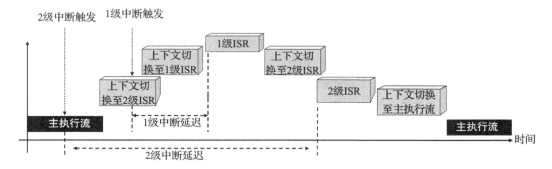

图 8-15　中断延迟

ISR 本身额外的开销来自在 ISR 开始时保存上下文信息及 ISR 结束时恢复上下文的时间开销。上下文切换到原来 CPU 正在执行的指令流（在中断触发前）也增加了整个中断执行的时间。虽然中断处理的硬件方面（上下文切换、处理中断请求等）超出了软件的控制范围、上下文信息保存，以及 ISR 如何编写（所使用的编程语言及程序大小）相关的开销都在软件的控制范围。更精简的 ISR 或者用低级语言（汇编）编写的 ISR（相对的是较大的 ISR 或者用像 Java 类似的高级语言编写的 ISR），或者是在 ISR 开始和结尾处保存 / 恢复更少量上下文信息，都可以减少中断处理的执行时间并提高性能。

8.2　示例 2：存储器设备驱动程序

虽然现实中所有类型的物理存储器都是由唯一的行和列寻址的存储单元构成的二维阵列（矩阵），但主处理器和程序员都视存储器为一个大的一维数组，通常称为存储器映射（见图 8-16）。在存储器映射中，数组的每个单元都是字节组成的行，而每一行的字节数取决于数据总线的宽度（8 位、16 位、32 位、64 位等）。反过来，这就取决于主体系结构的寄存器的宽度。从软件的角度看物理存储器被引用时，物理存储器通常被看作逻辑存储器，它的最基本单元是字节。逻辑存储器是由在整个嵌入式系统中的所有物理存储器组成的（包括寄存器、ROM 和 RAM）。

地址范围	访问的设备	端口宽度
0x00000000 ～ 0x003FFFFF	闪存PROM存储体 1	32
0x00400000 ～ 0x007FFFFF	闪存PROM存储体 2	32
0x04000000 ～ 0x043FFFFF	DRAM 4 Mbyte（1Meg×32位）	32
0x09000000 ～ 0x09003FFF	MPC内部存储映像	32
0x09100000 ～ 0x09100003	BCSR——板上控制与状态寄存器	32
0x10000000 ～ 0x17FFFFFF	PCMCIA 通道	16

图 8-16　存储器映射示例[4]

软件必须为系统中的处理器提供访问存储器映射不同部分的能力。管理主处理器和系统板上的存储器以及管理存储器硬件机制所涉及的软件，由用于所有存储器子系统管理的设备驱动程序组成。存储器子系统包含了所有类型的存储器管理组件，比如，存储控制器和 MMU，以及存储器映射中各种类型的存储器，比如寄存器、Cache、只读存储器 ROM 和动态读写存储器 DRAM。在由本章一开始介绍的设备驱动程序功能罗列的 10 个驱动程序功能中的 6 个或其某种组合常被实现，具体包括：

- 启动存储器子系统：在上电或复位时的硬件初始化（为 MMU 初始化 TLB，初始化 / 配置 MMU）；
- 关闭存储器子系统：配置硬件使其进入断电状态；（注意：MPC860 的存储器子系统并无必要的关闭过程，所以没有伪代码示例。）
- 禁用存储器子系统：允许其他软件随时禁用硬件（禁用 Cache）；
- 启用存储器子系统：允许其他软件随时启用硬件（启用 Cache）；
- 存储器子系统写操作：向存储器中存储一个字节或一系列字节（Cache、ROM 及主存储器）；
- 存储器子系统读操作：从存储器中读取数据的副本，以单字节或多字节方式（Cache、ROM 及主存储器）。

无论读写的是何种类型的数据，内存中所有的数据都是以一个字节序的形式被管理的。一次内存访问受数据总线宽度的限制，某些体系结构以更大的数据块形式（一组连续的字节，又称为段）来管理内存访问，因此，需要实现一个更为复杂的地址转换方案，软件提供的逻辑地址是由段号（段的起始位置）加上偏移量（在段内）组成，段号与偏移量用来确定内存位置的物理地址。

字节在内存中存取的顺序取决于体系结构的字节序方案。两种可能的字节序方案是小端（little-endian）和大端（big-endian）存储。在小端模式下，字节存取以低位字节优先，意思就是低位字节在最右端，而在大端模式下，字节访问以高位字节优先，意思就是低位字节在最左端（见图 8-17）。

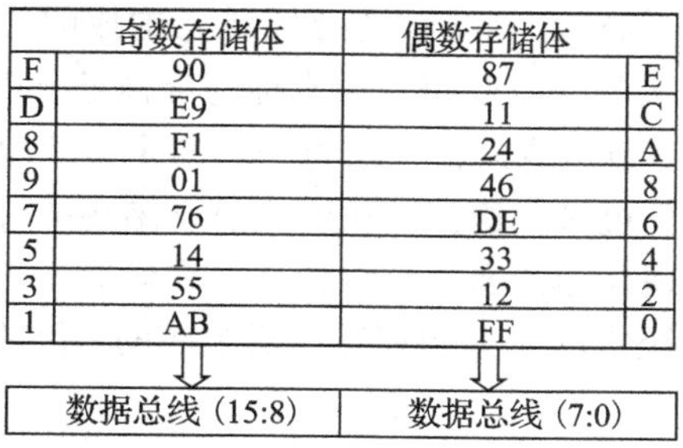

奇数存储体		偶数存储体	
F	90	87	E
D	E9	11	C
8	F1	24	A
9	01	46	8
7	76	DE	6
5	14	33	4
3	55	12	2
1	AB	FF	0
数据总线 (15:8)		数据总线 (7:0)	

在小端模式下，如果是从"0"地址读取1个字节，那么返回"FF"；如果从地址0读2个字节（小端模式从最远离左边的位置读起最低字节），那么返回"ABFF"，如果从地址0读4个字节（32位）那么返回"5512ABFF"。

在大端模式下，如果是从"0"地址读取1个字节，那么返回"FF"；如果从地址0读2个字节（大端模式从最远离右边的位置读起最低字节），那么返回"FFAB"，如果从地址0读4个字节（32位），那么返回"1255FFAB"。

图 8-17 字节序[4]

内存和字节序非常重要，如果被请求的数据在内存中未按体系结构所定义的字节序方案对齐，性能可能会大大受到影响。如图 8-17 所示，存储器要么被焊接到或插在嵌入式系统板的某个位置上（称为存储体）。而存储体的配置与数量可以因平台而异，内存地址可以按奇数或偶数模式进行对齐。如果数据按小端模式对齐，按偶数模式从地址"0"取出的数据是"ABFF"，这样是一个对齐的内存访问。因此，假定是 16 位的数据总线，只需进行一次内存访问。但是如果要按内存对齐方式来地址 "1" 读取数据（见图 8-17），小端字节序方案会读到 "12AB" 数据，这需要访问两次内存：一次读取奇字节 "AB"，一次读取偶数字节 "12"，处理器内或在驱动程序代码中的某种机制执行额外的工作以使它们对齐为 "12AB"。访问内存中数据（已经根据字节序方案对齐）可能导致访问时间至少增加到两倍。

最后，存储器是如何被软件实际访问的，依赖于编写软件所使用的程序语言。例如，汇编语言具有各种不同的体系结构唯一的寻址模式，具有特定与体系结构的寻址模式，而 Java 允许以对象方式对内存进行修改。

存储器管理设备驱动程序伪代码示例

下面的伪代码展示的是 MPC860 的各种存储管理程序的实现，具体包括体系结构相关的启动、禁用、启用以及写 / 擦除功能。这些示例展示了存储器管理是如何在一个更复杂的体系结构之上实现的，并且反过来这又可以作为了解怎样在其他可能和 MPC860 一样复杂或比它简单的处理器上编写存储器管理驱动程序的指南。

MPC860 存储器子系统启动（初始化）

在图 8-18 的存储器映射示例中，前两个存储体是 8MB 的闪存与 4MB 的 DRAM，接着是 1MB 的内部存储器映射和控制 / 状态寄存器。存储器映射的其余部分代表 4MB 的额外 PCMCIA 卡。在此例中被初始化的主存子系统组件是物理内存芯片本身（闪存和 DRAM），在 MPC860 中通过存储控制器，配置内部存储器映射（寄存器和双端口 RAM），以及配置 MMU 来进行初始化。

地址范围	访问设备	端口宽度
0x00000000 ～ 0x003FFFFF	闪存 PROM 存储体 1	32
0x00400000 ～ 0x007FFFFF	闪存 PROM 存储体 2	32
0x04000000 ～ 0x043FFFFF	DRAM 4 Mbyte（1Meg×32位）	32
0x09000000 ～ 0x09003FFF	MPC 内部存储映像	32
0x09100000 ～ 0x09100003	BCSR——板上控制与状态寄存器	32
0x10000000 ～ 0x17FFFFFF	PCMCIA通道	16

图 8-18　存储器映射示例[4]

初始化存储控制器及连接的 ROM/RAM

MPC860 的存储控制器（见图 8-19）负责控制最多 8 个存储体，与 SRAM、EPROM、闪存、各种 DRAM 设备以及其他外围设备（例如 PCMCIA 卡）相接口。因此，在 MPC860 这个例子中，系统板上的存储器（闪存、SRAM、DRAM 等）是通过初始化存储控制器完成初始化的。

存储控制器具有两种不同类型的子单元：通用片选机（GPCM）和用户可编程机（UPM），这些子单元负责连接特定类型的内存。GPCM 被设计用来与 SRAM、EPROM、闪存和其他外围设备（如 PCMCIA）相接口，而 UPM 被设计用来与各种各样的存储器相接口，包括 DRAM。MPC860 存储控制器的插脚引线反映了连接这些子单元到各类存储器的不同信号（见图 8-20a ～ c）。每一个片选（CS）信号负责控制一个相关的存储体。

对于每一个新的访问外部存储器的请求，存储器控制器确定相关地址是否落入 8

地址范围（每个存储体对应一个地址范围），由 8 对基寄存器（指定每个存储体起始地址）和选项寄存器（指定存储体的长度）定义（见图 8-21）。如果落入该地址范围，存储器的访问将由 GPCM 或 UPM 进行处理，这取决于包含该访问地址的存储体所处内存的类型。

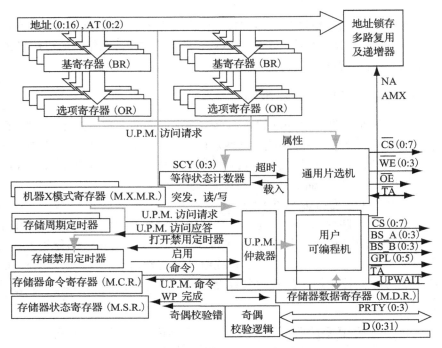

图 8-19　MPC860 集成的存储控制器[4]

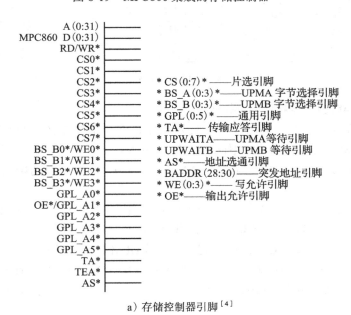

a）存储控制器引脚[4]

图　8-20

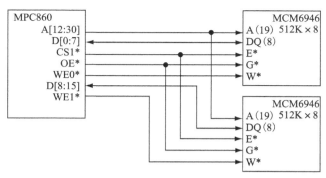

b）PowerPC 连接到 SRAM[4]

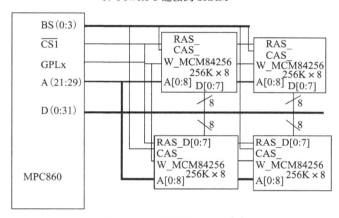

c）PowerPC 连接到 DRAM[4]

图　8-20　（续）

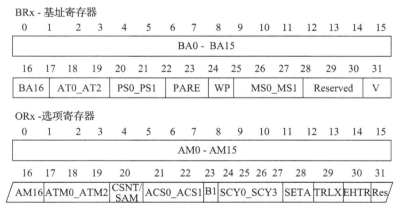

图 8-21　基址和选项寄存器[2]

由于每一个存储体都有一对基址和选项寄存器（BR0/OR0 ～ BR7/OR7），它们需要在存储控制器初始化驱动程序中被配置。基址寄存器（BR）域是由 16 位的起始地址 BA（0 ～ 16 位）组成的；AT（17 ～ 19 位）指定地址类型（允许限定存储空间的多个部分仅包含一种特定类型的数据），一个端口大小（8 位、16 位、32 位）；一个奇偶校验位；一位用于存储体的写保护（允许只读或读 / 写控制）；一些用于存储器控制器机器选择的位（选择 GPCM 还是 UPM）；和一个指示存储体是否有效的标志位。选项寄存器（OR）域由一些控制信息的比特位组成，用于配置 GPCM 和 UPM 访问和寻址方案（突发访问、屏蔽、复用等）。

这些位于各种存储体中的存储器类型（被连接到合适的 CS 上）能通过访问这些寄存器进行初始化。因此，如图 8-18 所示给出的存储器映射，用于配置前两个存储体（每个都是 4M 闪存），以及第三个存储体（4M 的 DROM）的伪代码如下所示：

注意：长度的初始化通过查找下表，将从第 0 位到长度指定的位置都设为 1，其余设为 0。

0	1	2	3	4	5	6	7	8	9	10	11	12	13	14	15	16
2	1	512	256	128	64	32	16	8	4	2	1	512	256	128	64	32
G	G	M	M	M	M	M	M	M	M	M	M	K	K	K	K	K

```
...
// OR for Bank 0-4 MB of Flash, 0×1FF8 for bits AM (bits 0-16) OR0 = 0×1FF80954;
// Bank 0 - Flash starting at address 0×00000000 for bits BA (bits 0-16),
configured for
// GPCM, 32-bit
BR0 = 0×00000001;

// OR for Bank 1-4 MB of Flash, 0×1FF8 for bits AM (bits 0-16) OR1 = 0×1FF80954;
// Bank 1-4 MB of Flash on CS1 starting at address 0×00400000, configured for GPCM,
// 32-bit
BR1 = 0×00400001;

// OR for Bank 2-4 MB of DRAM, 0×1FF8 for bits AM (bits 0-16) OR2 =
// 0×1FF80800; Bank 2-4 MB of DRAM on CS2 starting at address 0×04000000,
// configured for UPMA, 32-bit
BR2 = 0×04000081;

// OR for Bank 3 for BCSR OR3 = 0xFFFF8110; Bank 3 - Board Control and Status
// Registers from address 0×09100000
BR3 = 0×09100001;
...
```

因此，为了初始化存储器控制器，应对基址和选项寄存器进行初始化以反映它在存储体中的存储器类型。虽然对于通过 UPMA 或 UPMB 进行管理的内存，无需对额外的 GPCM 寄存器进行初始化，但至少存储器周期定时器预分频寄存器（MPTPR）需要根据所需的刷新超时时间（相对于 DRAM）进行初始化，以及用于配置 UPM 的相关内存模式寄存器（MAMR 或 MBMR）需要被初始化。每个 UPM 的核心是一个（64×32 位）RAM 阵列，它指定特定的访问类型（访问在一个给定的时钟周期下传送给 UPM 管理的内存芯片。这些 RAM 阵列通过存储器指令寄存器（MCR）和内存数据寄存器（MDR）进行初始化，其中 MCR 用于在初始化过程中对 RAM 阵列的读和写，而 MDR 存储数据（MCR 用来向 RAM 阵列写入或从 RAM 阵列读取数据，如以下伪代码示例）。[3]

```
...
// set periodic timer prescaler to divide by 8
MPTPR = 0×0800;                          // 16-bit register
```

```
// periodic timer prescaler value for DRAM refresh period (see the PowerPC manual
for calculation), timer enable, …
MAMR = 0xC0A21114;

// 64-Word UPM RAM Array content example - the values in this table were generated
using the

// UPM860 software available on the Motorola/Freescale Netcomm Web site.
UpmRamARRY:
// 6 WORDS - DRAM 70ns - single read. (offset 0 in upm RAM)
.long 0×0fffcc24, 0×0fffcc04, 0×0cffcc04, 0×00ffcc04, 0×00ffcc00, 0×37ffcc47
// 2 WORDs - offsets 6-7 not used
.long 0xffffffff, 0xffffffff
// 14 WORDs - DRAM 70ns - burst read. (offset 8 in upm RAM)
.long 0×0fffcc24, 0×0fffcc04, 0×08ffcc04, 0×00ffcc04, 0×00ffcc08, 0×0cffcc44,
.long 0×00ffec0c, 0×03ffec00, 0×00ffec44, 0×00ffcc08, 0×0cffcc44,
.long 0×00ffec04, 0×00ffec00, 0×3fffec47
// 2 WORDs - offsets 16-17 not used
.long 0xffffffff, 0xffffffff
// 5 WORDs - DRAM 70ns - single write. (offset 18 in upm RAM)
.long 0×0fafcc24, 0×0fafcc04, 0×08afcc04, 0×00afcc00, 0×37ffcc47
// 3 WORDs - offsets 1d-1f not used
.long 0xffffffff, 0xffffffff, 0xffffffff
// 10 WORDs - DRAM 70ns - burst write. (offset 20 in upm RAM)
.long 0×0fafcc24, 0×0fafcc04, 0×08afcc00, 0×07afcc4c, 0×08afcc00, 0×07afcc4c,
.long 0×08afcc00, 0×07afcc4c, 0×08afcc00, 0×37afcc47
// 6 WORDs - offsets 2a-2f not used
.long 0xffffffff, 0xffffffff, 0xffffffff, 0xffffffff, 0xffffffff, 0xffffffff
// 7 WORDs - refresh 70ns. (offset 30 in upm RAM)
.long 0xe0ffcc84, 0×00ffcc04, 0×00ffcc04, 0×0fffcc04, 0×7fffcc04, 0xffffcc86,
.long 0xffffcc05
// 5 WORDs - offsets 37-3b not used
.long 0xffffffff, 0xffffffff, 0xffffffff, 0xffffffff, 0xffffffff
// 1 WORD - exception. (offset 3c in upm RAM)
.long 0×33ffcc07
// 3 WORDs - offset 3d-3f not used
.long 0xffffffff, 0xffffffff, 0×40004650
UpmRAMArrayEnd:

// Write To UPM Ram Array
Index = 0
Loop While Index<64
{
MDR = UPMRamArray[Index];                    // store data to MDR
MCR = 0×0000;                                // issue "Write" command to MCR register
                                             to store what is in MDR in RAM Array

Index = Index + 1;
}                                            // end loop

…
```

初始化 MPC860 内部存储器映射

MPC860 的内部存储器映射包含体系结构的专用寄存器（SPR），以及双端口 RAM，也

称为参数 RAM，包含了各种不同的集成部件的缓冲区，比如以太网或 I²C。在 MPC860 上
配置其中一个 SPR，内部存储映射寄存器（IMMR）
是一件简单的事，如图 8-22 所示，配置 IMMR 包
含内部存储器映射的基地址，以及特定 MPC860
处理器上有些厂商相关的信息（零件编号和掩
膜编号）。

在本节中使用的存储器映射示例中，内部存
储器映射开始于 0x09000000，因此在伪代码中，
IMMR 将通过"mfspr"或"mtspr"命令来设置
为这个值：

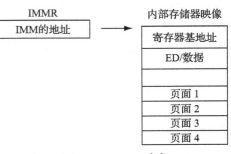

图 8-22   IMMR[4]

```
mtspr 0×090000FF     // the top 16 bits are the address, bits 16-23 are the part
                        number
                     // (0×00 in this example) and bits 24-31 is the mask number
                     // (0xFF in this example).
```

初始化 MPC860 中的 MMU

MPC860 使用 MMU 来管理系统板的虚拟存储管理方案，提供了逻辑 / 有效地址到物理 /
真实地址的转换、Cache 控制（指令 MMU 和指令 Cache，数据 MMU 和数据 Cache）和存储
器访问保护。MPC860 的 MMU（见图 8-23a）允许支持一个 4GB 的统一的（用户）地址空间，
该空间可以划分为不同大小的页，具体可以是 4KB、16KB、512KB 或 8MB，这些页可以被
独立地进行保护并映射到物理存储器。

使用 MPC860 上虚拟地址空间可以划分到的最小页（4KB）时，一个转换表（通常称为
存储器映射表或者页表）将包含 100 万个地址转换表项，每个表项对应 4GB 地址空间中的
一个 4KB 的页。MPC860 的 MMU 不会一次性管理整个转换表（事实上，大多 MMU 都不会
这样做）。这是因为嵌入式系统板通常不会具有 4GB 大小的物理存储器（需要一次性地进行
管理）。MMU 每次更新百万级表项（通过软件更新虚拟存储器）是十分耗时的，并且 MMU
需要使用大量更快（更昂贵）的片上存储器来存储该大小的存储器映射表。因此，从结果上
看，MPC860 的 MMU 包含了小 Cache 来存储存储器映射表的子集。这些 Cache 称为 TLB
（见图 8-23b，一个指令和一个数据），TLB 也是 MMU 初始化过程的一部分。在 MPC860 中，
TLB 有 32 项，且为全相联 Cache。整个存储器映射表以一个两级树形的数据结构（详细描
述了系统板的物理存储器映射和它们相应的有效存储器地址）存储在便宜的片外主存中。

TLB 在 MMU 把逻辑 / 虚拟地址转换（映射）为物理地址的过程中发挥作用。当软件试
图访问存储器映射中未在 TLB 中的部分，这时会导致 TLB 未命中，TLB 未命中本质上是
一个陷阱，要求系统软件（通过异常处理程序）加载所需转换条目到 TLB 中。系统软件通
过一个称为表查找的过程，加载新的条目到 TLB 中。这基本上是对主存中的 MPC860 两级
存储器映射树进行遍历，并定位需要被加载到 TLB 中的条目的过程。PowerPC 的多级转换
表方案（其转换表结构使用一个 1 级表以及一个或多个 2 级表）中的第 1 级与第 2 级页表中
的表现关联。这里有 1024 个条目，其中每个条目的大小为 4 字节（24 位），代表了 4MB 大
小的虚拟存储器段。在第 1 级表中的条目格式是由有效位字段（表示该 4MB 大小的段是有
效的），第 2 级的基地址字段（如果有效位被设置，指向 2 级表的基地址，代表了相关联的

4MB 大小的虚拟存储器段）和几个描述相关联存储器段各种属性的属性字段组成的。

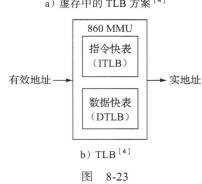

a）虚存中的 TLB 方案[4]

b）TLB[4]

图 8-23

在每个 2 级表中，每一个表项代表了虚拟存储器段对应的各个页面。2 级表中的表项数量取决于所定义的虚拟存储器页面大小（4KB、16KB、512KB 或 8MB），参见表 8-1。虚拟存储器页的大小越大，用于 2 级转换表的内存占用空间越少，因为，此时转换表中的条目会少些。例如：一个 16MB 的物理存储器空间可以通过的 2×8MB（1 级表中总共有 2048 字节，一个 2×4 的 2 级表，总共 2056 字节）的页或者 4096×4KB（1 级表中总共有 2048 字节，一个 4×4096 字节的 2 级表，总共 18 432 字节）的页来完成映射。

表 8-1 1 级和 2 级表条目[4]

页大小	段内页编号	2 级表中条目数量	2 级表大小（字节）
8MB	0.5	1	4
512KB	8	8	32
16KB	256	1024	4096
4KB	1024	1024	4096

在 MPC860 的 TLB 中，所需的表项是从所给的有效内存地址定位到的。TLB 内的每个条目的定位具体是由输入的逻辑存储器地址所派生的索引字段决定的。由 PowerPC 内核生成的 32 位的逻辑（有效）地址格式是根据页面大小的不同而有所不同。对于 4KB 的页，其有效地址由 10 位的 1 级表索引、10 位的 2 级表索引和 12 位的页内偏移量组成（见图 8-24a）。对于 16KB 的页，其页内偏移量变为 14 位，其 2 级表索引为 8 位（见图 8-24b）。对于

512KB 的页，其页内偏移量为 19 位，2 级表索引为 3 位（见图 8-24c）；对于 8MB 的页，其页内偏移量为 23 位，没有 2 级索引，1级索引长度为 9 位（见图 8-24d）。

4KB 大小的有效地址格式的页偏移量是 12 位宽度以容纳 4KB（0x0000～0x0FFF）页内的偏移量。16KB 大小的有效地址格式的页偏移量是 14 位宽度以容纳 16KB（0x0000～0x3FFF）页内的偏移量。512KB 大小的有效地址格式的页偏移量是 19 位宽度以容纳 512KB（0x0000～0x7FFFF）页内的偏移量。8MB 大小的有效地址格式的页偏移量是 23 位宽度以容纳 8MB（0x0000～0x7FFFF8）页内的偏移量。

简而言之，MMU 使用这些有效地址字段（1 级索引、2 级索引和偏移量），并与其他寄存器、TLB、转换表以及表查找过程相结合来确定对应的物理地址（见图 8-25）。

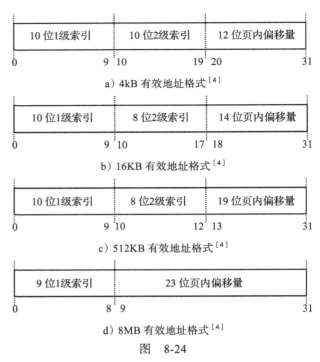

图   8-24

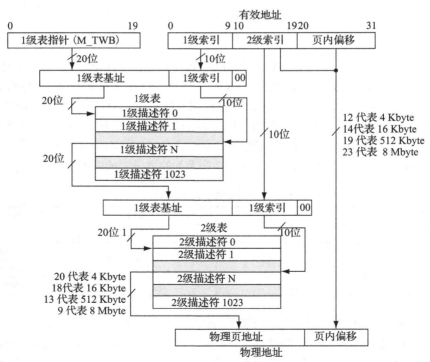

图 8-25   4KB 页面方案的 2 级转换表[4]

MMU 的初始化流程包括初始化 MMU 寄存器和转换表表项。初始化步骤包括初始化

MMU 的指令控制寄存器（MI_CTR）和数据控制寄存器（MD_CTR），如图 8-26a、b 所示。这两个寄存器中的字段大体上是相同的，都与内存的保护相关。

MI_CTR - MMU指令控制寄存器

0	1	2	3	4	5	6	7	8	9	10	11	12	13	14	15
GPM	PPM	CI DEF	Res	RS V4I	Res	PPCS		保留							

16	17	18	19	20	21	22	23	24	25	26	27	28	29	30	31
Res			ITLB_INDX					保留							

a）MI_CTR[2]

MD_CTR - MMU数据控制寄存器

0	1	2	3	4	5	6	7	8	9	10	11	12	13	14	15
GPM	PPM	CI DEF	WT DEF	RS V4D	TW AM	PPCS		保留							

16	17	18	19	20	21	22	23	24	25	26	27	28	29	30	31
Res			DTLB_INDX					保留							

b）MD_CTR[2]

图　8-26

初始化转换表表项就是配置两个存储器位置（1 级和 2 级描述符）和三个寄存器对（每对中，一个用于数据，一个用于指令，共 6 个寄存器）。这就等同于逐一对应有效页号注册（EPN）、表查找控制（TWC）寄存器和实页号（RPN）寄存器。

1 级描述符（见图 8-27a）定义了 1 级转换表条目的字段（比如 2 级基地地址（L2BA））访问保护组和页大小。

2 级描述符（见图 8-27b）定义了 2 级转换表条目的字段，比如：物理页号、页有效位和页保护。

图 8-27c ～ e 中所展示的寄存器本质上是 TLB 的源寄存器，用于装载条目到 TLB 中。有效页号寄存器（EPN）包含有效地址（将被装载到一个 TLB 条目中）。表查找控制寄存器包含有效地址条目的属性（将被装载到 TLB 中（页的大小、访问保护等）），实页号寄存器（RPN）包含了物理地址和该页的属性（将被装载到 TLB 中）。

1级描述符格式

0	1	2	3	4	5	6	7	8	9	10	11	12	13	14	15
L2BA															

16	17	18	19	20	21	22	23	24	25	26	27	28	29	30	31
L2BA				保留			访问保护组			G	PS		WT	V

a）1 级描述符[2]

2级描述符格式

0	1	2	3	4	5	6	7	8	9	10	11	12	13	14	15
RPN															

16	17	18	19	20	21	22	23	24	25	26	27	28	29	30	31
RPN				PP		E	C	TLBH				SPS	SH	CI	V

b）2 级描述符[2]

图　8-27

Mx_EPN —— 有效页号寄存器　　　　　　　　　　X = 1, P. 11–15; x = D

0	1	2	3	4	5	6	7	8	9	10	11	12	13	14	15
EPN															

16	17	18	19	20	21	22	23	24	25	26	27	28	29	30	31
EPN				保留 EV			保留				ASID			

c) Mx-EPN [2]

Mx_TWC —— 表查找控制寄存器　　　　　　　　　X = 1, P.11–5; x = D

0	1	2	3	4	5	6	7	8	9	10	11	12	13	14	15
保留															

16	17	18	19	20	21	22	23	24	25	26	27	28	29	30	31
保留							访问保护组				GP	S	Res/WT		V

d) Mx-TWC [2]

Mx_RPN —— 实页号寄存器　　　　　　　　　　　X = 1, P. 11–16; x = D

0	1	2	3	4	5	6	7	8	9	10	11	12	13	14	15
RPN															

16	17	18	19	20	21	22	23	24	25	26	27	28	29	30	31
RPN				PP		E	Res/CI	TLBH				LPS	SH	CI	V

e) Mx-RPN [2]

图　8-27　（续）

MPC860 上 MMU 初始化流程的一个示例如下面的伪代码所示。

```
// Invalidating TLB entries
tlbia;     // the MPC860's instruction to invalidate entries within the TLBs, also
the
                           // "tlbie" can be used

// Initializing the MMU Instruction Control Register
…
MI_CTR.fld.all = 0;              // clear all fields of register so group
                                 protection mode =
    // PowerPC mode, page protection mode is page resolution, etc.
MI_CTR.fld.CIDEF = 1;            // instruction cache inhibit default when MMU
                                 disabled

…
// Initializing the MMU Data Control Register
…
MD_CTR.fld.all = 0;              // clear all fields of register so group
                                 protection mode =
                                 // PowerPC mode, page protection mode is page
resolution, etc.
MD_CTR.fld.TWAM = 1;            // tablewalk assist mode = 4 kbyte page hardware
                                assist
MD_CTR.fld.CIDEF = 1;          // data cache inhibit default when MMU disabled
…
```

移动到异常向量表，数据和指令 TLB 的未命中和错误 ISR（MMU 中断向量表如下表所示）。[4]

偏移量（十六进制）	中断类型
01100	实现依赖指令 TLB 未命中
01200	实现依赖数据 TLB 未命中
01300	实现依赖指令 TLB 错误
01400	实现依赖数据 TLB 错误

伴随着 TLB 未命中，ISR 将描述符加载到 MMU 中。数据 TLB 重新加载 ISR 示例：

```
…
// put next code into address, incrementing vector by 4 after each line, i.e.,
"mtspr
// M_TW, r0"="07CH, 011H, 013H, 0A6H", so put integer 0×7C1113A6H at vector
// 0×1200 and increment vector by 4;
install start of ISR at vector address offset = 0×1200;

// save general purpose register into MMU tablewalk special register
mtspr M_TW, GPR;

mfspr GPR, M_TWB;        // load GPR with address of level one descriptor
lwz GPR, (GPR);          // load level one page entry

// save level 2 base pointer and level 1 # attributes into DMMU tablewalk control
// register
mtspr MD_TWC, GPR;

// load GPR with level 2 pointer while taking into account the page size
mfspr GPR, MD_TWC;

lwz GPR, (GPR);          // load level 2 page entry
mtspr MD_RPN, GPR;       // write TLB entry into real page number register

// restore GPR from tablewalk special register return to main execution stream;
mfspr GPR, M_TW;
…
```

指令 TLB 重新加载 ISR 示例：

```
// put next code into address, incrementing vector by 4 after each line,
i.e., "mtspr
// M_TW, r0"="07CH, 011H, 013H, 0A6H", so put integer 0×7C1113A6H at vector
// 0×1100 and increment vector by 4;
install start of ISR at vector address offset = 0×1100;
…
// save general purpose register into MMU tablewalk special register
mtspr M_TW, GPR;

mfspr GPR, SRR0     // load GPR with instruction miss effective address
mtspr MD_EPN, GPR   // save instruction miss effective address in MD_EPN
```

```
mfspr GPR, M_TWO      // load GPR with address of level one descriptor
lwz GPR, (GPR)        // load level one page entry
mtspr MI_TWC, GPR     // save level one attributes
mtspr MD_TWC, GPR     // save level two base pointer

// load R1 with level two pointer while taking into account the page size
mfspr GPR, MD_TWC

lwz GPR, (GPR)        // load level two page entry
mtspr MI_RPN, GPR     // write TLB entry
mfspr GPR, M_TW       // restore R1

return to main execution stream;
// Initialize L1 table pointer and clear L1 table, i.e., MMU tables/TLBs 043F0000-
// 043FFFFF
Level1_Table_Base_Pointer = 0 × 043F0000;

index:= 0;
WHILE ((index MOD 1024) is NOT = 0) DO
Level1 Table Entry at Level1_Table_Base_Pointer + index=0;
index = index + 1;
end WHILE;
…
```

初始化转换表表项和映射表（1 级表中段，2 级表中页）。例如，给定如图 8-28 所示的物理存储器映射表，L1 和 L2 描述符就需要为闪存、RAM 等进行配置。

地址范围	访问的设备	端口宽度
0x00000000 ～ 0x003FFFFF	闪存PROM存储体 1	32
0x00400000 ～ 0x007FFFFF	闪存PROM存储体 2	32
0x04000000 ～ 0x043FFFFF	DRAM 4 Mbyte（1Meg×32位）	32
0x09000000 ～ 0x09003FFF	MPC内部存储器映像	32
0x09100000 ～ 0x09100003	BCSR —— 板控制及状态寄存器	32
0x10000000 ～ 0x17FFFFFF	PCMCIA 通道	16

a）物理存储器映像[4]

PS	#	用途	地址范围	CI	WT	S/U	R/W	SH
8M	1	Tbls监视及转换表	0x0 ～ 0x7FFFFF	N	Y	S	R/O	Y
512K	2	栈及暂存器	0x40000000 ～ 0x40FFFFF	N	N	S	R/W	Y
512K	1	CPM数据缓冲区	0x4100000 ～ 0x417FFF	Y	-	S	R/W	Y
512K	5	程序及数据	0x4180000 ～ 0x43FFFF	N	N	S/U	R/W	Y
16K	1	MPC内部存储器映像	0x9000000 ～ Y	-	S	R/W	Y	
16K	1	板配置寄存器	0x9100000 ～ 0x9103FFF	Y	-	S	R/W	Y
8M	16	PCMCIA	0x10000000 ～ 0x17FFFFFF	Y	-	S	R/W	Y

b）L1/L2 配置

图　8-28

```
// i.e., Initialize entry for and Map in 8 MB of Flash at 0×00000000, adding entry
into L1 table, and
// adding a level 2 table for every L1 segment - as shown in Figure 8-28b, page
size is 8 MB, cache is
```

```
// not inhibited, marked as write-through, used in supervisor mode, read only, and
shared.


// 8 MB Flash


…
Level2_Table_Base_Pointer = Level1_Table_Base_Pointer +
size of L1 Table (i.e., 1024);
L1desc(Level1_Table_Base_Pointer + L1Index).fld.BA = Level2_Table_Base_Pointer;
L1desc(Level1_Table_Base_Pointer + L1Index).fld.PS = 11b;    // page size = 8MB

// Writethrough attribute = 1 writethrough cache policy region
L1desc.fld(Level1_Table_Base_Pointer + L1Index).WT = 1;
L1desc(Level1_Table_Base_Pointer + L1Index).fld.PS = 1;     // page size = 512KB

// level-one segment valid bit = 1 segment valid
L1desc(Level1_Table_Base_Pointer + L1Index).fld.V = 1;

// for every segment in L1 table, there is an entire level2 table
L2index:=0;
WHILE (L2index<# Pages in L1Table Segment) DO
L2desc[Level2_Table_Base_Pointer + L2index * 4].fld.RPN = physical page number;
L2desc[Level2_Table_Base_Pointer + L2index * 4].fld.CI = 0;  // Cache Inhibit
                                                          Bit = 0


…
L2index = L2index + 1;
end WHILE;

// i.e., Map in 4 MB of DRAM at 0×04000000, as shown in Figure 8-29b, divided into
eight,
// 512KB pages. Cache is enabled, and is in copy-back mode, supervisor mode,
supports
// reading and writing, and it is shared.


…
Level2_Table_Base_Pointer = Level2_Table_Base_Pointer +
Size of L2Table for 8MB Flash;
L1desc(Level1_Table_Base_Pointer + L1Index).fld.BA = Level2_Table_Base_Pointer;
L1desc(Level1_Table_Base_Pointer + L1Index).fld.PS = 01b;    // page size = 512KB

// Writethrough Attribute = 0 copyback cache policy region
L1desc.fld(Level1_Table_Base_Pointer + L1Index).WT = 0;
L1desc(Level1_Table_Base_Pointer + L1Index).fld.PS = 1;     // page size = 512KB

// Level 1 segment valid bit = 1 segment valid
L1desc(Level1_Table_Base_Pointer + L1Index).fld.V = 1;
…

// Initializing Effective Page Number Register
loadMx_EPN(mx_epn.all);

// Initializing the Tablewalk Control Register Descriptor
load Mx_TWC(L1desc.all);
```

```
// Initializing the Mx_RPN Descriptor
load Mx_RPN (L2desc.all);
…
```

这时候，MMU 和 Cache 能够被启用（参照存储器子系统启用部分）。

MPC860 存储器子系统的禁用

```
// Disable MMU - The MPC860 powers up with the MMUs in disabled mode, but to
// disable translation IR and DR bits need to be cleared.
…
rms msr ir 0; rms msr dr 0;     // disable translation
…

// Disable caches
…

// Disable caches (0100b in bits 4-7, IC_CST[CMD] and DC_CST[CMD] registers)
addis r31,r0,0×0400
mtspr DC_CST,r31
mtspr IC_CST,r31
…
```

MPC860 存储器子系统的启用

```
// Enable MMU via setting IR and DR bits and "mtmsr" command on MPC860
…
ori r3,r3,0×0030;       // set the IR and DR bits
mtmsr r3;               // enable translation
isync;
…

// Enable caches
…
addis r31,r0,0×0a00     // unlock all in both caches
mtspr DC_CST,r31
mtspr IC_CST,r31
addis r31,r0,0×0c00     // invalidate all in both caches
mtspr DC_CST,r31
mtspr IC_CST,r31

// Enable caches (0010b in bits 4-7, IC_CST[CMD] and DC_CST[CMD] registers)
addis r31,r0,0×0200
mtspr DC_CST,r31
mtspr IC_CST,r31
…
```

存储器子系统写入 / 擦除闪存

虽然从闪存中读取数据和从 RAM 中读取是一样的，但是对于写或擦除相关的访问闪存操作就复杂得多。闪存被分为很多块，称作区段，每个区段是可进行擦除的最小单位。

不同的闪存芯片执行写和擦除的过程是不同的，通常的握手操作和下面的伪代码示例（以
Am29F160D 闪存芯片为例）是类似的。闪存擦除功能通知即将操作的闪存芯片，发送指令以
擦除区段，然后循环轮询闪存芯片以确定它完成的时间。在完成擦除时，闪存被设置为标准
读模式。写操作和擦除操作基本类似，但需要传送一个写入区段的指令，而不是擦除指令。

```
…
// The address at which the Flash devices are mapped
int FlashStartAddress = 0×00000000;

int FlashSize = 0×00800000;      // The size of the Flash devices in bytes,
                                 i.e., 8MB.
// Flash memory block offset table from the Flash base of the various sectors, as
well as
// the corresponding sizes.
BlockOffsetTable={{ 0×00000000, 0×00008000 }, { 0×00008000, 0×00004000 },
  { 0×0000C000, 0×00004000 }, { 0×00010000, 0×00010000 },
  { 0×00020000, 0×00020000 }, { 0×00040000, 0×00020000 },
  { 0×00060000, 0×00020000 }, { 0×00080000, 0×00020000 }, …};

// Flash write pseudocode example
FlashErase (int startAddress, int offset) {

…
// Erase sector commands
Flash [startAddress + (0×0555 << 2)] = 0×00AA00AA;      // unlock 1 Flash command
Flash [startAddress + (0×02AA << 2)] = 0×00550055;      // unlock 2 Flash command
Flash [startAddress + (0×0555 << 2)] = 0×00800080);     // erase setup Flash
                                                        command
Flash [startAddress + (0×0555 << 2)] = 0×00AA00AA;      // unlock 1 Flash command
Flash [startAddress + (0×02AA << 2)] = 0×00550055;      // unlock 2 Flash command
Flash [startAddress + offset] = 0×00300030;             // set Flash sector erase
                                                        command

// Poll for completion: avg. block erase time is 700ms, worst-case block erase
  time
// is 15s
int poll;
int loopIndex = 0;
while (loopIndex < 500) {
for (int i = 0; i<500 * 3000; i++);
poll = Flash(startAddr + offset);
if ((poll AND 0×00800080) = 0×00800080 OR
(poll AND 0×00200020) = 0×00200020) {
exit loop;
}
loopIndex++;
}

// exit
Flash (startAddr) = 0×00F000F0;                         // read reset command
Flash(startAddr + offset) == 0xFFFFFFFF;
}
```

8.3 示例 3：板载总线设备驱动程序

正如第 7 章所述，与总线相关联的有：（1）某种类型的协议，该协议定义了设备如何获得总线的访问权（仲裁）；（2）规则，连接的设备必须遵守该规则来通过总线进行通信（握手）；（3）与各种总线线路有关的信号。总线协议由总线设备驱动程序支持，该驱动通常会包括从本章开头所提到的设备驱动程序函数列表中抽取出的 10 种功能的全部或某些组合，具体包括：

- 启动总线：在上电或复位时的总线初始化；
- 关闭总线：配置总线进入电源关闭状态；
- 禁用总线：允许其他软件随时禁用总线；
- 启用总线：允许其他软件随时启用总线；
- 获取总线：允许其他软件获得总线独占访问权（加锁）；
- 释放总线：允许其他软件释放（解锁）总线；
- 读总线：允许其他软件从总线读取数据；
- 写总线：允许其他软件向总线写入数据；
- 安装总线：允许其他软件在运行时为可扩展总线安装新的总线设备；
- 卸载总线：允许其他软件在运行时从可扩展总线上移除已安装的总线设备。

实现上述哪些功能以及如何实现这些功能取决于实际的总线。下面的伪代码是一个 I^2C 总线初始化程序的例子，作为 MPC860 上总线启动（初始化）设备驱动程序的一个示例。

板载总线设备驱动程序伪代码例程

下面的伪代码给出了在 MPC860 上实现一个总线初始化程序的例子，具体来讲，是特定体系结构相关的启动功能。这些例子展示了如何在一个更加复杂的体系结构上实现总线管理，这又可以作为了解怎样在其他可能和 MPC860 一样复杂或比它简单的处理器上编写总线管理驱动程序的指南。其他的驱动程序功能并未用伪代码给出，因为 8.1 节和 8.2 节给出的概念在这里同样适用——基本上可以通过体系结构和总线的文档搞清楚启用总线、禁用总线、获取总线等机制。

MPC860 上 I^2C 总线的启动（初始化）

I^2C（inter-IC）协议是一种串行总线，它拥有一根串行数据线（SDA）和一根串行时钟线（SCL）。通过 I^2C 协议，所有连接到总线的设备都有一个唯一的地址（标识），并且该标识是在 SDL 上所传输数据流的一部分。

需要初始化的是位于主处理器上的 I^2C 协议支持组件。在 MPC860 中，主处理器拥有一个集成的 I^2C 控制器（见图 8-29）。该 I^2C 控制器由发送寄存器、接收寄存器、波特率发生器以及一个控制单元组成。当 I^2C 控制器作为总线主设备时，波特率发生器负责产生时钟信号——如果处于从模式，控制器会使用来自主设备的时钟信号。当处于接收模式时，数据从 SDA 线

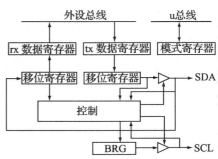

图 8-29　MPC860 上的 I^2C 控制器[4]

传输到控制单元，再通过移位寄存，将数据按序传送到数据接收寄存器。来自 PPC 的要通

过 I²C 总线发送的数据最初存储于发送数据寄存器，并通过移位寄存器传送到控制单元，再通过 SDA 线发送出去。初始化 MPC860 上的 I²C 总线意味着初始化 I²C 的 SDA 和 SCL 引脚、许多 I²C 寄存器、一些参数 RAM 以及相关的缓冲区描述符。

MPC860 上 I²C 的 SDA 和 SCL 引脚通过通用 I/O 端口 B 来配置（见图 8-30a、b）。因为 I/O 引脚可以支持多种功能，所以引脚支持的特定功能需要通过配置端口 B 的寄存器组实现（见图 8-30c）。端口 B 有 4 个读 / 写（16 位）控制寄存器：端口 B 数据寄存器（PBDAT）、端口 B 漏极开路寄存器（PBODR）、端口 B 方向寄存器（PBDIR），以及端口 B 引脚分配寄存器（PBPAR）。简而言之，PBDAT 寄存器包含了引脚上的数据，PBODR 寄存器配置了漏极开路输出或有源输出的引脚，PBDIR 将引脚配置为输入或输出引脚，而 PBPAR 则为引脚分配了功能（I²C、GPIO 等）。

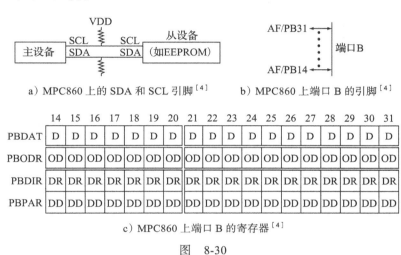

a）MPC860 上的 SDA 和 SCL 引脚[4]　　　b）MPC860 上端口 B 的引脚[4]

c）MPC860 上端口 B 的寄存器[4]

图　8-30

初始化 MPC860 上的 SDA 和 SCL 引脚的伪代码示例如下：

```
…
immr = immr & 0xFFFF0000;                // MPC8xx internal register map
// Configure Port B pins to enable SDA and SCL
immr->pbpar=(pbpar) OR (0x00000030);     // set to dedicated I2C
immr->pbdir=(pbdir) OR (0x00000030);     // enable I2CSDA and I2CSCL as outputs
…
```

需要做初始化的 I²C 寄存器包括 I²C 模式寄存器（I2MOD）、I²C 地址寄存器（I2ADD）、波特率发生器寄存器（I2BRG）、I²C 事件寄存器（I2CER），以及 I²C 掩码寄存器（I2CMR）（见图 8-31a ～ e）。

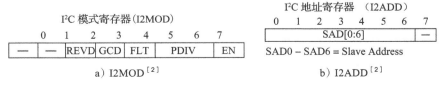

a）I2MOD[2]　　　　　　　　　　　b）I2ADD[2]

图　8-31

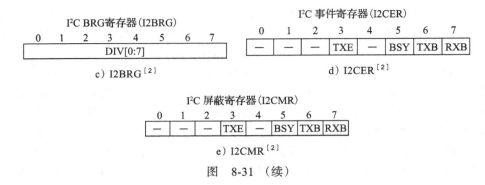

c) I2BRG[2]

d) I2CER[2]

e) I2CMR[2]

图 8-31 （续）

I²C 寄存器初始化的伪代码示例如下：

```
/* I2C Registers Initialization Sequence */
…
// Disable I2C before initializing it, LSB character order for transmission and
reception,
// I2C clock not filtered, clock division factor of 32, etc.
```

```
immr->i2mod = 0×00;
immr->i2add = 0×80;      // I2C MPC860 address = 0×80
immr->i2brg = 0×20;      // divide ratio of BRG divider
immr->i2cer = 0×17;      // clear out I2C events by setting relevant bits to "1"
immr->i2cmr = 0×17;      // enable interrupts from I2C in corresponding I2CER
immr->i2mod = 0×01;      // enable I2C bus
…
```

在初始化 MPC860 上的 I²C 时，I²C 参数 RAM 的 15 个域中有 5 个需要配置。它们包括接收功能代码寄存器（RFCR）、发送功能代码寄存器（TFCR）、最大接收缓冲区长度寄存器（MRBLR）、接收缓冲区描述符数组的基值（Rbase），以及发送缓冲区描述符数组的基值（Tbase）（见图 8-32）。

参见下面的 I²C 参数 RAM 初始化示例的伪代码：

```
// I2C Parameter RAM Initialization
…
// specifies for reception big endian or true little endian byte ordering and
channel # 0
immr->I2Cpram.rfcr = 0×10;

// specifies for reception big endian or true little endian byte ordering and
channel # 0
immr->I2Cpram.tfcr = 0×10;
immr->I2Cpram.mrblr = 0×0100;    // the maximum length of I2C receive buffer
immr->I2Cpram.rbase = 0×0400;    // point RBASE to first RX BD
immr->I2Cpram.tbase = 0×04F8;    // point TBASE to TX BD
…
```

偏移量[1]	名称	宽度	描述
0x00	RBASE	Hword	Rx/TxBD 表的基地址。指出 BD 表在双端口寄存器的起始位置。
0x02	TBASE	Hword	在每个 BD 表中最后一个 BD 中设置 Rx/TxBD [W] 决定了 I²C 的 Tx 和 Rx 部分被分配了多少 BD。在启用 I²C 前初始化 RBASE 和 TBASE。此外，配置 I²C 的 BD 表时不要与其他活动控制器的参数 RAM 重叠。RBASE 和 TBASE 应该能被 8 整除
0x04	RFCR	Byte	Rx/Tx 功能代码。包括了当相关的 SDMA 通道访问存储时出现在
0x05	TFCR	Byte	AT [1 ~ 3] 上的值。同时还控制传输的字节序约定
0x06	MRBLR	Hword	最大接收缓冲区长度。定义了 I²C 接收器在移动到下一个缓冲区之前所能写入到一个接收缓冲区的最大字节数。如果发生了错误或 end-of-frame，接收器向缓冲区写入的字节数会少于 MRBLR 值。接受缓冲区的长度不应当小于 MRBLR。发送缓冲区不受 MRBLR 影响且长度可变；要发送的字节数由 TxBD [Data Length] 指定。当 I²C 工作时，不应当改变 MRBLR。然而，它可以在一个单总线周期中通过一次 16 位移动（不是两个相邻的 8 位总线周期）而改变。当 CP 转移控制到下一个 RxBD 时改动生效。为了在改变发生时产生准确的 RxBD，请仅当 I²C 接收器禁用时才改变 MRBLR。MRBLR 的值应当大于 0
0x08	RSTATE	Word	Rx 内部状态。为 CPM 使用而预留
0x0C	RPTR	Word	Rx 内部数据指针[2]，由 SDMA 通道更新，以指出缓冲区中的下一个要访问的地址
0x10	RBPTR	Hword	RxBD 指针。当处于空闲状态时，该指针指向下一个描述符，接收端传送数据到该描述符。在复位或者描述符表到达了末尾时，CP 会将 RBPTR 初始化为 RBASE 中的值。大部分应用都不应当改写 RBPTR 的值，但当接收器禁用或未用到任何接收缓冲区时可改变其值
0x12	RCOUNT	Hword	Rx 内部字节计数[2]是一个递减值，使用 MRBLR 的值来初始化，并且 SDMA 通道每写一个字节，该值都会变小
0x14	RTEMP	Word	Rx temp，为 CPM 使用而预留
0x18	TSTATE	Word	Tx 内部状态。为 CPM 使用而预留
0x1C	TPTR	Word	Tx 内部数据指针[2]，由 SDMA 通道更新，该指针可以指出缓冲区中的下一个存取地址
0x20	TBPTR	Hword	TxBD 指针。当处于空闲状态时，该指针指向下一个描述符，发送端会从该描述符处接收数据。在复位或者描述符表到达了末尾时，CPM 会将 TBPTR 初始化为 TBASE 中的值。大部分应用都不应当改写 TBPTR 的值，但当发送器禁用或未用到任何发送缓冲区时可改变其值
0x22	TCOUNT	Hword	Tx 内部字节计数[2]是一个递减值，使用 TxBD [Length] 来初始化，并且 SDMA 通道每读一个字节，该值都会变小
0x24	TTEMP	Word	Tx temp，为 CP 使用而预留
0x28 ~ 0x2F	----		用于 I²C/SPI 重定位

①如在 I²C_BASE 中编程的，其默认值为 IMMR + 0x3C80。

②通常不需要访问这些参数。

图 8-32 I²C 参数 RAM[4]

要通过 I²C 控制器（位于 PowerPC 的 CPM 内）发送或接收的数据被放入到缓冲区中（发送和接收缓冲区描述符所指向的）。发送和接收缓冲区的第一个半字（half word，16 位）包括了状态和控制位（见图 8-33a、b）。下一个 16 位包括了缓冲区的长度。

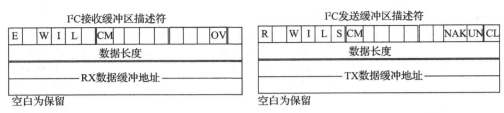

a）接收缓冲区描述符[2]　　　　　　　　　b）发送缓冲区描述符[2]

图　8-33

在两个缓冲区中，Wrap（W）位指示该缓冲区描述符是否为缓冲区描述符表中的最后一个描述符（置1时，I²C控制器会返回到缓冲区描述符环中的第一个缓冲区）。Interrupt（I）位表明I²C控制器是否会在缓冲区被关闭时发起一个中断。Last（L）位指示该缓冲区是否包含消息的最后一个字符。CM位表明I²C控制器在完成了缓冲区操作时是否会清除接收缓冲区的Empty（E）位或者发送缓冲区的Ready（R）位。连续模式（CM）位是指一种在使用单一的缓冲区描述符时，允许来自I²C从设备的连续接收的连续模式。

对于发送缓冲区，Ready（R）位用来表明与该描述符所关联的缓冲区是否已准备好传输。传输开始条件（S）位用来指示在传输缓冲区中的第一个字节前是否已传输了一个开始条件。NAK位用来表明I²C终止了传输，因为最后一个传输的字节未收到应答。Under-run条件（UN）位用来表明控制器在传输相关的数据缓冲区时遇到了缓冲区欠载的情况。碰撞（CL）位表明I²C控制器终止了传输，因为传送器在总线仲裁时失败了。对于接收缓冲区，空（Empty）位表明了与该缓冲区描述符相关联的数据缓冲区是否为空，过载（OV）位表明了在接收数据时是否发生了过载情况。

I²C缓冲区描述符初始化伪代码示例如下：

```
// I2C Buffer Descriptor Initialization
...
// 10 reception buffers initialized
index = 0;
While (index < 9) do
{
// E = 1, W = 0, I = 1, L = 0, OV = 0
immr->udata_bd ->rxbd[index].cstatus = 0x9000;
immr->bd ->rxbd[index].length = 0;        // buffer empty
immr->bd ->rxbd[index].addr=...
index = index+1;
}


// last receive buffer initialized
immr->bd->rxbd[9].cstatus = 0xb000;       // E = 1, W = 1, I = 1, L = 0, OV = 0
immr->bd ->rxbd[9].length = 0;            // buffer empty
immr->udata_bd ->rxbd[9].addr=...;


// transmission buffer
immr->bd ->txbd.length = 0x0010;          // transmission buffer 2 bytes long
```

```
// R = 1, W = 1, I = 0, L = 1, S = 1, NAK = 0, UN = 0, CL = 0
immr->bd->txbd.cstatus = 0xAC00;

immr->udata_bd ->txbd.bd_addr=...;

/* Put address and message in TX buffer */
…

// Issue Init RX & TX Parameters Command for I2C via CPM command register CPCR.
while(immr->cpcr & (0×0001));          // loop until ready to issue command
immr->cpcr=(0×0011);                   // issue command
while(immr->cpcr & (0×0001));          // loop until command processed

…
```

8.4 板载 I/O 驱动程序示例

板载 I/O 子系统组件需要某种形式的软件管理，包括集成在主处理器上的组件，以及 I/O 从控制器（如果存在的话）。I/O 控制器具有一组状态和控制寄存器，可用来控制处理器并检查它的状态。依赖于 I/O 子系统，本章开始所介绍的设备驱动程序功能列表中的 10 种功能的全部和某些组合会在 I/O 驱动程序中实现，具体包括：

- 启动 I/O：在上电或复位时的 I/O 初始化；
- 关闭 I/O：配置 I/O 为电源关闭状态；
- 禁用 I/O：允许其他软件在运行时禁用 I/O；
- 启用 I/O：允许其他软件在运行时启用 I/O；
- 获取 I/O：允许其他软件获得独占（加锁）I/O 访问权；
- 释放 I/O：允许其他软件释放（解锁）I/O；
- I/O 读：允许其他软件从 I/O 读取数据；
- I/O 写：允许其他软件向 I/O 写入数据；
- 安装 I/O：允许其他软件在运行时安装新的 I/O；
- 卸载 I/O：允许其他软件在运行时移除已安装的 I/O。

我们提供了 PowerPC 和 ARM 体系结构中以太网和 RS232 的 I/O 初始化程序作为 I/O 启动（初始化）设备驱动程序的例子。这些例子是为了展示如何在更加复杂的体系结构中实现 I/O，如在 PowerPC 和 ARM 上，反过来也可指导你去了解在那些与 PowerPC 和 ARM 体系结构相比同样复杂或较为简单的处理器上如何编写 I/O 驱动。本章并未给出其他驱动程序的伪代码，因为 8.1 节和 8.2 节给出的概念在这里同样适用。简而言之，由具体负责的开发者来研究体系结构和 I/O 设备文档以了解读 I/O 设备、写 I/O 设备、启用 I/O 设备等机制。

8.4.1 示例 4：初始化以太网驱动程序

延续第 6 章中的网络示例，这里使用的例子是被广泛实现的 LAN 协议以太网，以太网协议主要基于 IEEE 802.3 标准协议簇。

如图 8-34 所示，用来启用以太网功能的软件映射到 OSI

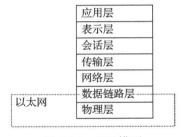

图 8-34　OSI 模型

（开放系统互联）数据链路层偏下面的部分。硬件组件都可以被映射到 OSI 模型的物理层，但在这部分内容中不会讨论（见第二部分）。

正如第二部分中所提到的，可以集成到主处理器之上的以太网组件被称为以太网接口。唯一被实现的固件（软件）位于以太网接口。该软件依赖于硬件如何支持 IEEE 802.3 以太网协议的两个主要组件：介质访问管理和数据封装。

数据封装（以太网帧）

在以太网 LAN 中，所有通过以太网电缆互联的设备可被组织为总线或星形拓扑结构（见图 8-35）。

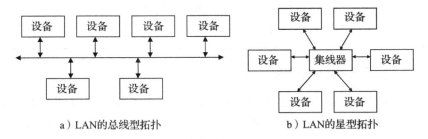

a）LAN的总线型拓扑   b）LAN的星型拓扑

图 8-35　以太网拓扑结构

在这些拓扑结构中，所有设备共享同样的信令系统。在设备检查了 LAN 的活动状态并确定在一定的期限内 LAN 不会处于活动状态之后，该设备会连续地发送它的以太网信令。接下来所有其他连接到同一个 LAN 上的设备会接收到这些信令——因此就有了对"以太网帧"的需求，以太网帧在包含数据的同时，也包含了与每个设备通信时需要的信息，该信息表明了数据的目的设备。

以太网设备将它们要传输或接收的数据封装在"以太网帧"中。以太网帧（由 IEEE 802.3 定义）由一系列的位组成，这些位分组为不同的域。取决于 LAN 的特点，有多种多样的以太网帧格式可用。图 8-36 展示了两种帧（见 IEEE 802.3 规范对所有已定义的帧的描述）。

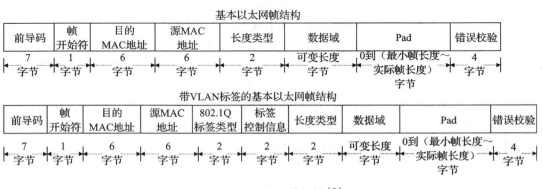

图 8-36　以太网数据帧[7]

前导码字节部分告诉 LAN 中的设备有信号发出。其后跟随的"10101011"指示一个帧的开始。以太网帧中的介质访问控制（MAC）地址是设备每个以太网接口所独有的物理地址，因此每个设备只有一个。当一个设备接收到一个帧，它的链路层会检查帧的目的地址。如果该地址与自己的 MAC 地址不符，则设备会丢弃该帧的其他部分。

数据域的大小可变。如果数据域长度小于或等于 1500，那么长度 / 类型域则表明了数据域中的字节数。如果数据域大于 1500，那么发送该帧的设备所用的 MAC 协议的类型在长度 / 类型域中指定。在数据域长度可变的同时，MAC 地址、长度 / 类型、数据、填充以及错误校验域加起来至少达到 64 字节。如果没有达到 64 字节，那么填充域将帧的长度提高到所需的最短长度。

错误检测域基于 MAC 地址、长度 / 类型、数据域和填充域来生成。基于这些域计算得到的 4 字节的 CRC（循环冗余校验）值会在帧传输前被存储到帧末尾处。在接收设备一端，该值会被重新计算，并且如果不匹配，则帧会被丢弃。

最后，以太网规格中其余的帧格式是由基本帧扩展而来。上面给出的 VLAN（虚拟局域网）标记帧就是这些扩展帧中的一个例子，包含了两个额外的域：802.1Q 标签类型和标记控制信息。802.1Q 标签类型通常设置为 0x8100，并且作为指示器用以指明该域后跟着一个 VLAN 标记，而不是长度 / 类型域，在此格式中，长度 / 类型域在帧内向后移动了 4 个字节。标签控制信息实际上由 3 个域组成：用户优先级域（UPF）、标准格式指示器（CFI）和 VLAN 标识符（VID）。UPF 是一个 3 位的域，指定了帧的优先级。CFI 是一个 1 位的域，表明帧中是否存在路由信息域（RIF），而剩余的 12 位是 VID，表明该帧属于哪一个 VLAN。注意，虽然 VLAN 协议实际上由 IEEE 802.1Q 规范定义，但是 IEEE 802.3ac 规范详细描述了 VLAN 协议的以太网具体的实现细节。

介质访问管理

LAN 中的每个设备都有在介质上传输信号的同等权力，因此，必须有规则来确保每一个设备得到公平的机会去传输数据。由于可能存在多于一个的设备同时传输数据，这些规则也必须允许设备有办法从数据碰撞中恢复。这就是两个 MAC 协议起作用的地方：IEEE 802.3 半双工载波监听多点访问 / 冲突检测（CDMA/CD）和 IEEE 802.3x 全双工以太网协议。这些协议在以太网接口中实现，表述了这些设备在共享一个通用的传输介质时该如何运作。

以太网设备所具有的半双工 CDMA/CD 能力意味着设备可以在同一条通信线路上接收或发送信令，但不能同时发生（发送和接收）。从根本上说，设备的半双工 CDMA/CD（也称为 MAC 子层）可以从上层或设备的物理层传输和发送数据。换句话说，MAC 子层以两种模式起作用：传输（从上层接收到的数据经过处理后传给物理层）或者接收（从物理层接收到的数据经过处理后传给上层）。传输数据封装（TDE）组件和传输介质访问管理（TMAM）组件提供了传输模式功能，而接收介质访问管理（RMAM）和接收数据解封装（RDD）组件则提供了接收模式功能。

CDMA/CD（MAC 子层）传输模式

当 MAC 子层从上层接收到要传输给物理层的数据时，TDE 组件首先创建一个以太帧，接下来该以太帧被传给 TMAM 组件。然后，TMAM 组件等待一定的时间来确认传输线路未被占用，并且没有其他正在传输的设备。一旦 TMAM 组件已确定传输线路未被占用时，它便通过传输介质将数据帧以比特的形式传输（通过物理层）出去，一次一个比特（串行）。如果该设备的 TMAM 组件发现它的数据与其他数据在传输线路上已发生碰撞，它会在一段预定义的时间内传输一系列的位，从而让系统中的所有设备得知发生了一次碰撞。TMAM 组件会在再次尝试传输之前的一段时间内停止所有传输。

图 8-37 是一个高级别的流程图，展示了 MAC 层对 MAC 客户端（上层）传输帧的请求的处理过程。

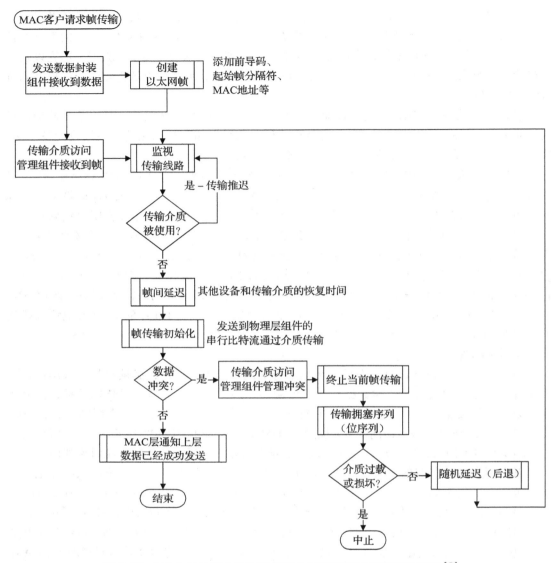

图 8-37 MAC 层处理 MAC 客户请求发送数据帧的高级流程图[7]

CSMA/CD（MAC 子层）接收模式

当 MAC 子层从物理层接收到要被传输到 MAC 客户端的比特流时，MAC 子层的 RMAM 组件会以"帧"的形式从物理层接收这些比特。要注意的是，当比特流被 RMAM 组件接收时，前两个域（前导码和起始帧分隔符）会被丢弃掉。当物理层停止传输时，该帧会被传递到 RDD 组件进行处理，并由该组件对帧中的 MAC 目的地址域和设备 MAC 进行比较。RDD 组件也对帧进行检查从而确保帧的所有域是正确对齐的，并执行 CRC 错误校验来确保帧在传送到设备的过程中没有损坏（错误校验域会从帧中剥离）。如果所有检查通过，RDD 组件会继续将帧的剩余部分传输到 MAC 客户端，并追加一个额外的状态域。

图 8-38 是一个高级别的流程图，展示了 MAC 层对来自物理层的比特进行处理的过程。

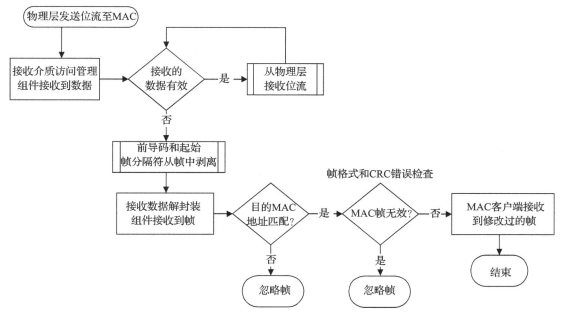

图 8-38   MAC 层处理来自物理层的位流的高级流程图[7]

半双工设备也能全双工工作的情况并不罕见。这是因为仅需要半双工方式中实现的 MAC 子层协议中一部分子集来支持全双工操作。从根本上讲，具有全双工能力的设备可以在同一介质上同时接收和发送信令。因此，全双工 LAN 的吞吐率是半双工系统的两倍。

全双工系统的传输介质必须能支持在没有干扰的情况下同时进行接收和发送。例如，10Base-5、10Base-2、10Base-FX 等，这些线缆不支持全双工，而 10/100/1000Base-T、100Base-FX 等符合全双工介质规格需求。

LAN 中的全双工操作被限制为只能连接两个设备，并且两个设备必须支持并被配置为全双工操作。当它被限制为只允许点对点链路时，全双工系统中链接效率会真正地被提升。仅有两个设备既消除了产生碰撞的潜在可能性，又消除了在半双工设备中实现 CSMA/CD 算法的必要性。因此，对于全双工和半双工而言，接收算法是相同的，图 8-39 以流程图的形式给出了传输模式中全双工的高级功能。

既然你已经对组成以太网系统的所有组件（硬件和软件）有了一定的了解，那么让我们来看看在各种各样的参考平

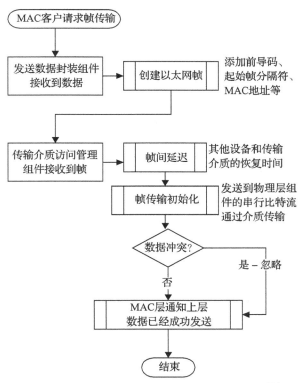

图 8-39   全双工传输模式的高级功能流程图[7]

台上如何通过软件来实现基于特定体系结构的以太网组件。

Motorola/Freescale 的 MPC823 以太网示例

图 8-40 给出了 MPC823 连接到板载以太网硬件组件的示意图（参见第二部分获取更多关于以太网硬件组件的信息）。

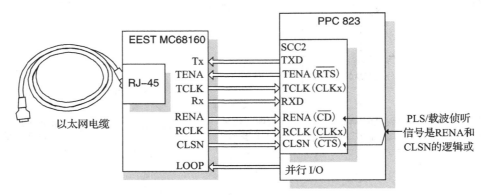

图 8-40　MPC823 以太网框图[2]

了解以太网如何在 MPC823 上工作的一个好的切入点是 2000 MPC823 用户手册的第 16 节，该手册是关于控制网络和通信的 MPC823 组件，称作 CPM（通信处理模块）。正是在此处我们得知了配置 MPC823 来实现以太网是通过串行通信控制器（SCC）完成的。

16.9　串行通信控制器

MPC823 有 2 个可被独立配置以实现不同协议的串行通信控制器（SCC2 和 SCC3）。它们可用来实现桥接功能、路由、网关以及拥有各种各样标准 WAN、LAN 和私有网络的接口……

串行通信控制器不包括物理接口，但它们形成了一种逻辑，该逻辑可用来格式化和操纵从物理接口获取的数据。串行通信控制器的很多功能与以太网控制器（与其他协议相比）相同。串行通信控制器的主要功能包括对全双工 10Mbps 以太网 /IEEE 802.3 的支持。

MPC823 用户手册的 16.9.22 节详细讨论了串行通信控制器在以太网模式下的功能，包括全双工操作支持。实际上，为了初始化和配置 MPC823 上的以太网，在软件中实际需要实现什么可以基于 16.9.23.7 节中的以太网编程示例。

16.9.23.7　SCC2 以太网编程示例

以下是 SCC2 在以太网模式下的初始化顺序示例。

CLK1 引脚用于以太网接收器而 CLK2 引脚用于发送器。

1. 配置端口 A 引脚来使能 TXD1 和 RXD1 引脚。将 PAPAR 的第 12、13 位置 1，PADIR 的第 12、13 位清零，PAODR 的第 13 位清零。

2. 配置端口 C 引脚来使能 CTS2（CLSN）和 CD2（RENA）。将 PCPAR 和 PCDIR 的第 9、8 位清零并将 PCS0 的第 9、8 位置 1。

3. 先不要使能 RTS2（TENA）引脚，因为该引脚仍旧被用作 RTS，并且 LAN 上的传输可能意外开始。

4. 配置端口 A 引脚来使能 CLK1 和 CLK2 引脚。将 PAPAR 的第 7、6 位置 1，并将 PADIR 的第 7、6 位清零。

5. 使用串行接口将 CLK1 和 CLK2 引脚连接到 SCC2。将 SICR 中的 R2CS 位域设置为 101，并将 T2CS 位域设置为 100。

6. 将 SCC2 连接到 NMSI，并将 SICR 中的 SC2 位清零。

7. 初始化 SDMA 配置寄存器（SDCR）为 0x0001。

8. 写 SCC2 参数 RAM 中的 RBASE 和 TBASE，使它们指向双端口 RAM 中的 RX 缓冲区描述符和 TX 缓冲区描述符。假设有一个 RX 缓冲区描述符在双端口 RAM 的开始处，并且有一个 TX 缓冲区描述符紧跟着这个 RX 缓冲区描述符，则将 RBASE 写为 0x2000，并将 TBASE 写为 0x2008。

9. 对 CPCR 编程来为该频道执行初始化 RX BD 参数命令。

10. 为标准操作将 0x18 写入 RFCR 和 TFCR。

11. 将单个接收缓冲区的最大字节数写入 MRBLR 中。对于此种情况假设 1520 字节，所以 MRBLR = 0x05F0。在该示例中，用户想要将整个帧接收到一个缓冲区中，所以 MRBLR 的值被选择为第一个比 1518 大且能被 4 整除的值。

12. 将 0xFFFFFFFF 写入 C_PRES 来遵守 32 位的 CCITT-CRC。

13. 将 0xDEBB20E3 写入 C_MASK 来遵守 32 位的 CCITT-CRC。

14. 清楚起见，清零 CRCEC、ALEC 和 DISFC。

15. 将 0x8888 写入 PAD 作为填充值。

16. 将 0x000F 写入 RET_LIM。

17. 将 0x05EE 写入 MFLR 来使最大帧长为 1518 字节。

18. 将 0x0040 写入 MINFLR 来使最小帧长为 64 字节。

19. 将 0x005EE 写入 MAXD1 和 MAXD2 使最大 DMA 计数为 1518 字节。

20. 清零 GADDR1 ～ GADDR4。不使用群（组）HASH 表。

21. 将 0x0380 写入 PADDR1_H，将 0x12E0 写入 PADDR1_M，并将 0x5634 写入 PADDR1_L，从而将物理地址配置为 8003E0123456。

22. 将 0x000 写入 P_Per。不使用。

23. 清零 IADDR1 ～ IADDR4。不使用独立 HASH 表。

24. 清楚起见，清零 TADDR_H、TADDR_M 和 TADDR_L。

25. 初始化 RX 缓冲区描述符，并假设 RX 数据缓冲区位于主存的 0x00001000。将 0xB000 写入 Rx_BD_Status，将 0x0000 写入 Rx_BD_Length（可选），并将 0x00001000 写入 Rx_BD_Pointer。

26. 初始化 TX 缓冲区描述符，并假设 TX 数据帧位于主存的 0x00002000，并包括 14 个 8 位字符（目的地和源地址加上类型域）。将 0xFC00 写入 Tx_BD_Status，将 PAD 添加到帧并生成 CRC。然后将 0x000D 写入 Tx_BD_Length，并将 0x00002000 写入 Tx_BD_Pointer。

27. 将 0xFFF 写入 SCCE-Ethernet 来清除任何先前的事件。

28. 将 0x001A 写入 SCCM-Ethernet 来使能 TXE、RXF 和 TXB 中断。

29. 将 0x20000000 写入 CIMR 以便 SCC2 可以产生一个系统中断。CICR 也必须被初始化。

30. 将 0x00000000 写入 GSMR_H 来使能所有模式的标准操作。

31. 将 0x1088000C 写入 GSMR_L 来配置 CTS2（CLSN）和 CD2（RENA）引脚，从而自动控制传输和接收（DIAG 域）以及以太网模式。设置 TCI 来允许 EEST 在接收MPC82 传输数据时有更多的建立时间。TPL 和 TPP 根据以太网的需求来设置。DPLL 不与以太网一同使用。注意，发送器（ENT）和接收器（ENR）还没有被使能。

32. 将 0xD555 写入 DSR。

33. 将 PSMR-SCC 以太网设置为 0x0A0A 来配置 32 位 CRC、混杂模式，并在RENA 之后 22 位搜索开始分隔符。

34. 使能 TENA 引脚（RTS2）。由于 GMSR_L 的模式域被写为以太网，因此 TENA信号为低。将 PCPAR 的第 14 位置 1，并将 PCDIR 的第 14 位清零。

35. 将 0x1088003C 写入 GSMR_L 寄存器来使能 SCC2 发送器和接收器。这次额外的写入确保了 ENT 和 ENR 位最后被使能。

注意：发送 14 个字节和自动填充的 46 个字节（外加 CRC 的 4 个字节）后，TX 缓冲区描述符被关闭。此外，在接收到一帧后，接收缓冲区被关闭。由于只准备了一个RX 缓冲区描述符，因此任何超过 1520 字节后接收到的数据或者一个帧都会触发繁忙状态（缓冲区耗尽）。

从 16.9.23.7 节开始，我们可以写出以太网初始化设备驱动程序源代码。也正是从该节开始，我们可以决定 MPC823 上的以太网如何被配置为中断驱动工作模式。实际的初始化流程可被分为 7 个主要的功能：禁用 SCC2，为以太网发送和接收配置端口，初始化缓冲区，初始化参数 RAM，初始化中断，初始化寄存器以及启动以太网（参见以下伪代码）。

```
MPC823 Ethernet Driver Pseudocode

// disabling SCC2
    // Clear GSMR_L[ENR] to disable the receiver
    GSMR_L = GSMR_L & 0×00000020
    // Issue Init Stop TX Command for the SCC
    Execute Command (GRACEFUL_STOP_TX)
    // clear GSLM_L[ENT] to indicate that transmission has stopped
    GSMR_L = GSMR_L & 0×00000010

-=-=-=
// Configure port A to enable TXD1 and RXD1 - step 1 from user's manual
PADIR = PADIR & 0xFFF3      // Set PAPAR[12,13]
PAPAR = PAPAR | 0×000C      // clear PADIR[12,13]
PAODR = PAODR & 0xFFF7      // clear PAODR[12]

// Configure port C to enable CLSN and RENA - step 2 from user's manual
PCDIR = PCDIR & 0xFF3F      // clear PCDIR[8,9]
PCPAR = PCPAR & 0xFF3F      // Clear PCPAR[8,9]
```

```
PCS0 = PCS0 | 0×00C0        // set PCS0[8,9]

// step 3 - do nothing now

// configure port A to enable the CLK2 and CLK4 pins - step 4 from user's manual
PAPAR = PAPAR | 0×0A00      // set PAPAR[6] (CLK2) and PAPAR[4] (CLK4).
PADIR = PADIR & 0xF5FF      // clear PADIR[4] and PADIR[6]. (All 16-bit)

// Initializing the SI Clock Route Register (SICR) for SCC2.
// Set SICR[R2CS] to 111 and Set SICR[T2CS] to 101, Connect SCC2 to NMSI and Clear
SICR[SC2] - steps 5 & 6 from user's manual
SICR = SICR & 0xFFFFBFFF
SICR = SICR | 0×00003800
SICR=(SICR & 0xFFFFF8FF) | 0×00000500

// Initializing the SDMA configuration register - step 7
SDCR = 0×01                 // Set SDCR to 0×1 (SDCR is 32-bit) - step 7 from user's
                               manual

// Write RBASE in the SCC1 parameter RAM to point to the RxBD table and the TxBD
table in the
// dual-port RAM and specify the
// size of the respective buffer descriptor pools - step 8 user's manual
RBase = 0×00 (for example)
RxSize = 1500 bytes (for example)
TBase = 0×02 (for example)
TxSize = 1500 bytes (for example)
Index = 0
While (index < RxSize) do
{
// Set up one receive buffer descriptor that tells the communication processor that
the next packet is
// ready to be received - similar to step 25
// Set up one transmit buffer descriptor that tells the communication processor
that the next packet is
// ready to be transmitted - similar to step 26
index = index + 1}

// Program the CPCR to execute the INIT_RX_AND_TX_PARAMS - deviation from step 9 in
user's
// guide


execute Command(INIT_RX_AND_TX_PARAMS)
// Write RFCR and TFCR with 0×10 for normal operation (all 8-bits) or 0×18 for
normal operation
// and Motorola/Freescale byte ordering - step 10 from user's manual
RFCR = 0×10
TFCR = 0×10

// Write MRBLR with the maximum number of bytes per receive buffer and assume 16
bytes - step
// 11 user's manual
MRBLR = 1520
```

```
// Write C_PRES with 0xFFFFFFFF to comply with the 32 bit CRC-CCITT - step 12
user's manual
C_PRES = 0xFFFFFFFF

// Write C_MASK with 0xDEBB20E3 to comply with the 16 bit CRC-CCITT - step 13 user's
// manual
C_MASK = 0xDEBB20E3

// Clear CRCEC, ALEC, and DISFC for clarity - step 14 user's manual
CRCEC = 0×0
ALEC = 0×0
DISFC = 0×0

// Write PAD with 0×8888 for the PAD value - step 15 user's manual
PAD = 0×8888

// Write RET_LIM to specify how many retries (with 0×000F for example) - step 16
RET_LIM = 0×000F

// Write MFLR with 0×05EE to make the maximum frame size 1518 bytes - step 17
MFLR = 0×05EE

// Write MINFLR with 0×0040 to make the minimum frame size 64 bytes - step 18
MINFLR = 0×0040

// Write MAXD1 and MAXD2 with 0×05F0 to make the maximum DMA count 1520 bytes -
step 19
MAXD1 = 0×05F0
MAXD2 = 0×05F0

// Clear GADDR1-GADDR4. The group hash table is not used - step 20
GADDR1 = 0×0
GADDR2 = 0×0
GADDR3 = 0×0
GADDR4 = 0×0

// Write PADDR1_H, PADDR1_M and PADDR1_L with the 48-bit station address - step 21
stationAddr="embedded device's Ethernet address" = (for example) 8003E0123456


PADDR1_H = 0×0380 ["80 03" of the station address]
PADDR1_M = 0×12E0 ["E0 12" of the station address]
PADDR1_L = 0×5634 ["34 56" of the station address]

// Clear P_PER. It is not used - step 22
P_PER = 0×0

// Clear IADDR1-IADDR4. The individual hash table is not used - step 23
IADDR1 = 0×0
IADDR2 = 0×0
IADDR3 = 0×0
IADDR4 = 0×0

// Clear TADDR_H, TADDR_M and TADDR_L for clarity - step 24
groupAddress = "embedded device's group address" = no group address for example
```

```
TADDR_H = 0 [similar as step 21 high byte reversed]
TADDR_M = 0 [middle byte reversed]
TADDR_L = 0 [low byte reversed]

// Initialize the RxBD and assume that Rx data buffer is at 0×00001000. Write
0xB000 to
// RxBD[Status and Control] Write 0×0000 to RxBD[Data Length]
// Write 0×00001000 to RxDB[BufferPointer] - step 25
RxBD[Status and Control] is the status of the buffer = 0xB000
Rx data buffer is the byte array the communication processor can use to store the
incoming packet in.
= 0×00001000
Save Buffer and Buffer Length in Memory, Then Save Status

// Initialize the TxBD and assume that Tx data buffer is at 0×00002000 Write 0xFC00 to
// TxBD[Status and Control] Write 0×0000 to TxBD[Data Length]

// Write 0×00002000 to TxDB[BufferPointer] - step 26

TxBD[Status and Control] is the status of the buffer = 0xFC00
Tx data buffer is the byte array the communication processor can use to store the
outgoing packet in.
= 0×00002000
Save Buffer and Buffer Length in Memory, Then Save Status

// Write 0xFFFF to the SCCE-Transparent to clear any previous events - step 27
user's manual
SCCE = 0xFFFF

// Initialize the SCCM-Transparent (SCC mask register) depending on the interrupts
required of the
// SCCE[TXB, TXE, RXB, RXF] interrupts possible. - step 28 user's manual
 // Write 0×001B to the SCCM for generating TXB, TXE, RXB, RXF interrupts (all events).
 // Write 0×0018 to the SCCM for generating TXE and RXF Interrupts (errors).
 // Write 0×0000 to the SCCM in order to mask all interrupts.
 SCCM = 0×0000


// Initialize CICR, and Write to the CIMR so that SCC2 can generate a system
interrupt. - step 29
CIMR = 0×200000000
CICR = 0×001B9F80

// Write 0×00000000 to the GSMR_H to enable normal operation of all modes - step 30
user's manual
GSMR_H = 0×0

// GSMR_L: 0×1088000C: TCI = 1, TPL = 0b100, TPP = 0b01, MODE = 1100 to configure the
// CTS2 and CD2 pins to automatically control transmission and reception (DIAG field).
Normal
// operation of the transmit clock is used. Notice that the transmitter (ENT) and
receiver (ENR) are
// not enabled yet. - step 31 user's manual
GSMR_L = 0×1088000C

// Write 0xD555 to the DSR - step 32
```

```
DSR = 0xD555

// Set PSMR-SCC Ethernet to configure 32-bit CRC - step 33
    // 0x080A: IAM = 0, CRC = 10 (32-bit), PRO = 0, NIB = 101
    // 0x0A0A: IAM = 0, CRC = 10 (32-bit), PRO = 1, NIB = 101
    // 0x088A: IAM = 0, CRC = 10 (32-bit), PRO = 0, SBT = 1, NIB = 101
    // 0x180A: HBC = 1, IAM = 0, CRC = 10 (32-bit), PRO = 0, NIB = 101
PSMR = 0x080A

// Enable the TENA pin (RTS2) Since the MODE field of the GSMR_L is written to
Ethernet, the
// TENA signal is low. Write PCPAR bit 14 with a one and PCDIR bit 14 with a
// zero - step 34
PCPAR = PCPAR | 0x0001
PCDIR = PCDIR & 0xFFFE

// Write 0x1088003C to the GSMR_L register to enable the SCC2 transmitter and
receiver. - step 35
GSMR_L = 0x1088003C


-=-=-=-

// Start the transmitter and the receiver
// After initializing the buffer descriptors, program the CPCR to execute an INIT
RX AND TX
// PARAMS command for this channel.
    Execute Command(Cp.INIT_RX_AND_TX_PARAMS)
/
/ Set GSMR_L[ENR] and GSMR_L[ENT] to enable the receiver and the transmitter
    GSMR_L = GSMR_L | 0x00000020 | 0x00000010

// END OF MPC823 ETHERNET INITIALIZATION SEQUENCE - now when appropriate inter-
// rupt triggered, data is moved to or from transmit/receive buffers
```

NetSilicon NET+ARM40 以太网示例

图 8-41 给出了 NET+ARM 连接到板载以太网硬件组件（参见第二部分获取更多关于以太网硬件组件的信息）的示意图。

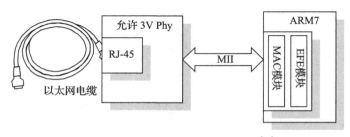

图 8-41　NET+ARM 以太网框图[8]

与 MPC823 一样，NET+ARM40 以太网协议需要被配置为全双工支持，以及中断驱动模式。然而，与 MPC823 不一样的是，NET+ARM 的初始化流程更加简单，并且可以分为 3 个主要的功能：执行以太网处理器的复位，初始化缓冲区，以及允许 DMA 通道（参见 NET+ARM 15/40 的 NET+ARM 硬件用户手册和下面的伪代码）。

```
NET + ARM40 Pseudocode

…
// Perform a low level reset of the NCC Ethernet chip
// determine MII type
MIIAR = MIIAR & 0xFFFF0000 | 0×0402
MIICR = MIICR | 0×1
// wait until current PHY operation completes

if using MII
{
// set PCSCR according to poll count - 0×00000007 (>= 6), 0×00000003 (< 6)
// enable autonegotiation
}
else {                                    // ENDEC MODE
EGCR = 0×0000C004
// set PCSCR according to poll count - 0×00000207 (>= 6), 0×00000203 (< 6)
// set EGCR to correct mode if automan jumper removed from board
}

// clear transfer and receive registers by reading values
get LCC
get EDC
get MCC
get SHRTFC
get LNGFC
get AEC
get CRCEC
get CEC

// Inter-packet Gap Delay = 0.96us for MII and 9.6us for 10BaseT
if using MII then {
B2BIPGGTR = 0×15
NB2BIPGGTR = 0×0C12
} else {
B2BIPGGTR = 0×5D
NB2BIPGGTR = 0×365A);
}

MACCR = 0×0000000D

// Perform a low level reset of the NCC Ethernet chip continued

// Set SAFR = 3: PRO Enable Promiscuous Mode (receive ALL packets), 2: PRM Accept
ALL
// multicast packets, 1: PRA Accept multicast packets using Hash
// Table, 0 : BROAD Accept ALL broadcast packets
SAFR = 0×00000001

// load Ethernet address into addresses 0xFF8005C0-0xFF8005C8
// load MCA hash table into addresses 0xFF8005D0-0xFF8005DC

STLCR = 0×00000006
If using MII {
```

```
        // Set EGCR according to what rev - 0xCOF10000 (rev<4), 0xCOF10000 (PNA support
        disabled)
else {
        // ENDEC mode
EGCR = 0xCOC08014}

// Initialize buffer descriptors
        // setup Rx and Tx buffer descriptors
        DMABDP1A = "receive buffer descriptors"
                DMABDP2 = "transmit buffer descriptors"

// enable Ethernet DMA channels
// setup the interrupts for receive channels
DMASR1A = DMASR1A & 0xFFOFFFFF | (NCIE | ECIE | NRIE | CAIE)


// setup the interrupts for transmit channels
DMASR2 = DMASR2 & 0xFFOFFFFF | (ECIE | CAIE)


        // Turn each channel on

        If MII is 100Mbps then {

                                DMACR1A = DMACR1A & 0xFCFFFFFF | 0×02000000
                                }

DMACR1A = DMACR1A & 0xC3FFFFFF | 0×80000000
        If MII is 100Mbps then {
                DMACR2 = DMACR2 & 0xFCFFFFFF | 0×02000000
                }
else if MII is 10Mbps{
                DMACR2 = DMACR2 & 0xFCFFFFFF
                }
DMACR2 = DMACR2 & 0xC3FFFFFF | 0×84000000

// Enable the interrupts for each channel
DMASR1A = DMASR1A | NCIP | ECIP | NRIP | CAIP
DMASR2 = DMASR2 | NCIP | ECIP | NRIP | CAIP

// END OF NET+ARM ETHERNET INITIALIZATION SEQUENCE - now when appropriate
// interrupt triggered, data is moved to or from transmit/receive buffers
```

8.4.2 示例 5：初始化 RS-232 驱动程序

最广泛被实现的异步串行 I/O 协议是 RS-232 或 EIA-232
（Electronic Industries Association-232），主要依据电子行业协
会标准族。这些标准详细描述了任何基于 RS-232 的系统的主
要组件，该系统几乎全部在硬件中实现。

允许 RS-232 功能所需的固件（软件）对应到 OSI 数据
链路层的较低部分。硬件组件可以全被映射到 OSI 模型（见
图 8-42）的物理层，但不会在这里讨论（参见第二部分）。

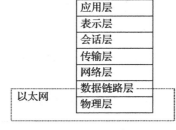

图 8-42　OSI 模型

正如第 6 章所述，可被集成到主处理器上的 RS-232 组件称为 RS-232 接口，可被配置为同步或异步传输。例如，在异步传输的情况下，为 RS-232 实现的唯一的固件（软件）是位于称作 UART（通用异步发射器接收器）的组件中，它实现了串行数据传输（见图 8-43）。

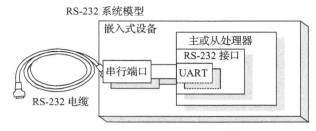

图 8-43 RS-232 硬件框图[7]

数据以恒定速率传输的比特流形式在 RS-232 上异步地进行传输。UART 所处理的帧是以图 8-44 所示的格式组织的。

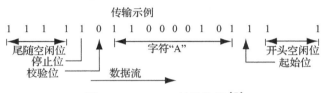

图 8-44 RS-232 帧结构图[7]

RS-232 协议定义的帧格式具有：1 个起始位，7 或 8 个数据位，1 个奇偶校验位，以及 1 或 2 个停止位。

Motorola/Freescale 的 MPC823 RS-32 示例

图 8-45 给出了 MPC823 连接到板载 RS-232 硬件组件（参见第二部分获取更多关于其他硬件组件的信息）的示意图。

MPC823 上有不同的可被配置为 UART 模式的集成组件，例如 SCC2 和 SMC（串行管理控制器）。SCC2 在之前的章节中讨论过（被启用以支持以太网），所以本示例将着眼于为串口而配置 SMC。通过 SMC 启用 MPC823 上的 RS-232 在 2000 MPC823 用户手册中的 16.11 节（串口管理控制器）中讨论。

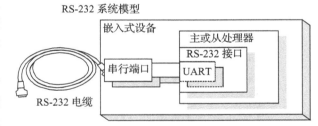

图 8-45 MPC823 的 RS-232 框图[9]

```
16.11 THE SERIAL MANAGEMENT CONTROLLERS
The serial management controllers (SMCs) consist of two full-duplex ports that
can be independently configured to support any one of three protocols—UART,
Transparent, or general-circuit interface (GCI). Simple UART operation is used to
provide a debug/monitor port in an application, which allows a serial communication
controller (SCCx) to be free for other purposes. The serial management controller
clock can be derived from one of four internal baud rate generators or from a 16×
external clock pin.

...
```

用来配置和初始化 MPC823 RS-232 的软件可以基于 16.11.6.15 节中的 SMC1 UART 控

制器编程示例。

16.11.6.15 SMC1 UART CONTROLLER PROGRAMMING EXAMPLE
The following is an initialization sequence for 9,600 baud, 8 data bits, no parity,
and 1 stop bit operation of an SMC1 UART controller assuming a 25 MHz system
frequency. BRG1 and SMC1 are used.

1. Configure the port B pins to enable SMTXD1 and SMRXD1. Write PBPAR bits 25 and
   24 with ones and then PBDIR and PBODR bits 25 and 24 with zeros.
2. Configure the BRG1. Write 0×010144 to BRGC1. The DIV16 bit is not used and
   divider is 162 (decimal). The resulting BRG1 clock is 16x the preferred bit
   rate of SMC1 UART controller.

3. Connect the BRG1 clock to SMC1 using the serial interface. Write the SMC1 bit
   SIMODE with a D and the SMC1CS field in SIMODE register with 0×000.
4. Write RBASE and TBASE in the SMC1 parameter RAM to point to the RX buffer
   descriptor and TX buffer descriptor in the dual-port RAM. Assuming one
   RX buffer descriptor at the beginning of dual-port RAM and one TX buffer
   descriptor following that RX buffer descriptor, write RBASE with 0×2000 and
   TBASE with 0×2008.
5. Program the CPCR to execute the INIT RX AND TX PARAMS command. Write 0×0091 to
   the CPCR.
6. Write 0×0001 to the SDCR to initialize the SDMA configuration register.
7. Write 0×18 to the RFCR and TFCR for normal operation.
8. Write MRBLR with the maximum number of bytes per receive buffer. Assume 16
   bytes, so MRBLR = 0×0010.
9. Write MAX_IDL with 0×0000 in the SMC1 UART parameter RAM for clarity.
10. Clear BRKLN and BRKEC in the SMC1 UART parameter RAM for clarity.
11. Set BRKCR to 0×0001, so that if a STOP TRANSMIT command is issued, one bit
    character is sent.
12. Initialize the RX buffer descriptor. Assume the RX data buffer is at
    0×00001000 in main memory. Write 0xB000 to RX_BD_Status. 0×0000 to RX_BD_
    Length (not required), and 0×00001000 to RX_BD_Pointer.
13. Initialize the TX buffer descriptor. Assume the TX data buffer is at
    0×00002000 in main memory and contains five 8-bit characters. Then
    write 0xB000 to TX_BD_Status, 0×0005 to TX_BD_Length, and 0×00002000 to
    TX_BD_Pointer.
14. Write 0xFF to the SMCE-UART register to clear any previous events.
15. Write 0×17 to the SMCM-UART register to enable all possible serial management
    controller interrupts.
16. Write 0×00000010 to the CIMR to SMC1 can generate a system interrupt. The CICR
    must also be initialized.
17. Write 0×4820 to SMCMR to configure normal operation (not loopback), 8-bit
    characters, no parity, 1 stop bit. Notice that the transmitter and receiver
    are not enabled yet.
18. Write 0×4823 to SMCMR to enable the SMC1 transmitter and receiver. This
    additional write ensures that the TEN and REN bits are enabled last.

NOTE: After 5 bytes are transmitted, the TX buffer descriptor is closed. The
receive buffer is closed after 16 bytes are received. Any data received after 16
bytes causes a busy (out-of-buffers) condition since only one RX buffer descriptor
is prepared.

与以太网实现相似，MPC823串口驱动被配置为中断驱动，并且它的初始化流程也可分为 7 个主要的功能：禁用 SMC1，设置端口和波特率发生器，初始化缓冲区，设置参数 RAM，初始化中断，设置寄存器，以及启用 SMC1 来发送／接收（参见下面的伪代码）。

```
MPC823 Serial Driver Pseudocode
...

// disabling SMC1

// Clear SMCMR[REN] to disable the receiver
        SMCMR = SMCMR & 0×0002
    // Issue Init Stop TX Command for the SCC
                execute command(STOP_TX)
    // clear SMCMR[TEN] to indicate that transmission has stopped
        SMCMR = SMCMR & 0×0002


-=-=-

// Configure port B pins to enable SMTXD1 and SMRXD1. Write PBPAR bits 25 and 24
with ones
// and then PBDIR bits 25 and 24 with zeros - step 1 user's manual
PBPAR = PBPAR | 0×000000C0
PBDIR= PBDIR & 0xFFFFFF3F
PBODR = PBODR & 0xFFFFFF3F


// Configure BRG1 - BRGC: 0×10000 - EN = 1-25 MHZ : BRGC: 0×010144 - EN = 1, CD = 162
// (b10100010), DIV16 = 0 (9600)
// BRGC: 0×010288 - EN = 1, CD = 324 (b101000100), DIV16 = 0 (4800)
// 40 Mhz : BRGC: 0×010207 - EN = 1, CD = 259 (b1 0000 0011), DIV16 = 0
// (9600) - step 2 user's manual

BRGC= BRGC | 0×010000

// Connect the BRG1 (Baud rate generator) to the SMC. Set the SIMODE[SMCx] and the
// SIMODE[SMC1CS] depending on baude rate generator where SIMODE[SMC1] =
// SIMODE[16], and SIMODE[SMC1CS]=SIMODE[17-19] - step 3 user's manual

SIMODE = SIMODE & 0xFFFF0FFF | 0×1000

// Write RBASE and TBASE in the SCM parameter RAM to point to the RxBD table and
the TxBD
// table in the dual-port RAM - step 4

RBase = 0×00 (for example)
RxSize = 128 bytes (for example)
TBase = 0×02 (for example)
TxSize = 128 bytes (for example)
Index = 0
While (index<RxSize) do
{

// Set up one receive buffer descriptor that tells the communication processor that
the next packet is
```

```
// ready to be received - similar to step 12
// Set up one transmit buffer descriptor that tells the communication processor
that the next packet is
// ready to be transmitted - similar to step 13
index = index + 1}
// Program the CPCR to execute the INIT RX AND TX PARAMS command - step 5
execute Command(INIT_RX_AND_TX_PARAMS)

// Initialize the SDMA configuration register, Set SDCR to 0×1 (SDCR is 32-bit) -
step 6 user's
// manual
SDCR =0×01

// Set RFCR,TFCR - Rx,Tx Function Code, Initialize to 0×10 for normal operation
(All 8-bits),
// Initialize to 0×18 for normal operation and Motorola/Freescale byte ordering -
step 7
RFCR = 0×10
TFCR = 0×10

// Set MRBLR - Max. Receive Buffer Length, assuming 16 bytes (multiple of 4) - step 8
MRBLR = 0×0010

// Write MAX_IDL (Maximum idle character) with 0×0000 in the SMC1 UART parameter
RAM to
// disable the MAX_IDL functionality - step 9
MAX_IDL = 0

// Clear BRKLN and BRKEC in the SMC1 UART parameter RAM for clarity - step 10
BRKLN = 0
BRKEC = 0

// Set BRKCR to 0×01 - so that if a STOP TRANSMIT command is issued, one break
character is
// sent - step 11

BRKCR = 0×01
```

8.5 小结

本章讨论了设备驱动程序，这是一种在嵌入式系统中用以管理硬件的软件。本章也介绍了一组典型的设备驱动程序示例，它们组成了大部分的设备驱动程序。中断处理（PowerPC平台）、存储器管理（PowerPC平台）、I²C总线（基于 PowerPC 的平台），以及 I/O（PowerPC平台和基于 ARM 的平台上的以太网和 RS-232）都是所提供的现实中的例子，并辅以伪代码展示了如何实现设备驱动程序功能。

下一章将介绍嵌入式操作系统的技术基础以及在设计中的功能。

习题

1. 什么是设备驱动程序？

2. 图 8-46a ～ d 中属于的是映射设备驱动程序到嵌入式系统模型，其中哪一个是不正确的？

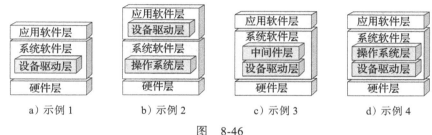

图 8-46

3. [a] 体系结构相关的驱动程序与通用驱动程序之间的差别是什么?

   [b] 给出每种驱动程序的两个示例。

4. 详细描述至少 10 种基于图 8-47 所示类型的框图中所需的设备驱动程序。数据手册信息在 CD 中第 3 章 "sbcARM7" 文件中。

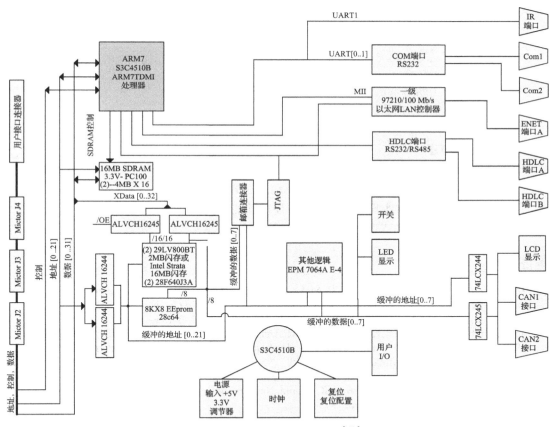

图 8-47 ARM 系统板框图[10]

5. 列举并描述五种类型的设备驱动程序功能。

6. 软件对硬件的隐含感知是指其在任何时刻都处于以下三种状态之一:

   A. 非活动、完成、忙

   B. 非活动、完成、断开的

   C. 固定的、完成、忙

D. 固定的、非活动、断开的

E. 以上全不是

7. [T/F] 在主处理器上提供了不同模式，不同类型软件可以在不同模式中执行，设备驱动程序通常不运行在管理模式。

8. [a] 什么是中断？

[b] 中断如何被初始化？

9. 给出并描述四个可为中断处理实现的设备驱动程序的功能示例。

10. [a] 三种主要的中断类型有哪些？

[b] 列举每种类型中断被触发的示例。

11. [a] 电平触发中断与边沿触发中断的区别是什么？

[b] 每种方式各有什么优缺点？

12. IACK 是：

A. 中断控制器

B. IRQ 端口

C. 中断应答

D. 以上都不是

13. [T/F] ISR 是在中断触发前被执行。

14. 自动向量方案与中断向量方案的区别是什么？

15. 给出并描述四个为管理存储器实现的设备驱动程序的功能示例。

16. [a] 什么是字节序？

[b] 给出并描述可能的字节序方案。

17. 给出并描述四个为总线协议实现的设备驱动程序的功能示例。

18. 给出并描述四个为 I/O 实现的设备驱动程序的功能示例。

19. 以太网和串行设备驱动程序对应到 OSI 模型的什么位置？

尾注

[1] *Foundations of Computer Architecture*, H. Malcolm. Additional references include: *Computer Organization and Architecture*, W. Stallings, Prentice Hall, 4th edn, 1995; *Structured Computer Organization*, A.S. Tanenbaum, Prentice Hall, 3rd edn, 1990; *Computer Architecture*, R.J. Baron and L. Higbie, Addison-Wesley, 1992; *MIPS RISC Architecture*, G. Kane and J. Heinrich, Prentice Hall, 1992; *Computer Organization and Design: The Hardware/Software Interface*, D.A. Patterson and J.L. Hennessy, Morgan Kaufmann, 3rd edn, 2005.

[2] Motorola/Freescale, MPC860 PowerQUICC User's Manual.

[3] *Embedded Controller Hardware Design,* K. Arnold, Newnes, 2001.

[4] Freescale, MPC860 Training Manual.

[5] Mitsubishi Electronics, M37267M8 Specification.

[6] Motorola/Freescale, 68000 Users Manual.

[7] IEEE802.3 Ethernet Standard, http://grouper.ieee.org/groups/802/3/.

[8] Net Silicon, Net+ARM40 Hardware Reference Guide.

[9] Freescale, PowerPC MPC823 User's Manual.

[10] Wind River, Hardware Reference Designs for ARM7 Datasheet.

嵌入式操作系统

本章内容

- 操作系统
- 进程管理、调度和任务间通信
- 在操作系统层面的内存管理
- 操作系统的 I/O 管理

操作系统（OS）是嵌入式设备系统软件栈的一个可选部分，这就意味着不是所有的嵌入式系统都有操作系统。操作系统可以应用到任何处理器（指令集体系结构）上，前提是相应操作系统已经移植到该处理器上。如图 9-1 所示，操作系统可以位于硬件层之上，或者设备驱动层之上，或者 BSP（板级支持包，将在 9.7 节讨论）之上。

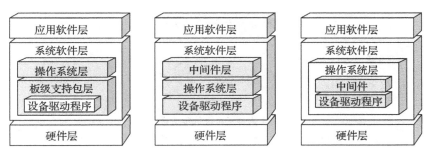

图 9-1　操作系统与嵌入式系统模型

操作系统是一个软件库集合，在嵌入式系统中有两个主要作用：为操作系统之上的软件提供一个抽象层，使其降低对硬件的直接依赖，这就使得位于操作系统层之上的中间件和应用的开发更加容易；管理各种各样的系统硬件和软件资源来确保整个系统更有效率、更可靠地运行。虽然嵌入式操作系统组成上各有不同，但是所有的操作系统都至少有一个内核。如图 9-2a ～ e 所示，内核是包含操作系统主要功能的一个组件，具体来讲，它是所有或者部分功能及其相互依赖的组合。包括：

- 进程管理：操作系统如何管理和看待嵌入式系统软件（通过进程——更多内容将在 9.2 节中讨论）。进程管理中通常存在的一个子功能是中断和错误检测管理。由各种进程产生的众多中断或者陷阱需要高效地管理，这样它们才会正确地处理，触发它们的进程才能正确地追踪。
- 存储管理：嵌入式系统的存储空间是被所有的不同进程共享的，因此，存储空间的访问和分配需要管理（更多内容在 9.3 节讨论）。在存储管理中，其他子功能（例如，系统安全管理）使得嵌入式系统的一些部分能够防止来自不友好的、代码编写糟糕的高层软件的安全破坏，这些部分本身易于遭受可能导致系统不能正常工作的破坏。

● I/O 系统管理：I/O 设备也需要被不同的进程共享，因此，就如存储一样，I/O 设备的访问和分配需要管理（更多内容参见 9.4 节）。通过 I/O 系统管理，文件系统管理也可以提供一种以文件形式存储和管理数据的方法。

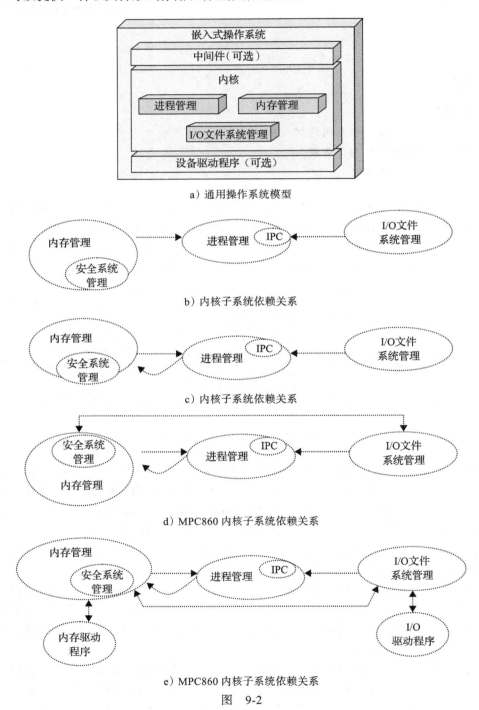

a）通用操作系统模型

b）内核子系统依赖关系

c）内核子系统依赖关系

d）MPC860 内核子系统依赖关系

e）MPC860 内核子系统依赖关系

图 9-2

因为操作系统管理软件的方式是使用进程，所以进程管理组件是操作系统中最核心的子系统。所有其他子系统都依赖于进程管理单元。

由于所有代码必须载入主存（RAM 或者 Cache）让主 CPU 执行，所以启动代码和数据位于非易失内存（ROM、闪存等）中，进程管理子系统同样依赖内存管理子系统。

I/O 管理（例如在网络文件系统（NFS）中）可能包含网络相关 I/O 与内存管理器接口连接。

内核之外，存储管理和 I/O 管理子系统依赖设备驱动程序来获取硬件资源，反之亦然。

无论是操作系统内核之内或之外，各种操作系统在其他系统软件组件（如设备驱动和中间件）以及它们的协同方式上也存在差异。事实上，大部分的嵌入式操作系统通常是基于单体的、分层的或者微内核（客户端 / 服务器）三种设计模型中的一个。一般而言，根据系统内核的内部设计以及其他哪些系统软件被集成到操作系统中，这些设计模型存在差异。在单体操作系统中，中间件和设备驱动程序功能通常是集成到内核中的。这种类型的操作系统是单个包含所有这些组件的可执行文件（见图 9-3）。

单体操作系统由于其固有的代码体积大、集成以及相互依赖特点，通常比其他体系架构的操作系统更难扩展、修改和调试。因此，基于单体结构设计，所谓的单体模块化结构作为一种更易调试、扩展和比标准单体结构性能更好的结构实现了。在单体模块化结构系统中，功能被集成到单个可执行文件中，该执行文件由模块（各种不同系统功能相对应的代码片段）构成。嵌入式 Linux 操作系统就是一个典型的单体模块化系统，在图 9-4 中列出了它的主要模块。Jbed 实时操作系统（RTOS）、MicroC/OS-II 和 PDOS 是典型的嵌入式单体操作系统。

图 9-3　单体操作系统框图

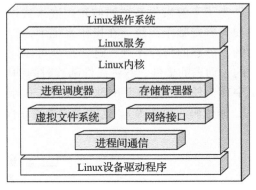

图 9-4　Linux 操作系统框图

在分层结构设计中，操作系统分成层次化的结构（$0, \cdots, N$），上层依赖下层提供的功能。类似于单体结构设计，分层操作系统是单个大的包含设备驱动和中间件的可执行文件（见图 9-5）。虽然与单体结构设计相比，分层操作系统更易开发和维护，但是在每个层次提供的 API（应用程序接口）会产生额外的开销，这样就会影响内核体积和性能。DOS-C（FreeDOS）、DOS/eRTOS 和 VRTX 是典型的分层操作系统。

操作系统内核如果尽可能地精简成最小功能，通常仅仅包括进程和存储管理子单元，这样的系统架构称为客户端 / 服务器系统或者微内核系统（见图 9-6）（注意：微内核甚至可以精减到仅仅只有进程管理单元，通常称为超微内核）。其余的功能被抽象到内核之外，例如设备驱动程序，如图 9-6 所示，就被抽象到微内核之外。与其他类型的系统相比，微内核在进程管理上也是有区别的。9.2.3 节会详细讨论任务间通信及同步。

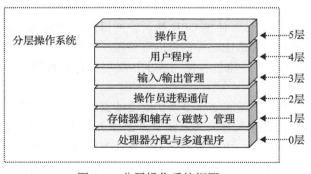

图 9-5 分层操作系统框图

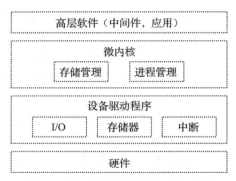

图 9-6 基于微内核的操作系统框图

微内核系统通常更易扩展（模块化）和调试，因为额外的组件可以动态添加到内核中。它也更加安全，因为大部分功能单元都是独立于系统的，并且有独立的客户端和服务器存储空间。它也更容易移植到新的体系结构中。然而，由于微内核组件以及类似内核组件之间的通信，这种结构可能比别的系统结构（如单体结构）运行更慢。在内核和其他系统组件及非系统组件（相对分层和单内核系统而言）之间切换也增加了很多开销。很多现有可用的嵌入式操作系统（至少有成百上千个）都归于微内核之列，包括 OS-9、C Executive、VxWorks、CMX-RTX、Nucleus Plus 和 QNX。

9.1 什么是进程

为了了解操作系统如何管理嵌入式设备的硬件和软件资源，读者必须首先了解操作系统如何看待整个系统。在操作系统中，程序和正在执行的程序是不同的。程序就是一个被动的、静态的指令序列，这些指令可以代表系统硬件和软件资源。而程序的执行是一个主动的、动态的事件，各种属性随着时间和所执行的指令而变化。进程（在许多嵌入式操作系统中称为任务）是由系统创建的，用于封装一个程序执行过程中所涉及的所有信息（堆栈、PC、源代码、数据等）。这就意味着程序仅仅是任务的一部分，如图 9-7 所示。

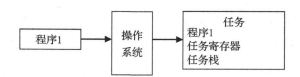

图 9-7 操作系统的任务

嵌入式操作系统使用任务来管理嵌入式软件，要么是单任务的，要么是多任务的。在单任务操作系统中，任何时间只有一个任务，而在多任务操作系统中，多个任务可以同时存在。与多任务操作系统相比，单任务操作系统通常不要求具有一个复杂的任务管理机制。在多任务操作系统环境中，允许多个任务同时执行带来的额外复杂度要求这些进程保持彼此之间的独立性，不能影响其他进程，除非通过特定的编程来实现进程间的通信。多任务模型为每一个进程提供更好的安全性，这在单任务模型中是不需要的。对于一个复杂的嵌入式系统，多任务实际上提供了一个更加有组织的工作方式使整个系统运行。在多任务系统环境中，系统活动分成更简单的、独立的组件，甚至相同的活动都可以在多个进程中同时运行，如图 9-8 所示。

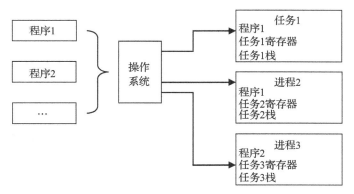

图 9-8　多任务操作系统

　　一些多任务操作系统也提供了线程（轻量级进程）作为另一个封装程序实例的可选方式。线程在任务上下文（这就意味着线程被绑定到一个任务）中创建，并且根据操作系统的不同，一个任务可以拥有一个或者多个线程。线程是任务内的一个顺序执行流。与任务不同，任务是有独立的存储空间的，别的任务是不可以访问该区域的，任务中的线程却是共享相同的资源（工作目录、文件、I/O 设备、全局数据、地址空间、程序代码等）的，但是有独立的程序计数器、栈和调度信息（PC、SP、栈、寄存器等）来确保它们执行的指令独立地调度。因为在同一个任务上下文创建的线程可以共享相同的存储空间，所以这些线程之间可以更简单地进行通信和协调。这是因为一个任务在地址空间上至少包含一个线程，也可能包含多个执行地址空间中不同部分程序的线程，这就不需要任务间通信机制了（见图 9-9）。这将在 9.2.3 节中做更多讨论。同样，由于线程间的资源共享，对于相同的工作，多线程方式通常比多任务方式开销要小。

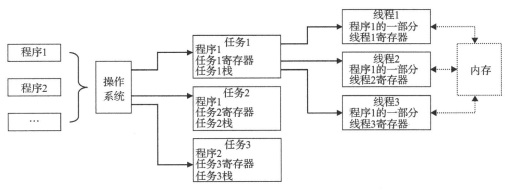

图 9-9　任务和线程

　　通常，程序员针对每一个不同的系统活动定义一个单独的任务（或线程），将这个活动的所有动作简化为单一的事件流，而不是一个重叠事件的复杂集合。然而，通常交由程序员来决定需要创建多少任务对应系统活动，如果采用线程，是否以及如何在任务上下文中使用线程。

　　DOS-C 是一个单任务嵌入式操作系统的示例，而 VxWorks（Wind River）、嵌入式 Linux（Timesys）和 Jbed（Esmertec）则是多任务操作系统的示例。即使对于不同的多任务操作系统，它们之间在设计上也千差万别。传统版本 VxWorks（5.x 和 6.x）只有一种类型的任务，每一个任务就是一个执行线程，而另外一种被称作 VxWorks653 的 VxWorks 则由一种更复杂的多任务机制构成，集成了模块化操作系统和分区实例化操作系统的某种组合。Timesys Linux 有两种类型的任务：Linux fork 和 Periodic task，而 Jbed 提供了 6 种不同类型的任务：OneshotTimer Task（仅运行一次的任务）、PeriodicTimer Task（在指定时间间隔后运行的任务）、HarmoniceEvent Task（伴随 PeriodicTimer 任务一起运行的任务）、JoinEvent Task（当一个关联的任务运行完成时运行的任务）、InterruptEvent Task（当硬件中断触发时运行的任务）、UserEvent Task（被其他任务显式触发的任务）。下面会给出这些不同类型任务的更多细节。

9.2 多任务和进程管理

与单任务操作系统相比，多任务操作系统需要额外的机制来管理和同步同时运行的多个任务。这是因为虽然操作系统允许多个任务同时存在，但是嵌入式系统板上的主处理器在任何时刻只能执行一个任务或者线程。因此，多任务嵌入式操作系统必须找到某种方式来给每个任务分配一定量的时间占用 CPU 以及在多个任务之间进行切换占用主 CPU。正是通过任务的实现、调度、同步以及任务间通信机制来实现这种处理，操作系统才成功地给我们产生单一处理器能同时执行多个任务的假象（见图 9-10）。

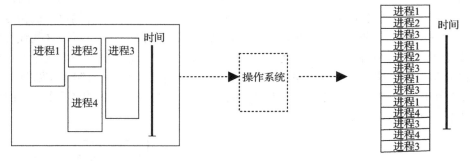

图 9-10 交替执行的任务

9.2.1 进程实现

在多任务嵌入式操作系统中，任务是以父任务和子任务的分级结构进行组织的，当一个嵌入式系统内核启动时，只有一个任务存在（见图 9-11）。其他所有任务都由这第一个任务创建出来（注意：第一个任务是由程序员在系统的初始化代码里面创建的，在第 12 章会详细讨论）。

在嵌入式操作系统中，进程创建主要基于两种方式：fork/exec（来源于 IEEE/ISO POSIX 1003.1 标准）和 spawn（由 fork/exec 衍生的）。由于 spawn 方式是基于 fork/exec 的，因此两种方式很相似。所有进程都通过 fork/exec 或 spawn 系统调用创建它们的子进程。在系统调用执行后，操作系统取得了控制权，并创建任务控制块（TCB），在一些操作系统中也叫作进程控制块（PCB），TCB 包含了特定任务的系统控制

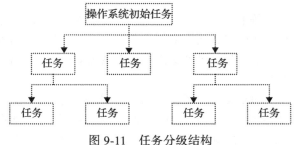

图 9-11 任务分级结构

信息，如任务 ID、任务状态、任务优先级、错误状态和 CPU 上下文信息（如寄存器等信息）。这时会给新生成的子任务包括其 TCB 分配存储空间、系统调用传递的参数，以及子任务要执行的代码段。当子任务创建完成后，系统调用返回，操作系统将控制权交回给主程序。

fork/exec 和 spawn 两种方式的主要区别是如何给新的子任务分配内存。如图 9-12 所示，在 fork/exec 方式中，"fork"调用给子任务创建一个父任务存储空间副本，这样子任务就继承了父任务的诸多属性，如程序代码段和变量等。因为父任务的整个存储空间被复制给子任务，所以内存中就有两个父任务的代码段——一个属于父任务，一个属于子任务。"exec"调用用来显式地移除子任务存储空间中对父任务程序代码的引用，并为子任务设置新的程序代码来运行。

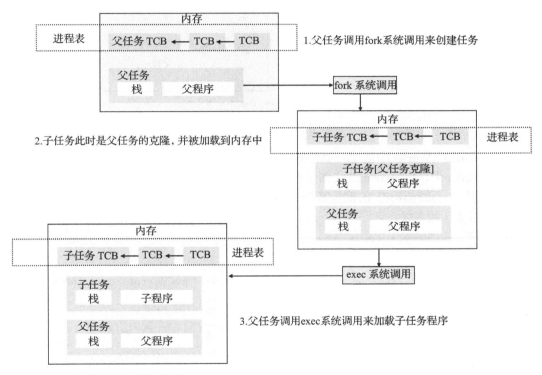

<< 基于fork/exec进行任务创建涉及4个主要步骤 >>

图 9-12　fork/exec 进程创建

spawn 方式为子任务开辟了一个全新的地址空间。spawn 系统调用允许为子任务定义所要执行的程序和参数。这就可以使子任务的程序创建后，立即加载并执行相应程序（见图 9-13）。

两种进程创建方式具有它们各自的优缺点。spawn 方式与 fork/exec 方式不同，不需要创建和销毁内存副本，新的内存会被分配。fork/exec 方式的好处就是子任务继承父任务属性所带来的高效率，并且之后修改子任务的环境具有高灵活性。在示例 1、2 和 3 中，我们展示了真正的嵌入式操作系统进程创建方法。

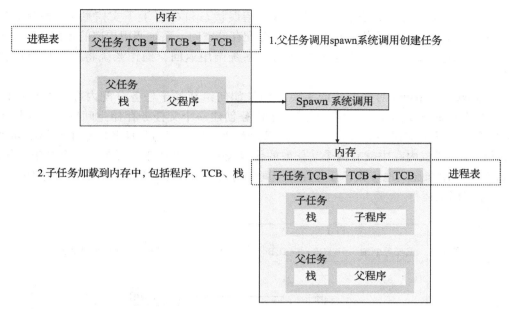

<<基于spawn进行进程创建涉及两个主要步骤>>

图 9-13   spawn 进程创建

示例 1：在 VxWorks 中创建一个任务[1]

在 VxWorks 中，以 spawn 方式创建的两大主要步骤形成了创建任务的基础。VxWorks 系统中所谓的"taskSpawn"的就是基于 POSIX spawn 方式，也就是创建、初始化和激活一个任务（子任务）的方式。

```
int taskSpawn(
{Task Name},
{Task Priority 0-255, related to scheduling; this will be discussed in the next
section},
{Task Options - VX_FP_TASK, execute with floating point coprocessor
VX_PRIVATE_ENV, execute task with private environment
VX_UNBREAKABLE, disable breakpoints for task
VX_NO_STACK_FILL, do not fill task stack with 0xEE}
{Stack Size}
{Task address of entry point of program in memory - initial PC value}
{Up to 10 arguments for task program entry routine})
```

spawn 系统调用过程中，子任务的镜像（包括 TCP、栈和程序）在内存中得以分配。下面的任务创建伪代码示例就是 VxWorks RTOS 中父任务"spawns"（派生）一个软件定时器的子任务。

```
任务创建Vxworks伪代码
// parent task that enables software timer
void parentTask(void)
{
...
```

```
if sampleSoftware Clock NOT running {
    /"newSWClkId" is a unique integer value assigned by kernel when task is created
    newSWClkId = taskSpawn ("sampleSoftwareClock", 255, VX_NO_STACK_FILL, 3000,
                    (FUNCPTR) minuteClock, 0, 0, 0, 0, 0, 0, 0, 0, 0, 0);
    ....
}

// child task program Software Clock
void minuteClock (void) {
    integer seconds;
    while (softwareClock is RUNNING) {
        seconds = 0;
        while (seconds < 60) {
            seconds = seconds + 1;
        }
    ...
}
```

示例 2：Jbed RTOS 和任务创建[2]

在 JBed 中，创建一个任务有不止一种方式，因为 Java 中有不止一种方式创建一个 Java 线程——在 Jbed 中，任务就是 Java 线程的扩展。Jbed 中一种最常见的创建任务方式就是通过"任务"函数，其中一个是：

```
public Task(long duration,
            long allowance,
            long deadline,
            RealtimeEvent event)
Throws AdmissionFailure
```

Jbed 中的任务创建是基于 spawn 方式的一个变种，称作 spawn threading。spawn threading 是一种 spawn 方式，但是开销更小，并且任务间共享同一块存储空间。下面就是在 Jbed RTOS 中创建 Jbed 六种任务之一的 Oneshot task 任务的伪代码，父任务创建一个子任务软件定时器，并且这个定时器只运行一次。

任务创建Jbed伪代码

```
// Define a class that implements the Runnable interface for the software clock
public class ChildTask implements Runnable{
    // child task program Software Clock
    public void run () {
        integer seconds;
        while (softwareClock is RUNNING) {
            seconds = 0;
            while (seconds < 60) {
                seconds = seconds + 1;
            }
            ...
        }
    }
}

// parent task that enables software timer
```

```
void parentTask(void)
{
…
if sampleSoftware Clock NOT running {
    try{
            DURATION,
            ALLOWANCE,
            DEADLINE,
            OneshotTimer);
    }catch(AdmissionFailure error){
            Print Error Message ("Task creation failed");
    }
}
….
}
```

在 Jbed 中创建和初始化 Task 对象和 TCB 等价。在 Jbed 中，包括 Task 对象在内的所有对象都位于 Jbed 堆中（在 Java 中，所有对象都只有一个堆）。Jbed 中每一个任务也在它自己的栈中保存原始数据类型和对象引用。

示例 3：嵌入式 Linux 和 fork/exec[3]

在嵌入式 Linux 中，所有的进程创建都基于 fork/exec 方式：

```
int fork (void)                    void exec (…)
```

在 Linux 中，新的子进程可以通过 fork 系统调用创建，fork 系统调用创建一个与父进程几乎相同的拷贝。将父进程与子进程区分开的地方就是进程 ID 号，子进程的进程 ID 号返回给父进程，而子进程会认为它的进程 ID 号是一个 "0"。

```
#include <sys/types.h>
#include <unistd.h>

void program(void)
{
    processId child_processId;
        /* create a duplicate: child process */
        child_processId = fork();

        if (child_processId == -1) {
            ERROR;
        }
        else if (child_processId == 0) {
            run_childProcess();
        }
        else {
            run_parentParent();
        }
}
```

exec 函数调用可以用来切换到子程序的程序代码。

```
int program (char* program, char** arg_list)
{
    processed child_processId;

    /* Duplicate this process */
    child_processId = fork ();

if (child_pId ! = 0)

    /* This is the parent process */
    return child_processId;
    else
    {
    /* Execute PROGRAM, searching for it in the path */
    execvp (program, arg_list);

    /* execvp returns only if an error occurs */
    fprintf (stderr, "Error in execvp\n");
    abort (); }
    }
}
```

　　任务可能因为不同的原因而终止，比如正常执行完、内存不足等硬件问题，非法指令等软件问题。任务终结后，必须将它从系统中移除以确保它不浪费资源且不会至系统于危险境地。删除任务时，系统会释放给任务分配的内存空间（TCB、变量、代码段等）。假如父任务被删除，所有相关的子任务也会被删除，或移至另一个父进程之下，任何共享系统资源被释放掉（见图 9-14a）。

调用	描述
exit()	终止调用任务并释放内存 （仅任务栈和任务控制块）
taskDelete()	终止一个特定任务并释放内存 （仅任务栈和任务控制块）
taskSafe()	保护调用任务防止被删除
taskUnsafe()	撤销一个taskSafe()（使得调用任务可被删除）

* 程序被终止时未释放其执行时所分配到的内存

```
void vxWorksTaskDelete (int taskId)
   {
     int localTaskId = taskIdFigure (taskId);

   /* no such task ID */
   if (localTaskId == ERROR)
     printf ("Error: ask not found.\n");
   else if (localTaskId == 0)
       printf ("Error: The shell can't delete itself.\n");
   else if (taskDelete (localTaskId) != OK)
       printf ("Error");
}
```

a）VxWorks 与派生任务删除[4]

```
#include <stdio.h>
#include <stdlib.h>

main ()
{...
if (fork == 0)
 exit (10);
....
}
```

b）嵌入式 Linux 和 fork/exec 任务删除[3]

图　9-14

在 VxWorks 系统中，当任务被删除时，其他任务是不会收到通知的，而任何资源（分配给任务的内存）是不会被释放的——使用随后的子程序来管理任务的删除是程序员的责任。

在 Linux 中，调用 void exit（int status）系统调用来删除进程，移除对进程的引用（更新状态标志，从队列中移除进程，释放数据结构，更新父子进程关系等）。在 Linux 中，被删除进程的所有子进程会变成系统 init 父进程的子进程（见图 9-14b）。

因为 Jbed 基于 Java 模型，所以垃圾回收器（GC）会负责删除任务，一旦任务停止运行，会从内存移除任何没用的代码。Jbed 使用一种非阻塞的标记与移除的垃圾回收算法，能够标记所有正在被系统使用的对象，而删除内存中所有未标记的对象。

除了创建和删除任务外，操作系统通常提供挂起一个任务（暂时阻塞一个正在执行的任务）和恢复一个任务（即将一个挂起的任务还原）的能力。操作系统启用这两种功能来支持任务状态。任务从创建到移除这段时间，任务状态代表任务正在进行的活动。系统通常会定义任务处于以下三种状态：

- 就绪：进程准备就绪，但是需要等待获取 CPU 的许可；
- 运行：允许进程使用 CPU，可以执行进程；
- 阻塞或者等待：进程在变成就绪或运行之前等待某个特定事件发生。

操作系统通常会实现独立的就绪和阻塞 / 等待队列来包含处于相应状态的任务（它们的 TCB）（见图 9-15）。由于任何时刻只有一个任务处于运行状态，因此就没必要再有运行状态对应的队列了。

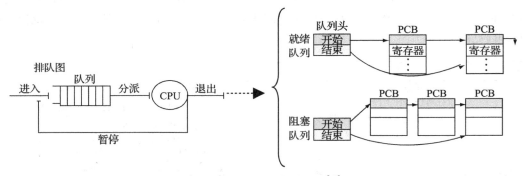

图 9-15　任务状态与队列[4]

基于这三种状态（就绪、阻塞和运行），大部分系统都有某种进程状态迁移模型，类似于图 9-16 中的状态图。在这个图中，"新建"状态代表一个任务已经创建，"退出"状态代表一个任务已经终结（停止运行）。其余的三个状态就是前面定义过的（准备、运行和阻塞）。状态迁移包括：新建→就绪（任务进入就绪队列，可以调度运行），就绪→运行（基于内核的调度算法，选择任务开始运行），运行→就绪（任务执行完了它的 CPU 时间片，返回就绪队列等待下一次被调度），运行→阻塞（一些事件发生将任务移到了阻塞队列，等待事件发生或解决），以及阻塞→就绪（被阻塞的任务所等待的事件发生，阻塞的任务重新被移入就绪

图 9-16　任务状态图[2]

队列中）。

当任务从队列中（准备或者阻塞 / 等待）转移到运行状态时，这称为一次上下文切换。
示例 4、5 和 6 给出了实际操作系统的状态管理方案。

示例 4：VxWorks Wind 内核和状态[5]

除了运行态之外，VxWorks 实现有 9 种就绪和阻塞 / 等待状态的变种，如下面的表格和
状态图所示。

状　　态	描　　述
STATE+1	继承了父任务优先级的任务状态
READY	任务处于就绪状态
DELAY	任务处于阻塞状态一段特定时间
SUSPEND	任务处于阻塞状态，通常用于调试
DELAY+S	任务处于两种状态：DELAY 和 SUSPEND
PEND	任务处于阻塞状态，因资源忙
PEND+S	任务处于两种状态：PEND 和 SUSPEND
PEND+T	任务处于 PEND 状态，且具有超时限制值
PEND+S+T	任务处于两种状态：PEND+T 与 SUSPEND

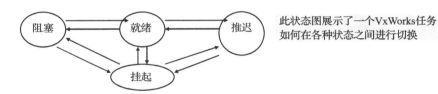

图 9-17a1　VxWorks 任务的状态图[5]

VxWorks 中具有独立的就绪、等待和延迟状态队列来存储相应状态的任务 TCB 信息
（见图 9-17a2）。

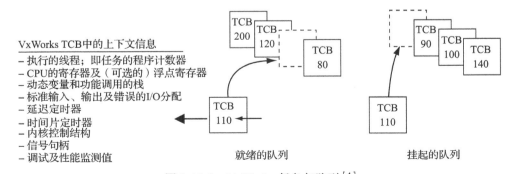

图 9-17a2　VxWorks 任务与队列[4]

当发生上下文切换时，一个任务的 TCB 会被修改并从一个队列移到另一个队列。当
Wind kernel 发生任务间的上下文切换时，当前处于运行状态的任务信息保存到它的 TCB
中，而即将运行的新任务的 TCB 信息被加载以使 CPU 开始执行。Wind kernel 包含两种类

型的上下文切换：同步方式，发生在正在运行的任务阻塞了它自己时（通过等待、延迟或者挂起）；异步方式，发生在由于外部中断导致正在运行的任务被阻塞时。

示例 5：Jbed 内核和状态[6]

在 Jbed 中，一些任务状态是与任务类型相关的，如下面的表格和状态图所示，Jbed 也使用独立的队列来容纳处于不同状态的任务对象。

状　　态	描　　述
RUNNING	正在被执行的任务
READY	就绪状态的任务
STOP	在 Oneshot 任务中，任务已完成
AWAIT TIME	阻塞状态，等待一个具体的时间段
AWAIT EVENT	阻塞状态，在中断和联合任务中，等待特定事件发生

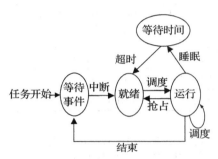

图 9-17b1　Jbed 中断任务的状态图[6]

　　这个状态图展示了中断任务的一些可能状态。基本上，一个中断任务处于等待事件的状态，直到一个硬件中断发生。此时，Jbed 调度器将中断任务切换至就绪状态来等待调度运行。

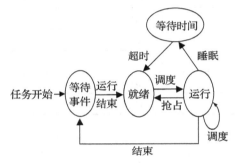

图 9-17b2　Jbed 联合任务的状态图[6]

　　这个状态图展示了联合任务的一些可能状态。与中断一样，联合任务处于等待事件的状态，直到一个相关任务结束运行。此时，Jbed 调度器将联合任务切换至就绪状态来等待调度执行。联合任务在任何时间都能够进入定时等待阶段。

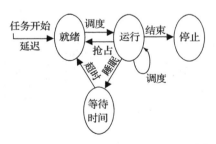

图 9-17b3　Jbed 周期任务的状态图[6]

　　这个状态图展示了周期任务的一些可能状态。一个周期任务以一定时间间隔连续运行，在每次运行之后被切换到就绪状态之前进入等待时间状态直到周期结束。

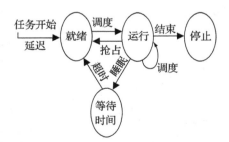

图 9-17b4　Jbed 单次任务的状态图[6]

　　这个状态图展示单次任务的一些可能的状态。一个单次任务或者运行一次直至结束，或者在真正运行之前被阻塞一段时间。

示例 6：嵌入式 Linux 和状态[6]

在 Linux 中，RUNNING 状态组合了传统的就绪和运行状态，并且同时存在阻塞状态的三种变种。

状　态	描　述
RUNNING	运行或者就绪状态
WAITING	等待特定资源或事件的阻塞状态
STOPPED	通常用于调试的阻塞状态
ZOMBIE	阻塞状态，不再需要的任务

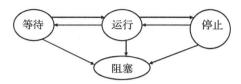

图 9-17c1　Linux 任务的状态图[3]

这个状态图展示一个 Linux 任务如何在不同状态之间切换。

在 Linux 中，进程的上下文信息保存在称作 task_struct 的 PCB 中，如图 9-17c2 所示。图中 task_struct 中的黑体部分是个包含了 Linux 进程的状态信息的结构体成员。在 Linux 中分别由不同的队列保存对应状态的 task_struct（PCB）信息。

```
struct task_struct
{
    ....
// -1 unrunnable, 0 runnable, >0 stopped
volatile long    state;
//number of clock ticks left to run in this scheduling slice, decremented by a timer.
    long            counter;
    // the process' static priority, only changed through well-known system calls like nice, POSIX.1b
    // sched_setparam, or 4.4BSD/SVR4 setpriority.
    long            priority;
    unsigned        long signal;
    // bitmap of masked signals
    unsigned        long blocked;
    // per process flags, defined below
    unsigned        long flags;
    int errno;
    // hardware debugging registers
    long            debugreg[8];
    struct exec_domain  *exec_domain;
    struct linux_binfmt *binfmt;
    struct task_struct  *next_task, *prev_task;
    struct task_struct  *next_run, *prev_run;
    unsigned long    saved_kernel_stack;
    unsigned long    kernel_stack_page;
    int              exit_code, exit_signal;
    unsigned long       personality;
    int              dumpable:1;
    int              did_exec:1;
    int              pid;
    int              pgrp;
    int              tty_old_pgrp;
    int              session;
    // boolean value for session group leader
    int              leader;
    int              groups[NGROUPS];
    // pointers to (original) parent process, youngest child, younger sibling, older sibling, respectively.  (p->father
    // can be replaced with p->p_pptr->pid)
    struct task_struct *p_opptr, *p_pptr, *p_cptr,
                       *p_ysptr, *p_osptr;
struct wait_queue    *wait_chldexit;
    unsigned short    uid,euid,suid,fsuid;
    unsigned short    gid,egid,sgid,fsgid;
    unsigned long     timeout;
// the scheduling policy, specifies which scheduling class the task belongs to, such as : SCHED_OTHER
// (traditional UNIX process), SCHED_FIFO (POSIX.1b FIFO realtime process - A FIFO realtime process will
// run until either a) it blocks on I/O, b) it explicitly yields the CPU or c) it is pre-empted by another realtime
// process with a higher p->rt_priority value.) and SCHED_RR (POSIX round-robin realtime process –
// SCHED_RR is the same as SCHED_FIFO, except that when its timeslice expires it goes back to the end of the
// run queue).
    unsigned long     policy;

//realtime priority
    unsigned long      rt_priority;
    unsigned long      it_real_value, it_prof_value, it_virt_value;
    unsigned long      it_real_incr, it_prof_incr, it_virt_incr;
    structtimer_list   real_timer;
    long               utime, stime, cutime, cstime, start_time;
// mm fault and swap info: this can arguably be seen as either mm-specific or thread-specific */
    unsigned long      min_flt, maj_flt, nswap, cmin_flt, cmaj_flt, cnswap;
    int swappable:1;
    unsigned long      swap_address;
    // old value of maj_flt
    unsigned long      old_maj_flt;
    // page fault count of the last time
    unsigned long      dec_flt;
    // number of pages to swap on next pass
    unsigned long      swap_cnt;
    // limits
    struct rlimit      rlim[RLIM_NLIMITS];
    unsigned short     used_math;
    char               comm[16];
    // file system info
    int                link_count;
    // NULL if no tty
    struct tty_struct  *tty;
    // ipc stuff
    struct sem_undo    *semundo;
    struct sem_queue   *semsleeping;
    // ldt for this task - used by Wine. IfNULL, default_ldt is used
    struct desc_struct *ldt;
    // tss for this task
    struct thread_struct tss;
    // file system information
    structfs_struct    *fs;
    // open file information
    struct files_struct *files;
    // memory management info
    struct mm_struct   *mm;
    // signal handlers
    struct signal_struct *sig;
#ifdef __SMP__
    int                processor;
    int                last_processor;
    int                lock_depth;    /* Lock depth.
                       We can context switch in and out
                       of holding a syscall kernel lock... */

#endif
}
```

图 9-17c2　任务结构[15]

9.2.2　进程调度

在多任务操作系统中，有一种称为调度器的机制（见图 9-18），它负责确定任务在 CPU 上执行的次序以及运行时间。调度器确定任务处于何种状态（就绪、运行或阻塞），同时进行加载和保存任务 TCB 信息的操作。在某些操作系统中，由调度器直接将 CPU 分配给已经加载到内存并处于就绪状态的进程，而在另一些操作系统中，由分配器（一个独立的调度器）负责实际分配 CPU 给进程。

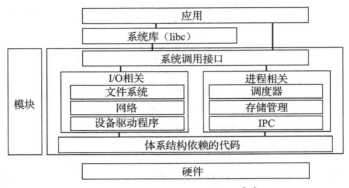

图 9-18   OS 框图和调度器[3]

在嵌入式操作系统中，有许多调度算法，各种算法各有优缺点。影响一个调度算法效率和性能的关键性因素包括：响应时间（调度器进行就绪进程上下文切换的时间，包含任务在就绪队列中等待的时间），周转时间（进程完成运行所花费的时间），系统开销（决定哪些任务下一步将要运行所需的时间和数据资源），公平性（什么是决定哪个进程开始运行的决定性因素）。一个调度器需要均衡地使用系统资源，使 CPU 与 I/O 设备尽可能处于忙碌状态，在任务的吞吐率方面，在给定的时间内尽可能多地处理任务。尤其是在考虑公平的情况下，调度器应当确保当系统试图达到最大任务吞吐率情况时不要发生"任务饥饿"现象，所谓"任务饥饿"是指任务一直无法得到执行。

在嵌入式操作系统市场中，调度算法在嵌入式操作系统中有两种典型的实现方式：非抢占式和抢占式调度。在非抢占式调度中，任务可以一直占有 CPU 直到运行结束，不管所占用的时间长短和其他正处于等待执行的任务的重要性。基于非抢占式调度的调度算法包括：

- 先来先服务（FCFS）/运行到完成，处于就绪队列的任务，按照进入就绪队列的顺序依次运行，当任务从就绪队列中被调度执行时，任务会保持执行直到执行结束（见图 9-19）。在先来先服务调度算法中，非抢占式调度意味着没有阻塞队列。先来先服务调度算法的响应时间一般会短于其他调度算法（特别是当运行时间较长的进程排在队列的前面时，其他进程都会处于等待获得执行的机会），这将成为一个公平性问题，因为运行时间长的进程在队列前面，长时间占用 CPU，而短进程在队列的后面需要等待长执行时间任务执行完。然而，这种算法设计是不会出现饥饿现象的；

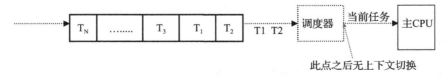

图 9-19   FCFS 调度

● 短进程优先（SPN）/ 运行到完成，处于就绪队列的任务，按照执行时间短的进程优先执行的顺序，进行依次处理（见图 9-20）。这种短进程优先的算法对于短进程会有更短的响应时间。然而，这种算法会导致执行时间长的进程必须要等待所有短进程运行结束后才可以进行处理。在这种情况下，当就绪队列当中连续不断地加入了短进程，长进程就会发生饥饿现象。因为需要计算和存储就绪进程的运行时间，系统开销往往会比 FCFS 算法高；

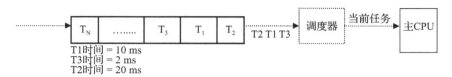

图 9-20　短进程优先调度

● 协作方式，任务保持占用 CPU 执行直到它告诉操作系统它们可以被换下并进行上下文切换（因为 I/O 等）。这种算法一般配合着 FCFS 或者 SPN 算法一起使用，而不是采用自己保持专用 CPU 直至运行结束，但是若采用 SPN 算法，如果短进程没有被设计为"合作"的方式，饥饿现象仍会发生（见图 9-21）。

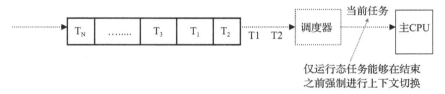

图 9-21　协作调度

使用非抢占式调度算法相对比较冒险，因为我们必须假设这样一个前提：没有一个任务会无限循环，使其他任务无法占有 CPU。然而，使用非抢占式调度算法的操作系统，并没有在任务就绪前强制上下文切换，并且，如果非抢占式调度器实现的是协作式调度机制，在没有完成执行的任务间切换时保存和恢复任务的精确信息所带来的开销也仅仅是一个小问题。而在抢占式调度方式中，操作系统必须要强制对任务进行上下文切换，不管是一个正在运行的任务是否已经完成了执行。通常基于抢占式调度的调度算法包括：轮询 /FIFO（先进先出）调度、基于优先级（抢占）调度、EDF（最早截止时间优先算法）/ 时钟驱动调度。

● 轮询 /FIFO 调度。此调度算法实现了一个存储就绪进程（可以被执行的进程）的FIFO 队列。新来的就绪进程被添加到队列的尾部，从队列的首部取出进程来运行。在 FIFO 系统中，所有的进程均被同等对待，不管它的工作负载和相互作用。这主要是因为有单个进程对处理器保持控制状态并且永远不阻塞，使得其他进程不能执行的可能性。

在轮询调度中，FIFO 队列中的每个进程都被分配了一个大小相同的时间片（每个进程本轮所能运行的时间），在每个时间片结束时，会产生中断以发起抢占调度。（注意：该分配时间片的调度算法也称为分时系统。）调度器会依次循环调度 FIFO 队列中的进程，并从队首取出进程依次连续执行。新进程会被添加到 FIFO 队列的队尾，如果当前正在运行的进程在给定的时间片间隔内没有执行结束的话，此进程会被抢占且被放到队列的尾部等待下一次被调度运行。如果进程在给定的时间片内提前运行结束，此进程会主动释放处理器，并且调度器会从 FIFO 队列中给处理器分配下一个需要运行的进程（见图 9-22）。

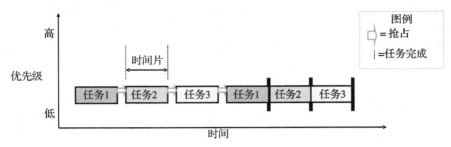

图 9-22   轮询 /FIFO 调度[7]

尽管时间片轮询 /FIFO 调度算法可以平等对待每个进程，但是会存在一些缺点，就是当多种进程有很繁重的工作负荷且频繁被抢占时，会产生更多的上下文切换开销。另一个问题也会出现，当在队列中的进程与其他进程进行交互（例如等待其他进程运行结束以获取所需要的数据），执行时不断地被抢占，直到其他在此队列中的进程运行结束。吞吐率依赖于时间片的大小。如果时间片太小，会有太多的上下文切换，然而，如果时间片过大，此时就与非抢占式调度类似，例如 FCFS。在时间片轮询调度算法中不可能产生饥饿现象。

- 优先级（抢占式）调度。基于优先级抢占式调度算法是基于其对进程之间、进程与系统之间的相对重要性来区分进程。每个进程都被分配了一个优先级，作为系统的一个优先顺序指标。具有高优先级的进程运行时，总会抢占低优先级的进程，这意味着，如果一个具有高优先级的任务准备就绪可以运行时，当前正在运行的任务会被调度器强制阻塞。如图 9-23 中的 3 个任务（任务 1 优先级最低，任务 2 优先级居中，任务 3 优先级最高），任务 3 可以抢占任务 2，任务 2 可以抢占任务 1。

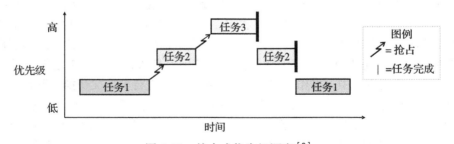

图 9-23   抢占式优先级调度[8]

虽然此调度方法解决了一些与时间片轮询 /FIFO 调度有关的处理进程交互或具有动态工作负载所引起的问题，但基于优先级的调度也会引入新的问题，其中包括：

- 进程饥饿：具有高优先级的进程连续不断地运行会使低优先级进程无法运行。通常的解决办法是逐步加大低优先级进程的优先级（当进程在队列中等待的时间越长，逐步增大其优先级）；
- 优先级反转：具有高优先级的进程可能被阻塞，等待具有低优先级的进程运行，介于高优先级和低优先级之间的进程具有相对优先执行，此时具有低优先级的进程和具有高优先级的进程都不能运行（见图 9-24 ）；

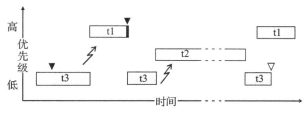

图 9-24 优先级反转[8]

■ 如何决定进程的优先级。通常情况下，越重要的进程会被分配更高的优先级。对于重要性一样的任务，可以采取的指定优先级的方式是单调速率调度（RMS）方法，该方法根据任务在系统中执行的频度来分配优先级。使用此策略的前提是，假定给定一个抢占式调度器和一组完全独立（没有共享数据或资源）并周期性运行（以固定的时间间隔运行）的任务，组内执行频率越高的任务，会分配到更高的优先级。RMS 理论定义：当调度器和一个 n 个任务的集合满足上述假设，且不等式 $\sum E_i / T_i \leqslant n(2^{1/n} - 1)$ 成立，那么任务会满足截止期限要求，其中，i 表示周期性的任务，n 表示周期性任务的数目，T_i 表示任务 i 的执行间隔，E_i 表示任务 i 在最差情况下所需的执行时间，E_i/T_i 表示执行任务 i 所需要的 CPU 时间的比值。因此，给定两个任务，已根据其周期特性指定它们的优先级，周期短的任务会分配到高的优先级，其中，不等式中的 $n(2^{1/n} - 1)$ 值近似等于 0.828，这意味着这些任务对 CPU 的利用率不会超过 82.8%，以此来满足截止时限的要求。例如，假设有 100 个任务已经被分配优先级（根据其周期长短来分配优先级，周期越短的任务会分配到越高的优先级），那么为了满足截止期限要求，这些任务对 CPU 的利用率不会超过约 69.6%（$100 \times (2^{1/100} - 1)$）；

实用建议

最大化获益于固定优先级的抢占式操作系统

为操作系统任务分配优先级的算法通常分为固定优先级、动态优先级以及两种算法的某种组合，所谓固定优先级，算法会在设计阶段直接为任务指定一个优先级，优先级在任务的生命周期内不发生改变，而具有动态优先级的任务，会在其运行时分配并调整优先级。许多商业操作系统通常仅支持固定优先级的算法，因为这种算法最易于实现。使用固定优先级算法的关键是：

● 根据任务的时间周期来分配优先级，周期越短的任务，会分配越高的优先级。

● 使用固定优先级算法（例如 Rate Monotonic Algorithm，它是 RMS 的基础）给任务分配优先级，并作为工具用来快速地判断一个任务集合是否是可调度的。

● 需要了解当采用固定优先级的算法（如 RMS）时，若上面提到的不等式条件不成立，此时就需要针对具体的任务集合进行分析。RMS 是一种工具，如果总体的CPU 利用率低于上限值，截止期限在大多数情况下是可以满足的（"大多数"的情况，这就意味着有些任务在固定优先级的策略下是不可调度的）。也可能存在这种情况，当总体的 CPU 利用率超过不等式给出的上限值时，任务集合仍然是可调度的。因此，要判断任务集是否满足截止期限要求，需要先对任务周期和执行时间进行分析。

● 需要认识到，固定优先级的调度策略有一个主要的限制，就是通常不可能完全 100% 利用主 CPU。当使用固定优先级时，如果目标是 CPU 的利用率达到 100%，那么需要为任务分配十分合理的周期，这意味着长周期任务的周期值是其他所有短周期任务周期值的整数倍。

参考："Introduction to Rate Monotonic Scheduling，"*M.Barr*，Embedded Systems Programming，*February 2002.*

■ EDF（最早截止时间优先）/ 时钟驱动调度。如图 9-25 所示，此算法为进程分配优先级是根据以下三个参数设定的：频率（一个进程运行的次数）、截止时间（规定进程需要在此时间段内执行结束）、持续时间（进程执行所花费的时间）。尽管 EDF 算法能够对时间约束进行验证和强制执行（基本上保证所有任务满足截止时限），但是难以为各种多样的进程定义精确的运行时间。通常情况下，为每个进程取一个平均估计值是最佳选择。

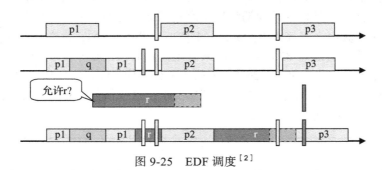

图 9-25   EDF 调度[2]

抢占式调度和实时操作系统（RTOS）

在众多嵌入式系统中实现的调度算法之间的一个最大区别是，算法是否保证任务满足执行截止时限的要求。如果任务总是满足截止时限的要求（见图 9-26a、b），并且相关的执行时间是可预测的（确定的），此时该操作系统称为 RTOS。

图 9-26   操作系统与最后期限[4]

因为具有实时要求的任务肯定可以抢占其他任务，所以 RTOS 调度器中实现的算法必然支持可抢占调度。RTOS 调度器也使用自己的一组定时器来管理和满足严格截止时限要求，这些定时器最终基于系统时钟。

对于 RTOS 或非 RTOS 的调度而言，他们实现的调度方案可能会各不相同。例如，VxWorks 操作系统（风河公司）采用优先级抢占和时间片轮询方式，Jbed（Esmertec）采用 EDF 方式，Linux（Timsys）采用基于优先级的方式。示例 7、示例 8 和示例 9 将进一步研究这些现成嵌入式操作系统中在用的调度算法与结合。

示例 7：VxWorks 调度

调度器基于优先级抢占和时间片轮询调度算法来实现，参见图 9-27a1，时间片轮询调度与基于优先级的抢占式调度相互合作，使得优先级一样的任务共享主处理器，同时支持更高优先级的任务抢占 CPU。

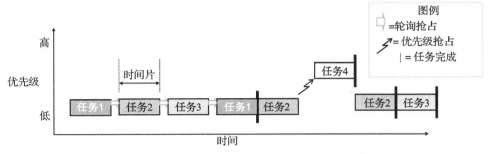

图 9-27a1　增强轮询调度的抢占优先级调度[7]

如果没有时间片轮询调度，VxWorks 系统中拥有相同优先级的任务无法互相抢占，当程序员让一个任务处于无限循环运行状态时，就会出现问题。然而基于优先级的抢占式调度使 VxWorks 具有实时能力，因为可以给任务分配一个较高的优先级以便能够抢占其他所有任务，这样该任务就不会错过截止时限的要求。创建任务时，通过"taskSpawn"命令为任务分配优先级：

```
int taskSpawn(
{Task Name},
{Task Priority 0-255, related to scheduling and will be discussed in the next
section},
{Task Options - VX_FP_TASK, execute with floating point coprocessor
       VX_PRIVATE_ENV, execute task with private environment
       VX_UNBREAKABLE, disable breakpoints for task
       VX_NO_STACK_FILL, do not fill task stack with 0xEE}
{Task address of entry point of program in memory - initial PC value}
{Up to 10 arguments for task program entry routine}})
```

示例 8：Jbed 和 EDF 调度

在 Jbed RTOS 系统中，所有 6 种类型的任务都有 3 个变量："持续时间""限额"和"截止期限"，当创建任务时指定这些参数，EDF 调度器用以调度任务，如下所示的调用方法（Java 子程序）。

```
public Task(
      long duration,
      long allowance,
      long deadline,
```

```
        RealtimeEvent event)
    Throws AdmissionFailure
Public Task (java.lang.String name,
        long duration,
        long allowance,
        long deadline,
        RealtimeEvent event)
    Throws AdmissionFailure
Public Task (java.lang.Runnable target,
        java.lang.String name,
        long duration,
        long allowance,
        long deadline,
        RealtimeEvent event)
    Throws AdmissionFailure
```

示例 9：TimeSys 嵌入式 Linux 基于优先级的调度

如图 9-27b1 所示，嵌入式 Linux 内核有一个调度器，由以下四个模块组成：[9]

- 系统调用接口模块：作为用户进程和内核之间的接口，用户进程调用内核中实现的相关功能（系统调用是用户进程调用内核服务的方式）；
- 调度策略模块：确定哪些进程可以占用 CPU；
- 架构相关调度器模块：与硬件相接口的抽象层（例如，与 CPU 和内存管理器进行通信，完成暂停或恢复进程操作）；
- 架构独立调度器模块：与调度策略模块和架构相关模块相接口的抽象层。

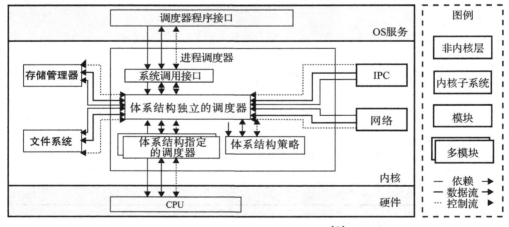

图 9-27b1　嵌入式 Linux 框图[9]

调度策略模块实现了一个基于优先级的调度算法。大多数 Linux 内核及其衍生系统都是非抢占式的，没有重调度支持，并且不是实时的，Timesys Linux 调度器是基于优先级的，但是已经被修改以支持实时功能。Timesys Linux 对传统 Linux 标准软件定时器进行了修改，因为这些粗粒度软件定时器不适用于大多数实时应用（这些软件定时器依赖于内核 jiffy 定时器），Timesys Linux 基于硬件定时器实现了高精度的时钟和定时器。调度器维护了一张表，记录了整个系统内所有任务以及与任务有关的状态信息。在 Linux 中，允许的任务总数仅受限于可用的物理内存大小。一个动态分配的任务结构的链表代表了表中的所有任务，与调度有关的域在图 9-27b2 被标记。

```
struct task_struct
{
                    ....
                    // -1 unrunnable, 0 runnable, >0 stopped
  volatile long       state;

// number of clock ticks left to run in this scheduling slice, decremented
by a timer.
  long                counter;

  // the process' static priority, only changed through well-known system
calls like nice, POSIX.1b
// sched_setparam, or 4.4BSD/SVR4 setpriority.
  long                priority;

  unsigned      long signal;

  // bitmap of masked signals
  unsigned            long blocked;

// per process flags, defined below
  unsigned            long flags;
  int errno;

  // hardware debugging registers
  long                debugreg[8];
  struct exec_domain  *exec_domain;
  struct linux_binfmt *binfmt;
  struct task_struct  *next_task, *prev_task;
  struct task_struct  *next_run, *prev_run;
  unsigned long       saved_kernel_stack;
  unsigned long       kernel_stack_page;
  int                 exit_code, exit_signal;
   unsigned long      personality;
  int                 dumpable:1;
  int                 did_exec:1;
  int                 pid;
  int                 pgrp;
  int                 tty_old_pgrp;
  int                 session;
// boolean value for session group leader
  int                 leader;
  int                 groups[NGROUPS];

  // pointers to (original) parent process, youngest child, younger sibling,
// older sibling, respectively. (p->father  can be replaced with  p->p_pptr->pid)
  struct task_struct  *p_opptr, *p_pptr, *p_cptr,
                      *p_ysptr, *p_osptr;
  struct wait_queue   *wait_chldexit;
  unsigned short      uid,euid,suid,fsuid;
  unsigned short      gid,egid,sgid,fsgid;
  unsigned long       timeout;

// the scheduling policy, specifies which scheduling class the task belongs to,
// such as : SCHED_OTHER (traditional UNIX process), SCHED_FIFO
// (POSIX.1b FIFO realtime process - A FIFO realtime process will
//run until either a) it blocks on I/O, b) it explicitly yields the CPU or c) it is
// pre-empted by another realtime process with a higher p->rt_priority value.)
// and SCHED_RR (POSIX round-robin realtime process –
//SCHED_RR is the same as SCHED_FIFO, except that when its timeslice
// expires it goes back to the end of the run queue).
  unsigned long       policy;

//realtime priority
  unsigned long       rt_priority;


  unsigned long       it_real_value, it_prof_value, it_virt_value;
  unsigned long       it_real_incr, it_prof_incr, it_virt_incr;
  struct timer_list   real_timer;
  long                utime, stime, cutime, cstime, start_time;

// mm fault and swap info: this can arguably be seen as either  mm-
specific or thread-specific */
  unsigned long       min_flt, maj_flt, nswap, cmin_flt, cmaj_flt,
cnswap;
  int swappable:1;
  unsigned long       swap_address;

  // old value of maj_flt
  unsigned long       old_maj_flt;

  // page fault count of the last time
  unsigned long       dec_flt;

// number of pages to swap on next pass
  unsigned long       swap_cnt;

//limits
  struct rlimit       rlim[RLIM_NLIMITS];
  unsigned short      used_math;
  char                comm[16];

// file system info
  int                 link_count;

// NULL if no tty
  struct tty_struct   *tty;

// ipc stuff
  struct sem_undo     *semundo;
  struct sem_queue    *semsleeping;

// ldt for this task - used by Wine. If NULL, default_ldt is used
  struct desc_struct *ldt;

// tss for this task
  struct thread_struct tss;

// filesystem information
  struct fs_struct    *fs;

// open file information
  struct files_struct *files;

// memory management info
  struct mm_struct    *mm;

// signal handlers
  struct signal_struct *sig;
#ifdef __SMP__
  int                 processor;
  int                 last_processor;
  int                 lock_depth;    /* Lock depth.
                                     We can context switch in and out
                                     of holding a syscall kernel lock... */
#endif
                    .....
}
```

图 9-27b2   任务结构[15]

当一个 Linux 进程通过 fork 或 fork/exec 命令被创建后，优先级通过 setpriority 命令进行设置。

```
int setpriority(int which, int who, int prio);
    which = PRIO_PROCESS, PRIO_PGRP, or PRIO_USER_
    who = interpreted relative to which
    prio = priority value in the range -20 to 20
```

9.2.3　任务间通信和同步

在嵌入式系统中，不同的任务通常需要共享软硬件资源，为了正常工作，任务间也会相互依赖协作。由于这些原因，嵌入式系统提供了多种不同的机制以允许在多任务系统下，任务之间可以相互通信和同步，从而协调任务的功能，避免问题出现，使得多个任务可以并行地协调运行。

支持多进程之间相互通信的嵌入式系统通常基于共享内存、消息传递和信号机制中一个或某种组合来实现进程间通信（IPC）和同步算法。

如图 9-28 所示的共享数据模型，进程之间通过访问共享内存区域来通信，在该共享内存区域中，被一个进程修改的变量对其他进程也是可访问的。

虽然访问共享数据是一种简单的 IPC 方法，但是此方法的主要问题是可能会引发竞争条件。当一个正在访问共享变量的进程在变量完全修改完之前被抢占，此时就会影响共享变量的完整性，从而发生竞争条件。为解决此问题，进程中访问共享数据的部分被称为临界区，可以标记为互斥操作（简称 Mutex）。互斥机制允许进程对要访问的共享内存区域进行加锁，从而使得进程可以独占访问共享数据。多种互斥机制可以被实现，不仅用于协调共享内存的访问操作，也可以协调其他共享系统资源的访问。用于同步并发访问共享数据的任务的互斥技术可以包括：

- 处理器辅助锁，多个任务在访问共享数据时应用这种锁，可以确保任务在临界区执行时不会被其他进程抢占；其他唯一可以强制进行上下文切换的机制是中断。当在临界区内执行代码时禁止中断可以避免竞争的发生，因为如果不禁止中断，中断处理程序访问同一共享数据时也会引发竞争条件。图 9-29 展示了 VxWorks 中通过禁止中断实现的处理器辅助锁。VxWorks 提供了一个用户进程可以使用的中断加锁和解锁的功能。另一种可能的处理器辅助锁是"测试和设置指令"机制（也称为条件变量方案）。在这种机制下，一个寄存器标志（状态）的设置和测试是一种原子操作，也就是说，进程在执行该指令时是不可能被中断的，这个标志位被任何想要访问临界区的进程进行测试。总之，无论是禁止中断还是对条件变量类型的加锁方案，均可以保证进程独占地进行内存访问，此时没有什么可以抢占共享数据的访问，系统在这段访问时间内，无法对其他事件做出响应；

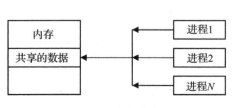

图 9-28　内存共享

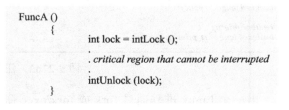

图 9-29　VxWorks 处理器辅助的加锁[10]

● 信号量，可以用来对共享内存访问进行加锁（互斥），也可用来协调运行进程的同步操作。信号量函数是原子函数，通常通过进程系统调用来实现。示例 10 展示了 VxWorks 提供的信号量。

示例 10：VxWorks 信号量

VxWorks 定义了三种类型的信号量：

● 二值信号量是二值（0 或 1）标志位，可以被设置为未被占用的或被占用。当二值信号量作为互斥机制时，仅仅相关联的资源会受互斥的影响（相比较而言，处理器辅助锁可能会影响系统内其他不相关的资源）。二值信号量初始置为 1（满），以表示资源未被占用。当任务需要访问资源时，首先要检查资源的二值信号量，如果资源未被占用，访问资源时，任务占用相关信号量（设置二值信号量的值为 0），当资源访问结束后，释放信号量（设置二值信号量的值为 1）。当二值信号量用于任务同步时，其初值设置为 0（空），这是由于信号量作为一个其他任务正在等待的事件。其他需要以特定顺序来运行的任务，需要一直等待（阻塞），直到二值信号量的值等于 1（直到此事件发生），从原来的任务中获取并占用信号量，并设置信号量的值为 0。下方的 VxWorks 系统伪代码示例说明了二值信号量如何用于任务同步。

```
#include "VxWorks.h"
#include "semLib.h"
#include "arch/arch/ivarch.h" /* replace arch with architecture type */

SEM_ID syncSem; /* ID of sync semaphore */

init (int someIntNum)
{
    /* connect interrupt service routine */
     intConnect (INUM_TO_IVEC (someIntNum), eventInterruptSvcRout, 0);

    /* create semaphore */
    syncSem = semBCreate (SEM_Q_FIFO, SEM_EMPTY);

    /* spawn task used for synchronization. */
    taskSpawn ("sample", 100, 0, 20000, task1, 0,0,0,0,0,0,0,0,0,0);
}
task1 (void)
{
    …
    semTake (syncSem, WAIT_FOREVER); /* wait for event to occur */
    printf ("task 1 got the semaphore\n");
    … /* process event */
}


eventInterruptSvcRout (void)

{
…
    semGive (syncSem); /* let task 1 process event */
    …
}
[4]
```

- 互斥信号量是只可用于互斥问题的二值信号量，互斥问题是由于 VxWorks 调度模型所引发的，如优先级反转、删除安全（确保正在访问临界区且阻塞其他任务的任务不会被意外删除）、资源的递归访问。以下是一个互斥信号量被任务子程序递归使用的伪代码示例。

```
/* Function A requires access to a resource which it acquires by taking
 * mySem;
 * Function A may also need to call function B, which also requires mySem:
 */
/* includes */
#include "VxWorks.h"
#include "semLib.h"
SEM_ID mySem;

/* Create a mutual-exclusion semaphore. */
init ()
{
    mySem = semMCreate (SEM_Q_PRIORITY);
}

funcA ()
{
    semTake (mySem, WAIT_FOREVER);
    printf ("funcA: Got mutual-exclusion semaphore\n");
    …
    funcB ();
    semGive (mySem);
    printf ("funcA: Released mutual-exclusion semaphore\n");
}

    funcB ()
{
    semTake (mySem, WAIT_FOREVER);
    printf ("funcB: Got mutual-exclusion semaphore\n");
    …
    semGive (mySem);
    printf ("funcB: Releases mutual-exclusion semaphore\n");
}
[4]
```

- 计数信号量是一个正整数计数器，有两种相关的操作：递增和递减。计数信号量通常用于管理拥有多个副本的资源。当任务需要访问资源时，递减信号量的值；当任务归还资源访问时，递增信号量的值。当信号量的值达到"0"时，任何准备进行相关访问的任务都会被阻塞，直至信号量被其他任务释放。

```
/* includes */
#include "VxWorks.h"
#include "semLib.h"
SEM_ID mySem;

/* Create a counting semaphore. */ init ()
```

```
{
    mySem = semCCreate (SEM_Q_FIFO,0);
}

...
[4]
```

最后值得注意的是，在互斥算法的作用下，任何时候只有一个进程可以访问共享内存，从根本上来说，这是对内存的访问进行了加锁。如果有多个进程阻塞等待访问共享内存，且多进程间相互依赖彼此的数据，此时可能会发生死锁（例如基于优先级调度中的优先级反转）。因此，嵌入式操作系统需要提供死锁避免的机制以及死锁恢复机制。如前面例子所示，在 VxWorks 系统中，信号量可用于避免和防止死锁。

基于消息传递的进程间通信是一种算法，其中消息（由数据位组成）通过进程间的消息队列被发送。操作系统为进程寻址和认证定义了协议，以确保消息可以可靠地传递到进程，同时也定义了可以进去队列的消息数量和消息大小。如图 9-30 所示，在此方案下，操作系统的任务通过向消息队列发送消息或从队列中接收消息来进行通信。

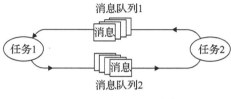

图 9-30 消息队列[4]

wind 内核支持两种类型的信号接口：UNIX BSD 风格和 POSIX 兼容风格

基于微内核的操作系统通常使用消息传递方案作为其主要的同步机制。示例 11 展示了 VxWorks 系统中所实现的消息传递的更多细节信息。

示例 11：VxWorks 系统中的消息传递[4]

VxWorks 系统允许任务可以通过消息传递队列进行通信，消息传递队列可以存储传递于不同任务间或 ISR 间的数据。VxWorks 为程序员提供了四个系统调用，以实现消息传递的开发：

调　　用	描　　述
msgQCreate()	分配并初始化消息队列
msgQDelete()	终止并释放消息队列
msgQSend()	将消息发送到消息队列
msgQReceive()	从消息队列中接收消息

这些函数可以用于嵌入式应用中以实现任务间通信，如下面的示例代码所示：

```
/* In this example, task t1 creates the message queue and sends a message
 * to task t2. Task t2 receives the message from the queue and simply
 * displays the message.
 */
/* includes */
#include "VxWorks.h"
#include "msgQLib.h"
/* defines */
#define MAX_MSGS (10)
#define MAX_MSG_LEN (100)
MSG_Q_ID myMsgQId;
```

```
task2 (void)
{
    char msgBuf[MAX_MSG_LEN];
    /* get message from queue; if necessary wait until msg is available */
    if (msgQReceive(myMsgQId, msgBuf, MAX_MSG_LEN, WAIT_FOREVER) == ERROR)
    return (ERROR);
    /* display message */
    printf ("Message from task 1:\n%s\n", msgBuf);
}

#define MESSAGE "Greetings from Task 1" task1 (void)
{
    /* create message queue */
    if ((myMsgQId = msgQCreate (MAX_MSGS, MAX_MSG_LEN, MSG_Q_PRIORITY)) == NULL)
    return (ERROR);
    /* send a normal priority message, blocking if queue is full */
    if (msgQSend (myMsgQId, MESSAGE, sizeof (MESSAGE), WAIT_FOREVER, MSG_PRI_
NORMAL) == ERROR)
    return (ERROR);
    }
[4]
```

内核级的信号和中断处理（管理）

信号是发送给任务的指示，意味着外部（其他进程、电路板上的硬件、定时器等）或者内部（正在执行的指令产生的问题）产生一个异步事件。当一个任务接收到一个信号时，它会暂停执行当前指令流，将上下文切换到信号处理器（另一个指令集合）。信号处理器通常在任务的上下文（栈）中执行，运行接收到信号的任务中（当轮到接收到信号的任务被调度去执行时）。

wind 内核支持两种类型的信号接口：UNIX BSD 风格和 POSIX 兼容信号（见图 9-31）。

BSD 4.3	POSIX 1003.1
sigmask( )	sigemptyset( ), sigfillset( ), sigaddset( ), sigdelset( ), sigismember( )
sigblock( )	sigprocmask( )
sigsetmask( )	sigprocmask( )
pause( )	sigsuspend( )
sigvec( )	sigaction( )
(none)	sigpending( )
signal( )	signal( )
kill( )	kill( )

图 9-31　VxWorks 信号机制[4]

因为信号的异步特性，信号通常用于操作系统中的中断处理。当信号发生时，资源的可用性是不可预知的。然而信号可以用于一般情况下的任务间通信，但在实现时需要避免信号处理函数发生阻塞或发生死锁的可能性。其他任务间的通信机制（共享内存、消息队列等）以及信号机制，均可用于 ISR 到任务级别的通信。

当信号被用作中断的操作系统抽象，信号处理函数就类似于 ISR，操作系统会管理中断表，其中包含中断和 ISR 的相关信息，同时提供了可以被程序员使用的系统调用（子程序）。与此同时，操作系统会对中断向量表和 ISR 的完整性进行保护，因为这些代码是在内核 / 管理模式下执行。当一个进程收到中断产生的信号，中断处理程序被调用，其过程见图 9-32。

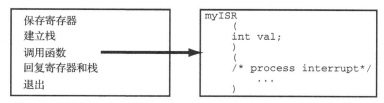

图 9-32　OS 中断子程序[4]

正如前面章节所述，体系结构决定了嵌入式系统的中断模型（即中断的数量和中断类型）。中断设备驱动程序初始化并提供了更高层软件访问中断的方式。操作系统提供了信号这种进程间通信（IPC）机制以允许进程可以与中断协同工作，同时提供了多种多样的中断子程序，这些中断子程序抽象出设备驱动程序。

虽然所有的操作系统都有某种形式的中断方案，但均会依赖于底层的体系结构而有所不同，因为每种体系结构会有不同的中断方案。其他可变因素包括：中断延迟／响应，这是指中断真正初始化和执行 ISR 之间的时间；中断恢复，这是指切换回被中断的任务所花费的时间。示例 12 举例说明了实际应用中 RTOS 的中断机制。

示例 12：VxWorks 中的中断处理

一些体系结构不支持独立的中断栈（因此使用被中断任务的栈），除此之外，ISR 使用同一个中断栈（与被中断任务相独立），中断栈在系统启动时被初始化并配置。表 9-1 总结了VxWorks 系统中提供的中断函数以及伪代码示例（其中的一个中断函数）。

表 9-1　VxWorks 中的中断例程[4]

调　　用	描　　述	
intConnect()	把例程 C 和中断向量进行关联	*/* 本例程初始化串口驱动程序，设置中断向量，并执行串行端口硬件初始化*/ *void InitSerialPort (void)* *{* *initSerialPort():* *(void) intConnect (INUM_TO_IVEC* *(INT_NUM_SCC), serialInt, 0);* … *}*
intContext()	如果是从中断层发起的调用，返回 TRUE	
intCount()	获取当前中断嵌套深度	
intLevelSet()	设置处理器中断屏蔽层信息	
intLock()	禁止中断	
intUnlock()	重新使能中断操作	
intVecBaseSet()	设置向量基地址	
intVecBaseGet()	获取向量基地址	
intVecSet()	设置异常向量	
intVecGet()	获取异常向量	

9.3　内存管理

正如本章前面所提到的，内核通过任务来管理嵌入式系统中的程序代码。由于 CPU 只执行在高速缓冲存储器 Cache 或 RAM 中的任务代码，内核还必须有一些系统来加载和执行系统中的任务。由于多个任务共享同一存储空间，操作系统需要一个安全系统机制来保护独立任务中的任务代码（独立任务的代码是隔离的，不能互相访问）。此外，由于操作系统必须和它管理的任务同在一存储空间，安全保护机制需要包括管理它自己在内存中的代码，并提供安全保护以防止它所管理的任务代码能够非法访问内核代码。这些功能正是操作系统内存管理组件的职责。通常情况下，内核的内存管理职责包括：

- 管理逻辑（物理）内存和任务内存引用之间的映射；
- 确定加载哪些进程到可用存储空间；
- 为组成系统的进程做内存分配和释放；
- 支持代码请求进行的内存分配和回收操作（进程内），如 C 语言的"alloc"和"dealloc"函数，或具体的缓冲区分配和释放程序；
- 跟踪系统组件的内存使用情况；
- 确保 Cache 一致性（对于具有 Cache 的系统）；
- 确保进程内存保护。

如在第 5 章和第 8 章所介绍的，物理存储由二维数组组成，数组单元可以基于唯一的行与列编号进行寻址，每个单元可以存储 1 位。

其次，操作系统将内存看作一个大的一维数组，称为存储器映射。集成在主 CPU 中或主板上的硬件组件做逻辑地址和物理地址（如内存管理单元，MMU）之间的转换，这必须由操作系统来处理。

操作系统如何管理逻辑存储空间视不同的操作系统而定，但内核通常在一个独立的存储空间中运行内核代码，与运行更高层代码的进程的存储空间是隔离的（即中间件和应用层代码）。每种存储空间（内核空间包含内核代码，用户空间包含较高级别的进程）采用不同方式进行管理。事实上，大多数的 OS 进程通常在两种模式下运行：内核模式和用户模式，依赖于所执行的例程。内核例程运行在内核模式（也称为管理模式）下，在不同存储空间和级别上运行（与高层软件相比较，例如中间件或应用程序）。通常，这些更高层次的软件在用户模式下运行，只有通过系统调用运行在内核模式时才能访问任何资源，系统调用是内核子例程的高层接口。内核为自身和用户进程管理内存。

9.3.1 用户存储空间

多个进程共享同一物理内存，当加载到 RAM 中进行处理时，必须有一些保护机制以确保进程不能不经意间彼此影响（当进程换入或换出物理存储空间时）。这些问题通常是通过内存"交换"来解决，内存分区是在运行时换入和换出内存。最常见的用于交换的内存分区是基于段的（进程的内部组成进行划分）和基于页的（逻辑内存作为一个整体来划分）。分段和分页不仅简化了内存中进程的交换（内存分配和释放），并且允许代码重用和内存保护，同时提供了虚拟内存的基础。虚拟内存是一种由操作系统管理的机制，允许设备有限的存储空间由多个相互竞争的"用户"任务共享，在本质上是将设备的实际物理存储空间扩大为一个更大的"虚拟"存储空间。

分段

正如本章前面所提到的，一个进程封装了执行一个程序所涉及的所有信息，包括源代码、栈和数据。进程中所有不同类型的信息划分成大小可变的逻辑存储单元，被称为段。段是包含相同类型的信息的一组逻辑地址。段地址是从 0 开始的逻辑地址，包括一个段号和段偏移量，段号表示该段的基地址，段偏移量定义实际的物理内存地址。段是独立受保护的，这意味着它们已经被指定访问特性，如共享（其他进程可以访问该段）、只读或读 / 写。

大多数操作系统通常允许进程在段内存储以下五种信息的全部或部分组合：文本（或代

码）段、数据段、BSS（块由符号开始）段、栈和堆。文本段是包含源代码的存储空间。数据段是包含代码已初始化变量（数据）的存储空间。BSS 段是静态分配的存储空间，包含代码未初始化变量（数据）。数据段、文本段和 BSS 段都是在编译的时候确定大小，因此是静态段；典型地，这三个段作为可执行文件的组成部分。可执行文件根据段组成的不同而不同，但一般来说，它们包含一个头部以及不同的节（表示不同类型段，包括名称、权限等，其中的一个段可以由一个或多个节组成）。操作系统通过内存映射可执行文件的内容来创建一个任务映像，意味着装载和解释可执行文件中段（节）到内存中。嵌入式操作系统支持几种可执行文件格式，最常见的包括：

链接视图	执行视图
ELF头部	ELF头部
程序头部表可选的	程序头部表
节 1	节 1
…	节 2
节 n	…
…	…
…	
节头部表	节头部表（可选的）

图 9-33　ELF 可执行文件格式 [11]

- ELF（可执行与链接格式）：基于 UNIX，包括一个 ELF 头部、程序头部表、节头部表、ELF 节和 ELF 段的某种组合。Linux（TimeSys）和 VxWorks（WRS）是支持 ELF 的操作系统实例（见图 9-33）。
- 类（Java 字节码）：一个类文件用一个 8 位字节流的形式（因此命名为"字节码"）详细描述一个 Java 类。代替段，类文件的元素称为项目。Java 类文件格式包含类描述，以及由该类如何连接到其他类。一个类文件的主要组件是一个符号表（常量）、域声明、方法实现（代码）和符号引用（其他类引用的定位信息）。Jbed RTOS 是一个支持 Java 字节码格式的例子（见图 9-34）。

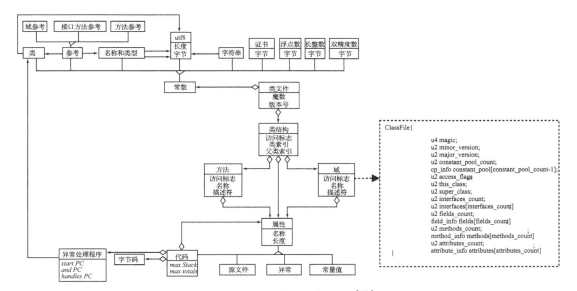

图 9-34　类可执行文件格式 [12]

- COFF（通用对象文件格式）：作为一个类文件格式，定义了一个映像文件，包含了文件头（文件签名、COFF 头、可选头）和只包含 COFF 头的对象文件。图 9-35 显示了存储在一个 COFF 头中信息的例子。WinCE［MS］就是嵌入式操作系统支持 COFF 可执行文件格式的一个例子。

偏移量	大小	域	描述
0	2	机器	目标机器类型标识号
2	2	区的数量	区的数量；指示区表（紧随文件头之后）的大小
4	4	时间/日期戳	文件创建的时间和日期
8	4	指向符号的指针	符号表的偏移量，在COFF文件中
12	4	符号数量	符号表中条目数量。这个数据可用于定位字符串表（紧随符号表之后）
16	2	可选头	可选头的大小，是指包含在可执行文件中而非目标文件。在目标文件中此处应该为0
18	2	特征	指示文件属性的标志

图 9-35　类可执行文件格式[13]

另一方面，栈和堆的段没有在编译时固定大小，并能在运行时改变大小，所以是动态分配的组件。栈段是被组织为一个 LIFO（后进先出）队列的内存部分，其中数据被"压入"栈或"弹出"栈（压入和弹出是仅有的两个与栈相关联的操作）。栈通常用作一个简单且高效的方法来分配和释放可预测数据的内存（局部变量、参数传递等）。在栈中，所有使用和释放的存储空间是连续的。然而，由于"压入"和"弹出"是与栈相关联的仅有的两个操作，一个栈可能在它的用途上受到限制。

堆段是可以在运行时按块进行分配的内存部分，通常设置为内存碎片的链表。正是在这里，用于分配内存的内核内存管理功能发挥作用以支持"malloc"C 函数（举例来讲）或 OS 相关的缓冲区分配函数。典型的内存分配方案包括：

- FF（最先适合）算法：按照顺序扫描列表，找到第一个足够大的"洞"（空闲空间）；
- NF（下次适合）算法：按照顺序扫描列表，但是在上次扫描的位置基础上进行，寻找下一个足够大的"洞"；
- BF（最佳适合）算法：扫描整个列表，寻找最佳匹配新数据大小的"洞"；
- WF（最坏适合）算法：将数据放入最大的可利用的"洞"中（列表按"洞"大小从大到小排序）；
- QF（最快适合）算法：维护一个内存大小的列表，根据信息做出分配；
- 伙伴系统（buddy system）算法：内存按块进行分配，块大小为 2 的幂次方。当一个块被释放时，它被合并为连续的块。

堆中不再需要的内存的释放方法依赖于操作系统。一些操作系统提供 GC 来自动回收未使用的内存（垃圾回收算法包括分代、复制和标记 – 清除，见图 9-36a ～ c）。其他操作系统要求程序员显式地通过系统调用来释放内存（即支持"free"C 函数）。使用后一种技术，程序员要注意潜在的内存泄露问题，因为内存被分配后，没有使用而被忘记会导致内存丢失，内存泄漏很少会发生在 GC 中。

分配和释放的内存会导致内存碎片产生另一个问题，堆中的可用内存分布着很多小的"空洞"，使之更难以分配到所需大小的内存。在这种情况下，如果分配 / 释放算法会导致大量的碎片，必须要实现内存压缩算法。这个问题可以通过检查垃圾收集算法来演示。

复制垃圾收集算法的工作原理是复制被引用的对象到不同部分的内存，然后释放原来的存储空间。该算法使用更大的内存区域，并且通常不能在复制过程中被中断（阻塞系统）。然而它确实通过在新的存储空间中压缩对象来保证对所有内存的高效使用。

标记 – 清除垃圾收集算法的工作原理是"标记"所有用过的对象，然后"清除"（释放）所有未标记的对象。这个算法通常是非阻塞的，因此系统可以在必要时中断 GC 来执行其他功能。然而，它不能像复制 GC 一样压缩内存，会导致内存碎片（小而且无法使用的"空洞"），这些碎片可能存在于已释放对象原来所存在的地方。通过标记 - 清除 GC，可以实现一个额外的内存压缩算法，使之成为一个标记（清除）- 压缩算法。

最后，分代垃圾收集算法将对象划分成组，称为世代，根据它们被分配内存的时间。该算法假定大部分被分配对象都是短生命周期的，因此复制或压缩剩下的生存期更长的对象是在浪费时间。因此，年轻一代群体中的对象被清理的频率比老一代群体对象的要高。对象也可以从年轻一代转移到老一代群体。每种分代 GC 也可以采用不同的算法来释放每代群体中的对象，如复制算法或上述的标记 - 清除算法。压缩算法在这两个代中都需要，以避免碎片问题。

最后，程序通常使用堆来解决大小不可预测变量的分配与释放问题（链表、复杂结构等）。然而，堆并不像栈那么简单或高效。如前所述，堆中的内存如何分配和释放通常受操作系统的编程语言所影响，例如，基于 C 语言的操作系统使用"malloc"来分配堆中的内存，使用"free"来释放堆中的内存，而基于 Java 的操作系统有一个 GC。伪代码示例 13、示例 14 和示例 15 演示了各种嵌入式操作系统中堆空间是如何分配或释放的。

示例 13：VxWorks 内存管理和分段

VxWorks 的任务由文本段、数据段和 BSS 静态段组成，每个任务有它自己的堆栈。

VxWorks 系统调用"taskSpawn"是基于 POSIX 模型，用来创建、初始化，并激活一个新的（子）任务。当该系统调用执行后，子任务（包括 TCB、栈和程序）的映像被分配到内存中。在下面的伪代码中，代码本身是文本段，数据段是任何已初始化的变量，BSS 段是未初始化的变量（seconds 等）。在 taskSpawn 系统调用中，任务栈大小为 3000 字节，并且未被填满 0xEE，这是因为在系统调用中指定了 VX_NO_STACK_FILL 参数。

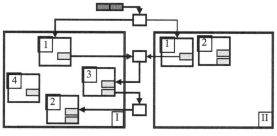

a）复制 GC 示意图[2]

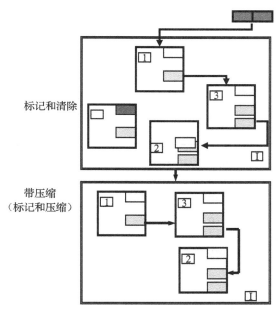

b）标记 - 清除和标记 - 压缩 GC 示意图[2]

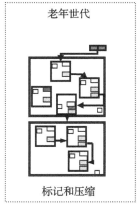

c）分代 GC 示意图

图 9-36

```
任务创建Vxworks伪代码
// parent task that enables software timer
void parentTask(void)
{
…
if sampleSoftware Clock NOT running {
    /"newSWClkId" is a unique integer value assigned by kernel when task is created
    newSWClkId = taskSpawn ("sampleSoftwareClock", 255, VX_NO_STACK_FILL, 3000,
    (FUNCPTR) minuteClock, 0, 0, 0, 0, 0, 0, 0, 0, 0, 0);
    …
}

// child task program Software Clock
void minuteClock(void) {
    integer seconds;
    while (softwareClock is RUNNING) {
            seconds = 0;
            while (seconds < 60) {
                    seconds = seconds + 1;
    }
    …
}
[4]
```

VxWorks 任务的堆空间是通过使用 C 语言的 malloc/new 系统调用来动态分配内存。目前在 VxWorks 中没有 GC，所以程序员必须手动地通过 free() 系统调用来释放内存。

```
/* The following code is an example of a driver that performs address
 * translations. It attempts to allocate a cache-safe buffer, fill it, and
 * then write it out to the device. It uses CACHE_DMA_FLUSH to make sure
 * the data is current. The driver then reads in new data and uses
 * CACHE_DMA_INVALIDATE to guarantee cache coherency. */
#include "VxWorks.h"
#include "cacheLib.h"
#include "myExample.h"

STATUS myDmaExample (void)
{
void * pMyBuf;
void * pPhysAddr;
/* allocate cache safe buffers if possible */
if ((pMyBuf = cacheDmaMalloc (MY_BUF_SIZE)) == NULL)
return (ERROR);
… fill buffer with useful information …
/* flush cache entry before data is written to device */
CACHE_DMA_FLUSH (pMyBuf, MY_BUF_SIZE);
/* convert virtual address to physical */
pPhysAddr = CACHE_DMA_VIRT_TO_PHYS (pMyBuf);
/* program device to read data from RAM */
myBufToDev (pPhysAddr);
… wait for DMA to complete …
… ready to read new data …
/* program device to write data to RAM */
```

```
myDevToBuf (pPhysAddr);
… wait for transfer to complete …
/* convert physical to virtual address */
pMyBuf = CACHE_DMA_PHYS_TO_VIRT (pPhysAddr);
/* invalidate buffer */
CACHE_DMA_INVALIDATE (pMyBuf, MY_BUF_SIZE);
… use data …
/* when done free memory */
if (cacheDmaFree (pMyBuf) == ERROR)
return (ERROR);
return (OK);
}
[4]
```

示例 14：Jbed 内存管理和分段

在 Java 中，Java 堆中的内存通过"new"关键字（不同于 C 的"malloc"）分配。然而，在一些 Java 标准中定义了一组接口，称为 JNI（Java 本地接口），允许 C 和 / 或汇编代码被集成在 Java 代码中，因此在本质上，如果支持 JNI，则"malloc"是可用的。对于内存释放，正如 Java 标准所指定的，是通过 GC 来实现的。

Jbed 是一个基于 Java 的操作系统，因此本身支持"new"进行堆分配。

```
public void CreateOneshotTask(){
    // Task execution time values
    final long DURATION = 100L; // run method takes < 100μs
    final long ALLOWANCE = 0L; // no DurationOverflow handling
    final long DEADLINE = 1000L;// complete within 1000μs
    Runnable target; // Task's executable code
    OneshotTimer taskType;
    Task task;

    // Create a Runnable object
    target = new MyTask();

    // Create Oneshot tasktype with no delay
    taskType = new OneshotTimer(0L);


                                                Memory allocation in Java

    // Create the task
    try{
    task = new Task(target,
    DURATION, ALLOWANCE, DEADLINE,
    taskType);
    }catch(AdmissionFailure e){
        System.out.println("Task creation failed");
    return;
    }
    [2]
```

内存释放在堆中自动处理，通过基于标记－清除算法的 Jbed GC（标记－清除算法是非阻塞的，允许 Jbed 成为一个 RTOS）。GC 可以作为一个重复发生的任务来运行，或者可以通过调用一个"runGarbageCollector"方法来运行。

示例 15：Linux 内存管理和分段

Linux 进程是由文本段、数据段和 BSS 静态段组成的，此外，每个进程都有自己的栈（这是系统调用 fork 创建的）。Linux 任务的堆空间是通过 C 语言的 malloc/new 系统调用来动态分配内存。在 Linux 中没有 GC，所以程序员必须手动地通过 free() 系统调用来释放内存。

```c
void *mem_allocator (void *arg)
{
    int i;
    int thread_id = *(int *)arg;
    int start = POOL_SIZE * thread_id;
    int end = POOL_SIZE * (thread_id + 1);
    if(verbose_flag) {
        printf("Releaser %i works on memory pool %i to %i\n",
        thread_id, start, end);
    printf("Releaser %i started...\n", thread_id);
    }
    while(!done_flag) {
        /* find first NULL slot */
        for (i = start; i < end; ++i) {
            if (NULL == mem_pool[i]) {
                mem_pool[i] = malloc(1024);
                if (debug_flag)
                    printf("Allocate %i: slot %i\n", thread_id, i);
                    break;
                }
            }
    }
    pthread_exit(0);
}
void *mem_releaser(void *arg)
{
    int i;
    int loops = 0;
    int check_interval = 100;
    int thread_id = *(int *)arg;
    int start = POOL_SIZE * thread_id;
    int end = POOL_SIZE * (thread_id + 1);
    if(verbose_flag) {
        printf("Allocator %i works on memory pool %i to %i\n", thread_id, start, end);
        printf("Allocator %i started...\n", thread_id);
    }

    while(!done_flag) {

        /* find non-NULL slot */
        for (i = start; i < end; ++i) {
            if (NULL!= mem_pool[i]) {
                void *ptr = mem_pool[i];
                mem_pool[i] = NULL;
                free(ptr);
                ++counters[thread_id];
                if (debug_flag)
```

```
                printf("Releaser %i: slot %i\n", thread_id, i);
                break;
            }
        }
        ++loops;
        if ((0 == loops % check_interval) &&
            (elapsed_time(&begin) > run_time)) {
            done_flag = 1;
            break;
        }
    }
    pthread_exit(0);
}
[3]
```

分页和虚拟内存

不论是否进行了分段，一些操作系统将逻辑内存划分成一些固定大小的分区，称为块、帧、页，或某几个或所有这些的组合。例如，在将内存划分为帧的操作系统中，逻辑地址由帧号和偏移量组成。用户存储空间也可以划分为页，页的大小通常等于帧大小。

当一个进程整体地加载到内存中（以页的形式），它的页可以不位于一组连续的帧中。每个进程都有一个相关联的进程页表，用于跟踪进程的页以及每个页对应的内存中的帧。即使多个进程共享同一物理存储空间，每个进程所产生的逻辑地址空间是与每个进程唯一相关的。逻辑地址空间通常由一个页 – 帧号（指示该页面的起始地址）和一个在该页中实际存储位置的偏移组成。在本质上，逻辑地址是页号和偏移量的总和（见图 9-37）。

操作系统可以通过预分页，或者加载开始所需的页，然后实现请求页调度方案，在请求页调度方案中，进程刚开始不需要把页加到内存中，只有当发生缺页时（试图访问一个不在 RAM 中页时发生的错误），才将页加载到 RAM 中。发生缺页时，操作系统将接管并加载所需的页到内存中，更新页表，然后重新执行触发缺页的指令。该方案是基于 Knuth 的访问引用局部性理论，该理论估计，90% 的系统时间花在处理仅仅 10% 的代码上。

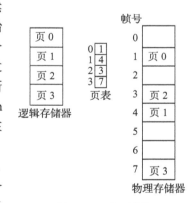

图 9-37   分页[3]

将逻辑内存划分为页面帮助操作系统更容易管理任务，这些任务会在存储层次中不同种类内存中迁入与迁出，这个过程称作交换。常见的用来确定哪些页被交换的页选择和置换方案包括：

- 最佳替换算法：使用将来参考时间，把最近的将来不被使用的页替换出去；
- 最近最少使用算法（LRU）：将最近最少使用的页替换出去；
- 先入先出（FIFO）：正如其名，将最旧的那一页替换出去，不管该页在系统中是否频繁使用。虽然比 LRU 更简单，但 FIFO 算法效率更低；
- 最近未使用算法（NRU）：将最近某段时间内未使用的页替换出去；
- 第二次机会算法：带一个参考位的 FIFO 算法，如果参考位为 0，则将该页替换出去（当被访问时将参考位置 1，在检查该页之后将参考位置 0）；

● 时钟页替换算法：如果页未被访问（当被访问时将参考位置 1，在检查该页之后将参考位置 0），则基于时钟信息（在存储器中已存在多久）依照时钟顺序将页替换出去。

每个操作系统具有自己的交换算法，都是试图减少颠簸的可能性，所谓颠簸是指这样一种情况，一个系统的资源被操作系统频繁地从内存换入换出数据而耗尽。为了避免颠簸，内核可以实现一个工作集模型，它会为进程一直在内存中保持一定数量的页。哪些页（页的数量）组成该工作集取决于操作系统，但通常它是最近被访问的页集合。对于试图实现进程预分页的内核，在进程的页被交换到内存中之前，需要有一个为进程定义好的工作集。

虚拟内存

虚拟内存通常是通过请求分段（进程从内部分段，如前一节中讨论）和 / 或请求分页（整体上对用户逻辑内存进行分段）内存分段技术来实现的。当虚拟内存通过这些"请求式"的技术来实现时，这意味着只有当前正在使用的页和 / 或段被加载到内存中。

如图 9-38 所示，在虚拟内存系统中，操作系统基于该逻辑地址产生虚拟地址，并维护表来完成逻辑地址的集合到虚拟地址的转换（对于一些处理器，表项被缓存入 TLB 中；更多关于 MMU 和 TLB 的介绍，见第 4 章和第 5 章）。操作系统（连同硬件）能够最终可以管理每个进程不同的地址空间（物理的、逻辑的和虚拟的）。总之，由操作系统管理的软件将内存视为一个连续的内存空间，然而实际上，内核以多个分段的形式管理内存，它们可能是分段的和分页的，分段的和未分页的，未分段的和分页的，或未分段的和未分页的。

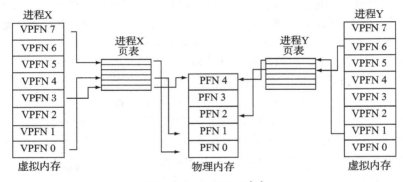

图 9-38　虚拟内存[3]

9.3.2　内核存储空间

内核的存储空间是内存的一部分，其中存放了内核代码，一些内核存储空间访问是通过高级别软件进程发起的系统调用，也是 CPU 执行该代码的起始位置。位于内核存储空间的代码包括所需的 IPC 机制，如消息传递队列。另一个例子是，当任务创建某种类型的 fork/exec 或 spawn 系统调用。任务创建系统调用后，操作系统获得控制权并在内核存储空间中创建任务控制块（TCB），在某些操作系统中也称为进程控制块（PCB），其中包含操作系统的控制信息和该任务的 CPU 上下文信息。最终，与用户空间截然相反，什么在内核存储空间中进行管理是由硬件以及 OS 内核中实际实现的算法来决定的。

如前面所提到的，在用户模式中运行的软件只能通过系统调用访问在内核模式下运行。系统调用是较高级别（用户模式）的接口，用来调用内核的子程序（在内核模式下运行）。与系统调用相关联的参数需要在操作系统内核与用户空间运行的调用方之间传递，具体是通过寄存器、栈或主存储器的堆传递。系统调用的类型通常对应到操作系统支持的多种功能上，所以它们包括文件系统管理（即打开 / 修改文件）、进程管理（即开始 / 停止进程），以及 I/O 通信。总之，在内核模式中运行的操作系统将在用户模式下运行的程序视作进程，在用户模式中运行的软件通过它的系统调用来看待和定义了一个操作系统。

9.4　I/O 和文件系统管理

　　一些嵌入式操作系统针对各种存储设备提供了存储管理支持（暂时性的或永久性的文件系统存储方案），如闪存、RAM 或硬盘。文件系统本质上是一个文件连同它们的管理协议的集合（见表 9-2）。文件系统算法是中间件和 / 或应用软件，挂载（安装）在存储设备中的挂载点（位置）上。

表 9-2　中间件文件系统标准

文件系统	概　　述
FAT32（File Allocation Table）	其中存储器被划分成最小的单元（称为扇区）。一组扇区称为簇。操作系统分配一个唯一的编号给每个簇，并跟踪哪些文件使用哪些簇。FAT32 支持 32 位寻址的簇，以及更小的簇（FAT、FAT16 等）
NFS（Network File System）	基于 RPC（远程过程调用）和 XDR（扩展数据表示），NFS 的开发是为了让外部设备在系统上挂载一个分区，就像它是本地存储的。这样就可以通过网络快速无缝共享文件
FFS（Flash File System）	面向闪存设计
DosFS	专为块设备（磁盘）的实时应用所设计，并与 MS-DOS 网络文件系统兼容
RawFS	提供一种简单的原始文件系统，本质上把整个磁盘当做一个单一的大文件
TapeFS	为磁带设备所设计，不使用标准文件或目录结构。实际上就是把磁带卷当做原始设备，整个卷就是一个大文件
CdromFS	允许应用程序读取 CD-ROM 上的数据，CD-ROM 格式遵循 ISO 9660 标准的文件系统

关于文件系统，内核通常提供文件系统管理机制，至少支持：
- 映射文件到二级存储器、闪存或 RAM；
- 支持操作文件和目录的原语：
    - 文件的定义和属性：命名协议、类型（可执行文件、对象、源、多媒体等）、大小、访问保护（读取、写入、执行、追加、删除等）所有权等；
    - 文件操作：创建、删除、读取、写入、打开、关闭等；
    - 文件存取方式：顺序、直接，等等；
    - 目录访问、创建和删除。

不同的操作系统会在很多方面有所不同，包括用于操作文件（命名、数据结构、文件类型、属性、操作等）的原语，可以被映射到何种存储设备文件，支持什么文件系统等。大多数操作系统在文件系统和存储设备驱动程序之间使用标准 I/O 接口。这允许一个或多个文件系统在操作系统中一起工作。

　　嵌入式操作系统中的 I/O 管理提供了一个额外的抽象层（面向更高层的软件），该抽象层与系统的硬件和设备驱动程序无关。操作系统为 I/O 设备提供统一的接口，这些 I/O 设备通过可用的内核系统调用完成多种功能，提供 I/O 设备保护（因为用户进程只能通过系统调用访问 I/O 设备），并面向多个进程管理一个公平和高效的 I/O 共享方案。操作系统也需要管理从 I/O 到其进程之间的同步和异步通信——在本质上是事件驱动（相应来自更高级别的进程和底层硬件的请求）——并管理数据传输。为了完成这些目标，一个操作系统的 I/O 管理方案通常是由一个面向用户进程和设备驱动程序的通用设备驱动接口，以及某种类型的缓冲区缓存机制组成。

设备驱动程序代码控制一个主板上的 I/O 硬件。为了管理 I/O，操作系统可能会要求所有的设备驱动程序代码包含一套具体的功能操作，如启动、关机、启用和禁用。内核接着管理 I/O 设备，有些操作系统也进一步管理文件系统，是以一种"黑盒子"方式进行的，高层进程通过一组通用 API 访问 I/O。不同的操作系统会为上层提供不同类型的 I/O API。例如，在 Jbed 或任何基于 Java 的方案中，所有的资源（包括 I/O）被看做对象，并按对象进行组织。而在 VxWorks 中，提供了一种称为管道的通信机制，以便 VxWorks 的 I/O 子系统使用。VxWorks 中的管道是虚拟的 I/O 设备，其中包括与管道相关联的底层消息队列。通过管道，I/O 访问要么按字节流（块访问）进行处理，要么以单字节方式（字符访问）进行处理。

在一些情况下，I/O 硬件可能需要引入操作系统缓冲区来管理数据传输。之所以缓冲区对于 I/O 设备管理是必要的，有多个原因。主要原因是操作系统需要缓冲区通过块询问获取传输数据。操作系统将传入和传出 I/O 设备的字节流存储在缓冲区中，不依赖于是否存在一个进程已经发起与设备的通信。当性能成为一个问题时，缓冲区通常存储在 Cache（当可用时）中，而不是较慢的主存储器中。

9.5 操作系统标准示例：POSIX

如第 2 章介绍的，标准可能会极大地影响系统组件的设计——操作系统也一样。当今实际应用的嵌入式操作系统中的关键标准之一就是可移植操作系统接口（POSIX）。POSIX 是基于 IEEE（1003.1-2001）和 The Open Group（The Open Group Base Specifications Issue 6）标准集合所定义的一个标准操作系统接口和环境。POSIX 提供 OS 相关的标准 API 和进程管理、内存管理以及 I/O 管理功能的定义（见表 9-3）。

表 9-3 POSIX 功能[14]

OS 子系统	功 能	详细描述
进程管理	线程	在一个进程中支持多个控制流的功能。这些控制流称为线程，与它们的所有者进程共享地址空间、大多数的操作系统定义的资源和属性。包含在线程支持中的具体功能有： ● 线程管理：创建、控制和终止共享一个共同的地址空间的多个控制流 ● 同步原语：为在一个共同的共享地址空间中的多个控制流的紧耦合操作而优化
	信号量	最小化同步原语，作为应用程序定义的更复杂的同步机制的基础
	优先权调度	性能和确定性改进机制。允许应用决定就绪线程被授予处理器资源的顺序
	实时信号扩展	一个确定性改进机制，使得发给应用程序的异步信号通知能够被排队，不会影响与现存信号机制的兼容性
	定时器	一个可以通知线程的机制，当由一个特定时钟测量的时间到达或超过一个规定值时，或者当指定时间已经过去时
	IPC	一个功能增强，为了增加高性能、确定的用于本地通信的 IPC 机制

（续）

OS 子系统	功　　能	详细描述
内存管理	进程内存锁定	一个性能改进机制，将应用程序绑定到计算机系统的高性能随机存取存储器。这避免了由操作系统在存储部分程序时引入的潜在延迟，该程序在辅助存储设备上最近未被引用
	内存映射文件	一个机制，允许应用程序通过访问该地址空间的一部分来访问文件
	共享内存对象	一个指代内存的对象，可以同时被映射到多个进程的地址空间上
I/O 管理	同步 I/O	一个确定性和健壮性的改进机制，用以增强数据的输入和输出机制，使得应用程序可以确保被操纵的数据是物理上存在于辅助大容量存储设备上
	异步 I/O	一个功能增强机制，允许应用进程对数据输入和输出命令进行排队，当完成时进行异步通知
…	…	…

POSIX 是如何转化为在示例 16 和示例 17 中所示的软件的，这些是在 Linux 和 VxWorks 中的 POSIX 线程（注意这些类似的接口遵循 POSIX 线程创建子程序）创建的例子。

示例 16：Linux 的 POSIX 示例[3]

创建一个 Linux POSIX 线程：

```
if(pthread_create(&threadId, NULL, DEC threadwork, NULL)) {
printf("error");
…
}
```

这里，threadId 是用于接收线程 ID 的参数。第二个参数是一个线程属性参数，支持多种调度选项（示例中的 NULL 表示使用默认设置）。第三个参数是创建线程要执行的子程序。第四个参数是传递给线程子程序的一个指针（指向为线程保留的内存地址，新创建的线程要做的工作所需的任何数据）。

示例 17：VxWorks 的 POSIX 示例[4]

在 VxWorks 中创建一个 POSIX 线程：

```
pthread_t tid;
int ret;

/* create the pthread with NULL attributes to designate default values */
ret = pthread_create(&threadId, NULL, entryFunction, entryArg);
….
```

这里，threadId 是用于接收线程 ID 的参数。第二个参数是一个线程属性参数，支持多种调度选项（示例中的 NULL 表示使用默认设置）。第三个参数是在创建线程要执行的子程序。第四个参数是传递给线程子程序的一个指针（指向为线程保留的内存地址，新创建的线程要做的工作所需的任何数据）。

从本质上讲，POSIX API 允许在一个 POSIX 兼容操作系统下编写的软件可以很容易地移植到另外一个 POSIX 操作系统，因为从 API 的定义上看，不同操作系统调用的 API 是相同的，而且是 POSIX 兼容的。它是由各个操作系统供应商来决定这些函数的内部是如何实际执行的。这意味着给定两个不同的 POSIX 兼容的操作系统，对同一例程，二者都可能采用完全不同的内部代码。

9.6　操作系统性能指南

操作系统的两个子系统通常对其性能影响比较大，并将其性能表现区分开来，这两个子系统分别是存储管理方案（具体实现的进程交换模型）和调度器。在给定一组相同的内存引用（即在两个操作系统上，为同一进程分配相同数目的页帧）的条件下，虚拟内存交换算法性能可以通过缺页发生次数来比较。一个算法可以进一步测试其性能，通过提供多种不同的内存引用，并记录每个进程配置下的不同数量页帧的缺页次数。

虽然调度算法的目标是按照最大化整体性能的方案来选择进程来执行，操作系统调度程序面对的挑战是，存在一系列的性能指标。此外，即使是在完全相同的进程下，算法可能在某个指标上呈现相反的效果。调度算法的主要性能指标包括：

- 吞吐率：在任何给定时间内 CPU 执行的进程数量。在操作系统调度层级，长进程较短进程优先的算法具有吞吐率较低的风险。在一个 SPN（短进程优先）方案中，吞吐率甚至可能在同一系统上呈现变化，这取决于正在执行的进程的大小；
- 执行时间：进程执行（从开始到结束）所花费的平均时间。在这里，程序的大小会影响这个指标。然而在调度层次，一个进程不断被抢占会导致较长的执行时间。在这种情况下，给定相同的进程，非抢先式与抢先式调度的比较会导致两个非常不同的执行时间结果；
- 等待时间：一个进程必须等待运行的时间总量。同样，这取决于调度算法是否允许更大进程比更慢进程更优先执行。如果一个数量可观的大进程优先执行（无论何种原因），任何后续的进程等待时间会较长。这个指标也依赖于以什么样的准则来确定哪个进程被选中执行（不同方案中的同一进程可能有较低或较高的等待时间表现）。

最后需要注意，虽然调度和存储管理是影响性能的主要组件，但是要得到操作系统性能的一个更准确的分析，我们必须测量这两种类型算法在一个操作系统中的影响，以及操作系统的响应时间相关的影响因素（本质上是指从一个用户进程进行系统调用到操作系统开始处理请求之间的时间）。不存在单一因素可以决定操作系统的表现好坏，操作系统性能一般可以隐式地进行评估（系统中的硬件资源（CPU、内存和 I/O 设备）如何被各种进程来使用）。给定正确的进程，资源花费更多时间执行代码，而不是闲置，这是一个更高效的操作系统的外在指示。

9.7　选择正确的嵌入式操作系统以及 BSP

在嵌入式设计过程中选择嵌入式操作系统时，真正要问的问题包括：

- 主处理器是什么？有何性能限制？内存占用怎么样？选择已稳定移植的、支持相应硬件的嵌入式操作系统；
- 给定成本、进度、需求等，需要哪些功能特性？内核满足要求吗？对嵌入式操作系统的可扩展性有何要求？
- 这类设备是否要求特殊类型的嵌入式操作系统（已认证的）？
- 预算是怎么样的？嵌入式操作系统可以是开源的，免版税的，或以版权为基础的。工具的成本、开发许可证的成本和版税的成本是多少（按单元计价）？糟糕的工具对于开发团队而言等同噩梦；

- 团队的技能怎么样？经验丰富的开发人员在开发些什么？不要吝啬培训，所以，如果需要培训，是否将它计算到嵌入式操作系统和开发安排的成本里面？
- 嵌入式操作系统的移植性如何？是否存在与嵌入式操作系统和目标硬件兼容的 BSP？该 BSP 是由操作系统提供商提供的一个可选组件，其主要目的是简单地提供位于操作系统和通用设备驱动程序之间的一个抽象层。

BSP 使得操作系统能够更容易地移植到新的硬件环境，因为它充当硬件依赖系统部分以及与硬件无关的源代码的一个集成点。BSP 向上层软件提供子程序，可以自定义硬件并提供编译时灵活性。因为这些程序单独地指向已编译设备驱动程序代码（从系统应用软件的其他部分），BSP 提供通用设备驱动程序代码的运行时可移植性。如图 9-39 所示，BSP 提供特定体系结构的设备驱动程序的配置管理和操作系统（或更高的软件层）来访问通用设备驱动程序 API。BSP 还负责管理系统中设备驱动程序（硬件）和操作系统的初始化。

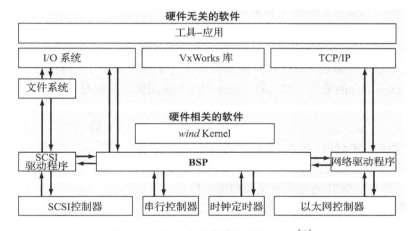

图 9-39　嵌入式系统模型中的 BSP[4]

BSP 的设备配置管理部分涉及特定体系结构的设备驱动程序的功能，如处理器的可用寻址方式约束、字节序和中断（连接 ISR 到中断向量表、禁用 / 启用、控制寄存器等），以及旨在提供最大程度的灵活性，用以将通用设备驱动移植到一个新的体系结构主板，连带它的不同字节序、中断机制，以及其他结构体系相关特征。

9.8　小结

本章介绍了不同类型的嵌入式操作系统，以及组成大多数嵌入式操作系统的主要组件。虽然嵌入式操作系统的国际化设计有很大的不同，但所有嵌入操作系统的共同点有：

- 用途
  - 分区工具
  - 为所覆盖的代码提供抽象层
  - 高效和可靠的系统资源管理
- 核心组件
  - 进程管理
  - 内存管理
  - I/O 系统管理

进程管理机制（比如任务实施方案、调度、同步等）让嵌入式操作系统提供在一个单一的处理器上的并发多任务的假象。嵌入式操作系统的目标是在以下方面取得平衡：

- 利用系统的资源（保持 CPU、I/O 等，越忙越好）。
- 任务吞吐率，在给定的时间里处理尽可能多的任务。
- 公平性，当努力实现任务吞吐率的最大值时，确保任务饥饿现象不会发生。

就指定的功能要求而言，本章还讨论了 POSIX 标准及其在嵌入式操作系统市场上的影响。操作系统对系统性能的影响也进行了讨论，尤其是不可低估嵌入式操作系统的内部设计对性能影响的重要性。主要区别包括：

- 内存管理方案：虚拟内存交换方案和缺页；
- 调度方案：吞吐率、执行时间和等待时间；
- 响应时间：使上下文切换到就绪任务，以及在就绪队列中任务的等待时间；
- 周转时间：进程完成运行所花费的时间；
- 开销：确定接下来哪些任务将被运行所需的时间和数据；
- 公平性：可以运行哪些进程的决定性因素是什么。

本章最后介绍了许多嵌入式操作系统都提供了一个称为 BSP 的抽象层。

下一章是软件部分的最后一章，将讨论中间件和应用软件及其对嵌入式体系结构的影响。

习题

1. [a] 什么是操作系统（OS）？

   [b] 操作系统有什么功能？

   [c] 绘图说明操作系统在嵌入式系统模型中的位置。

2. [a] 什么是内核？

   [b] 给出并描述内核的至少两种功能。

3. 操作系统通常被归入三种模式之一：

   A. 单体的、分层的、微内核的

   B. 单体的、分层的、单体模块化的

   C. 分层的、客户/服务器的、微内核的

   D. 单体模块化的、客户/服务器的、微内核的

   E. 以上都不是

4. [a] 在图 9-40a ～ c 中匹配操作系统模型的类型（见第 3 题）。

   [b] 给出属于每个模型的一个实际应用的操作系统。

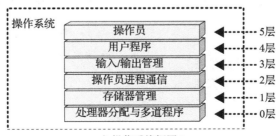

a）操作系统框图 1

图 9-40

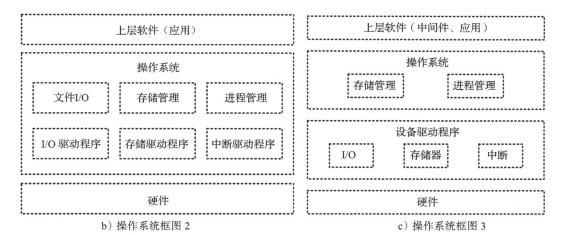

b) 操作系统框图 2　　　　　　　　　　c) 操作系统框图 3

图　9-40　（续）

5. [a] 进程和线程之间的区别是什么？

　　[b] 进程和任务之间的区别是什么？

6. [a] 用于创建任务的最常用方案是什么？

　　[b] 给出使用每个方案的一个操作系统示例。

7. [a] 一般来讲，一个任务可以处于哪些状态？

　　[b] 给一个操作系统示例和它的可用状态，包括状态图。

8. [a] 抢占式调度和非抢占式调度之间的区别是什么？

　　[b] 给出实现抢占式调度和非抢占式调度的操作系统示例。

9. [a] 什么是实时操作系统（RTOS）？

　　[b] 给出 RTOS 的两个例子。

10. [T/F] 一个 RTOS 不包含抢占式调度器。

11. 给出并描述最常见的操作系统任务间通信和同步机制。

12. [a] 什么是竞争条件？

　　[b] 有哪些技术来解决竞争条件？

13. 通常用于中断处理的操作系统任务间通信机制是：

　　A. 消息队列

　　B. 信号

　　C. 信号量

　　D. 以上都是

　　E. 以上都不是

14. [a] 在内核模式下运行的进程和那些在用户模式下运行的进程有什么不同？

　　[b] 给出在每个模式中运行的代码类型的一个示例。

15. [a] 什么是分段？

　　[b] 段地址由什么组成？

　　[c] 可以在一个段中找到什么类型的信息？

16. [T/F] 栈是被组织成一个 FIFO 队列的内存段。

17. [a] 什么是分页？

［b］给出并描述操作系统可以实现内存页换入 / 换出的四个算法。

18.［a］什么是虚拟内存？

　　［b］为什么要使用虚拟内存？

19.［a］为什么 POSIX 会成为某些操作系统实现的一个标准？

　　［b］列出并详细描述由 POSIX 定义的四种操作系统 API。

　　［c］给出三个实际应用的兼容 POSIX 的嵌入式操作系统的示例。

20.［a］一个操作系统中对其性能影响最大的两个子系统是什么？

　　［b］每个子系统中的差异是如何影响性能的？

21.［a］什么是 BSP ？

　　［b］BSP 中有哪些类型的要素？

　　［c］给出包含 BSP 的两个实际应用的嵌入式操作系统示例。

尾注

[1] Wind River Systems, VxWorks Programmer's Manual, p. 27.

[2] Esmertec, Jbed Programmer's Manual.

[3] *Linux Kernel 2.4 Internals*, T. Aivazian, 2002; *The Linux Kernel*, D. Rusling, 1999.

[4] Wind River Systems, VxWorks Programmer's Manual.

[5] Wind River Systems, VxWorks Programmer's Manual, pp. 21, 22.

[6] Esmertec, Jbed Programmer's Manual, pp. 21–36.

[7] Wind River Systems, VxWorks Programmer's Manual, p. 24.

[8] Wind River Systems, VxWorks Programmer's Manual, p. 23.

[9] *Conceptual Architecture of the Linux Kernel*, section 3, I. Bowman, 1998.

[10] Wind River Systems, VxWorks Programmer's Manual, p. 46.

[11] "The Executable and Linking Format (ELF)," M. Haungs, 1998.

[12] Sun Microsystems, java.sun.com website.

[13] http://support.microsoft.com/default.aspx?scid=kb%3Ben-us%3Bq121460

[14] www.pasc.org

[15] *Linux Kernel 2.4 Internals*, section 2.3, T. Aivazian, 2002; *The Linux Kernel*, chapter 15, D. Rusling, 1999.

[16] "Embedded Linux—Ready for RealTime," Whitepaper, p. 8, B. Weinberg, 2001.

[17] *Conceptual Architecture of the Linux Kernel*, section 3.2, I. Bowman, 1998.

[18] *The Linux Kernel*, section 4.1, D. Rusling, 1999.

中间件和应用软件

本章内容

- 中间件
- 应用软件
- 实际应用在中间件中的网络及 Java 示例
- 实际应用在应用软件中的网络及 Java 示例

从历史的发展来看，中间件和应用软件的定义之间的差别模糊不清。当时在嵌入式系统行业中没有正式一致的嵌入式系统中间件的定义。这样，直到最近才形成了一致的意见，本章用了比较实际的方法来一起介绍中间件和应用软件。本章后面的部分详细描述了中间件和应用软件的概念，并提供了实际应用的中间件和应用软件伪代码。

10.1 什么是中间件

在较为通用的术语解释中，中间件软件是一种不属于操作系统内核、设备驱动程序或者应用软件的系统软件。中间件是由于各种原因而从应用层抽象出来的软件。原因之一是它可能已经被包含于现成可用的操作系统软件包中了，另一个原因是从应用软件中移除一部分软件使其形成中间件层，这样使别的应用程序容易重用这个中间件，通过购买现成的中间件软件集成到自己的系统中，这样就减少了软件开发的成本和时间，或者简化了应用程序的编码过程。

需要记住的是，要判别特定的软件组件是"中间件"，是根据它是否驻留在嵌入式系统体系结构的特定位置中，而不是单单根据其在系统内部的用途来判断。中间件是系统软件，典型的中间件是在设备驱动程序或者操作系统的上层，有时也会包含在操作系统中。中间件在应用软件和底层系统软件（操作系统内核和设备驱动软件）之间扮演着一个协调的抽象层。中间件也能够协调和管理多个应用程序之间的交互。

这些应用能够包含在同一个嵌入式系统或者多个通过网络互联的计算机系统中（见图 10-1 ）。

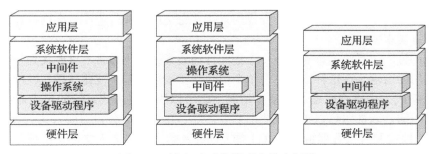

图 10-1　嵌入式系统模型中的中间件

软件团队结合使用不同类型的中间件的主要原因是为了实现以下设计要求的一些组合。

- 适应性：使得中间件和嵌入式应用能够适应系统资源可用性方面的变化；
- 连通性和互通性：通过用户友好的标准化接口使得中间件和嵌入式应用能够透明地与其他设备中的应用软件进行通信；
- 灵活性和可扩展性：使得中间件和嵌入式应用基于应用需求、总体设备要求、底层系统软件/硬件限制的功能具备可配置或可定制的能力；
- 可移植性：使得中间件和嵌入式应用能够运行在具有不同的底层系统软件和硬件层之上的不同的嵌入式系统中；
- 安全性：确保中间件和嵌入式应用可被授权访问系统资源。

在嵌入式系统领域有很多不同类型的中间件，包括面向消息的中间件（MOM）、对象请求代理（ORB）、远程过程调用（RPC）、数据库/数据库访问以及 OSI（开放系统互联）模型中位于设备驱动层与应用程序层之间的网络协议。不过，在本书的讨论范围内，所有嵌入式系统中间件分为两个主要的类型：核心中间件和建立在这些核心组件上的中间件。

核心中间件软件更为通用，在如今包含中间件层的嵌入式系统设计中也更容易见到。核心中间件用来作为更加复杂的中间件软件的基础，能被进一步分解为各种类型，诸如文件系统、网络中间件、数据库和虚拟机等。读者通过了解这些不同类型的核心中间件软件可以获得坚实的基础，以了解并成功地使用和设计任何中间件组件。

基于核心组件构建的更复杂的中间件，从面向不同的市场到面向不同的设备各不相同，通常可以归属于以下类型的组合。

- 特定市场的复杂中间件，即中间件面向的是专门的特定嵌入式系统，比如符合数字电视（DTV）标准的软件，它运行在一个操作系统或者 Java 虚拟机（JVM）之上；
- 复杂的消息传递及通信中间件，比如：
  - 面向消息且分布式传递消息，即 MOM、消息队列、Java 消息服务（JMS）、消息代理、简单对象访问协议（SOAP）；
  - 分布式事务，例如 RPC、远程方法调用（RMI）、分布式组件对象模型（DCOM）及分布式计算环境（DCE）；
  - 事务处理，如 Java Beans（TP）监视器；
  - ORB，如公共对象请求代理对象（CORBA）、数据访问对象（DAO）框架；
  - 身份验证和安全，如 Java 身份验证和授权支持（JAAS）；
  - 集成代理。

中间件要素可以进一步分为专有的和开放的。专有的意味着它是源代码封闭的软件，由公司许可给他人使用，并提供支持；开放的意味着它是由一些行业委员会进行标准化，可以被任何参与方实现或许可。

更复杂的嵌入式系统通常有不止一个中间件的要素，因为通常不可能找到一项技术能够支持所有应用的需求。在这种情况下，单个中间件要素通常基于彼此互操作性进行选择，以避免之后在集成方面出现问题。在某些情况下，可以用于嵌入式系统的包含兼容的中间件要素的集成中间件软件包可以买到现成的商业产品，比如 Sun 公司的嵌入式 Java 解决方案、微软的 .NET 架构和对象管理组（OMG）的 CORBA 等。很多嵌入式操作系统厂商也提供集成中间件软件包，可以在各自的操作系统和硬件平台上实现"开箱即用"。

10.3 节提供了现实中具体应用的单个中间件网络要素的示例，以及集成的中间件
Java 包。

10.2　什么是应用程序

在嵌入式系统里面最终的软件类型是应用程序软件。如图 10-2 所示，应用软件运行在
系统软件层的上面，依赖于系统软件，由系统软件进行管理与运行。正是位于应用层中的软
件确定了嵌入式系统属于什么类型的设备，因为应用程序的功能处在系统的最高层，直接负
责与设备的用户和管理员进行大多数的交互功能。（注意：上面之所以说大多数是因为有些
功能，比如当用户按下按钮打开或关闭设备电源时会触发设备驱动程序的功能直接执行开机
/ 关机序列操作，而不是启动某个应用程序，这取决
于程序员如何去处理。）

与嵌入式系统的标准类似，嵌入式应用程序可
以分为面向特定市场的（仅在特定类型的设备中实
现，如交互数字电视中的视频点播应用程序）或面
向通用市场的（可以在各种类型的设备上实现，如
浏览器）。

10.4 节介绍了实际应用的一些应用软件的类型
以及应用软件如何在嵌入式系统的体系结构中发挥
作用的示例。

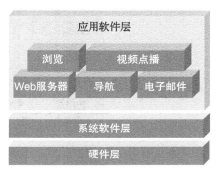

图 10-2　应用层和嵌入式系统模型

10.3　中间件示例

使用中间件的一个主要优势是它通过将传统上位于应用层软件中的冗余可重用部分集中
并形成软件基础设施，来减轻应用程序的复杂性。然而，在系统中引入中间件会带来额外的
开销，这将极大地影响系统的可伸缩性和性能。简而言之，中间件会在所有层上影响嵌入式
系统。

本节的目标不仅仅是介绍一些常见的嵌入式系统中间件类型，也向读者展示了不同类型
嵌入式中间件设计背后的模式，并帮助展示一种强大的方法，用来帮助大家了解并将这些知
识应用于未来会遇到的任何嵌入式系统的中间件组件中去。本章会尽可能地利用这些类型的
中间件的一些开源的和实际应用的示例来阐明相关技术概念。本章会提供一些基于这些类型
的中间件的实际设计示例，还会讨论在嵌入式系统
中应用中间件所带来的挑战和风险。

网络中间件驱动的示例

正如在第 2 章所讨论的，了解嵌入式设备实现
网络功能所需组件的一个最简单方法是根据 OSI 模
型对网络组件进行可视化，并将其与嵌入式系统模
型关联起来。如图 10-3 所示，位于数据链路层和
会话层之间的软件可以被认为是网络中间件的软件
组件。

在本节给出的示例中，用户数据报协议（UDP）

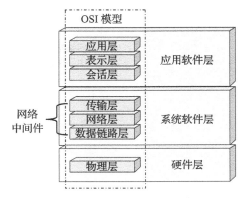

图 10-3　OSI 模型和中间件

和互联网协议（IP）（见图 10-4a、b）均属于 TCP/IP（传输控制协议 / 互联网协议）协议栈，通常被实现为中间件。正如第 2 章所介绍的，该模型由以下四层组成：网络接入层、互联网层、传输层和应用层。TCP/IP 协议栈中的应用层包含 OSI 模型上三层的功能（应用层、传输层和会话层），网络接入层包含 OSI 模型的物理层和数据链路层。互联网层对应于 OSI 模型的网络层，传输层与 OSI 模型的传输层是相同的。这意味着对于 TCP/IP 协议栈而言，网络中间件囊括了传输层、互联网层以及网络接入层的上半部分（见图 10-4a）。

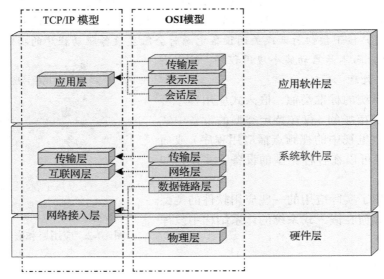

a）TCP/IP、OSI 模型和嵌入式系统模型模块图

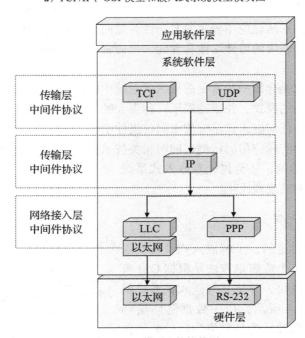

b）TCP/IP 模型和协议块图

图 10-4

网络接入层 / 数据链路层中间件示例：PPP（点对点协议）

PPP（点对点协议）是一种常见的 OSI 数据链路层协议（或者是 TCP/IP 模型中的网络接入层协议），可以基于一个物理的串行传输介质封装和传送数据给上层协议（如 IP 层）（见图 10-5）。PPP 支持异步和同步串行传输两种模式。

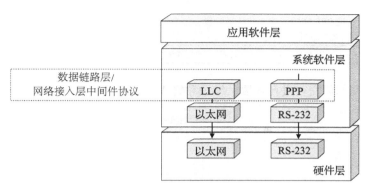

图 10-5　数据链路中间件

PPP 以帧的形式处理传送的数据。比如，当从下层协议接收数据时，PPP 通过读取这些帧的位域以确保整个数据帧被完整接收、数据帧没有出错以及数据帧的目的地址的确是本设备（使用从设备的网络硬件得到的物理地址），并确定这个帧是从哪里发送来的。如果确认数据帧是发送给本设备的，PPP 剥离所有数据链路层的报头，剩余部分的数据称为数据报，传送至上层。相反，要发送来自上层的数据报到设备外部时，PPP 会给数据报添加相同的数据链路层报头信息。

一般来说，PPP 软件是通过以下四个子机制的组合来定义的：

- PPP 封装机制（在 RFC1661 中），如在 RFC1661 中描述的高级数据链路控制（HDLC）帧处理，在 RFC1661 中描述的链路控制协议（LCP）帧处理（解复用、创建、验证校验和等）；
- 数据链路协议的握手（比如在 RFC1661 中定义的 LCP 握手）负责建立、配置并且测试数据链路的连接；
- 认证协议，如在 RFC1334 中定义的 PAP 协议（PPP 认证协议），用于 PPP 连接建立后的安全管理；
- 网络控制协议（NCP），如在 RFC1332 中定义的 IPCP 协议，用来建立并配置上层协议（OP、IPX 等）的设置信息。

这些子机制以下列方式一起工作：连接两端设备的 PPP 通信链路，在任意时刻都处于如表 10-1 所示的五个可能的阶段之一。通信链路当前所处的阶段决定了哪一个机制（封装、握手、身份认证等）正在被执行。

表 10-1　阶段表[1]

阶　　段	描　　述
链路静止	链路必须是以这个阶段开始和结束。当一个外部事件（如载波检测或网络管理员的配置）指示物理层已经就绪可以使用时，PPP 进入链路建立阶段。在这个阶段，LPC 自动机（本章稍后描述）将处于初始或者启动状态。向链路建立阶段的过渡会发出一个 UP 事件信号（本章稍后讨论）给 LCP 自动机

（续）

阶　　段	描　　述
链路建立	LCP 用于通过交换配置包进行链接的建立，建立链接阶段输入一次配置 – 应答包（本章稍后描述）被发送和接收
身份认证	身份认证是一个可选的 PPP 机制，如果使用，会在建立链接阶段之后很快完成
网络层协议	一旦 PPP 完成了建立和认证阶段，每个网络层协议（如 IP、IPX 或者 AppleTalk）必须通过适当的 NCP 单独进行配置
链路终止	PPP 可以在任何时候终止连接，之后 PPP 将转换到链路静止状态

这些阶段之间如何交互进行配置、维护和终止一个点对点链路如图 10-6 所示。

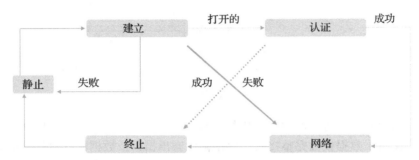

图 10-6　PPP 阶段转换图[1]

正如 PPP 第一层所定义（即 RFC1662），数据封装在 PPP 帧中，图 10-7 中是一个示例。

标志 1字节	地址 1字节	控制 1字节	协议 2字节	可变信息	FCS 2 字节	标志 1字节

图 10-7　PPP HDLC 帧结构

标志字节标记一个帧的起始和结尾，每个字节都设置为 0x7E。地址字节是一个 HDLC 的广播地址，总是设置为 0xFF，因为 PPP 不分配单个的设备地址。控制字节是 UI（非数字信息）的一个 HDLC 命令，被设置为 0x03。协议域定义了信息域中数据的协议（比如，0x0021 意味着信息域包含 IP 数据报，0xC021 意味着信息域包含链路控制数据信息，0x8021 意味着信息域包含网络控制数据信息，见表 10-2）。最后，信息域包含上层协议的数据和包含帧校验和的 FCS（帧校验序列）域。

表 10-2　协议信息[1]

值（16 进制）	协议名称	值（16 进制）	协议名称
0001	填充协议	80cf	未使用
0003 ～ 001f	保留（透明度效率低）	80ff	未使用
007d	保留（控制逃逸）	c021	LCP
00cf	保留（PPP NLPID）	c023	密码认证协议
00ff	保留（压缩效率低）	c025	链路品质报告协议
8001 ～ 801f	未使用	c223	质询握手认证协议
807d	未使用		

数据链路协议也可以定义一个帧格式。例如，一个 LCP 帧的数据格式如图 10-8 所示。

代码	标识符	长度	数据［大小可变］		
1字节	1字节	2字节	类型	长度	数据

图 10-8 LPC 帧[1]

数据域包含上层网络协议的数据，由一些信息（类型、长度和数据）组成。长度域指定了整个 LCP 帧的大小。标识符域用来匹配客户端和服务器的请求与响应。最后，代码域指定 LCP 包的类型（表示将采取何种动作）；可能的代码总结于表 10-3。代码 1 ～ 4 被称为链路配置帧，5 和 6 是链路终止帧，剩下的都是链路管理包。

表 10-3 LCP 代码[1]

代　码	定　义	代　码	定　义
1	配置 – 请求	7	代码 – 拒绝
2	配置 – 确认	8	协议 – 拒绝
3	配置 – 否认	9	回送 – 请求
4	配置 – 拒绝	10	回送 – 回答
5	终止 – 请求	11	丢弃 – 请求
6	终止 – 确认	12	链接质量报告

传入 LCP 数据报的 LCP 代码决定了如何处理数据报，其处理过程如下面的伪代码示例所示。

```
…
if (LCPCode) {
    = CONFREQ: RCR(…); //see Table 10-3
end CONFREQ;
    = CONFACK: RCA(…); //see Table 10-3
end CONFACK;
    = CONFNAK or CONFREJ: RCN(…); //see Table 10-3
end LCPCode;
    = TERMREQ:
            event(RTR);
    end TERMREQ;
    = TERMACK:
        …
    }
…
```

为了让两个设备能建立一个 PPP 链路，双方都必须发送一个数据链路协议帧（如 LCP 帧）以配置和测试数据链路的连接。如前面提到的，LCP 可以作为 PPP 中的一个协议来实现，用来处理 PPP 协议的握手。在 LCP 帧进行了交互之后（从而 PPP 链路连接已经建立），认证操作可以进行。正是在此时，认证协议，比如 PPP 验证协议（PAP）通过口令认证等其他方式进行安全管理。最后 NCP（如 IPCP）建立并配置网络层上层协议（如 IP 和 IPX）的设置。

在任一时刻，一个设备上的 PPP 连接总是处在一个特定的状态，如图 10-9 所示；PPP 的状态在表 10-4 中给出。

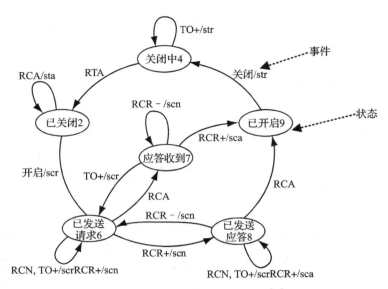

图 10-9 PPP 连接状态和事件[1]

表 10-4 PPP 状态[1]

状 态	详细描述
初始	PPP 链路处于初始状态,下层是不可用的(Down),并没有 Open 事件发生。重启动定时器在初始状态下不运行
启动	启动状态是初始状态的一个 Open 副本。一个管理性 Open 被初始化,但下层仍然不可使用(Down)。重启动定时器在启动状态下不运行。当下层变为可用(Up)时,发送一个配置 – 请求
已停止	已停止状态是已关闭状态的一个 Open 副本。在本层已结束的动作之后或是发送终止 – 确认之后,当自动机正在等待 Down 事件的时候,进入这个状态。重启动定时器在已停止状态下不运行
已关闭	在已关闭状态,链路可用(Up),但是没有 Open 事件发生。重启动定时器在已关闭状态下不运行。当收到配置 – 请求数据包时,发送一个终止 – 确认。终止 – 确认被静默丢弃,以避免产生循环
停止中	停止中状态是关闭中状态的一个 Open 副本。已发送终止 – 请求,且重启动定时器运行,但还未收到终止 – 确认
关闭中	在关闭中状态里,试图终止一次连接。已发送终止 – 请求,且重启动定时器运行,但还未收到终止 – 确认。当收到终止 – 确认时,进入已关闭状态。当重启动定时器超时后,发送一个新的终止 – 请求,并重新运行重启动定时器。当重启动定时器达到最大终止次数后,进入已关闭状态
请求 – 已发送	在请求 – 已发送状态中,试图配置连接。已发送一个配置 – 请求,且重启动定时器运行,但既未收到配置 – 确认,也未发出过
确认 – 已接收	在确认 – 已接收状态中,已发送一个配置 – 请求也已收到一个配置 – 确认。由于还未发出配置 – 确认,所以重启动定时器仍在运行
已开启	在已开启状态中,已收到并发送了配置 – 确认。重启动定时器不运行。当进入已开启状态时,应该通知上层本层现在可用(Up)。相反,当离开已开启状态时,应该通知上层本层现在不可用(Down)

事件(见图 10-9)导致 PPP 连接从一个状态转换为另一个状态。表 10-5 中给出的 LCP 代码(参考 RFC1661)定义了造成 PPP 状态转换的事件类型。

表 10-5 PPP 事件[1]

事件标签	事 件	描 述
Up	Lower layer is Up	当下层指示已经准备好承载数据包时，此事件发生
Down	Lower layer is Down	当下层指示不再处于准备好承载包时，此事件发生
Open	Administrative Open	此事件表明链路传输管理性可用；即网络管理者（人或程序）已经指示链路允许被开启。当此事件发生，且链路未处于已开启状态时，自动机会试图发送配置数据包给对方端点
Close	Administrative Close	此事件表明链路传输不可用。即网络管理者（人或程序）已经指示链路不允许被开启。当此事件发生，且链路未处于已关闭状态时，自动机会试图终止连接。拒绝其他重新配置链路的企图，直到一个新的开启事件发生
TO+	Timeout with counter>0	该事件表明重启动定时器到期
TO–	Timeout with counter expired	重启动定时器用于配置 – 请求和终止 – 请求的响应计时。TO+ 事件表明重启动计数器仍大于零，它触发相应的配置 – 请求或终止 – 请求包重新发送。TO– 事件表明重启动计数器不大于零，不再重发
RCR+	Receive configure request good	希望打开一个必须发送配置 – 请求的连接的实现。选项域中填写所有期望更改的连接默认值。配置选项不应该包含在默认值中
RCR–	Receive configure request bad	
RCA	Receive configure ack	当收到一个来自对端的有效配置 – 确认包时此事件发生。配置 – 确认包是对配置 – 请求包的确认响应。不合格或者无效包被静默丢弃。如果收到的配置请求中的每个配置选项均可识别且所有值都可接受，则必须发送一个配置 – 确认。确认的配置选项决不允许以任何方式重排序或修改。收到配置 – 确认后，其标识域必须与最后发送的配置 – 请求一致。此外，在配置 – 确认中的配置选项和最后发送的配置 – 请求必须完全一致。无效包被静默丢弃
RCN	Receive configure nak/rej	当收到一个来自对端的有效配置 – 不确认或配置 – 拒绝包时此事件发生。配置 – 不确认和配置 – 拒绝包是对配置 – 请求包的否定响应。不合格或者无效包被静默丢弃
RTR	Receive terminate request	当收到一个终止 – 请求包时此事件发生。终止 – 请求包表明对端要关闭连接的期望
RTA	Receive terminate ack	当收到一个来自对端的终止 – 确认包时该事件发生。终止 – 确认包通常是对终止 – 请求包的响应。终止 – 确认包也可以表明对端处于已关闭或已停止状态，用于重新同步链路配置
RUC	Receive unknown code	当收到一个来自对端的无法解释的包时该事件发生。发送一个代码 – 拒绝包作为响应
RXJ+	Receive code reject permitted or receive protocol reject	当收到一个来自对端的代码 – 拒绝包或协议 – 拒绝包时此事件发生。当被拒绝的值是可接受的时，例如对一个扩展码的代码 – 拒绝或对一个 NCP 的协议 – 拒绝，RXJ+ 事件出现。这些都在正常操作范围内。实现中必须停止发送违规包类型。当被拒绝的值是错误的时，例如对一个配置 – 请求的代码 – 拒绝，或对一个 LCP 的协议 – 拒绝，RXJ– 事件出现。此事件传达了一个导致连接终止的不可纠正的错误
RXJ–	Receive code reject catastrophic or receive protocol reject	
RXR	Receive echo request, receive echo reply, or receive discard request	当收到一个来自对端的回送 – 请求包、回送 – 回答包或者丢弃 – 请求包时此事件发生。回送 – 回答包是对回送 – 请求包的响应。对回送 – 回答包和丢弃 – 请求包没有回答

当 PPP 连接从一个状态转换到另一个状态，这些事件会触发执行特定的动作，如数据包的发送以及重启定时器的运行与停止，如表 10-6 所示。

表 10-6　PPP 动作[1]

动作标识	动　　作	详细描述
tlu	This layer up	这个动作向上层表明自动机进入已开启状态。通常该动作被用于 LCP 对 NCP 发送 Up 事件信号、认证协议、链路质量协议，或者可以被 NCP 用于表明该链路对其网络层传输可用
tld	This layer down	这个动作向上层表明自动机离开已开启状态。通常该动作被用于 LCP 对 NCP 发送 Down 事件信号、认证协议、链路质量协议，或者可以被 NCP 用于表明该链路对其网络层传输不再可用
tls	This layer started	该动作对下层表明自动机进入启动状态，且链路需要使用下层。当下层可用时，应该以一个 Up 事件来响应。该动作的结果高度依赖具体的实现
tlf	This layer finished	该动作对下层表明自动机进入启始、已关闭或者已停止状态，且链路不再需要使用下层，当下层终止后应该以一个 Down 事件来响应。通常此动作可被 LCP 用于进入链路静止阶段，或者可被 NCP 用来在没有其他 NCP 打开时向 LCP 表明链路可以终止。该动作的结果高度依赖具体的实现
irc	Initialize restart count	这个动作设置重启动计数器为合理的值（最大终止或者最大配置次数）。计数器对每一次（包括第一次）传输进行自减计数
zrc	Zero restart count	该动作对重启动计数器清零
scr	Send configure request	配置 – 请求包被传送。这表示打开一个指定的配置选项连接的愿望。当一个配置 – 请求包被传送时，重启动计算器开启运行以确保包不被丢失。重启动计数器在每次发送一个配置 – 请求时进行自减
sca	Send configure ack	一个配置 – 确认包被传送。这对接收一个带有一套可接受的配置选项的配置 – 请求包进行确认
scn	Send configure nak/rej	在适当情况下一个配置 – 不确认或配置 – 拒绝包被传送。否定的响应表明接收到带一套不可接受的配置选项的一个配置 – 请求包。配置 – 不确认包用于拒绝一个配置选项值并提议一个新的、可接受的值。配置 – 拒绝包用于拒绝所有关于配置选项的协商，通常是因为无法识别或应用。在关于 LCP 包格式的章节对配置 – 不确认及配置 – 拒绝的使用有更详细的描述
str	Send terminate request	一个终止 – 请求包被传送。这表明期望关闭连接。当终止 – 请求包被传送时，重启动定时器被开启，以防止包丢失。每次重发终止 – 请求时，重启动计数器自减
sta	Send terminate ack	一个终止 – 确认包被传送。这确认终止 – 请求包被接收，或者用以同步自动机
scj	Send code reject	一个代码 – 拒绝包被传送。这表明接收到了未知类型的包
ser	Send echo reply	一个回传 – 回答包被传送。这确认回传 – 请求包被接收

PPP 状态、动作和事件通常是由特定平台的代码在开机时创建和配置，其中一些以伪代码的形式在接下来的几页中描述。PPP 连接在创建时处于初始状态，因此，"初始"状态功能在其他动作之前执行。这部分代码可以在稍后运行时被调用，用来创建和配置 PPP，也可以作为对 PPP 运行事件的响应（比如，当帧从下层到来并需要处理时）。例如，在 PPP 软件对一个来自下层的 PPP 帧进行拆解之后，校验和例程确定该帧是有效的，该帧的相应域可以用来确定一个 PPP 连接处于什么状态，哪些相关软件状态、事件以及动作需要被执行。

如果帧被传递到上层协议，那么采用一些机制向上层协议指示有数据可接收（如 IP 层的
IPReceive）。

PPP（LCP）状态的伪代码

- *初始状态*。PPP 链路处于初始状态，下层是不可用的（Down），并没有 Open 事件发生。重启动定时器在初始状态下不运行。[1]

```
initial() {
    if (event) {
    = UP:
        transition(CLOSED); //transition to
        closed state
        end UP;

    = OPEN:
        tls(); //action
        transition(STARTING); //transition to
        starting state
        end OPEN;

    = CLOSE:
        end CLOSE; //no action or state
        transition
    = any other event:
        wrongEvent; //indicate that when PPP
                        in initial state
                    //no other event is
                        processed
    }
}
```

```
event (int event)
    {
    if (restarting() && (event = DOWN))
    return; //SKIP

    if (state) {
        = INITIAL:
            initial(); //call initial state routine
                end INITIAL;
        = STARTING:
            starting(); //call starting state
                            routine
            end STARTING;
        = CLOSED:
            closed(); //call closed state
                        routine
            end CLOSED;
        = STOPPED:
            stopped(); //call stopped state
                        routine
```

```
PPP(LCP) Action Pseudocode
    tlu () {
    …
    event(UP); //UP event
triggered
    event(OPEN); //OPEN event
                        triggered
    }
    tld() {
    …

    event (DOWN); //DOWN event
                        triggered
    }
    tls() {

    …

    event(OPEN); //OPEN event
                        triggered
    }

    tls() {
    …
    event(OPEN); //OPEN event
                        triggered

    }

    tlf() {
    …
    event(CLOSE); //close event
triggered
    }

irc(int event) {

    if (event = UP, DOWN, OPEN,
    CLOSE, RUC, RXJ+, RXJ-, or RXR)
    {
    restart counter = Max terminate;
    } else {
    restart counter = Max Configure;
    }
}
```

```
            end STOPPED;
        = CLOSING:
            closing(); //call closing state
            routine
            end CLOSING;
        = STOPPING:
            stopping(); //call stopping state
            routine
            end STOPPING;
        = REQSENT:
            reqsent(); //call reqsent state
            routine
            end REQSENT;
        = ACKRCVD:
            ackrcvd(); //call ackrcvd state
            routine
            end ACKRCVD;
        = ACKSENT:
            acksent(); //call acksent state
            routine
            end ACKSENT;
        = OPENED:
            opened(); //call opened state
            routine
            end OPENED;
        = any other state:
            wrongState; //any other state is
            considered invalid
        }
}
```

```
zrc(int time) {
    restart counter = 0;
    PPPTimer = time;
    }


    sca(…) {
    …
        PPPSendViaLCP (CONFACK);
    …
    }


    scn(…) {
    …
    if (refusing all Configuration
    Option negotiation) then{
    PPPSendViaLCP (CONFNAK);
    } else {
    PPPSendViaLCP (CONFREJ);
    }
    …
    }
    …
```

- **启动状态**。启动状态是初始状态的一个 Open 副本。一个管理 Open 被初始化，但下层仍然不可使用（Down）。重启动定时器在启动状态下不运行。当下层变为可用（Up）时，发送一个配置 – 请求。[1]

```
starting () {
    if (event) {
        = UP:
            irc(event); //action
            scr(true); //action
            transition(REQSENT); //transition to REQSENT state
            end UP;
        = OPEN:
            end OPEN; //no action or state transition
        = CLOSE:
            tlf(); //action
            transition(INITIAL); //transition to initial state
            end CLOSE;
    = any other event:
            wrongEvent++; //indicate that when PPP in starting state no other event
            is processed
        }
    }
```

- 已关闭状态。在已关闭状态，链路可用（Up），但是没有 Open 事件发生。重启动定时器在已关闭状态下不运行。当收到配置－请求数据包时，发送一个终止－确认。终止－确认被静默丢弃，以避免产生循环。[1]

```
closed (){
    if (event) {
        = DOWN:
            transition(INITIAL); //transition to initial state
            end DOWN;
        = OPEN:
            irc(event); //action
            scr(true); //action
            transition(REQSENT); //transition to REQSENT state
            end OPEN;
        = RCRP, RCRN, RCA, RCN, or RTR:
            sta(…); //action
            end EVENT;
        = RTA, RXJP, RXR, CLOSE:
            end EVENT; //no action or state transition
        = RUC:
            scj(…); //action
            end RUC;
        = RXJN:
            tlf(); //action
            end RXJN;
        = any other event:
            wrongEvent; //indicate that when PPP in closed state no other event is
            processed
    }
}
```

- 已停止状态。已停止状态是已关闭状态的一个 Open 副本。在本层已结束的动作之后或是发送终止－确认之后，当自动机正在等待 Down 事件的时候，进入这个状态。重启动定时器在已停止状态下不运行。[1]

```
stopped (){
    if (event) {
        = DOWN : tls(); //action
            transition(STARTING); //transition to starting state
            end DOWN;
        = OPEN : initializeLink(); //initialize variables
            end OPEN;
        = CLOSE : transition(CLOSED); //transition to closed state
            end CLOSE;
        = RCRP : irc(event); //action
            scr(true); //action
            sca(…); //action
            transition(ACKSENT); //transition to ACKSENT state
            end RCRP;
        = RCRN : irc(event); //action
            scr(true); //action
            scn(…); //action
```

```
              transition(REQSENT); //transition to REQSENT state
              end RCRN;
      = RCA, RCN or RTR : sta(…); //action
              end EVENT;
      = RTA, RXJP, or RXR:
              end EVENT;
      = RUC : scj(…); //action
              end RUC;
      = RXJN : tlf(); //action
              end RXJN;
      = any other event :
              wrongEvent; //indicate that when PPP in stopped state no other event is
              processed
          }
      }
```

- 关闭中状态。在关闭中状态里，试图终止一次连接。已发送终止–请求，且重启动
  定时器运行，但还未收到终止–确认。当收到终止–确认时，进入已关闭状态。当
  重启动定时器超时后，发送一个新的终止–请求，并重新运行重启动定时器。当重
  启动定时器达到最大终止次数后，进入已关闭状态。[1]

```
closing (){
    if (event) {
       = DOWN : transition(INITIAL); //transition to initial state
            end DOWN;
       = OPEN : transition(STOPPING); //transition to stopping state
            initializeLink(); //initialize variables
            end OPEN;
       = TOP : str(…); //action
            initializePPPTimer; //initialize PPP Timer variable
            end TOP;
       = TON : tlf(); //action
            initializePPPTimer; //initialize PPP Timer variable
            transition(CLOSED); //transition to CLOSED state
            end TON;
       = RTR : sta(…); //action
            end RTR;
       = CLOSE, RCRP, RCRN, RCA, RCN, RXR, or RXJP:
            end EVENT; //no action or state transition
       = RTA : tlf(); //action
            transition(CLOSED); //transition to CLOSED state
            end RTA;
       = RUC : scj(…); //action
            end RUC;
       = RXJN : tlf(); //action
            end RXJN;
       = any other event:
            wrongEvent; //indicate that when PPP in closing state no other event is
            processed
          }
      }
```

- 停止中状态。停止中状态是关闭中状态的一个 Open 副本。已发送终止 – 请求，且重启动定时器运行，但还未收到终止 – 确认。[1]

```
stopping (){
   if (event) {
      = DOWN : tls(); //action
         transition(STARTING); //transition to STARTING state
         end DOWN;
      = OPEN : initializeLink(); //initialize variables
         end OPEN;
      = CLOSE : transition(CLOSING); //transition to CLOSE state
         end CLOSE;
      = TOP : str(…); //action
         initialize PPPTimer(); //initialize PPP timer
         end TOP;
      = TON : tlf(); //action
         initialize PPPTimer(); //initialize PPP timer
         transition(STOPPED); //transition to STOPPED state
         end TON;
      = RCRP, RCRN, RCA, RCN, RXJP, RXR : end EVENT; // no action or state transition
      = RTR : sta(…); //action
         end RTR;
      = RTA : tlf(); //action
         transition(STOPPED); //transition to STOPPED state
         end RTA;
      = RUC : scj(…); //action
         end RUC;
      = RXJN : tlf(); //action
         transition(STOPPED); //transition to STOPPED state
         end RXJN;
      = any other event : wrongEvent; //indicate that when PPP in stopping state no
                                      other event is
                                      //processed
      }
   }
```

- 请求 – 发送状态。在请求 – 发送状态中，试图配置连接。已发送一个终止 – 请求，且重启动定时器运行，但既未收到也未发出过配置 – 确认。[1]

```
reqsent (){
   if (event) {
      = DOWN : transition(STARTING); //transition to STARTING state
         end DOWN;
      = OPEN : transition(REQSENT); //transition to REQSENT state
         end OPEN;
      = CLOSE : irc(event); //action str(…); //action
         transition(CLOSING); //transition to closing state
         end CLOSE;
      = TOP : scr(false); //action
         initialize PPPTimer(); //initialize PPP timer
         end TOP;
      = TON, RTA, RXJP, or RXR : end EVENT; //no action or state transition
```

```
    = RCRP : sca(…); //action
        if (PAP = Server){
        tlu(); //action
        transition(OPENED); //transition to OPENED state
        } else { //client
        transition(ACKSENT); //transition to ACKSENT state
        }
        end RCRP;
    = RCRN : scn(…); //action
        end RCRN;
    = RCA : if (PAP = Server) {
        tlu(); //action
        transition(OPENED); //transition to OPENED state
    }
    else { //client
        irc(event); //action
        transition(ACKRCVD); //transition to ACKRCVD state
    }
        end RCA;
    = RCN : irc(event); //action scr(false); //action
        transition(REQSENT); //transition to REQSENT state
        end RCN;
    = RTR : sta(…); //action
        end RTR;
    = RUC : scj(…); //action
        break;
    = RXJN : tlf(); //action
        transition(STOPPED); //transition to STOPPED state
        end RXJN;
    = any other event : wrongEvent; //indicate that when PPP in reqsent state
                                    no other event is
                                    //processed
    }
}
```

- 确认－已接收。在确认－已接收状态中，已发送一个配置－请求也已收到一个配置－确认。由于还未发出配置－确认，所以重启动定时器仍在运行。[1]

```
ackrcvd (){
    if (event) {
        = DOWN : transition(STARTING); //transition to STARTING state
            end DOWN;
        = OPEN, TON, or RXR: end EVENT; //no action or state transition
        = CLOSE : irc(event); //action
            str(…); //action
            transition(CLOSING); //transition to CLOSING state
            end CLOSE;
        = TOP : scr(false); //action
            transition(REQSENT); //transition to REQSENT state
            end TOP;
        = RCRP : sca(…); //action
            tlu(); //action
            transition(OPENED); //transition to OPENED state
```

```
        end RCRP;
   = RCRN : scn(…); //action
        end RCRN;
   = RCA or RCN : scr(false); //action
        transition(REQSENT); //transition to REQSENT state
        end EVENT;
   = RTR : sta(…); //action
        transition(REQSENT); //transition to REQSENT state
        end RTR;
   = RTA or RXJP : transition(REQSENT); //transition to REQSENT state
        end EVENT;
   = RUC : scj(…); //action
        end RUC;
   = RXJN : tlf(); //action
        transition(STOPPED); //event
        end RXJN;
   = any other event : wrongEvent; //indicate that when PPP in ackrcvd state
                                      no other event is
                                   //processed
   }
 }
```

- 确认 – 发送状态。在确认 – 发送状态下，配置 – 请求和配置 – 确认都已发送，但仍未收到配置 – 确认。由于还未收到配置 – 确认，所以重启动定时器仍在运行。[1]

```
acksent (){
   if (event) {
      = DOWN : transition(STARTING);
           end DOWN;
      = OPEN, RTA, RXJP, TON, or RXR : end EVENT; //no action or state transition
      = CLOSE : irc(event); //action
           str(…); //action
           transition(CLOSING); //transition to CLOSING state
           end CLOSE;
      = TOP : scr(false); //action
           transition(ACKSENT); //transition to ACKSENT state
           end TOP;
      = RCRP : sca(…); //action
           end RCRP;
      = RCRN : scn(…); //action
           transition(REQSENT); //transition to REQSENT state
           end RCRN;
      = RCA : irc(event); //action
           tlu(); //action
           transition(OPENED); //transition to OPENED state
           end RCA;
      = RCN : irc(event); //action
           scr(false); //action
           transition(ACKSENT); //transition to ACKSENT state
           end RCN;
      = RTR : sta(…); //action
           transition(REQSENT); //transition to REQSENT state
           end RTR;
      = RUC : scj(…); //action
```

```
            end RUC;
    = RXJN : tlf(); //action
        transition(STOPPED); //transition to STOPPED state
        end RXJN;
    = any other event : wrongEvent; //indicate that when PPP in acksent state
    no other event is
                                //processed
    }
}
```

- 已开启状态。在已开启状态中，已收到并也已发送了配置－确认。重启动定时器不运行。当进入已开启状态时，应该通知上层本层现在可用（Up）。相反，当离开已开启状态时，应该通知上层本层已现在不可用（Down）。[1]

```
opened (){
    if (event) {
        = DOWN :
            tld(); //action
            transition(STARTING); //transition to STARTING state
            end DOWN;
        = OPEN : initializeLink(); //initialize variables
            end OPEN;
        = CLOSE : tld(); //action
            irc(event); //action
            str(…); //action
            transition(CLOSING); //transition to CLOSING state
            end CLOSE;
        = RCRP : tld(); //action
            scr(true); //action
            sca(…); //action
            transition(ACKSENT); //transition to ACKSENT state
            end RCRP;
        = RCRN : tld(); //action
            scr(true); //action
            scn(…); //action
            transition(REQSENT); //transition to RCRN state
            end RCRN;
        = RCA : tld(); //action
            scr(true); //action
            transition(REQSENT); //transition to REQSENT state
            end RCA;
        = RCN : tld(); //action
            scr(true); //action
            transition(REQSENT); //transition to REQSENT state
            end RCN;
        = RTR : tld(); //action
            zrc(PPPTimeoutTime); //action
            sta(…); //action
            transition(STOPPING); // transition to STOPPING state
            end RTR;
        = RTA : tld(); //action
            scr(true); //action
            transition(REQSENT); // transition to REQSENT state
```

```
        end RTA;
    = RUC : scj(…); //action
        end RUC;
    = RXJP : end RXJP; //no action or state transition
    = RXJN : tld(); //action
        irc(event); //action
        str(…); //action
        transition(STOPPING); //transition to STOPPING state
        end RXJN;
    = RXR : ser(…); //action
        end RXR;
    = any other event : wrongEvent; //indicate that when PPP in opened state no other
    event is
                            //processed
    }
}
```

互联网层中间件示例：互联网协议（IP）

网络层协议称为 IP，是基于 DARPA 标准 RFC791 的协议，主要负责实现寻址和包重组功能（见图 10-10）。

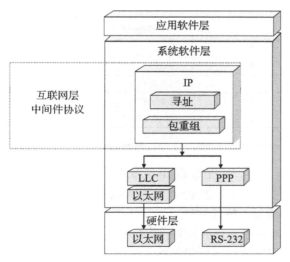

图 10-10　IP 功能

当 IP 层收到来自上层的数据包或下层的数据帧后，实际上会以数据报的形式看待和处理数据，数据报的格式见图 10-11。

0	4	8	16	19	31
版本	IHL	服务类型		总长度	
标识			标志	分段偏移	
存活时间		协议	头部校验和		
源IP地址					
目的IP地址					
选项				填充	
数据					

图 10-11　IP 数据报[2]

IP 层从下层接收到的是完整的 IP 数据报，数据报的最后一个域是数据域，里面存放的是经过 IP 层处理后要发送给上一层的数据包。在 IP 层处理完数据域之后，其余域被剥离或追加到数据域，这依赖于数据去往的目的方向。这些域用于支持 IP 寻址和 IP 分包重组功能。

源地址和目的地址域是网络地址，通常指互联网或 IP 地址，由 IP 层进行处理。事实上，这里正是作为 IP 层主要功能之一的寻址发挥作用的地方。IP 地址有 32 位，以"点分十进制"形式，将 IP 地址用"."分成 4 个 8 位元（4 个 8 位的十进制数字，每一个 8 位数字的范围在 0 ～ 255 之间，总共有 32 位），如图 10-12 所示。

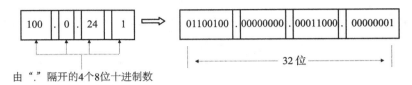

由"."隔开的4个8位十进制数

图 10-12   IP 地址

IP 地址划分成不同的组，称为类，使得在一个更大范围网络中各个网段可以通信，例如在 WWW（World Wide Web）或者互联网中。如 RFC791 中叙述的那样，这些类被组织成不同范围的 IP 地址，如表 10-7 所示。

表 10-7   IP 地址分类[2]

类别	IP 地址范围	
A	**0**.0.0.0	**127**.255.255.255
B	**128**.0.0.0	**191**.255.255.255
C	**192**.0.0.0	**223**.255.255.255
D	**224**.0.0.0	**239**.255.255.255
E	**244**.0.0.0	**255**.255.255.255

这些类（A、B、C、D 和 E）是根据 IP 地址中第一个 8 位元的值来划分的。如图 10-13 所示，如果 8 位元中最高位为 0，则 IP 地址为 A 类地址。如果位元中最高位为 1，次高位为 0，则 IP 地址为 B 类地址，依此类推。

在 A、B、C 类 IP 地址中，表示分类的数据位之后是表示网络标识的数据位。连接到互联网的每一个设备或者网段的网络标识是独一无二的，由互联网络信息中心（InterNIC）进行分配。IP 地址中的主机标识分配由设备或网段的管理员完成。D 类地址用于分配给一组网络或设备，称作主机组，可以由 InterNIC 或 IANA（互联网地址分配机构）进行分配。如图 10-13 所示，E 类地址保留，用作以后使用。

IP 包重组机制

对 IP 数据报进行重组是因为有些设备一次性只能处理更小数量的网络数据。设计 IP 分段和重组机制是用来支持网络传输过程的不可预知性。一个

图 10-13   IP 地址分类[2]

IP 数据报可能被分割为多个 IP 数据报，每个分段携带一部分数据，每个分段是独立传输的，在目的端进行重组时，这些分段可能是乱序到达的。即使不同数据报的分段也可以被处理，在分段的情况下，称为报头的数据报前 20 字节数据部分用于进行 IP 数据报分段与重组处理。

版本域表明了 IP 的版本（例如 IPv6 是版本 6）。IHL（互联网报头长度）域记录了 IP 数据报头部的长度。总长度域是一个 16 位的域，指定了包含头部、选项、填充和数据在内的整个数据报实际的长度。总长度域的大小意味着一个数据报可以有 65 536（2^{16}）个 8 位元的大小。

当对一个数据报进行分段时，源设备将数据报分成"N"段，并复制数据报头部的内容到每一段数据报的头部。互联网标识（ID）域用来标识分段属于哪一个数据报。在 IP 协议中，大数据报必须进行分段，所有的分段，除了最后一段，都必须是 8 个 8 位元（64 位）的倍数大小。

分段偏移域是一个 13 位长的域，指示了分段在原始数据报的偏移位置。分段中的数据大小是 8 个 8 位元（64 位）的倍数，一个数据报最大可以是 8192（2^{13}）个 64 位块大小（65 536/8=8192）。分段偏移域在第一个分段中为"0"，在同一数据报的其他分段中其值等于分段起始字节位置除以 8 的数值。

标志域（见图 10-14）指示了一个数据报是否是一个大数据报的分段。标志域中的 MF（更多分段）标志被设置为 0，表明该片段是数据报的最后一个分段（结束片段）。当然，一些系统并没有重组分段的能力。DF（不分段）标志表明了设备是否有进行分段重组的资源。这通常被设备的 IP 层用来指示设备自身不具备重组分段的能力。重组就是按照相同的 ID、源地址、目的地址和协议域，使用分段偏移域和 MF 标志来决定数据报分段属于数据报的哪个位置。

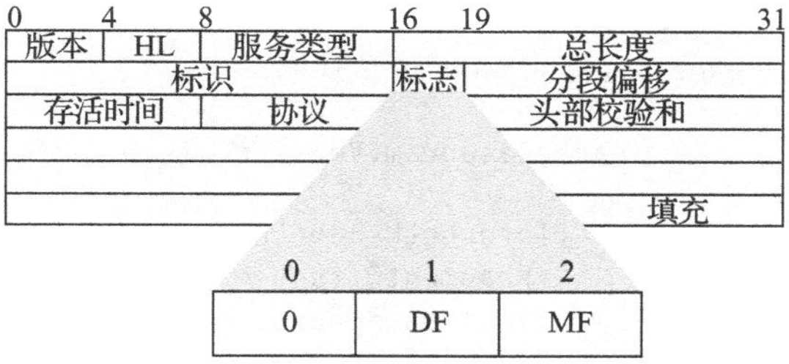

图 10-14　标志[2]

IP 数据报中其余域总结如下：

- *存活时间*：表明数据报的生命周期；
- *校验和*：数据报完整性验证；
- *选项域*：提供了某些情况下所需的控制功能支持（例如，提供时间戳、安全性和特殊路由），大多数正常的通信是不需要选项域的；
- *服务类型*：用来表明期望的服务质量。服务类型是抽象的或是通用化的参数集合，用来描绘组成互联网的网络所提供的服务选择；
- *填充*：互联网头部填充用于确保互联网头部大小是 32 位的倍数，用 0 进行填充；
- *协议*：表明了互联网数据报数据部分的下一级别的协议。不同协议的值在 RFC790 的"分配编号"部分规定，如表 10-8 所示。

表 10-8　标志[2]

10 进制	8 进制	协议号	10 进制	8 进制	协议号
0	0	保留	4	4	CMCC 网关监视消息
1	1	ICMP	5	5	ST
2	2	未分配	6	6	TCP
3	3	网关到网关	7	7	UCL

（续）

10 进制	8 进制	协议号	10 进制	8 进制	协议号
8	10	未分配	63	77	任意局域网
9	11	安全	64	100	SATNET 和 Backroom EXPAK
10	12	BBN RCC 监视	65	101	MIT 子网支持
11	13	NVP	66～68	102～104	未分配
12	14	PUP	69	105	SATNET 监视
13	15	Pluribus	70	106	未分配
14	16	Telenet	71	107	Internet 数据包核心工具
15	17	XNET	72～75	110～113	未分配
16	20	Chaos	76	114	Backroom SATNET 监视
17	21	用户数据报	77	115	未分配
18	22	多路复用	78	116	WIDEBAND 监视
19	23	DCN	79	117	WIDEBAND EXPAK
20	24	TAC 监视	80～254	120～376	未分配
21～62	25～76	未分配	255	377	保留

下面是 IP 层发送和接收数据报的处理功能的伪代码的示例。下层协议（PPP、Ethernet、SLIP 等）调用"IPReceive"函数指示 IP 层接收数据报并拆分，而上层协议（如 TCP 或 UDP）调用"IPSend"功能函数传输数据报。

```
ipReceive (datagram, …) {
    …
    parseDatagram(Version, InternetHeaderLength, TotalLength, Flags, …);
    …
    if (InternetHeaderLength "OR" TotalLength = OutOfBounds) OR
        (FragmentOffset = invalid) OR
        (Version = unsupported) then {
        … do not process as valid datagram …;
    } else {
        VerifyDatagramChecksum(HeaderChecksum…);
        if {HeaderChecksum = Valid) then
        …
        if (IPDestination=this Device) then {
        …
        if (Protocol Supported by Device) then {
            indicate/transmit to Protocol, data packet awaiting …;
            return;
        }
        …
        } else {
        … datagram not for this device processing …;
        } //end if-then-else Ipdestination …
    } else {
    … CHECKSUM INVALID for datagram processing …;
    } //end if-then-else headerchecksum…
} //end if headerchecksum valid
ICMP (error in processing datagram); //Internet Control Message Protocol used
 to indicate
 //datagram not processed successfully by this device
```

```
  } //end if-then-else (InternetHeaderLength …)
}
  ipSend (packet, …) {
    …
    CreateDatagram(Packet, Version, InternetHeaderLength, TotalLength, Flags,
…)
    sendDatagramToLowerLayer(Datagram);
    …
  }
```

传输层中间件示例：用户数据报协议（UDP）

最常用的两个传输层协议是 TCP 和 UDP。这两个协议的主要区别之一是可靠性。TCP 是具有可靠性保证的协议，因为 TCP 要求数据包接收方进行确认。如果发送方没有收到数据包的确认，TCP 会重传数据。相反，UDP 是不可靠的传输层协议，因为 UDP 不知道数据包的接收方实际是否收到了数据。简而言之，这个示例是关于 UDP 这种简单的、不可靠的、面向数据报的协议，定义在 RFC768 中。UDP 包如图 10-15 所示。

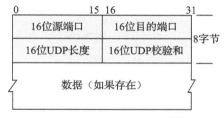

图 10-15　UDP 数据报[3]

传输层协议（如 UDP）位于网络层协议（如 IP）之上，负责建立两个设备之间的通信。这种类型的通信是点对点的通信。传输层的协议允许多个上层的在设备上运行的应用程序与其他设备以点对点方式连接起来。当然一些传输层协议也可以保证可靠的点对点数据传输，UDP 并不是它们中的一员。

而在服务器端建立通信的机制会与客户端不同，客户端与服务器端的机制都是基于传输层套接字的。有一些类型的套接字是传输层协议可以使用的，例如 stream、datagram、raw 和 sequeneced packet 等。UDP 使用 datagram 套接字，一种面向消息的套接字，一次处理一条消息的数据（例如，不是像 TCP 支持的 stream 套接字那样可以处理连续的字节流）。点对点通信通道的每一端都有一个套接字，设备上的每个应用想要与另一个设备上的应用建立连接，都需要建立一个套接字。套接字被绑定在设备的特定端口上，端口号决定了应用程序接收的数据从哪里来。两个设备（客户端和服务器）之后会通过套接字发送和接收数据。

通常情况下，在服务器端一个服务应用处于运行状态，监听套接字并等待客户端的连接请求。客户端通过向服务器的监听端口发起通信（见图 10-16a）。端口是 16 位的无符号整型，意味着每个设备都有 65 536（0 ～ 65 535）个端口。有些端口被分配用于特定的应用（FTP = 20 ～ 21 端口，HTTP = 80 端口，等）。UDP 在传输的包里包含目的 IP 地址和端口号信息——没有握手过程来验证数据是否已经以正确的顺序被接受。服务器通过提取包中的 IP 地址和端口号信息来决定接收的数据是否属于自己的某个应用程序。

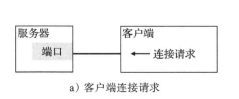

a）客户端连接请求

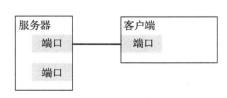

b）服务器连接建立

图 10-16

在连接成功建立后，客户端应用建立一个套接字进行通信，服务器端建立一个新的套接字监听来自其他客户端的请求（见 10-16b）。

下面的伪代码展示了 UDP 协议处理一个传入的数据报的过程。在这个示例中，如果接收到的数据报所对应的套接字被找到，数据报就会被送往协议栈上层（应用层），否则会返回一个错误消息并丢弃该数据报。

```
demuxDatagram(datagram) {
    …
    verifyDatagramChecksum(datagram.Checksum);
    if (datagram.Length <= 1480 && datagram.Length >= 8) {
    …
    if (datagram.Checksum VALID) then {
        findSocket(datagram, DestinationPort);
        if (socket FOUND) {
        sendDatagramToApp(destinationPort, datagram.Data); //send datagram to
        application return;
        } else {
        Icmp.send(datagram, socketNotFound); //indicate to Internet layer that
                                             //data will not reach intended
                                             application
        return;
        }
    }
    }
    discardInvalidDatagram();
}
```

嵌入式 Java 与网络中间件示例

在第 2 章介绍过，一个 JVM 可以在一个系统的中间件中实现，它由类装载器、执行引擎和 Java API（应用程序接口）库所组成（见图 10-17）。

在一个基于 Java 的设计中应用的类型取决于 JVM 提供的 Java API。这些 API 提供的功能是有区别的，取决于其遵从的 Java 规范，例如来自 J Consortium 的 Real Time Core Specification、Personal Java（pJava）、嵌入式 Java、Java 2 Micro Edition（J2ME）以及 Sun 公司的 The Real Time Specification for Java。在这些标准中，pJava 1.1.8 和 J2ME 的连接设备配置（CDC）标准是在较大型的嵌入式设备中广泛应用的标准。

pJava 1.1.8 是 J2ME CDC 的前身，并且从长远来看可能会被 CDC 取代。Sun 公司确实有一个 pJava 1.2 的规范，但前面提到过 J2ME 标准是被 Sun 公司用来在嵌入式行业完全淘汰 pJava 标准的。不过，因为目前市场上的一些现存 JVM 仍然支持 pJava 1.1.8，所以 pJava 仍作为本节中的一个中间件示例来展示网络中间件的功能在 JVM 内的实现。

由 pJava 1.1.8 提供的 API 如图 10-18 所示。对于在系统软件层中实现的 pJava JVM，这些库作为

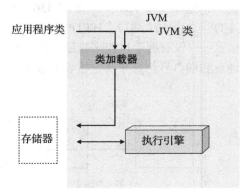

图 10-17   内部 JVM 组件

中间件组件（与 JVM 的加载和执行单元一起）被包含在其中。

在 pJava 1.1.8 规范中，由 java.net 包提供网络 API，如图 10-19 所示。

```
                               Interfaces
        java.applet                        ContentHandlerFactory
        java.awt                           FileNameMap
        java.awt.datatransfer              SocketImplFactory
        java.awt.event                     URLStreamHandlerFactory
        java.awt.image         Classes
        java.beans                         ContentHandler
        java.io                            DatagramPacket
        java.lang                          DatagramSocket
        java.lang.reflect                  DatagramSocketImpl
        java.math                          HttpURLConnection
        java.net                           InetAddress
        java.rmi                           MulticastSocket
        java.rmi.dgc                       ServerSocket
        java.rmi.registry                  Socket
        java.rmi.server                    SocketImpl
        java.security                      URL
        java.security.acl                  URLConnection
        java.security.interfaces           URLEncoder
        java.sql                           URLStreamHandler
        java.text              Exceptions
        java.util                          BindException
        java.util.zip                      ConnectException
                                           MalformedURLException
                                           NoRouteToHostException
                                           ProtocolException
                                           SocketException
                                           UnknownHostException
                                           UnknownServiceException
```

图 10-18　pJava 1.1.8 API [4]　　　　图 10-19　java.net 包 [4]

JVM 通过客户端／服务器模式（客户端向服务器请求数据等）为远程的进程间通信提供了一个传输层上方 API。客户端和服务器需要的 API 是不同的，但是要建立网络连接都要通过 Java 套接字（一个在客户端，一个在服务器端）。如图 10-20 所示，Java 套接字使用中间件网络组件的传输层协议，例如之前中间件示例中讨论过的 TCP/IP。

对于一些不同类型的套接字（raw、sequenced、stream、datagram 等），pJava 1.1.8 的 JVM 提供了数据报套接字，使得数据消息可以一次性完整地被读取；它也提供了流套接字，数据可以作为一个连续的字节流被处理。JVM 数据报套接字依赖于 UDP 传输层协议，而流套接字使用 TCP 传输层协议。如图 10-19 所示，pJava 1.1.8 提供了客户端和服务器套接字的支持，具体为一个数据报套接字类（称为 DatagramSocket，用于服务器或客户端）和两个客户端流套接字类（Socket 和 MulticastSocket）。

一个套接字在上层应用中通过一个套

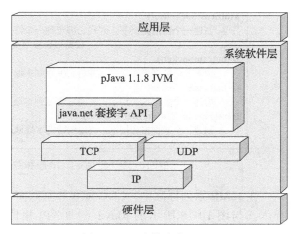

图 10-20　套接字与 JVM

接字构造函数调用创建，无论是在数据报套接字的 DatagramSocket 类中，还是在流套接字的 Socket 类中，或者在流套接字的组播相关的 MulticastSocket 类中（见图 10-21）。如下面的 pJava API 中套接字类构造函数的伪代码示例显示的那样，创建一个流套接字之后，它会被绑定到客户端设备的本地端口上，然后连接到远端服务器地址。

```
Socket(InetAddress address, boolean stream)
{
X.create(stream); //create stream socket
X.bind(localAddress, localPort); //bind stream socket to port
If problem …
    X.close(); //close socket
else
    X.connect(address, port); //connect to server
}
```

套接字类构造函数

Socket()
　　创建一个未连接的套接字，用系统默认的SocketImpl类型
Socket(InetAddress, int)
　　创建一个流套接字，并将它连接到特定IP地址的特定端口
Socket(InetAddress, int, boolean)
　　创建一个套接字，并将它链接到特定IP地址的特定端口。不建议的
Socket(InetAddress, int, InetAddress, int)
　　创建一个套接字，并将它连接到特定远程地址和特定远程端口
Socket(SocketImpl)
　　创建一个未连接的套接字，用一个用户指定的SocketImpl
Socket(String, int)
　　创建一个流套接字，并将它连接到命名主机的特定端口号
Socket(String, int, boolean)
　　创建一个流套接字，并将它连接到命名主机的特定端口号。不建议的
Socket(String, int, InetAddress, int)
　　创建一个套接字，并将它连接到特定远程地址和特定远程端口

组播套接字类构造函数

MulticastSocket()
　　创建一个组播套接字
MulticastSocket(int)
　　创建一个组播套接字，并将它绑定到一个特定端口

数据报套接字类构造函数

DatagramSocket()
　　构建一个数据报套接字，并将它绑定到本地主机的任何可用端口
DatagramSocket(int)
　　构建一个数据报套接字，并将它绑定到本地主机的特定端口
DatagramSocket(int, InetAddress)
　　创建一个数据报套接字，绑定到特定本地地址

图 10-21　套接字、组播和数据报类的套接字构造函数[4]

在 J2ME 系列标准中，CDC 配置和基础简表（FP）中的一些包提供网络 API，如图 10-22 所示。与图 10-18 所示的 pJava 1.1.8 API 相比，J2ME CDC 1.0a API 是一套不同的库（与 JVM 的加载和执行单元一起），它作为中间件组件被包含其中。

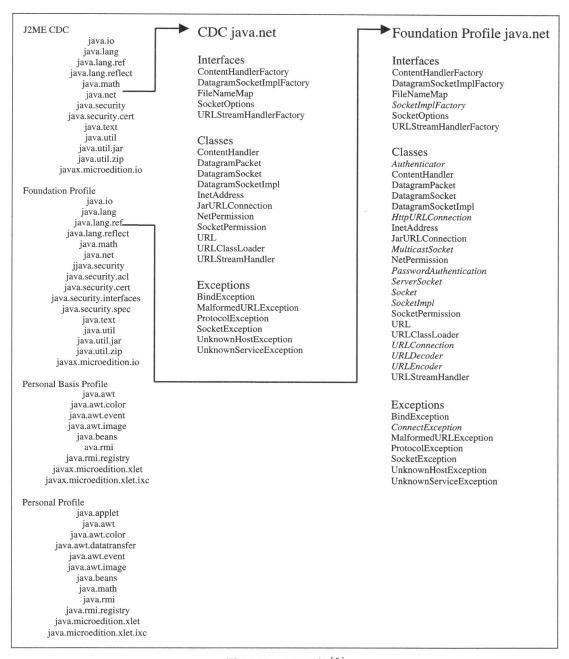

J2ME CDC
　　　　java.io
　　　　java.lang
　　　　java.lang.ref
　　　　java.lang.reflect
　　　　java.math
　　　　java.net
　　　　java.security
　　　　java.security.cert
　　　　java.text
　　　　java.util
　　　　java.util.jar
　　　　java.util.zip
　　　　javax.microedition.io

Foundation Profile
　　　　java.io
　　　　java.lang
　　　　java.lang.ref
　　　　java.lang.reflect
　　　　java.math
　　　　java.net
　　　　jjava.security
　　　　java.security.acl
　　　　java.security.cert
　　　　java.security.interfaces
　　　　java.security.spec
　　　　java.text
　　　　java.util
　　　　java.util.jar
　　　　java.util.zip
　　　　javax.microedition.io

Personal Basis Profile
　　　　java.awt
　　　　java.awt.color
　　　　java.awt.event
　　　　java.awt.image
　　　　java.beans
　　　　ava.rmi
　　　　java.rmi.registry
　　　　javax.microedition.xlet
　　　　javax.microedition.xlet.ixc

Personal Profile
　　　　java.applet
　　　　java.awt
　　　　java.awt.color
　　　　java.awt.datatransfer
　　　　java.awt.event
　　　　java.awt.image
　　　　java.beans
　　　　java.math
　　　　java.rmi
　　　　java.rmi.registry
　　　　java.microedition.xlet
　　　　java.microedition.xlet.ixc

图 10-22　J2ME 包[5]

　　如图 10-22 所示，CDC 提供了对客户端套接字的支持。具体是在 CDC 下有一个数据报套接字类（称为 DatagramSocket，用于客户端或服务器）。位于 CDC 之上的基础简表提供了三种流套接字类，两个针对客户端的套接字（Socket 和 MulticastSocket），一个针对服务器的套接字（ServerSocket）。例如，一个套接字在上层应用中通过一个套接字构造函数调用来创建，可以在客户端或服务器的数据报套接字的 DatagramSocket 类中，也可以在通过网络进行组播的客户端流套接字的 MulticastSocket 类中，或是在服务器流套接字的 ServerSocket

类中，如图 10-22 所示。总之，随着 J2ME 中服务器（流）套接字的添加，设备的中间件层在 pJava 1.1.8 和 J2ME CDC 实现之间发生了变化，其中在 pJava 1.1.8 中可用的套接字在 J2ME 的网络实现中同样可用，体现在 J2ME 的两个不同子标准上，如图 10-23 所示。

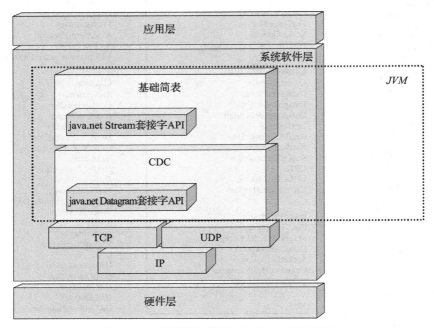

图 10-23 套接字与基于 J2ME CDC 的 JVM

J2ME 连接受限设备配置（CLDC）和相关简表标准被 Java 社区用来适配给较小型的嵌入式系统（见图 10-24）。

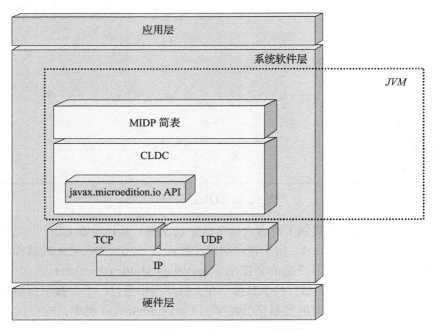

图 10-24 CLDC/MIDP 栈与网络

下面继续以网络功能作为示例，由一个基于 CLDC 的 JVM 提供的基于 CLDC 的 Java API 并不像更大型的 JVM 那样提供 .NET 包（见图 10-25）。

在 CLDC 的实现中提供了一个通用连接，它对网络通信进行抽象，实际实现留给设备设计者完成。通用连接框架（javax.microedition.io 包）由一个类和七个连接接口组成。

- Connection：关闭连接；
- ContentConnection：提供元数据信息；
- DatagramConnection：创建、发送和接收；
- InputConnection：打开输入连接；
- OutputConnection：打开输出连接；
- StreamConnection：合并输入和输出；
- StreamConnectionNotifier：等待连接。

连接类包含一个方法（Connector.open）用来支持文件、套接字、串行通信、数据报和 HTTP 协议，如图 10-26 所示。

```
J2ME CLDC 1.1
        java.io
        java.lang
        java.lang.ref
        java.util
        javax.microedition.io


J2ME MIDP 2.0
        java.lang
        java.util
        java.microedition.lcd.ui
        java.microedition.lcd.ui.game
        java.microedition.midlet
        java.microedition.rms
        java.microedition.io
        java.microedition.pki
        java.microedition.media
        java.microedition.media.control
```

图 10-25　J2ME CLDC API[5]

```
Http Communication :
        -Connection hc = Connector.open ("http:/www.wirelessdevnet.com");

Stream-based socket communication :
        -Connection sc = Connector.open ("socket://localhost:9000");

Datagram-based socket communication:
        -Connection dc = Connector.open ("datagram://:9000);

Serial port communication :
        -Connection cc = Connector.open ("comm:0;baudrate=9000");
```

图 10-26　使用的连接类

10.4　应用层软件示例

在某些情况下，应用软件可以是基于行业公认的标准来实现的，如图 10-27 所示。

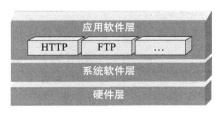

图 10-27　应用软件和网络协议

例如，对于某些设备需要能够连接其他设备来传输数据或者通过命令来控制远程设备执行相应的功能，必须在应用层通过某种形式实现一种网络应用协议。应用层的网络协议是独立于其他软件实现的，这意味着特定的应用层协议可以实现为一个具有特定协议功能的独立程序，也可以实现为较大的功能众多的应用的一个子单元，如图 10-28 所示。

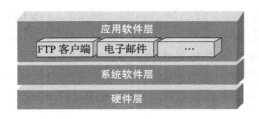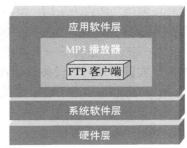

图 10-28   应用软件和网络协议

下面三个示例演示了一些在通用和面向特定市场的应用中实现网络协议。

10.4.1   FTP 客户端应用软件示例

FTP（文件传输协议）是最简单的网络协议之一，用于在网络上安全地交换文件。FTP定义在 RFC959 中，并且可以作为一个独立的程序来实现，它专用于网络设备或者应用程序（如浏览器、MP3 播放器等）之间的文件传输。如图 10-29 所示，FTP 协议定义了设备之间的通信机制，一方设备主动发起文件传输，称为 FTP 客户端或者用户协议解释器，另一方设备负责接收 FTP 的连接请求，称为 FTP 服务器或者 FTP 站点。

图 10-29   FTP 网络

FTP 客户端和服务器之间有两种类型的连接：控制连接用于设备间的控制相关命令传输，数据连接用于文件数据传输。一个 FTP 会话的开启是由 FTP 客户端发起的，首先由 FTP 客户端与目的设备的 21 号端口建立一条 TCP 连接，从而开启了一条控制连接。FTP 协议要求它底层的传输协议是一个具有可靠性和有序数据流保证的通道，比如 TCP（见图 10-29）。（注意：FTP 连接机制部分基于 RFC854 标准，Telnet（终端仿真）协议。）

FTP 客户端在控制连接中发送完它的命令后，等待 FTP 站点回应一个应答码，这些应答码定义在 RFC959 中，如表 10-9 所示。

如果 FTP 站点的响应是连接成功，FTP 客户端会发送如表 10-10 中所示的命令，其中指

表 10-9   FTP 应答码

编码	定　义
110	重新启动标记应答
120	服务在"x"分钟内准备好
125	数据连接已经打开
150	文件状态正常
200	命令成功
202	命令未执行
211	系统帮助应答
...	...

表 10-10   FTP 命令

编码	定　义
USER	用户名 – 访问控制命令
PASS	密码 – 访问控制命令
QUIT	登出 – 访问控制命令
PORT	数据端口 – 传输参数命令
TYPE	表示类型 – 传输参数命令
MODE	传输模式 – 传输参数命令
DELE	删除 –FTP 服务命令
...	...

定了访问控制参数，比如用户名或者密码、传输条件（数据端口、传输模式、表示类型和文件结构等）以及事务操作（存储、获取、追加和删除等）。

下面的伪代码展示了 FTP 客户端应用程序中使用的一个可能的初始 FTP 连接机制，其中访问控制命令被发送到 FTP 站点。

```
FTP客户端访问控制命令USER和PASS的伪代码
FTPConnect (string host, string login, string password) {
TCPSocket s=new TCPSocket(FTPServer, 21); //establishing a TCP connection to port
                                     21 of the
                                     //destination device
Timeout = 3 seconds;                 //timeout for establishing connection
                                     3 seconds

FTP Successful = FALSE;
Time = 0;
While (time<timeout) {
    read in REPLY;
    If response from recipient then {
    //login to FTP
        transmit to server ("USER "+login+"\r\n");
        transmit to server ("PASS "+password+"\r\n");
        read in REPLY;
        // reply 230 means user logged in, to proceed
        if REPLY not 230 {
                close TCP connection
                time = timeout;
        } else {
                time = timeout;
                FTP Successful = TRUE;
        }
    } else {
    time = time+1;
    } // end if-then-else response from recipient
    } // end while (time<timeout)
}
```

事实上，如下面的伪代码所示，FTP 客户端需要提供支持用户能够通过 FTP 发送不同类型的命令（见表 10-10）的机制，并能够处理所接收到的任何应答码（见表 10-9）。

```
FTP 客户编伪代码
// "QUIT" access command routine
FTPQuit () {
    transmit to server ("QUIT");
    read in REPLY;
    // reply 221 means server closing control connection
    if REPLY not 221 {
    // error closing connection with server
    }
    close TCP connection
}
// FTP Service Command Routines
    // "DELE"
```

```
FTPDelete (string filename) {
    transmit to server ("DELE"+filename);
    read in REPLY;
    // reply 250 means requested file action Ok
    if REPLY not 250 {
    // error deleting file
    }
}
// "RNFR"
FTPRenameFile (string oldfilename, string newfilename) {
    transmit to server ("RNFR"+oldfilename);
    read in REPLY;
    // reply 350 means requested file action pending further information
    if REPLY not 350 {
    // error renaming file
    }

    transmit to server ("RNTO"+newfilename);
    read in REPLY;
    // reply 250 means requested file action Ok
    if REPLY not 250 {
    // error renaming file
    }
}
...
```

FTP 服务器根据 FTP 客户端所指定的命令来初始化数据连接和任何传输工作。

10.4.2　SMTP 和电子邮件示例

SMTP（简单邮件传输协议）是一种简单的应用层的基于 ASCII 的协议，在电子邮件应用中实现，用于设备间高效、可靠地发送邮件消息（见图 10-30）。

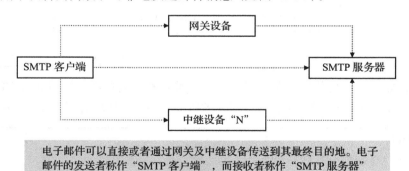

图 10-30　SMTP 网络框图[7]

SMTP 协议最初由 ARPANET 于 1982 年创建，用来代替那时用于电子邮件系统并有太多限制的文件传输协议。于 2001 年公布的最新版 RFC2821 已经成为了电子邮件应用的事实标准。根据 RFC2821 标准，电子邮件应用主要由两个主要组件构成：一个是邮件用户代理（MUA），它负责与用户接口生成电子邮件；另一个是邮件传输代理（MTA），它负责处理电子邮件的底层 SMTP 信息交换。（注意：如图 10-31 所示，在某些系统中，MUA 和 MTA 模块可以是独立的，但是在应用中分层体现。）

SMTP 协议特别定义了与发送邮件相关的两种主要机制：

- 电子邮件消息格式
- 传输协议

由于 SMTP 协议中电子邮件的发送是通过消息来处理的，所以电子邮件消息的格式是由 SMTP 协议定义的。协议规定一封电子邮件是由信头、信体、信封这三个部分组成。电子邮件消息头部的格式定义在 RFC2821 中，包含的内容有回复（Reply-To）、日期（Date）、发送源（From）等域。信体是发送的实际信息内容，根据 RFC2821 标准规定，信体是由 NVT ASCII 字符组成，并基于

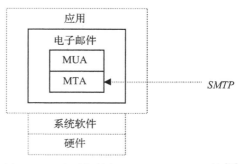

图 10-31 电子邮件与 MUA 和 MTA 组件[7]

RFC2045 标准中的 MIME 规范（"多功能互联网邮件扩展第一部分：互联网消息体格式"）。RFC2821 也定义了信封的内容，其中包含了发送者和接收者的地址信息。在用户写好电子邮件并按下"发送"按钮之后，MUA 会添加一些额外的头部信息，然后发送内容（信体和信头的组合）到 MTA，MTA 也要添加一些自己的头部信息，经过信封包装好后，开始电子邮件传输到另一个设备的 MTA。

SMTP 协议要求底层传输协议是一个具有可靠性和有序保证的数据流通道，例如 TCP（用于 RFC2821 标准；不过任何可靠的传输协议都是可接受的）。如图 10-32 所示，当使用 TCP 作为传输协议时，客户端设备的 SMTP 模块通过向目的设备的 25 端口建立一条 TCP 连接来发起邮件的传输工作。

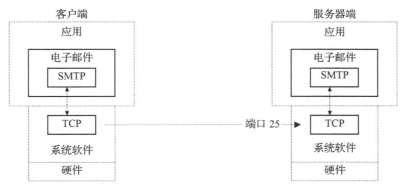

图 10-32 电子邮件与 TCP

设备（客户端）发送邮件后，等待接收者（服务器端）回复应答码 220（一个问候码）。RFC2821 实际上定义了一个应答码列表，如表 10-11 所示，服务器必须使用这些应答码内容作为对客户端的回应。

表 10-11 SMTP 应答码

编码	定义	编码	定义
211	系统状态	250	请求的邮件动作完成
214	帮助信息	251	非本地用户，将转发邮件
220	服务就绪	354	开始邮件输入……
221	服务关闭传输通道		

在接收到电子邮件时，服务器开始发送它的身份标识、一个服务器主机的完全合格域名（全称域名）和应答码到客户端。如果应答码表示服务器不会接收该消息，那么客户端会释放这条连接。同时如果合适的话，一份携带有不可投递消息的错误报告会发送到客户端程序。如果服务器返回一个220的应答码，这意味着服务器会接收电子邮件。这种情况下，客户端会告知服务器谁是发送者和接收者。如果接收者归属于目标设备，服务器会给客户端发送一个"继续发送电子邮件"的应答码。

应答码是SMTP协议机制的一个子集，SMTP机制用于设备之间的电子邮件事务。SMTP传输协议基于带有参数的命令，参数指定了邮件对象，这类对象代表了需要被传输的数据（主要是信封和内容）。这里有特定的命令用来传输特定类型的数据，比如：MAIL命令对应的数据对象是发送者的地址（反向路径），RCPT命令对应的邮件对象是正向路径（接收者地址），DATA命令对应的邮件对象是电子邮件的内容（信头和信体）（见表10-12）。SMTP服务器对每一条命令都会返回一个应答码。

表 10-12 SMTP 命令

命令	数据对象（参数）	定 义
HELO	客户端主机完整合格域名	客户端对自身的标识
MAIL	发送者的地址	标识消息的来源者
RCPT	接收者的地址	RECIPIENT——标识邮件的接收者
RSET	无	RESET——终止当前邮件事务并使两端复位。任何存储的有关发送者、接收者或邮件数据的信息都将被丢弃
VRFY	一个用户或者邮箱	VERIFY——让客户端请求发送者验证接收人的地址，而不发送邮件给收件人

SMTP定义了服务器端不同类型的缓冲区，用于缓存各种类型的数据，比如："邮件数据"缓冲区用来缓存一封邮件的信体，"正向路径"缓冲区用来缓存接收者的地址，"反向路径"缓冲区用来缓存发送者的地址。这是因为在未接收到发送者的确认信息，即客户端设备发送"邮件数据传输结束"信息之前，服务器端需要将这些传输的数据对象保存下来。"邮件数据传输结束"确认（QUIT）用来结束一个成功的电子邮件事务。最后，因为TCP是一个可靠的字节流传输协议，SMTP算法中通常不需要使用校验和去验证数据的完整性。

下面的伪代码是一个实现于客户端设备上的电子邮件应用程序中的SMTP伪代码示例。

```
电子邮件应用程序任务
  {
      Sender="xx@xx.com";
      Recipient="yy@yy.com";
      SMTPServer="smtpserver.xxxx.com"
      SENDER="tn@xemcoengineering.com",;
      RECIPIENT="cn@xansa.com";
      CONTENT="This is a simple e-mail sent by SMTP";
      SMTPSend("Hello!"); // a simple SMTP sample algorithm
      …
  }
SMTPSend (string Subject) {
      TCPSocket s = new TCPSocket(SMTPServer, 25); // establishing a TCP
                                               connection to port 25 of the
                                        // destination device
```

```
        Timeout = 3 seconds;                          // timeout for establishing
                                                          connection 3 seconds
Transmission Successful = FALSE;
Time = 0;
While (time<timeout) {
read in REPLY;
If response from recipient then {
   if REPLY not 220 then {
        //not willing to accept e-mail
        close TCP connection
        time = timeout;
} else {
        transmit to RECIPIENT ("HELO"+hostname);//client identifies itself
        read in REPLY;
if REPLY not 250 then {
        //not mail action completed
        close TCP connection
        time = timeout;
} else {
        transmit to RECIPIENT ("MAIL FROM:<"+SENDER+">");
        read in REPLY;
        if REPLY not 250 then {
        //not mail action completed
        close TCP connection
        time = timeout;
} else {
        transmit to RECIPIENT ("RCPT TO:<"+RECEPIENT+">");
        read in REPLY;
        if REPLY not 250 then{
        //not mail action completed
        close TCP connection time = timeout;
} else {
        transmit to RECIPIENT ("DATA");
        read in REPLY;
        if REPLY not 354 then{
        //not mail action completed
        close TCP connection
        time = timeout;
} else {
        //transmit e-mail content according to STMP spec
        index = 0;
        while (index<length of content) {
        transmit CONTENT[index]; //transmit e-mail content character by
        character index = index+1;
} //end while
        transmit to RECIPIENT ("."); // mail data is terminated by a line
        containing only
                //a period
        read in REPLY;
if REPLY not 250 then {
//not mail action completed
close TCP connection
time = timeout;
} else {
        transmit to RECIPIENT ("QUIT");
```

```
                    read in REPLY;
                    if REPLY not 221 then {
                    //service not closing transmission channel
                    close TCP connection
                    time = timeout;
            } else {
                    close TCP connection;
                    transmission successful = TRUE;
                    time = timeout;
                    }//end if-then-else "." REPLY not 221
                        } //end if-then-else "." REPLY not 250
                    } //end if-then-else REPLY not 354
                } // end if-then-else RCPT TO REPLY not 250
                } // end if-then-else MAIL FROM REPLY not 250
            } // end if-then-else HELO REPLY not 250
            } // end if-then-else REPLY not 220
    } else {
    time = time+1;
    } // end if-then-else response from recipient
    } // end while (time<timeout)
} // end STMPTask
```

10.4.3 HTTP 客户端和服务器示例

基于多个 RFC 标准，并由万维网联盟（WWW Consortium）支持的 HTTP 1.1 是被最广泛实现的应用层协议，用于互联网上传输所有类型数据。在 HTTP（超文本传输协议）协议中，数据（指代为资源）由 URL（统一资源定位符）来标识。

与之前的两个网络应用示例一样，HTTP 基于客户端/服务器模式，并要求底层传输协议是具有可靠性和有序保证的数据流通道。HTTP 客户端为开启 HTTP 事务，通过向服务器的默认 80 号端口建立一条 TCP 的连接来打开一条通向 HTTP 服务器的连接。然后，HTTP 客户端发送一个面向特定资源的请求消息到 HTTP 服务器，HTTP 服务器会返回一个含有所请求资源（如果资源能够得到）的响应信息到 HTTP 客户端。在响应消息发送后，服务器会关闭这条连接。

请求和响应消息的语法中都包含消息头和消息体，消息头包含随消息所有者而变化的消息属性信息，消息体包含可选的数据，消息头和消息体通过一个空白行分隔开。如图 10-33 所示，每条消息的第一行用来区分消息的类型，请求消息的第一行依次包含方法（客户端发送的命令，用来指定需要服务器执行的动作）、请求 URL（请求资源的地址）和 HTTP 的版本信息；响应消息的第一行依次包含 HTTP 的版本、状态码（回应给客户端的应答码）和状态短语（可读的状态码等价描述）。

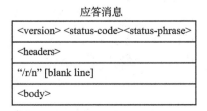

请求消息	应答消息
`<method> <request-URL><version>`	`<version> <status-code><status-phrase>`
`<headers>`	`<headers>`
"/r/n" [blank line]	"/r/n" [blank line]
`<body>`	`<body>`

图 10-33 请求与响应消息格式[8]

表 10-13a、b 列举了在 HTTP 服务器端使用的各种类型的方法和应答码。

表 10-13

a）HTTP 方法

方　　法	定　　义
DELETE	DELETE 方法请求源服务器删除由请求 URI 标识的资源
GET	GET 方法就是以实体方式得到由请求 URI 所指定资源的信息。如果请求 URI 只是一个数据产生过程，那么最终要在回应实体中返回的是由该处理过程的结果所指向的资源，而不是返回该处理过程的描述文字，除非那段文字恰好是处理的输出
HEAD	HEAD 方法与 GET 几乎一样，区别在于 HEAD 方法不让服务器在回应中返回任何实体。对 HEAD 请求的回应部分来说，它的 HTTP 标题中包含的元信息与通过 GET 请求所得到的是相同的。通过使用这种方法，不必传输整个实体主体，就可以得到请求 URI 所指定资源的元信息。该方法通常用于测试超链接的合法性、可访问性和最近的更新
OPTIONS	OPTIONS 方法表示在由请求 URI 标识的请求 / 响应链关于有效通信选项信息的请求。该方法允许客户端判断与某个资源相关的选项和 / 或需求或者服务器的能力，而不需要采用资源行为或发起资源获取
POST	POST 方法用来向目的服务器发送请求，要求它接受被附在请求后的实体，并把它当作请求队列中请求 URI 所指定资源的附加新子项。POST 被设计成统一的方法实现下列功能： —对现有资源的注释； —向电子公告栏、新闻组、邮件列表或类似讨论组发送消息； —提交数据块，比如将表格的结果提交给数据处理过程； —通过附加操作扩展数据库
PUT	PUT 方法要求以提供的请求 URI 存储封装实体。如果请求 URI 引用已经存在的资源，该封装实体应该被认作原始服务器存储的修改版本。如果请求 URI 没有指向已存在的资源，且该 URI 可以被请求的用户代理定义为新的资源，则原始服务器可以用该 URI 创建资源
TRACE	TRACE 方法用于引起远程的，该请求消息的应用层回送。TRACE 允许客户端看见请求链上的另一端收到了什么，然后使用该数据作为测试或者诊断信息

b）HTTP 应答码

编码	定　　义
200	确定，客户端请求已成功
400	错误的请求
404	未找到请求的内容
501	服务器无法完成请求的功能

下面的伪代码示例展示了 HTTP 协议在一个简单 Web 服务器中的实现。

```
HTTP 服务器伪代码示例
…
HTTPServerSocket (Port 80)
ParseRequestFromHTTPClient (Request, Method, Protocol);
If (Method not "GET", "POST", or "HEAD") then {
    Respond with reply code "501"; // not implemented
    Close HTTPConnection;
}
If (HTTP Version not "HTTP/1.0" or "HTTP/1.1") then {
    Respond with reply code "501"; // not implemented
Close HTTPConnection;
}
…
```

```
ParseHeader, Path, QueryString(Request, Header, Path, Query);
    if (Length of Content>0) {
    if (Method="POST") {
    ParseContent(Request, ContentLength, Content);
    } else {
        // bad request - content but not post
        Respond with reply code to HTTPURLConnection "400";
        Close HTTPConnection;
    }
}
// dispatching servlet
If (servlet(path) NOT found) {
    Respond with reply code "404"; // not found
    Close HTTPConnection
} else {
Respond with reply code "200"; // Ok
…
Transmit servlet to HTTPClient;
Close HTTPConnection;
}
```

表 10-13a、b 显示了能够在 HTTP 客户端发送的命令方法，下面的伪代码示例展示了 HTTP 协议是如何在一个 Web 客户端（如浏览器）中实现的。

```
public void BrowserStart()
{
    Create "UrlHistory" File;
    Create URLDirectory;
    Draw Browser UI (layout, borders, colors, etc.)
    //load home page
    socket= new Socket(wwwserver, HTTP_PORT);
    SendRequest("GET"+filename+" HTTP/1.0\n");
        if(response.startsWith("HTTP/1.0 404 Not Found"))
        {
        ErrorFile.FileNotFound();
        } else
    {
        Render HTML Page (Display Page);
    }
    Loop Wait for user event
    {
        Respond to User Events;
    }
}
```

10.4.4 对应用整合的简要说明

了解了嵌入式系统的整体网络需求之后，重要的是要相应地调整所有软件层的网络参数以满足实际应用的性能需求。即使网络组件是作为从现成的嵌入式操作系统供应商处购买的中间件软件包中所包含的一部分，也不要指望供应商会自动配置好底层的系统软件以满足特定设备生产就绪的需求。

例如，对于使用 VxWorks 实时操作系统的研发团队，他们可以选择额外购买 VxWorks 系统使用的配套网络协议栈。通过针对 Wind River 公司的 VxWorks 开发环境（Tornado 或 Workbench）和源代码中的特定网络参数进行调优，可以使得网络组件满足设备的要求。

在表 10-14 中，作为一个具体示例，调整 TCP/IP 的中间件栈参数 TCP_MSS_DFLT，它是 TCP 中最大分段长度（MSS），MSS 的取值需要分析 IP 的分片和管理的开销。

表 10-14　VxWorks 系统使用的网络组件参数调优

网络组件	参　　数	描　　述	值
TCP	TCP_CON_TIMEO_DFLT	连接超时间隔（默认 150 = 75s）	150
	TCP_FLAGS_DFLT	TCP 标志位的默认值	（TCP_DO_RFC1323）
	TCP_IDLE_TIMEO_DFLT	放弃连接前无数据传输秒数	14 400
	TCP_MAX_PROBE_DFLT	放弃连接前探测次数（默认 8）	8
	TCP_MSL_CFG	TCP 中最大的分段生存期（s）	30
	TCP_MSS_DFLT	分段初始化字节数（默认 512）	512
	TCP_RAND_FUNC	用于 tcp_init 中的随机函数	（FUNCPTR）random
	TCP_RCV_SIZE_DFLT	接收 TCP 数据的字节数（默认 8192）	8192
	TCP_REXMT_THLD_DFLT	报错前尝试发送次数（默认 3）	3
	TCP_RND_TRIP_DFLT	往返时间的初始值（s）	3
	TCP_SND_SIZE_DFLT	发送 TCP 数据的字节数（默认 8192）	8192
UDP	UDP_FLAGS_DFLT	可选 UDP 功能：默认允许校验和	（UDP_DO_CKSUM_SND|UDP_DO_CKSUM_RCV）
	UDP_RCV_SIZE_DFLT	接收 UDP 数据的字节数（默认 41 600）	41 600
	UDP_SND_SIZE_DFLT	发送 UDP 数据的字节数（默认 9216）	9216
IP	IP_FLAGS_DFLT	选择 IP 层的可选功能	（IP_DO_FORWARDING|IP_DO_REDIRECT|IP_DO_CHECKSUM_SND|IP_DO_CHECKSUM_RCV）
	IP_FRAG_TTL_DFLT	慢超时的次数（2/s）	60
	IP_QLEN_DFLT	接收段存储的数据包数量	50
	IP_TTL_DFLT	IP 数据包默认 TTL 值	64
	IP_MAX_UNITS	连接到 IP 层的最大接口数量	4

当数据流在协议栈中自上而下进行处理时，TCP 的分段内容会重新打包成 IP 数据报的形式，所以我们必须考虑 IP 数据报的大小限制，否则要是 TCP 段太大的话，会在 IP 层产生分片。这意味着如果 IP 分片操作不正确，为了成功地管理 TCP 的分段，在 IP 层必须传输超过一个 IP 数据报，此时会对系统的性能产生负面的影响。为了妥善管理在 IP 分片问题上的开销，我们需要认识到 TCP 和 IP 的头部并不是数据的一部分。（这些头部是和数据一起被传输的。）否则，降低 MSS 的值会缩短分片，但是如果 MSS 值减少太多的话，会因为开销而导致十分低效。

另一个面向需求和性能针对中间件层进行调优的具体示例是 VxWorks 系统中 TCP 窗口大小的设置。通过使用套接字的窗口大小参数，TCP 能够通知连接在任何给定的时刻有多少能够被处理的数据。对于需要更大窗口的网络协议，比如卫星或者 ATM 通信网络，TCP 套接字接收和发送缓冲区的大小可以通过 TCP_RCV_SIZE_DFLT 和 TCP_SND_SIZE_DFLT 参数（见表 10-14）进行调整。通常推荐将套接字缓冲区大小设置成 MSS 值的倍数，如 MSS 值的三倍或三倍以上。

无论是本章前面学到的网络中间件和应用软件，还是其他类型的中间件（如数据库或文件系统），我们应该应用本章出现的相同类型的概念去了解其他类型的中间件和应用软件，以及它们对嵌入式体系结构设计的影响。下面的部分提供了一些其他示例，阐述了中间件和应用软件对嵌入式系统体系结构产生的影响。

其他类型中间件和应用软件的影响：编程语言

某些类型的高级编程语言会影响应用层体系结构。Java 语言就是其中之一，一个用 Java 语言编写的应用程序可以将 Java 虚拟机（JVM）集成到其中，如图 10-34 所示。举例来讲，J2ME CLDC/MIDP JVM 可以在 Palm Pilot PDA 上被编译成 .prc 文件（Palm OS 上的可执行文件）或在 PocketPC 平台上被编译成 .exe 文件。简而言之，一个 JVM 可以在硬件中实现，或者作为应用程序的一部分，就像中间件可以整合到操作系统中，也可以位于操作系统之上。

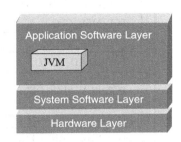

图 10-34　编译到应用软件中的 JVM

不管怎样，当用高级语言编写需要在中间件层中引入基本的 JVM 或者应用程序本身必须集成一个 JVM 的应用程序时，需要对更高的处理能力与内存的需求提供额外的支持。在嵌入式设备中引入 JVM 意味着我们需要考虑 JVM 和上层应用软件所需的任何额外的硬件以及底层系统软件需求。

例如，JVM 使用何种方案处理上层应用程序的字节码会影响某些因素——无论使用的是解释器方案、运行时（JIT）编译器方案、超前方法（WAT）编译器方案，还是动态自适应编译器（DAC）方案。

使用一些类型的 AOT 或 WAT 编译技术的 JVM，在特定的硬件设备上运行时会带来较大的性能提升，但是这种类型的 JVM 可能缺少处理动态下载的 Java 字节码的能力。如果一个基于 AOT 或 WAT 的 JVM 不能支持动态下载的能力，但在市场上对于要设计的嵌入式系统来说，动态的可扩展性支持又是不可或缺的需求，这就意味着需要做进一步的调研：

- 采用另外一种基于不同字节码处理方案的 JVM 是否可行，可能在运行时比更快的缺少动态下载和可扩展性支持的 JVM 方案要慢一些。还需要了解为了支持不同 JVM 方案的实现是否有需要更强大的底层硬件的任何新需求；
- 控制在项目范围内的实现基于 AOT/WAT JVM 功能所需的资源、成本和时间。

另一个示例是研究两个方案：一个使用 JIT 实现的 JVM，另一个采用基于 JIT 的 .NET Compact Framework 解决方案，要在一个特定嵌入式系统设计中比较两种方案的性能。除了面向应用需求检查 JVM 和基于 JIT 的 .NET Compact Framework 所具备的 API 之外，考虑两种方案的非技术因素也是非常重要的。这意味着在这样两种虚拟机方案之间选择时，我们要考虑能否找到具有丰富经验的程序员（Java 和 C# 程序员）。在某种特定的虚拟机上进行应用程序开发时，如果没有拥有所需开发技能的程序员，那就需要考虑在寻找与雇佣新的人员、培训现有人员等因素所花费的成本和时间。

当应用程序必须处理用脚本语言（如 HTML（超文本标记语言，WWW 中大多数页面都是用这种语言编写的）或 Javascript（用于在 Web 页面中实现交互功能，包括图像伴随光标点击而改变、表单交互及计算执行等））编写的源代码时，会面对另外一种情况，编程语言会影响应用层的体系结构。如图 10-35 所示，此时一个脚本语言解释器被整合到应用软件中（比如作为 HTTP 客户端的 Web 浏览器自身整合了多种脚本语言解释器）。

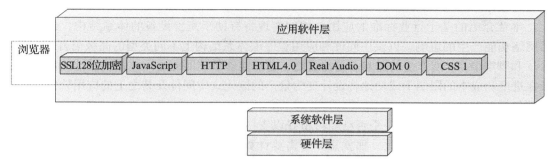

图 10-35　浏览器与嵌入式系统模型

最后，为了确保引入了这些在嵌入式系统体系结构内的编程语言组件及其复杂性的嵌入式设计能够成功，需要程序员能够仔细地规划上层应用程序应如何编写。这意味着并不是最精致或最出色地编写的应用程序代码会保证设计成功，而是程序员需合理地发挥底层系统软件和硬件的强大优势，采用扬长避短的方法来设计应用程序。例如，即使是由最精明的程序员编写的 Java 应用程序杰作，如果当它运行在目标嵌入式设备上时运行非常缓慢并消耗了嵌入式系统的太多资源而导致系统无法交付，那么它就没有什么价值可言。

其他类型中间件和应用软件的影响：复杂消息服务、通信和安全

在嵌入式系统设计中，为了支持嵌入式系统之间复杂的分布式应用需求而采用的一种常用方法是，在核心中间件之上构建复杂消息服务、通信和安全中间件。

例如，在某些类型的点对点及自主发布 – 订阅消息传递方案是最佳选择时，面向消息和分布式消息传递机制提供消息传递功能。分布式事务建立在其他中间件上（如 RPC 构建在 TCP 和 UDP 上），并允许远程系统之间进行不同类型的通信。ORB 建立在 RPC 之上，并允许创建上层的中间件和应用程序组件，它们以多个对象的形式驻留在同一个嵌入设备上或者跨越多个设备。

认证和安全中间件提供代码的安全性、有效性以及验证功能，比如确保进行有效类型的操作（即如数组边界检查、类型检查和转换、栈的完整性检查（溢出）和存储安全性）。这种类型的软件可以在嵌入式设备中间件或应用程序组件中独立实现。它也可以在诸如 JVM 和 .NET 组件中实现，实现各不相同且对应的高级语言都包含对这类软件的支持。

另一个很好的示例是集成代理，它允许很多不同类型的上层中间件和应用程序能够处理彼此的数据。集成代理不仅仅是由一些底层的通信代理构成（如 MOM 或 RPC）。在最高层次上，集成代理也是由处理在某种类型的核心网络中间件之上的事件侦听与生成的组件组成的。一个集成代理的 " TCP 监听器"组件使用底层的 TCP 套接字，而 "文件监听器"组件则使用底层的文件系统。当数据通过集成代理去往目的地时，集成代理的转换器组件会处理所需的任何数据转换（例如，一个支持 FTP 的"FTP 适配器"子组件或者一个支持 HTTP 的"HTTP 适配器"子组件）。

10.5   小结

在这一章中，中间件被定义为介于应用软件和内核或设备驱动软件之间，或介于不同的应用软件之间为其提供服务的系统软件。应用软件被定义位于系统软件之上，本质上是展现设备的特征使其与其他嵌入式设备区分开来的软件，应用软件通常也是直接与设备用户进行交互的软件。

本章介绍的基于行业标准的应用软件的实现将有助于完善设备的体系结构。这其中包括网络功能产生的影响，以及中间件和应用程序层体系结构上不同类型的高级语言（尤其是 Java 和脚本语言）所产生的影响。简而言之，选择能够最佳匹配嵌入式系统设计的需求，以及在进度和成本的限制下成功地将设计变为量产的嵌入式中间件及其之上的应用软件的关键问题包括：

- 首先必须确认中间件是否已经移植好以支持底层的系统软件并适用于硬件的主 CPU 架构。如果并非如此，那就意味着需要计算在设计中花费多少额外的时间、成本和资源来提供支持；
- 计算支持中间件解决方案和上层的应用所需要的额外处理能力和内存需求；
- 在真实的硬件和底层系统软件上，调研中间件实现的稳定性和可靠性；
- 规划有经验的开发人员的可用性；
- 评估开发和调试工具的支持；
- 核查供应商的声誉；
- 确保为开发人员提供坚实的中间件实现相关的技术支持；
- 合理地编写上层应用程序。

第四部分将所有这些层次整合起来，并讨论如何将第一～三几个部分的内容应用到嵌入式系统的设计、开发和测试中。

习题

1. 什么是中间件？

2. 如图 10-36a ～ d 所示的中间件软件到嵌入式系统模型的映射中，哪一个是不正确的？

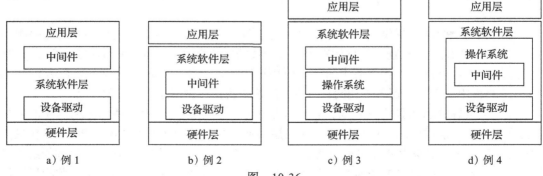

图   10-36

3. [a] 通用中间件和特定市场的中间件之间的区别是什么？

　　[b] 为每一种中间件列举出两个实例。

4. 网络中间件位于 OSI 模型中的哪个位置？

5. [a] 绘制 TCP/IP 模型相对于 OSI 模型的层次结构。

　　[b] TCP 属于哪一层？

6. [T/F] RS-232 相关的软件是中间件。

7. PPP 协议管理数据的格式是：

　　A. 帧

　　B. 数据报

　　C. 消息

　　D. 以上都是

　　E. 以上都不是

8. [a] 给出并描述组成 PPP 软件的四个子组件。

　　[b] 与其中每一种对应的 RFC 是哪些？

9. [a] PPP 状态和 PPP 事件的区别是什么？

　　[b] 分别列举并描述两者的三个示例。

10. [a] 什么是 IP 地址？

　　[b] 处理 IP 地址的网络协议是什么？

11. UDP 和 TCP 之间的主要区别是什么？

12. [a] 列举可以在中间件中实现的三种嵌入式 JVM 标准。

　　[b] 这些标准的 API 之间的区别是什么？

　　[c] 列举支持每种标准的两个实际应用的 JVM。

13. [T/F] 在嵌入式系统模型中，.NET Compact Framework 是在中间件层实现的。

14. [a] 什么是应用软件？

　　[b] 在嵌入式系统模型中，应用软件通常位于哪个位置？

15. 列举两种应用层协议的示例，它们既可以实现为具有单一协议功能的单独应用程序，也可以在更大的多功能应用程序中实现为子组件。

16. [a] FTP 客户端与 FTP 服务器之间的区别是什么？

　　[b] 它们分别会在什么类型的嵌入式设备中实现？

17. SMTP 协议通常实现在：

　　A. 电子邮件应用程序

　　B. 内核

　　C. BSP

　　D. 每一个应用程序

　　E. 以上都不是

18. [T/F] SMTP 通常依赖于 TCP 中间件实现其功能。

19. [a] 什么是 HTTP？

　　[b] 什么类型的应用程序会包含 HTTP 客户端或服务器？

20. 什么类型的编程语言会在应用层引入一个组件？

尾注

[1] RFC1661: http://www.freesoft.org/CIE/RFC/1661/index.htm; RFC1334: http://www.freesoft.org/CIE/RFC/1334/index.htm; RFC1332: http://www.freesoft.org/CIE/RFC/1332/index.htm.

[2] RFC791: http://www.freesoft.org/CIE/RFC/791/index.htm.

[3] RFC768: http://www.freesoft.org/CIE/RFC/768/index.htm.

[4] Personal Java 1.1.8 API documentation, java.sun.com.

[5] Java 2 Micro Edition 1.0 API Documentation, java.sun.com.

[6] RFC959: http://www.freesoft.org/CIE/RFC/959/index.htm.

[7] RFC2821: http://www.freesoft.org/CIE/RFC/2821/index.htm.

[8] http://www.w3.org/Protocols/

[9] Wind River, VxWorks API Documentation and Project.

Embedded Systems Architecture: A Comprehensive Guide for Engineers and Programmers, Second Edition

系统整合：设计与开发

第二部分和第三部分中的章节介绍了作为工程师为了理解和创建体系结构需要熟悉的（在最低程度上）主要嵌入式硬件和软件要素的基础技术细节。正如第 1 章中所指出的，第 2 章、第二部分和第三部分都属于设计嵌入式系统的第一步——定义系统（阶段 1：打好坚实的技术基础）。

在第四部分，会继续叙述设计嵌入式系统的其余阶段，涵盖了定义系统的其余 5 个阶段（第 11 章）。阶段 2：了解嵌入式系统的体系结构业务周期；阶段 3：详细描述体系结构的模式和参考模型；阶段 4：创建体系结构的框架；阶段 5：体系结构的文档化；阶段 6：对体系结构进行分析和评估。第 12 章讨论了设计嵌入式系统的其余部分，基于体系结构对系统进行开发实现、调试和测试系统，以及维护系统。

定义系统：创建体系结构和设计文档化

本章内容

- 创建一个嵌入式体系结构的步骤
- 体系结构的业务周期及其对体系结构的影响
- 创建并文档化一个体系结构的方法
- 对一个体系结构进行评估和逆向工程的方法

本章会向读者介绍一些经过多年证明非常有用的实践过程和技术。本书采用了系统化、整体化的方法来理解嵌入式系统，因为确保一个设计团队成功的最强大的方法是接受并明确一个事实，那就是一个嵌入式系统产品工程的成功不能仅仅只依靠纯粹的技术。这包括在严格遵循开发过程及最佳实践的原则，以免发生代价高昂的错误。

正确地定义系统及其体系结构是整个开发周期中最困难同时也是最重要的步骤。图 11-1 显示了由嵌入式系统设计与开发周期模型所定义的不同的开发阶段。[1]

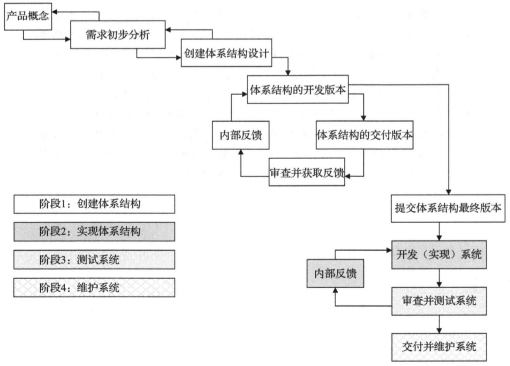

图 11-1　嵌入式系统设计开发的生命周期模型[1]

该模型指出设计一个嵌入式系统并将这个设计实现市场化的过程主要有 4 个阶段：

阶段 1   创建体系结构：嵌入式系统的设计规划过程；

阶段 2   实现体系结构：嵌入式系统的开发过程；

阶段 3   测试系统：对嵌入式系统进行测试，发现问题并解决测试中出现的问题的过程；

阶段 4   维护系统：对嵌入式系统进行现场部署，并且在设备的整个生命周期对设备用户提供技术支持的过程。

从这个模型还可以看出，最重要的时间花在了阶段 1 上面。在这一阶段，不用摸到任何硬件板卡，也不用编写任何软件代码。只需要将全部注意力、调研手段都集中投入到对将要开发的设备的信息收集工作中，了解清楚存在哪些备选项，并且详尽记录发现的信息。如果对体系结构的定义、需求的确定、风险的了解等做了充分的准备，那么剩余的开发、测试和设备维护阶段会变得更简单、快速和低成本。当然这需要责任工程师具备必要的技能。

简而言之，如果阶段 1 能够正确地实施完成，那么后续工作将不会浪费过多时间去解读不符合系统需求的代码或猜测设计者的真正意图，而这两件事通常会导致更多的故障以及带来更多的工作量。这也并不是说设计的过程总会一帆风顺。收集到的信息有可能被证明是不准确的，系统的设计规格可能会改变等，但是如果系统设计者在技术上有纪律，有准备，有组织，那么新出现的难题也会被立刻发现并且得以解决。这样会导致系统的开发过程面临更少的压力，花费更少的时间和金钱。更重要的是，从技术的角度来说，该项目几乎必然会成功完成。

11.1 创建嵌入式系统体系结构

在设计嵌入式系统体系结构时，可以采用一些行业方法，比如统一软件开发过程（RUP）、属性驱动的设计（ADD）、面向对象的过程（OOP）、模型驱动架构（MDA）以及其他方法。在本书中将采取务实的方式，介绍一种创建一个体系结构的过程，它结合并简化了这些不同方法的许多关键要素。这个过程包括 6 个阶段，每个阶段都是建立在上一个阶段的基础上。这些阶段是：

阶段 1   打好坚实的技术基础；

阶段 2   了解嵌入式系统的体系结构业务周期（ABC）；

阶段 3   详细描述体系结构的模式和参考模型；

阶段 4   创建体系结构的框架；

阶段 5   体系结构的文档化；

阶段 6   对体系结构进行分析和评估。

这 6 个阶段可以作为进一步学习行业中更多、更复杂的体系结构设计方法的基础。然而，如果在不得不开始设计一个真实产品之前，并没有足够的时间和资源可以用来全面系统地学习行业模式中的体系结构设计方法，那么这 6 个阶段模式可以直接作为一个简单的模型用于创建体系结构。本章的剩余部分将给出这 6 个阶段的更多细节。

作者注

本书试图给出一个实用的过程用于创建一个嵌入式体系结构，基于更复杂的行业方法中的某些机制。我尽量避免使用与这些方法相关联的大量专业术语，因为相同的术语在不同的方法中可能会有不同的定义，同样不同的术语也有可能具有相同的含义。

11.1.1　阶段 1：打好坚实的技术基础

简而言之，阶段 1 就是要理解本书第 2 ～ 10 章所呈现的内容。不管一个工程师或者程序员要开发或工作针对的是嵌入式系统的哪个部分，都非常有必要站在一个系统工程的层次上来理解一个嵌入式系统中所有要实现的要素。这包括嵌入式系统模型呈现出来的所有硬件和软件可能的组合，例如冯·诺依曼模型，反映了在一个嵌入式硬件板上（见图 11-2a）的主要部件，或者存在与系统软件层（见图 11-2b）的可能的复杂性。

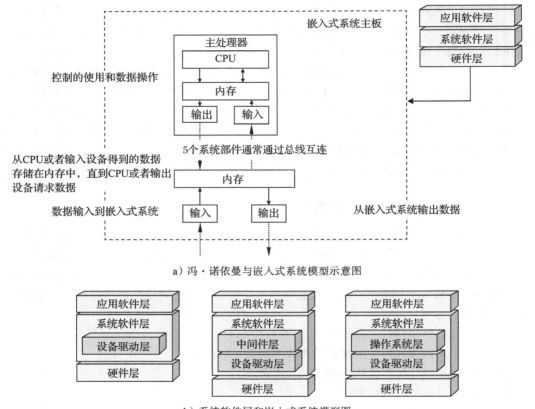

a）冯·诺依曼与嵌入式系统模型示意图

b）系统软件层和嵌入式系统模型图

图　11-2

11.1.2　阶段 2：了解嵌入式系统的体系结构业务周期

如图 11-3 所示的一个嵌入式设备的体系结构业务周期（ABC），是影响一个嵌入式系统的体系结构的影响周期，以及嵌入式系统反过来对其构建环境的影响周期。这些影响可以是技术的、商业的、政治的或者社会的。简而言之，嵌入式系统的 ABC 是产生系统需求的许多不同类型的影响；而需求反过来生成了体系结构，从体系结构产生出系统，所生成的系统又反过来向组织提供了对将来嵌入式设计的要求和能力。

该模型表明，不论是好是坏，体系结构的设计不仅仅只是针对技术的需求。例如，给定同种类型的嵌入式系统，比如手机或者电视机，由不同的设计团队面对相同的技术需求，体系结构设计不同会导致采用不同的处理器、操作系统（OS）以及其他要素。从一开始就能认识到这一点的工程师在为嵌入式系统创建体系结构的时候会获得更大的成功。如果负责嵌入式系统设计的架构师在项目设计初始就能认识、理解并着手处理对设计的各种不同的影响，那么在花费了大量时间、金钱和精力开发初始的体系结构之后，所有这些影响都不太会导致设计改变或项目延误。

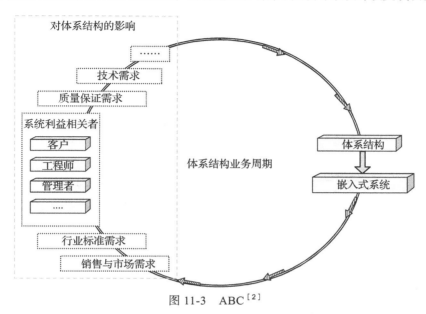

图 11-3　ABC[2]

阶段 2 的步骤包括：

步骤 1　理解一个嵌入式系统的需求是受 ABC 的影响所驱动的，而且这些影响不只局限于技术因素；

步骤 2　要具体确定 ABC 对设计的所有影响，无论是技术的、商业的、政治的，还是社会的；

步骤 3　在设计和开发的生命周期中，尽可能早地考虑到各种不同的影响，并收集系统的需求信息；

步骤 4　确定能够符合所收集到的需求的硬件或软件要素。

步骤 1 和 2 在前面已经详细介绍过，本章中随后几节内容会更深入地探讨步骤 3 和 4。

收集系统需求

一旦确定了都有哪些影响因素，接着便可以收集体系结构的设计需求了。根据项目的不同，从 ABC 不同的影响中获取信息的过程也各不相同，从非正规的方法（比如口述的（不推荐））到正规的方法（比如从有限状态机模型、形式化描述语言与 / 或场景等）。无论收集信息时采用何种方法，重要的是要记住一定要以书面方式记录收集到的信息，而且任何文件不管它是多么非正式的（即便是写在餐巾纸上），都应该保存下来。当需求以书面方式呈现出来，可以减少对于需求产生混淆以及事后发生分歧的可能性，因为可以参考书面文档来解决相关问题。

必须要收集到的信息包括系统的功能性和非功能性需求。由于嵌入式系统种类繁多，本书很难给出可以适用于所有嵌入式系统的功能性需求清单。另一方面，非功能性需求可以应用到各种嵌入式系统中，并用于实例在本章后续内容中讨论。此外，可以从非功能性需求中导出某些特定的功能需求。这一点对于在项目开始的时候没有特定的功能性需求而只大概知道要设计出来的设备能做些什么的人是很有用处的。概述通用 ABC 特征和利用原型系统是得出和理解非功能性需求的最有用的方法。

通用 ABC 特征是指各种"影响类型"所需的设备的特征。这意味着设备的非功能性需求是基于通用 ABC 特征的。事实上，因为大多数嵌入式系统通常需要一些通用 ABC 特征的组合，所以它们可以作为定义和获取任何嵌入式系统需求的起点。表 11-1 列出了从各种通用 ABC 特征获取的一些最常见的特征。

表 11-1   通用 ABC 特征示例

影 响	特征	描 述
商业 （销售、市场营销、行政管理等）	可销售性	设备将如何销售，能否售出，销量如何，等等
	上市的时间	设备将投入市场的时间，以及上市时具备的技术特征，等等
	成本	设备开发的成本如何，设备的定价如何，是否有额外开销，设备投入应用之后的技术支持成本，等等
	设备生命周期	设备的市场寿命如何，设备实际应用的正常工作寿命如何，等等
	目标市场	设备属于何种类型，谁会购买这些设备，等等
	进度	何时开始量产，何时上市，何时下市，等等
	功能	确定设备需要为目标市场提供的功能列表，了解设备量产出货后实际能发挥何种作用，已经交付的产品是否有严重的故障，等等
	风险	设备的功能以及故障导致的法律诉讼风险，产品逾期发布，产品不符合用户的期望，等等
技术	性能	让设备对用户表现出运行速度足够快，让设备能做得到它应该做的工作，处理器的吞吐率，等等
	用户友好性	易用性如何，让人看上去愉悦或激动的画面，等等
	可改进性	应对系统故障的修复速度或产品升级有多快，修复操作是否简单，等等
	安全	面对竞争者、黑客、蠕虫、病毒甚至傻瓜操作是否安全，等等
	可靠性	系统是否会崩溃或挂起，发生崩溃或挂起的频率如何，崩溃或挂起会导致什么后果，会导致崩溃或挂起的原因，等等
	可移植性	将应用运行到不同的硬件及系统软件上的难易程度，等等
	可测试性	系统测试是否容易，哪些功能可测试，如何测试，是否内置测试功能，等等
	可用性	系统中使用的商业硬件或软件在需要时是否可用，何时可用，供应商的信誉，等等
	标准	参见下面的工业条目
	进度	参见上面的商业条目
工业	标准	工业标准（第 2 章中介绍过），可能是特定市场（TV 标准、医疗设备标准等）的标准，或通用标准（程序语言标准、网络标准等）
质量保证	可测试性	参见上面的技术条目
	可用性	系统何时可以被测试
	进度	参见上面的商业条目
	功能	参见上面的商业条目
	质量保证标准	ISO9000、ISO9001，等等（参见上面的工业条目）
客户	价格	设备的价格，维修或升级的价格，等等
	用户友好性	参见上面的技术条目
	性能	参见上面的技术条目

理解、获取以及模型化系统需求的另一个有用的工具是使用一个原型系统，这是一个组合了某些系统需求的可运行的系统模型。原型系统可以用来详细描述设计中要实现的硬件和

软件要素，还可以体现使用这些要素时涉及的各种风险。结合使用原型系统与通用 ABC 特征，可以让你在项目早期准确地确定设备设计最为可行的硬件和软件解决方案。

一个原型系统可以从头开发也可以基于当前市场上已有的产品，它可以是包含期望实现的功能的任何相似的设备或者更加复杂的设备。即使是面向其他市场的具有你所需要的外观和感觉的设备，即使其上面的应用并非是你需要的。比如，如果你想为医生设计一个无线的医疗用手持设备，那么已经成功部署到市场中的消费者个人数据助理（PDA）（见图 11-4）可以被用来研究和改造以支持医疗设备体系结构的需求。

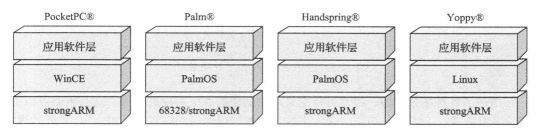

图 11-4　各种 PDA

当将你的产品与市场上已有的类似设计的产品进行比较的时候，也要注意到它的设计中采用的哪些东西对于该产品来说，并非是必要的最佳的技术解决方案。记住，一个特定的硬件或软件组件的实现可能会有很多来自非技术影响的非技术原因。

参考相似解决方案的主要原因是为了通过收集可行的想法以及与特定解决方案相关的问题或者限制来节省时间和金钱，并且如果在技术上原型系统切合需求，可以明白为什么会有这样的结果。如果市场上真的找不到能反映你的系统任何需求的可以参照的设备，另外一个快速创建自己的原型系统的方法就是使用现成的参考开发板和系统软件。无论原型系统是如何被创建的，它都是建模和分析潜在的体系结构的设计和行为的有用工具。

从需求出发确定硬件和软件

理解和应用需求，从而为一个特定的设计推导出合适的硬件和软件解决方案，可以通过下面的过程来完成：

1. 定义一组能描述每一条需求的应用场景；

2. 为每一个可以用来得到预期的系统响应的场景描述实现策略；

3. 使用上述策略作为设备所需功能的蓝图，然后得出包含这些功能的具体的硬件或软件要素的列表。

如图 11-5 所示，描述一个场景意味着要详细描述：

- 与嵌入式系统交互的外部和内部激励源；
- 由激励源引起的动作、事件或激励；
- 当激励发生的时候，嵌入式系统所处的环境，比如现场正常工作压力环境，工厂高工作压力环境，户外暴露在极端温度环境，室内环境，等等；
- 嵌入式系统中可能被激励所影响的要素，无论是整个系统还是一般的硬件或软件要素，比如内存、主处理器或者数据；
- 对可以反映一个或多个系统需求的激励所期望产生的系统反应；
- 系统响应如何度量，即如何证明嵌入式系统满足了需求。

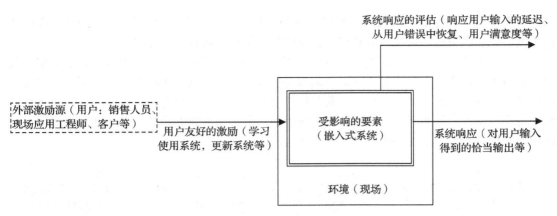

图 11-5　通用 ABC 用户友好场景[2]

在描述了各种场景之后，接着可以定义产生期望的系统响应的策略。这些策略可以用于确定设备都需要什么类型的功能。接下来的几个例子说明了如何基于通用 ABC 特征的性能、安全性和可测试性等非功能性需求得出硬件和软件组件方案。

示例 1：性能

图 11-6a 描述了一种可能的基于性能需求的场景。在这个例子中，影响性能的激励源可能是嵌入式系统内部或外部的。这些激励源可以产生一次性或周期性的异步事件。根据该场景，产生这些事件的工作环境会出现在嵌入式系统处理各种不同级别的数据时。激励源会产生影响整个嵌入式设备性能的事件，即使在系统中只有一个或几个直接被事件操控的特定要素。这是因为通常情况下任何系统中的性能瓶颈都会被用户视为整个系统的性能问题。

在这种场景中，一个期望的系统响应就是设备能够及时处理和响应事件，这是系统满足期望的性能需求的一个合理的指标。为了证明嵌入式系统的性能满足特定的基于性能的要求，可以通过吞吐率、响应延迟或数据丢失等系统响应标准来度量和验证系统响应。

给定图 11-6a 所示的性能情景，用于实现期望的系统响应的方法是控制处理激励并产生响应的时间片。事实上，可以定义影响时间片的具体变量，接着就可以详细描述用来控制这些变量的策略。然后这些策略就可以用来详细描述一个将实现策略功能的体系结构中的特定要素，从而达到设备所期望的性能。

例如，响应时间（此场景中的系统响应度量）受设备内资源的可用性和利用率的影响。如果在希望访问相同资源的多个事件之间存在很多争用，比如事件不得不阻塞以等待其他事件使用完资源，则等待资源释放的这段时间会影响到响应时间。因此，图 11-6b 中所示的资源管理策略可以仲裁和管理事件的请求以实现对资源公平和最大化使用，从而减少响应时间并提高系统的性能。

如操作系统中的调度器，这是可以提供资源管理功能的特定的软件要素的例子。因此，在此示例中是从带有期望的资源调度算法的操作系统中提供给体系结构的。简而言之，该例子描述了给定激励（事件）和期望的系统响应（良好的性能），可以得出一个策略（资源管理）以实现可以通过系统响应度量（时间响应）期望的系统响应（良好的性能）。紧接着可以通过操作系统由其任务调度和进程管理机制实现该策略背后的功能、资源管理。

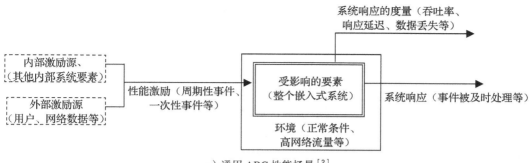

a）通用 ABC 性能场景[2]

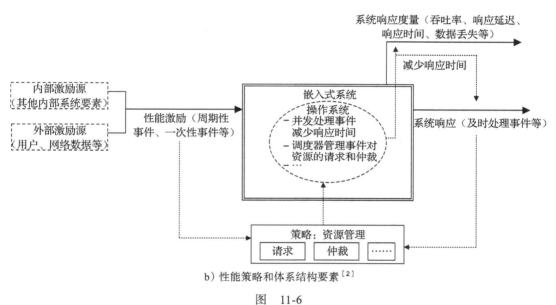

b）性能策略和体系结构要素[2]

图   11-6

作者注

正是在这一点上，阶段 1（打好坚实的技术基础）至关重要。为了确定什么样的软件和硬件要素可以支持一个策略，必须对可用于嵌入式系统的硬件、软件要素以及它们的功能非常熟悉。如果没有这些知识，那么这一阶段所导致的结果对于项目可能是灾难性的。

示例 2：安全

图 11-7a 为基于安全性的需求给出了一个可行的场景。在这个例子中，可以影响安全性的激励源是外部的，比如黑客或者病毒。这些外部的激励源可以产生会访问系统资源（比如内存中的内容）的事件。根据这个场景，当嵌入式设备处于连接到网络的现场，进行数据的上传/下载时，这是产生这些事件时的外部环境。在这个例子中，这些激励源产生的事件会影响主存中任何内容的安全性，或者影响那些可以被激励源访问的任何系统资源的安全性。

在这个场景中，嵌入式设备所期望的系统响应包括防御、抵抗系统攻击以及从攻击中恢复。在这个例子中，系统安全的等级和有效性是通过这样一些系统响应测试来度量的，这些测试包括确定安全漏洞（如果有的话）发生的频率，设备从安全漏洞中恢复所需的时间，以及其检测和防御未来的安全攻击的能力。图 11-7a 给出的安全场景中，描述了一种操纵嵌入式系统的系统响应以使其抵抗系统攻击的方法，即控制外部激励源对内部系统资源的访问。

为了操纵对系统资源的访问，可以通过对访问系统的外部来源的认证以及对无害的外部来源访问系统资源进行限制的方法来控制影响系统访问的变化因素。因此，图 11-7b 中所示的授权和认证策略可以被设备用来跟踪访问设备的外部来源，然后拒绝有害的外部来源的访问，从而增加系统的安全性。

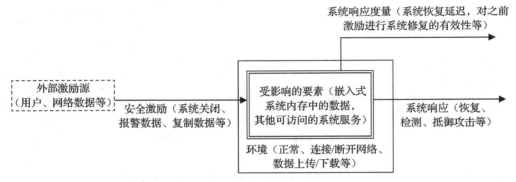

a）通用 ABC 安全场景[2]

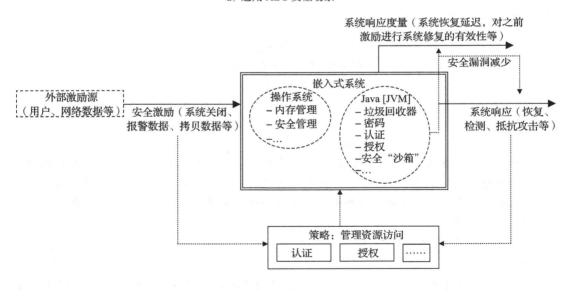

b）安全策略和体系结构要素[2]

图 11-7

给定一个被安全漏洞所影响的设备资源（如主存储器），那些存在于操作系统中的内存和进程管理机制，如安全应用程序接口（API），在使用特定高级程序语言（如 Java）时包含的内存分配／垃圾回收机制以及网络安全协议，都是可以支持管理内存资源访问的软件和硬件要素的例子。简而言之，这个例子体现了给定激励（企图访问 / 删除 / 创建非授权的数据）和期望的系统响应（检测、抵抗、从攻击中恢复）之后，可以导出管理资源访问的策略，从而实现期望的系统响应（检测、抵抗、从攻击中恢复），这些响应通过系统响应测试（安全漏洞的发生）来度量。

示例 3：可测试性

图 11-8a 所示为基于可测试性的一种可能的场景。在这个例子中，影响可测试性的激励源有内部的和外部的。当嵌入式系统的硬件和软件要素已经完成或更新后，且已经准备好可以被测试时，这些激励源即可产生激励事件。根据例子中的场景，设备在开发过程中、制造过程中或者部署到应用现场后，都是产生这些事件时的外部环境。嵌入式系统中被影响的要素可以是任意单独的硬件或软件要素，或者是整个嵌入式设备。

在这个场景中，期望的系统响应是易于控制以及对测试响应的可观测性。对系统可测试性的度量是通过诸如所执行的测试的数量、测试的精确度、运行测试花费的时间、验证寄存器或内存中的数据以及实际的测试结果是否符合产品规格书等系统响应度量标准来实现的。在图 11-8a 中给出的测试性场景中，描述了一种操纵嵌入式系统的响应以使测试的响应可控且可观测的方法，用来向激励源提供对嵌入式系统内部工作的可访问性。

为了提供对系统内部工作的可访问性，需要控制影响期望的系统响应的变化量，如对运行时寄存器和内存的转储以校验数据的能力。这意味着系统内部工作必须对激励源是可见的和可操纵的，从而允许请求进行内部控制和得到状态信息（变量的状态、操纵变量、内存使用等），以及接收基于所述请求的输出。

因此，如图 11-8b 所示的一个内部监控策略可以用于为激励源提供监控系统内部工作的能力，并且允许这个内部监控机制能接受输入并提供输出。这个策略增加了系统的可测试性，因为一个系统的可测试性通常依赖于系统内部工作的可见性和可访问性。

内置的监控器，比如开发系统上各种处理器中或者是集成到系统软件中被称为调试器的调试软件子程序，用于执行各种测试，都是可以为系统提供内部监控的要素的示例。这些硬件和软件要素是可以从该场景中导出的示例。简而言之，这个例子展示了给定激励（要素已经完成并且准备好被测试）和期望的系统响应（易于测试要素并观察结果），就可以导出一个策略（系统的内部监控）以实现期望的系统响应（易于测试要素并观察结果），该系统响应可以通过一个系统响应度量标准（测试结果、测试时间、测试精确度等）进行度量。

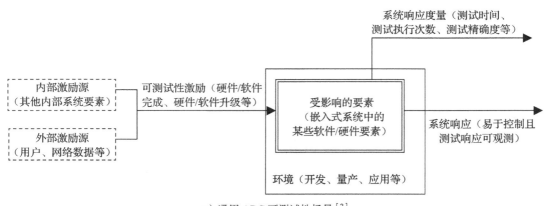

a）通用 ABC 可测试性场景[2]

图   11-8

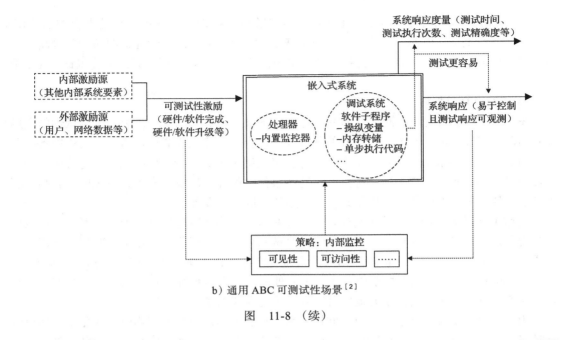

b）通用 ABC 可测试性场景[2]

图　11-8　（续）

作者注

　　虽然这些例子明确地展示了一个体系结构中的要素是怎么从通用需求得到的（通过它们的场景和策略），但也隐含地说明了用于一个需求的策略可能对于另一个需求会起到反作用。比如，对于允许安全性的功能可能会影响性能，或者允许测试可访问性的功能可能会影响系统的安全性。另外，还需要注意：

- 一个需求可以有多个策略；
- 一个策略并不只限定于一个需求；
- 同一个策略可以被用于各种不同的需求。

　　在详细描述和了解系统需求的时候，都应该记住这些要点。

11.1.3　阶段 3：详细描述体系结构的模式和参考模型

　　一个用于特定设备的体系结构模式（也称为体系结构习惯或体系结构风格）本质上是一个嵌入式系统的高级配置。这个配置是对组成设备的多种类型的软件和硬件要素、系统中这些要素的功能、这些要素拓扑布局（也称为参考模型）以及这些不同要素的内部关系和外部接口的一个描述。模式是基于硬件和要素的，要素是通过原型系统、场景及策略得到的功能性和非功能性需求中导出的。

　　图 11-9 给出了一个体系结构模式信息示例。它自顶向下定义了一个数字电视机顶盒（DTV-STB）的要素。这意味着它从要在设备上运行的应用程序的类型开始，然后概述了这些应用程序隐式或显式需要的系统软件和硬件以及系统中的任何约束性内容，等等。

　　接着可以利用系统配置得出包含相关要素的设备的可行的硬件和软件参考模型。图 11-10 给出了一个用于图 11-9 例子中的 DTV-STB 的可行的参考模型。

```
1. Application Layer
     1.1 Browser (Compliance based upon the type of web pages to render)
          1.1.1  International language support  (Dutch, German, French, Italian and Spanish, etc.)
          1.1.2  Content type
                    HTML 4.0
                    Plain text
                    HTTP 1.1
          1.1.3  Images
                    GIF89a
                    JPEG
          1.1.4  Scripting
                    JavaScript 1.4
                    DOM0
                    DHTML
          1.1.5  Applets
                    Java 1.1
          1.1.6  Styles
                    CSS1
                    Absolute positioning, z-index
          1.1.7  Security
                    128 bit  SSL v3
          1.1.8  UI
                    Model Printing
                    Scaling
                    Panning
                    Ciphers
                    PNG image format support
                    TV safe colors
                    anti-aliased fonts
                    2D Navigation  (Arrow Key) Navigation
          1.1.9  Plug-Ins
                    Real Audio Plug-in support and integration on Elate
                    MP3 Plug-in support and integration on Elate
                    Macromedia Flash Plug-in support and integration on Elate
                    ICQ chat Plug-in support and integration on Elate
                    Windows Media Player Plug-in support and integration
          1.1.10 Memory Requirement Estimate : 1.25 Mbyte for Browser
                                      16 Mbyte for rendering web pages
                                      3-4 Real Audio & MP3 Plug-In…
          1.1.11  System Software Requirement : TCP/IP (for an HTTP Client),…
     1.2 Email Client
               POP3
               IMAP4
               SMTP
          1.2.1  Memory Requirement Estimate : .25 Mbyte for Email Application
                                      8 Mbyte for managing Emails
          1.2.2  System Software Requirement : UDP-TCP/IP (for POP3, IMAP4, and SMTP),…
     1.3 Video-On-Demand Java Application
          1.3.1  Memory Requirement Estimate : 1 MB for application
                                      32 MB for running video,…
          1.3.2  System Software Requirement :  JVM (to run Java), OS ported to Java, master processor supporting OS
                                      and JVM, TCP/IP (sending requests and receiving video),…
     1.4 ….
```

图 11-9　DTV-STB 配置——应用层

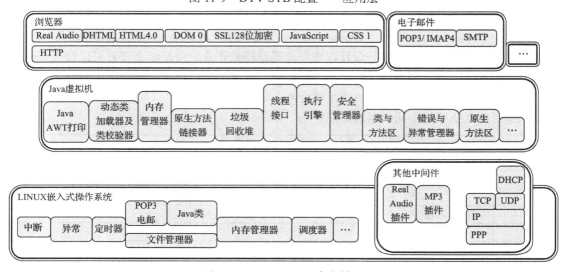

图 11-10　DTV-DTB 参考模型

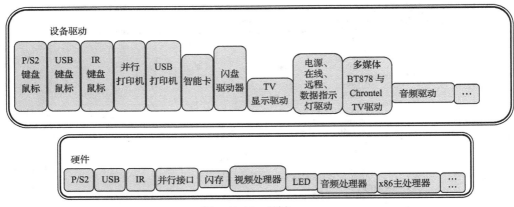

图   11-10   （续）

作者建议

　　如果已知软件需求，则在最终确定硬件要素之前要尽可能多地映射和分解主要的软件要素（如操作系统、JAVA 虚拟机（JVM）、应用程序、网络等）。这是因为硬件会限制（或者增强）通过软件可以完成的功能，通常硬件完成的功能越少，实现起来越便宜。然后将软件配置与可能的主处理器和开发板匹配，得到不同的型号。这包括移除一些功能或者在硬件中实现一些软件组件。

选择市场上可买到的硬件和软件

一个体系结构中不管包含什么要素，它们都必须满足一组基本的功能性和非功能性标准，正如在阶段 2 中所述的，例如：

- 成本。要素的采购（对比自制）、集成和部署是否满足成本限制？
- 上市时间。要素能否满足要求的时间范围（开发和生产的各种时间节点）？
- 性能。要素的性能是否足够满足用户的满意度以及其他相关要素的要求？
- 开发和调试工具。有哪些工具能够使得利用要素进行设计更快更容易？
- ……

虽然所有的要素都可以自行设计以支持体系结构的需求，但是很多要素可以购买现成的产品。不论具体的标准都有哪些，在现成可买到的要素中进行选择最常用的方法是为每个要素构建一个功能需求矩阵，接着将满足特定需求的产品填入矩阵中（见图 11-11）。然后就可以交叉参考相互依赖的不同要素的矩阵。

	需求 1	需求 2	需求 3	……	需求 N
产品 1	满足：功能……	不满足	明年满足	……	……
产品 2	满足：功能……	满足：功能……	满足：功能……	……	……
产品 3	不满足	满足：功能……	不满足	……	……
产品 4	满足：功能……	3 个月后满足	6 个月后满足	……	……
……	……	……	……	……	……
产品 N	……	……	……	……	……

图 11-11   矩阵示例

虽然在一个嵌入式体系结构的设计中所有现成可用的要素（网络协议栈、设备驱动程序等）对设计成功都是重要的，但是通常对其他设计决策影响最大的某些最关键的设计要素是所选择的编程语言、所使用的操作系统以及嵌入式板卡所用的主处理器。在这一节中，这些要素被用作示例，为如何在商业化可用的选项之间进行选择以及在这些区域中创建相关矩阵提供建议。

示例 4：编程语言的选择

所有语言都需要有一个编译器将源码转换为处理器可识别的机器码，无论处理器是 32 位、16 位还是 8 位。基于 4 位和 8 位设计的处理器包含几 K 字节的内存（ROM 和 RAM 的总和），传统上汇编语言是其选择。在具有更强大体系结构的系统中，汇编语言一般用来操纵底层硬件或者用于必须运行得特别快的代码。使用汇编语言写代码总会是一个可选项，实际上大多数嵌入式系统都实现了一些汇编代码。虽然汇编语言执行速度很快，但是通常与高级语言相比更难编写；此外，每一种不同的指令集体系（ISA）都需要学习不同的汇编语言。

C 语言通常是在嵌入式系统中使用的更复杂语言（例如 C++、Java、Perl 等）的基础。实际上，C 语言经常用在更加复杂的有操作系统的嵌入式设备，或者那些使用更复杂语言（如 JVM 或者脚本语言）的设备上。这是因为操作系统、JVM 以及脚本语言解释器（除了那些使用非 C 语言的应用程序）通常都是用 C 语言编码实现的。

在嵌入式设备上使用更高级的面向对象语言（如 C++ 或 Java）、对于一些比较大型的嵌入式应用程序是有效的，在大型应用程序中使用模块化代码比过程性代码（例如 C 语言）更能简化设计、开发、测试和维护。此外 C++ 和 Java 引入了额外的创新机制，例如安全性、异常处理、命名空间和类型安全等在传统 C 中找不到的机制。在某些情况下，市场标准可能需要设备支持某种特定语言（例如，在某些 DTV 中实现的多媒体家庭平台（MHP）规范需要使用 Java）。

对于实现与硬件和系统软件无关的嵌入式应用，Java、.Net 语言（C#、Visual Basic 等）和脚本语言是最常用的可选高级语言。为了能够运行用这些语言编写的应用程序，JVM（用于 java）、.NET 精简框架（用于 C#、Visual Basic 等）和解释器（用于脚本语言，如 Java-Script、HTML 或 Perl）都需要被包含到该体系结构中。考虑到对硬件和系统软件无关性的应用需求，设备上必须支持正确的 API 函数以运行应用程序。例如面向更大、更复杂设备的 Java 应用程序通常是基于 Personal Java（pJava）或者 Java 2 微型版（J2ME）连接设备配置（CDC）的 API，面向更小、更简单系统的 Java 应用程序，通常使用 J2ME 连接有限设备配置（CLDC）支持的实现。此外，如果要素没有在硬件上实现（如 Java 处理器中的 JVM），则其必须在系统软件栈中实现，作为操作系统的一部分移植到操作系统和主处理器上（如 WinCE 中的 .NET，或者 VxWorks、Linux 中的 JVM 等，运行在 x86、MIPS、strongARM 等处理器上），或者作为应用程序的一个部分（如 HTML、浏览器中的 JavaScript、WinCE 中 .exe 格式的或者 PalmOS 中 .prc 格式的 JVM 等）来实现。还要注意的是，与在体系结构中引入任何其他重要软件要素一样，如果需要让使用某些高级语言编写的代码能够顺畅执行，在包含这些高级语言要素的系统中，硬件必须满足最小处理能力和内存需求。

简而言之，这个例子尝试描绘的是一个嵌入式系统可以是基于多种不同的语言（例如汇编、C、Java 以及在一个运行在 x86 平台基于 MHP 的 DTV 所带浏览器中使用的 HTML），也可以是基于一种语言（例如基于 8 位微控制器的 21 寸模拟电视使用的汇编语言）。如图 11-12 所示，关键是创建一个矩阵，描述在行业中满足设备的功能性和非功能性需求的可用的语言。

	实时性	性能	MHP 规范	ATVEF 规范	浏览器应用	…
汇编语言	满足	满足	无需求	无需求	无需求	…
C	满足	满足 比汇编慢	无需求	无需求	无需求	…
C++	满足	满足 比 C 慢	无需求	无需求	无需求	…
.NetCE(C#)	不满足 WinCE 非实时	处理器相关，低性能处理器上比 C 慢	无需求	无需求	无需求	…
JVM(Java)	与 JVM 的垃圾回收器以及 OS 是否移植为 RTOS 相关	与 JVM 的字节码处理机制相关，在慢速处理器上比 C 慢	满足	无需求	无需求	…
HTML（脚本）	与采用何种语言实现以及 OS（C/ 汇编实现的 RTOS 可以，.NetCE 平台不可以，Java 取决于 JVM）相关	解释执行较慢，具体与采用何种语言实现解释器相关	无需求	满足	满足	…

图 11-12　编程语言矩阵

示例 5：选择一个操作系统

围绕着嵌入式设计中使用操作系统的主要问题是：

1. 什么类型的系统通常会使用或者需要一个操作系统？

2. 要满足系统需求是否需要一个操作系统？

3. 在设计过程中需要什么来支持一个操作系统？

4. 如何选择最适合需求的操作系统？

基于 32 位（及以上）处理器的嵌入式设备一般都有操作系统，因为这些系统通常比基于 4 位、8 位和 16 位的系统更复杂，需要管理更多兆字节的代码。有时体系结构中的其他要素需要系统中存在一个操作系统，例如在系统软件栈中要实现 JVM 或者 .NET 精简框架的时候。简而言之，虽然任何主控 CPU 都能支持几种类型的内核，但设备越复杂，就越有可能需要使用一个内核。

是否需要操作系统取决于系统的需求和复杂性。例如，如果需要支持多任务，要以特定机制来调度任务，要公平管理资源，要管理虚拟内存或者管理大量应用代码是属于比较重要的系统功能，那么使用一个操作系统来支持上述能力不仅可以简化整个项目，而且可能对完成系统设计至关重要。为了能够将操作系统引入到任何设计中，需要考虑开销问题（与引入任何软件要素一样），包括处理能力、内存和成本。这也意味着操作系统需要支持硬件（即主处理器）。

选择一个现成可用的操作系统，就又回到了创建一个需求和操作系统功能矩阵的问题上。这个矩阵的特性应该包括：

- 成本。当购买操作系统时，需要考虑很多费用。例如，如果开发工具随操作系统一起打包，一般而言是需要收工具费用的（可以按照每个团队或者每个开发者收费），同时操作系统的许可证也需要收费。某些操作系统公司收一次性许可证费用，而另外一些操作系统公司则收取基本费用以及使用费（按制造的设备台数计费）；

- 开发和调试工具。这包括与操作系统兼容或者包含在操作系统包内的工具，例如技术支持（网站、支持工程师，或者现场应用工程师（FAE）来提供帮助）、集成开发环境（IDE）、在线仿真器（ICE）、编译器、链接器、模拟器、调试器等；

- 尺寸。这包括操作系统占用的 ROM 空间大小，以及当操作系统加载和运行时需要使用多少主存（RAM）空间。某些操作系统可以通过允许开发者删除一些不需要的功能来配置使用更少的内存；

- 非内核相关的库。很多操作系统厂商通过在操作系统中包含一些额外软件或者集成在操作系统中开箱即用的可选软件包（设备驱动程序、文件系统、网络协议栈等）来吸引用户；

- 支持的标准。不同行业可能对软件（例如操作系统）有特殊的标准，需要满足某些安全及防护规定。在某些情况下，操作系统可能需要被正式认证。也有很多嵌入式操作系统厂商支持的通用操作系统标准（例如 POSIX）；

- 性能。请参见 9.6 节的操作系统性能指南；

- 当然，还有很多其他期望的功能可以加入到矩阵中，例如进程管理策略、对处理器的支持、可移植性、厂商的信誉等，但本质上，还是要花费一定时间来创建如图 11-13 所示的期望的功能和操作系统矩阵。

	工具	可移植性	非内核	处理器	调度方案	……
vxWorks	Tornado IDE、单步调试器	BSP	BSP 设备驱动、图形、网络……	x86、MIPS、68K、ARM、strong ARM、PPC……	硬实时、基于优先级……	……
Linux	厂商相关的开发 IDE、gcc、……	厂商相关、有些无 BSP	设备驱动、图形、网络……	厂商相关（x86、PPC、MIPS……）v	厂商相关、有些是硬实时、有些是软实时	……
Jbed	Jbed IDE、Java 编译器……	BSP	设备驱动、其他与 Java 规范相关（图形、网络）	PPC、ARM	EDF 硬实时调度……	……

图 11-13　操作系统矩阵

示例 6：选择一个处理器

不同的指令集体系设计（特定应用的、通用的、指令级并行性等）针对的是不同类型的设备。然而，如果能配置合适的硬件组件和软件栈，基于不同指令集体系的不同处理器是能够用到相同类型的设备上的。正如名称所隐含的，通用指令集体系被广泛应用到不同的设备上，特定应用的指令集体系针对一些特殊类型的设备或者有特殊需求的设备，一般来说其名称即表明了它们的用途：TV 微控制器用于 TV，JAVA 处理器用于提供 JAVA 支持，DSP（数字信号处理器）用于重复执行定点数据计算等。正如第 4 章所述，指令级并行处理器通常是具有更好性能的通用处理器（由于其并行的指令执行机制）。此外，通常 4 位 /8 位的体系结构用在低端嵌入式系统中，而 16 位 /32 位体系结构则用在高端、更大规模或者更昂贵的嵌入式系统中。

与任何其他的设计决策一样，选择一个处理器意味着基于需求进行选择，并且确认对系统其他部分的影响，包括软件要素和其他硬件要素。这对于硬件是特别重要的，因为硬件会影响到软件实现的功能会有所增强还是被其制约。这意味着要创建需求和处理器矩阵，并且与反映其他系统组件的需求的那些矩阵进行交叉参考。在选择处理器时需要考虑一些最常用的特性，包括处理器的成本、功耗、开发和调试工具、操作系统支持、处理器 / 参考板的可用性及生命周期、供应商信誉、技术支持和文档（数据手册、使用手册等）。图 11-14 给出了一个用于实现基于 Java 的系统的主处理器选择的示例矩阵。

	工具	Java 特定功能	操作系统支持	……
aJile aj100 Java 处理器（特定应用指令集体系）	JEMBuilder、Charade debugger	J2ME/CLDC JVM	不需要	……
Motorola PPC823（通用指令集体系）	Tornado 工具、Jbed 工具、Sun 工具、Abatron BDM	在软件中实现 (Jbed、PERC、CEE-J……)	即将实现——Linux、vxWorks、Jbed、Nucleus Plus、OSE……	……
Hitachi Camelot 超标量片上系统（指令级并行体系结构）	Tornado 工 具、QNX 工具、JTAG……	即将实现——在软件中实现 (IBM、OTI、Sun VM……)	即将实现——QNX、vxWorks、WinCE、Linux……	……

图 11-14　处理器矩阵

11.1.4　阶段 4：创建体系结构的框架

在完成阶段 1 ~ 3 之后，就可以创建体系结构了。这是通过把整个嵌入式系统分解为硬件和软件要素，然后进一步分解为需要被细分的要素来完成的。这些分解可以表示为各种类型的结构的某种组合（见第 1 章表 1-2 中关于结构类型的示例）。在阶段 3 定义的最能满足系统需求（最完整、最精确、最可构建、最高的概念完整性等）的模式应该被用来作为体系结构中的构架基础。

最终由系统的体系架构师来决定选择哪些结构以及需要实现其中多少内容。虽然不同的行业方法有不同的建议，在一些最流行的方法（包括 RUP、ADD 等）中，人们最爱用的是如图 11-15 所示的 "4+1" 模型。

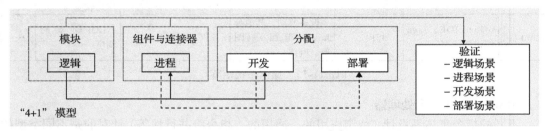

图 11-15　"4+1" 模型[2]

"4 + 1" 模型指出，一个系统架构师应该至少为每个体系结构创建 5 个并发的结构，每个结构应该代表系统的不同视角。"4+1" 字面上的意思是 4 个结构负责获取系统的各种需求。第 5 个结构用来验证其他 4 个结构，确认结构之间没有产生争用且所有的结构从不同视角描述的是完全相同的嵌入式设备。

图 11-15 具体描述的是 "4+1" 模型中的 4 个基础结构应该属于模块、组件和连接器、分配结构类型。在这每一个结构化系列类型中，特别推荐该模型用于嵌入式系统设计中：

结构 1　逻辑结构是系统中关键功能的硬件和软件要素的模块化结构，诸如基于面向对象结构中的对象，或者是处理器、操作系统等。推荐一个逻辑模块化结构是因为它表明了如何通过显示满足需求的要素和它们之间的相互联系来满足关键功能的硬件和软件需求。随后可以利用这些信息通过这些功能要素来构建实际的系统，并描述哪些功能要素需要被相互集成在一起，以及系统内各种要素都需要哪些功能需求以成功执行。

结构 2　进程结构是反映包含在操作系统中进程的并发与同步关系的组件和连接器结构。推荐进程结构是因为它展示了操作系统是如何满足诸如性能、系统完整性、资源可用性等非功能性需求的。这个结构从操作系统进程的角度提供了系统的快照，概括了系统中的进程、调度机制以及资源管理机制等。

两个分配结构：

结构 3　开发结构描述如何把硬件和软件映射到开发环境中去。推荐开发结构是因为它为与硬件和软件的可构建性相关的非功能性需求提供了支持。这包括有关诸如 IDE、调试器和编译器等开发环境的任何约束性信息，要使用的编程语言的复杂度，以及其他需求。它通过把硬件和软件映射到开发环境来展示这种可构建性。

结构 4　部署／物理结构展示了软件如何映射到硬件。推荐部署／物理结构是因为，类似于进程结构，它通过展示设备中所有的软件是如何映射到硬件上来说明诸如硬件资源可用性、处理器吞吐率、性能以及硬件可靠性等非功能性需求是如何被满足的。这实质上是基于软件需求详细描述了硬件需求。这包括了执行代码／数据（处理能力）的处理器、存储代码／数据的存储器以及传输代码／数据的总线等。

从这些结构的定义可以看出，该模型假设（1）系统有软件（开发、部署和进程结构），并且（2）嵌入式设备会包含某种类型的操作系统（进程结构）。基本上，无论系统中有什么软件组件，或者即使像某些比较旧的嵌入式系统设计的情况并没有软件，模块化结构都被广泛地应用。对于那些不需要操作系统的嵌入式设计，其他组件和连接器结构（例如存储器或者输入／输出（I/O）的系统资源结构）能够被替换表达那些通常操作系统具有的诸如内存管理或者 I/O 管理功能。与没有操作系统的嵌入式系统一样，对于没有软件的嵌入式设备，面向硬件的结构能够替代面向软件的结构。

"+1"结构，也即第 5 个结构，是存在于其他 4 个结构中最重要的场景及其策略的子集的映射。这个结构确保 4 个结构中的各个要素彼此不会发生冲突，从而验证整个体系结构的设计。同样要记住，建议使用这些特定结构是由特定类型的嵌入式系统所决定，而不是被"4+1"模型所要求。此外，实现 5 个结构，相比较于实现更少或更多的结构而言，也只是建议意见。可以改变这些结构以便包含一些反映需求的附加信息。如果需要准确地反映未被创建的任何其他结构所获得的系统视图，则可以添加附加结构。模型视图所传递的结构数量着重说明，很难只用一种结构反映系统的所有信息。

最后，在图 11-15 中"4+1"模型的 4 个主要结构之间具有指向的连接箭头表示，尽管各种结构是对同一嵌入式系统的不同视角的表达，但它们彼此并不是独立的。这意味着结构中至少有一个要素在其他结构中被表示为相似的要素或者会有一些不同的表现形式，正是所有这些结构一起组成了嵌入式系统的体系结构。

作者注

尽管最初创建"4+1"模型是为了解决软件体系结构的创建问题，但它能够适用于嵌入式系统的硬件和软件整体的体系结构设计中。简而言之，这个模型的目的是作为一个工具来确定如何选择正确的结构及其数量。基本上，各种结构的数量、类型和功能的"4+1"模型相同的基本原理可以被应用到嵌入式体系结构及其设计当中，无论系统架构师如何选择结构化要素用来表达其设计，或者如何严格选择遵守各种方法论表示法（即在结构中表示各种体系结构要素的符号）以及风格（如面向对象、层次化等）。

很多体系结构的架构和模式已经在各种体系结构的书中有所定义（请自行查阅），但有几本有用的书，包括 *Software Architecture in Practice*（L.Bass P.Clements, R.Kazman, Addison-Wesley，2003），*A System of Patterns: Pattern-Oriented Software Architecture*（F.B uschmann, R. Meunier, H. Rohnert, P.Sommerlad, M.Stal, Wiley, 1996）和 *Real-Time Design Patterns:Robust Scalable Architecture for Real-Time Systems*（B.P.Douglass, Addison-Wesley, 2003）。这些都可以应用到嵌入式系统设计中。

11.1.5 阶段5：体系结构的文档化

体系结构的文档化意味着以一致化的方式文档化所有结构，包括各种要素及其在系统中的功能和它们之间的相互关系。体系结构具体如何文档化最终由团队或者管理者确定的实施标准决定。各种行业方法为编写体系结构规范提供了建议和指南。这些流行的指南可以总结为以下三步：

第1步　概述整个体系结构的文档。这一步涉及创建一个概述体系结构所包含的信息及文档的目录，例如：嵌入式系统概述、体系结构支持的实际需求、各种结构的定义、结构之间的相互关系、概述表示各种结构的文档，以及这些文档是如何编排的（建模技术、符号、语义等）。

第2步　每个结构的文档。此文档应该指出哪写需求能够被结构所支持且设计（是如何支持这些需求的以及任何相关的约束条件、问题和未完成的项目）。此文档还应该包含结构中每一种要素的图形化和非图形化（表格、文本等）表示。例如，一个结构要素和相互关系的图形化表示应该包括一个索引，其中包含各种要素、其行为、其接口及与其他要素之间的关系的文字描述。还建议此文档或者相关子文档从结构的角度概述用于和嵌入式系统外部的设备通信的任何接口或协议。虽然嵌入式系统中没有用来文档化各种结构和相关信息的一个模板，但有用来对各种结构相关信息进行建模的流行的行业技术。其中一些最常用的有由对象管理组（OMG）提出的通用建模语言（UML），定义了创建状态图和时序图的符号和语义为结构要素建模；以及ADD，为书写接口信息提供一种模板。图11-16a～c给出了能对体系结构设计的信息文档化的模板示例。

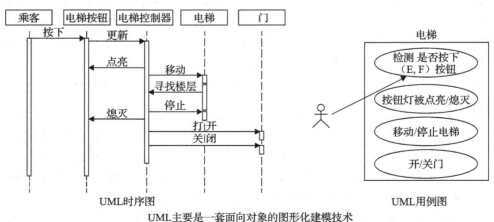

UML主要是一套面向对象的图形化建模技术

a）UML 时序图[3]

图 11-16

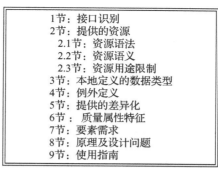

```
1节：接口识别
2节：提供的资源
    2.1节：资源语法
    2.2节：资源语义
    2.3节：资源用途限制
3节：本地定义的数据类型
4节：例外定义
5节：提供的差异化
6节： 质量属性特征
7节：要素需求
8节：原理及设计问题
9节：使用指南
```

b）ADD 界面模板[2]

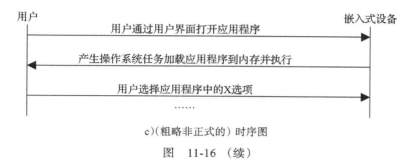

c）（粗略非正式的）时序图

图 11-16 （续）

第 3 步 体系结构词汇表。 此文档列出并详细描述了所有体系结构文档中的技术术语。

无论体系结构文档是由文本和非正式的图表组成还是基于一个精确的 UML 模板，文档都应该反映各种读者的观点，而不仅是作者的观点。这意味着，不管读者是初学者、非技术人员或资深技术人员，文档看起来都应该是有用的且不会产生混淆（它应该具有概述不同用户和系统如何使用的高级"用例"模型、时序图、状态图等）。此外，各种体系结构文档应该包括各种读者（利益相关者）所需的不同类型的信息，以便对其进行分析和提供反馈。

11.1.6 阶段 6：对体系结构进行分析和评估

虽然审查体系结构有很多目的，但主要是确定体系结构是否能满足需求，并且早在完成设计之前评估潜在的风险以及可能的失败。在评估一个体系结构时，必须确定由谁来审查体系结构以及评估如何进行的过程。关于这个"谁"，在架构师和利益相关者之外，评估团队应该包括一个在 ABC 影响之外的工程师以提供对于设计的公正观点。

有很多用于分析和评估体系结构的技术可以适用于嵌入式系统设计过程中。这些方法中最常用的一般属于面向体系结构的方法、基于质量属性的方法，或者这两种方法的某种组合。在面向体系结构的方法中，被评估的场景是由系统利益相关者或者一个评估团队（利益相关者的代表作为团队的一个子集）实施的。

质量属性方法通常是定性的或定量的。在定量分析方法下，由架构师或者评估团队根据具体方法比较具有相同质量属性的不同体系结构（也称为非功能性需求所基于的系统特性）。定量分析技术是基于度量的，意味着要分析体系结构及其相关信息的特定质量属性，以及与正在建立的质量属性及其相关信息相关联的模型。这些模型及其相关特性之后就可以用来确定构建系统的最佳方法。有各种各样的基于质量属性和面向体系结构的方法，其中一些总结在表 11-2 中。

表 11-2 体系结构分析方法[2]

方法论	描述
软件维护的体系结构级预测（ALPSM）	通过场景评估可维护性
体系结构权衡分析方法（ATAM）	通过提问以及测量技术详细描述体系结构的问题域和技术含义的质量属性（量化）方法。 可用来评估许多质量属性
成本收益分析方法（CBAM）	ATAM 的扩展，详细描述体系结构的经济意义
ISO/IEC 9126-1-4	使用内部和外部指标模型进行评估的体系结构分析标准（与功能、可靠性、可用性、效率、可维护性及设备可移植性相关）
速率单调分析（RMA）	评估设计的实时行为的方法
基于场景的体系结构分析方法（SAAM）	通过利益相关者定义的场景评估可修改性（一种面向体系结构的方法）
建立在复杂场景上的 SAAM（SAAMCS）	SAAM 的扩展，通过利益相关者定义的场景评估灵活性（一种面向体系结构的方法）
综合域扩展 SAAM（ESAAMI）	SAAM 的扩展，通过利益相关者定义的场景评估可修改性（一种面向体系结构的方法）
基于场景的体系结构再造（SBAR）	通过数学建模、情景、模拟器、客观推理（取决于属性）评估质量属性的多样性
用于演化和可重用性的软件体系结构分析方法（SAAMER）	通过场景对演化和可重用性的评估
软件体系结构评估模型（SAEM）	一个根据 GQM（全局问题矩阵）技术通过不同指标进行评估的质量模型

如表 11-2 所示，其中部分方法仅分析某些特定类型的需求，而其他方法则旨在分析更多种类的质量属性和场景。为了使评估成功，以下几点很重要：（1）评估团队的成员了解体系结构，例如其中的模式和结构，（2）这些成员了解体系结构如何满足需求，（3）团队中的每个人都同意体系结构要满足需求。这可以通过在这些各种分析和评估方法中引入的机制来实现，一般的步骤包括：

第 1 步 评估团队的成员从责任架构师处获得体系结构文档的副本，并向各个团队成员解释评估过程以及要评估的文档中的体系结构信息；

第 2 步 基于评估团队的成员在分析完文档后的反馈，汇编出体系结构方法和模式的列表；

第 3 步 架构师和评估团队成员对从系统需求得出的确切场景（团队对架构师的场景输入做出响应：变化、添加、删除等）达成共识，按照其重要性和实现的难度对各种场景的优先级达成共识；

第 4 步 （商定的）更加困难和重要的场景是评估团队在上面花了最多评估时间的那些，因为这些场景会带来最大的风险；

第 5 步 评估团队的结果应该（至少）包括：（1）一致性同意的需求/场景列表；（2）利益（即投资回报率（ROI），或者收益成本比率）；（3）风险；（4）优势；（5）问题；（6）对评估的体系结构设计的任修改建议。

11.2 小结

本章介绍了创建一个嵌入式体系结构的简单过程，包括 6 个主要阶段：具备坚实的技术基础（阶段 1），了解嵌入式系统的 ABC（阶段 2）、详细描述体系结构的模式和参考模型（阶段 3），创建体系结构中的框架（阶段 4），体系结构的文档化（阶段 5），对体系结构进行分析和评估（阶段 6）。简而言之，这个过程使用了各种流行的行业体系结构方法中的一些最有用的机制。读者可以使用这些机制作为理解各种方法的起点，基于这种简化的、实用的方法来创建嵌入式系统体系结构。

下一章也是这本书的最后一章，讨论了嵌入式系统设计剩余的阶段：体系结构的实现，设计的测试，以及部署后设计的可维护性问题。

习题

1. 画出并描述嵌入式设计和开发生命周期模型的 4 个阶段。

2. [a] 在这 4 个阶段中，哪一个阶段是最难且最重要的？

　 [b] 为什么？

3. 创建一个体系结构的 6 个阶段都是什么？

4. [a] 什么是嵌入式系统的 ABC？

　 [b] 画出并描述这个周期。

5. 列出并详细描述创建体系结构的阶段 2 中的 4 个步骤。

6. 说出嵌入式系统设计过程中的 4 种类型的影响。

7. 从 ABC 影响中收集信息，哪种方法是最不被推荐的？

　 A. 有限状态机模型

　 B. 场景

　 C. 通过打电话

　 D. 通过电子邮件

　 E. 以上都是

8. 说出并描述从 5 个不同影响中得到的通用 ABC 特征的 4 个例子。

9. [a] 什么是原型系统？

　 [b] 原型系统如何有用处？

10. 情景和策略有何不同？

11. 在图 11-17 中，列出并详细描述场景的主要组件。

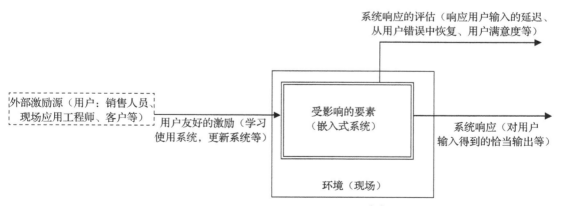

图 11-17　通用 ABC 用户友好场景[2]

12. [T/F] 一个需求可以有多个策略。

13. 体系结构的模式和参考模型之间有何不同？

14. [a] 什么是"4+1"模型？

　　[b] 它为什么有用？

　　[c] 列出并详细描述对应于"4+1"模型的结构。

15. [a] 体系结构的文档化过程是怎样的？

　　[b] 一个特定的结构如何文档化？

16. [a] 列出并详细描述两种常用的分析和评估体系结构的方法。

　　[b] 分别给出至少 5 个实际存在的例子。

17. 定性和定量的质量属性方法有什么不同？

18. 本书中介绍的审查一个体系结构的方法的 5 个步骤是什么？

尾注

[1]　The Embedded Systems Design and Development Lifecycle Model is specifically derived from the Software Engineering Institute (SEI)'s Evolutionary Delivery Lifecycle Model and the Software Development Stages Model.

[2]　Based on the software architectural brainchildren of the SEI, read *Software Architecture in Practice*, L. Bass, P. Clements, and R. Kazman, Addison-Wesley, 2nd edn, 2003, or go to www.sei.cmu.edu for more information. White papers: "A Survey on Software Architecture Analysis Methods," L. Dobrica and E. Niemela, *IEEE Transactions on Software Engineering*, 28(7), 638–653, 2002; "The 4 + 1 View Model of Architecture," P. Kruchten, *IEEE Software*, 12(6), 42–50, 1995.

[3]　http://mini.net/cetus/oo_uml.html#oo_uml_examples

嵌入式系统设计的最后阶段：实现和测试

本章内容

- 描述实现嵌入式系统体系结构的关键内容
- 质量保证方法论
- 嵌入式系统部署后的维护
- 本书总结

12.1　设计的实现

　　具有明确的体系结构文档有助于开发团队中的工程师和程序员实现一个满足需求的嵌入式系统。在本书中，为实现能够满足需求的设计的各种组件提出了结合实际应用的建议。除了要了解这些组件和建议之外，重要的是应该了解使用哪些开发工具会对实现嵌入式系统有所帮助。嵌入式系统的各种硬件和软件组件的开发与集成可以通过开发工具来实现，这些工具提供了从把软件加载到硬件中到对各种系统组件的完全控制所需的一切功能。

　　嵌入式系统通常不是在单独一个系统上（如嵌入式系统的硬件电路板）开发的，而是通常至少需要连接到嵌入式平台上的另一个计算机系统来管理对该平台的开发。简而言之，开发环境通常由一个目标系统（正在设计的嵌入式系统）和一个主机（一台个人电脑、Sparc工作站或者其他实际用于代码开发的计算机系统）组成。目标系统和主机通过某些传输介质（如串行接口、以太网或者其他方式）连接起来。许多其他工具（如用来烧录 EPROM（可擦除可编程只读存储器）的实用工具或者代码调试工具）都可以在开发环境中与主机和目标系统结合使用（见图 12-1）。

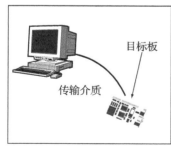
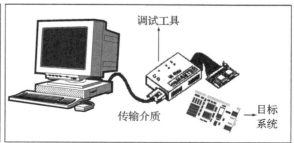

图 12-1　开发环境

　　嵌入式设计中的关键开发工具可以位于主机或目标系统上，也可以独立存在和使用。这些工具通常属于以下三种类型：实用工具、翻译工具和调试工具。实用工具是用于软、硬件开发中的通用工具，例如编辑器（用于编写源代码）、管理软件文档的 VCS（版本控制软件）以及可以将软件存入 ROM 中的烧录器。翻译工具将开发人员为目标系统编写的代码转换成目标系统可以执行的形式，调试工具能够用来跟踪和纠正系统中存在的错误。所有类型的开发工具对于体系结构设计项目来说都是至关重要的，因为如果不使用正确的工具，系统实现和系统调试都将变得非常困难。总之，嵌入式开发人员需要一个坚实可靠的软件开发工具箱以确保工作成功。这意味着要提出以下几个问题：

- 这个工具能够帮助你更快地编写出更好的代码吗？
- 谁在实际使用何种工具？
- 为什么使用以及怎样使用这个工具？

实用建议

嵌入式工具市场

嵌入式工具市场是一个小且分散的市场，有许多不同的供应商分别支持某些种类的可用的嵌入式 CPU、操作系统（OS）、Java 虚拟机（JVM）等。不论多大规模的供应商，都还没有"一站式商店"为大多数同类产品提供所有工具。实质上市场上不同的工具供应商都有各自不同的很多分销商，每个分销商都提供他们自己的一套或者相似的一些工具。负责任的系统架构师在最终确定他们的体系结构设计之前，需要进行调研并评估可用的工具，以保证在系统开发时有正确的工具可用，且该工具符合必需的质量要求。花费数月时间等待一个工具移植到你的体系结构中，或者在开发工作已经开始之后等待从供应商处获取一个漏洞修复，可不是什么好状况。

资料来源 *"The Trouble with the Embedded Tools Market", J.Ganssle, Embedded Systems Programming, April 2004.*

12.1.1　主要的软件实用工具：在编辑器或 IDE 中编写代码

源代码通常使用标准的 ASCII 文本编辑器或者位于主机（开发）平台上的 IDE（集成开发环境）来编写，如图 12-2 所示。集成开发环境是一个工具集，其中包含一个 ASCII 文本编辑器，并集成到一个应用程序用户界面中。虽然任何 ASCII 文本编辑器都可以用来编写任何类型的代码，其独立于语言和平台，但集成开发环境是特定于平台的，且通常是由集成开发环境供应商、硬件制造商（在入门工具套件中捆绑硬件电路板和如 IDE 或文本编辑器等工具）、操作系统供应商或者编程语言供应商（Java、C 等）来提供的。

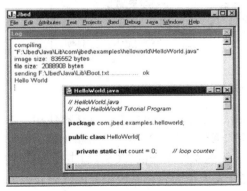
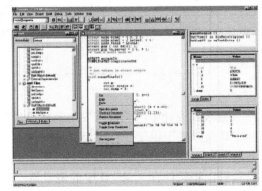

图 12-2　IDE[1]

12.1.2　CAD 和硬件

硬件工程师通常使用 CAD（计算机辅助设计）工具在电子信号级别来进行电路模拟，以便让他们在实际构建电路之前研究各种条件下电路的行为表现。

图 12-3a 中是一款流行的标准电路模拟器 PSpice 的快照。这个电路模拟软件是另一款最初在美国加州大学伯克利分校开发的电路模拟软件 SPICE（Simulation Program with Integrated Circuit Emphasis）的变体。PSpice 是 SPICE 的 PC 版本，可以做多种类型的电路分析，如非线性瞬态、非线性直流、线性交流、噪声以及失真等。如图 12-3b 所示，在这个模拟器中创建的电路可以由多种有源或无源元件组成。许多市售的电路模拟工具在整体功能上通常类似于 PSpice，主要的差别在于能做何种类型的分析，可以模拟哪些电路元件，或者工具的用户界面的外观和感觉。

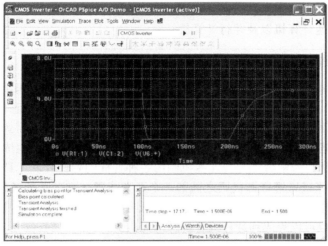

a）PSpice CAD 模拟示例

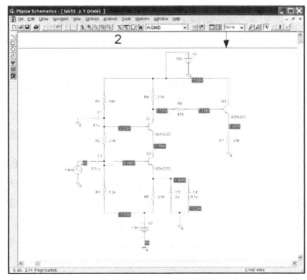

b）PSpice CAD 电路示例

图 12-3　PSpice CAD 模拟器

由于硬件设计的重要性以及成本，在 CAD 工具中应用许多行业技术来进行电路的模拟。给出处理器内部或者电路板上一组复杂的电路，要对完整的设计进行模拟即使不是不可能，也会非常困难，所以对于模拟器和模型通常会使用分层处理的方法。事实上，无论模拟器的效率和准确性如何，模型的使用都是硬件设计中的最关键因素之一。

在最高层面上，要为模拟和数字电路建立整个电路的行为模型，并用来研究整个电路的行为特性。这种行为模型可以由提供这种功能的 CAD 工具来创建，或者用一种标准的编程语言来编写。然后根据电路的类型和构成，为电路的各个有源和无源元件，以及电路可能具有的任何环境相关性（如温度）创建附加模型。

除了使用一些特定的方法为指定的模拟器编写电路方程，例如表格法或者修正节点法，还有可以处理复杂电路的模拟技术，包括以下一个或多个组合[1]：

- 将复杂的电路分割为较小的电路，然后将结果合并；
- 利用特定类型电路的特殊特性；
- 利用矢量高速计算机以及并行计算机。

12.1.3　翻译工具：预处理器、解释器、编译器和链接器

第一次介绍翻译代码是在第 2 章，顺便简要介绍了一些在翻译代码中使用的工具，包括预处理器、解释器、编译器和链接器。回顾一下，当源代码编写好之后，需要将其翻译成机器码，因为机器码是硬件可以直接执行的唯一语言。所有其他语言都需要使用开发工具来生成相应的硬件能够理解的机器码。这种机制通常由一个或多个机器码生成技术组合完成，包括预处理器、翻译器以及解释器等。这些机制由各种各样的翻译开发工具来实现。

预处理是在翻译或者解释源代码之前的一个可选步骤，它的功能通常由预处理器实现。预处理器的作用是组织和重构源代码，以使翻译或者解释这段代码更容易。预处理器可以是一个独立的实体，也可以集成到翻译或者解释单元内。

许多语言将源代码直接或者经预处理后通过编译器转换成目标代码，编译器是将源语言（汇编语言、C、Java 等）转换成目标语言（机器码、Java 字节码等）的一种程序（见图 12-4）。

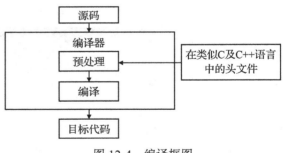

图 12-4　编译框图

编译器通常将所有的源代码一次翻译成目标代码。由于通常情况下，在嵌入式系统中大多数编译器位于程序员的主机上，而生成目标代码的硬件平台与编译器实际运行的平台不同。这些编译器通常称为交叉编译器。对于汇编语言来说，汇编语言编译器是一个称为汇编器的特殊的交叉编译器并始终生成机器码。其他的高级语言编译器通常是由语言名称后面加"编译器"来命名的（如 Java 编译器、C 编译器）。高级语言编译器生成的内容差异化很大。一些会生成机器码，而另外一些则会生成其他高级语言代码，然后需要将生成的内容再通过至少一个编译器去处理。还有些其他编译器会生成汇编代码，这样就必须再经过一个汇编器去编译。

在程序员的主机上将所有的编译都完成之后，生成的目标代码文件通常称为目标文件，它可以包含从机器码到 Java 字节码的任何代码，这取决于所使用的编程语言。如图 12-5 所

示，一个链接器将这个目标文件与其他需要的系统库集成在一起，创建成通常称为可执行的二进制文件格式，可以直接加载到电路板内存中，或者通过加载器加载到目标嵌入式系统的内存中。

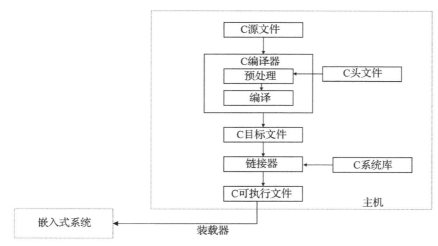

图 12-5　C 语言编译 / 链接的步骤及目标文件结果示例

翻译过程的一个基本优势是基于软件布局（也称为对象布局）的概念，也就是将软件划分成模块，并将这些模块的代码和数据重新分配至内存中任何地方的能力。这在嵌入式系统中是一个特别有用的功能，因为：

1. 嵌入式设计可以包括几种不同类型的物理内存；

2. 与其他类型的计算机系统相比，它们通常只有有限的内存空间；

3. 内存通常会变得非常碎片化，且碎片整理功能并不可用或者价格太贵；

4. 特定类型的嵌入式软件可能需要从特定的内存位置执行。

软件布局能力可以由主处理器来支持，其提供专门的指令用来生成"位置无关的代码"，或者可以单独由软件翻译工具分割。在任一情况下，这种能力取决于汇编器或者编译器是否可以只处理绝对地址，即在汇编器处理代码之前起始地址已经由软件所固定，或者它是否支持相对寻址方案，也就是代码的起始地址可以稍后再指定，并且模块代码是相对于模块的起始地址处理的。编译器或者汇编器生成可重定位模块或者处理指令格式，并且可以做一些相对地址到物理（绝对）地址的翻译工作。实质上软件布局是由链接器完成的。

虽然集成开发环境、预处理器、编译器、链接器等都驻留在主机开发系统上，但是某些语言具有位于目标主机上的编译器或者翻译器，如 Java 和脚本语言。解释器是以一次一行代码将源代码或者由主机系统的中间编译器生成的目标代码生成（解释）为机器码（见图 12-6）。

嵌入式开发人员可以通过了解编译器如何工作在为项目选择翻译工具方面给开发带来重大影响，如果有得选，可以选择最强的可用编译器。这是因为编译器翻译代码的好坏，在很

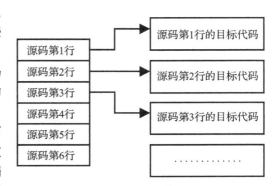

图 12-6　解释框图

大程度上决定了可执行代码的长度。

这不仅意味着要基于对主处理器、特定的系统软件以及其余的工具集（编译器可以作为硬件供应商提供的入门套件中的一部分单独获取，也可以集成在 IDE 中）的支持来选择编译器，还意味着要基于优化代码的简单性、速度和大小的功能集来选择编译器。这些功能当然可能因为编译器针对的语言不同而不同，甚至同一种语言的不同编译器之间也不同，但是举例来说，包含允许在源代码和标准库函数内嵌入汇编代码的功能可以使嵌入式编程变得比较容易。优化代码的性能意味着编译器理解并利用特定指令集架构（ISA）的各种特性，如数学运算、寄存器组；了解各种类型的片上 ROM 和随机存储器（RAM），其不同访问操作的时钟周期，等等。通过了解编译器如何翻译代码，开发人员可以认识到编译器能够提供哪些支持，并且可以学到：如何以更有效的方式（"编译器友好的代码"）用编译器支持的高级语言编程以及何时使用低级、更快速的语言，例如汇编语言编程。

实用建议

理想的嵌入式编译器

嵌入式系统具有独特的需求和制约因素，不同于非嵌入式的个人电脑和更大型的系统的世界。在许多方面，在嵌入式编译器设计中应用的若干特性和技术是由非嵌入式编译器的设计中演变而来的。传统编译器在非嵌入式系统开发中表现良好，但是没能满足针对嵌入式系统开发的不同需求，例如速度和空间的限制。在使用高级语言的嵌入式设备中，应用汇编语言仍旧很普遍的一个主要原因是，开发人员无法得知编译器如何翻译高级语言代码。许多嵌入式编译器不提供有关如何生成代码的任何信息。因此，当开发人员想使用高级语言且要改善代码大小和性能时，没有做出编码决策的依据。编译器的功能会满足一些需求，例如嵌入式系统设计独有的代码大小和速度要求，包括：

- 一个编译器列表文件以估计的预期运行时间标记每行代码、执行时间的一个预期范围或者某些类型的用来计算的公式（从与编译器集成的其他工具的特定信息得到）。
- 一个编译器工具，允许开发人员以编译后的形式查看一行代码并标记任何潜在的问题区域。
- 通过精确的尺寸图提供代码大小的信息，以及允许程序员查看特定子程序正在使用的内存大小的浏览器。

在设计或购买嵌入式编译器时请记住这些有用的功能。

资料来源：*"Compilers Don't Address Real-Time Concerns", J.Ganssle, Embedded Systems Programming, March 1999.*

12.1.4　调试工具

除了创建体系结构之外，调试代码可能是开发周期中最困难的任务。调试的主要任务是找到并修复系统中的错误。当程序员熟悉各种类型的可用的调试工具并知道如何使用时（类型信息参见表 12-1），这项任务会变得相对简单。

表 12-1 调试工具

工具类型	调试工具	描述	使用和缺点的例子
硬件	在线仿真器 (ICE)	有源设备替换系统中的微处理器	• 通常是最昂贵的调试解决方案，但是有许多调试功能 • 可作为处理器全速运行（取决于 ICE）且对于系统其余部分等价于微处理器 • 允许可视化和可修改的内部存储器、寄存器、变量等，实时 • 类似调试器，允许设置断点，单步执行等 • 通常用覆盖内存来模拟 ROM • 处理器相关 • ……
	ROM 仿真器	模拟 ROM 的有源工具，在 ROM 仿真器中将电缆连接到双口 RAM 来取代 ROM。它是一个中间硬件设备，通过一些电缆（即 BDM）连接到目标，并通过另一个端口连接主机	• 允许在 ROM 中进行内容修改（与调试器不同） • 可以在 ROM 代码中设置断点并能实时查看 ROM 代码 • 通常不支持片上 ROM、定制 ASIC 等 • 可以集成调试器 • ……
	后台调试模式 (BDM)	板上 BDM 硬件（端口和集成调试监控器）和主机上的调试器，通过串行电缆连接到 BDM 端口。连接到 BDM 端口的 BDM 调试器有时的连接器，称为摇摆器。BDM 调试器有时也称为片上调试 (OCD)	• 通常比 ICE 便宜，不如 ICE 那么灵活 • 静默地实时观察软件运行 • 可以设置断点来停止软件运行 • 允许读写寄存器、RAM、I/O 端口等 • 处理器/目标系统相关，摩托罗拉专用的调试接口 • ……
	联合测试行动小组 (JTAG) 的 IEEE 标准 1149.1	JTAG 兼容的板上硬件	• 类似于 BDM，但不是专用于特定体系结构（是一个开放的标准） • ……
	IEEE-ISTO Nexus 5001	JTAG 端口，Nexus 兼容端口，或者两者，遵守儿层选项（取决于主处理器的复杂度、工程选择等）	• 提供可扩展的由硬件兼容的层次决定的调试方法 • ……
	示波器	描绘电压（垂直轴）对时间（水平轴）的曲线图，在给定的时间内检测精确的电压的模拟设备	• 最多同时监测两个信号 • 可以设置一个触发器来捕获指定条件下的电压 • 用作电压表（虽然更昂贵） • 通过观察总线或者 I/O 端口的信号可以验证电路是否正常工作 • 捕捉 I/O 端口的信号变化以验证软件运行的阶段，计算从一个信号变到下一个的时间，等等 • 处理器无关 • ……

（续）

工具类型	调试工具	描述	使用和缺点的例子
	逻辑分析仪	能够同时捕捉并跟踪多个信号并绘制它们曲线的设备	• 比较昂贵 • 通常只能跟踪两种电压值（VCC 和地）；在两者之间的信号，可能被归类为两者之一 • 可以存储数据（只有存储示波器可以存储捕获的数据） • 允许由信号改变（即电平跳变）而触发的两种主要操作模式（定时，状态） • 捕捉 I/O 端口的信号变化以验证软件运行的阶段，计算从一个信号变到下一个的时间（定时模式） • 可以用外部时钟事件或内存中的禁区，写入处理器访问内存到内存，或者存取特定类型的指令可以触发（状态模式） • 有些会显示汇编代码，但是使用分析仪通常不能通过代码设置断点和单步执行 • 逻辑分析仪只能够访问处理器的外部传输数据，无法访问内部存储器、寄存器等 • 不依赖处理器且在几乎不影响系统的情况下就可以实时查看系统运行 ……
	电压表	测量电路中两点之间的电压差	• 测量特定电压值 • 可以确定电路是否有电 • 比其他硬件工具便宜 ……
	欧姆表	测量电路中两点之间的电阻	• 比其他硬件工具便宜 • 测量电流／电压的变化以测量电阻（欧姆定律：$V = IR$）
	万用表	测量电压和电阻	• 与电压和欧姆表相同 ……

软件	调试器	功能调试工具	取决于调试器，通常可以： • 加载／单步执行／跟踪目标代码 • 实现断点停止执行 • 实现条件断点，软件执行期间满足特定条件时停止执行 • 可以修改 RAM 中的内容，通常不能修改 ROM 中的内容 ……
	分析器	收集所选变量、寄存器等的历史信息	• 捕获执行软件的时间相关的行为（什么时间） • 捕获执行软件的执行模式（什么地方） ……
	监视器	调试界面类似于 ICE。随目标和主机上调试软件运行。监示器的一部分会驻留在目标板上的 ROM 中（通常称为目标代理），调试核心位于主机和目标上的软件通常通过串口和以太网进行通信（取决于目标提供的接口）	• 类似于打印声明，但是速度更快，对系统干扰较少，适用于软实时的内容 • 实时执行时限要求，但不适用于硬实时 • 功能类似于调试器（断点、寄存器和内存转储等） • 特定体系结构的嵌入式操作系统可以包含显示器
	指令集模拟器	在主机上运行用于模拟主处理器和内存 （可执行二进制代码如加载于硬件般加载到模拟器中）并模拟硬件	• 通常不会真的以与实际目标相同的速度运行，但是考虑到主机与目标之间的差异，可以预估响应和吞吐率等参数 • 验证汇编代码是否无误 • 通常不模拟目标上可能存在的其他硬件，但是可能允许测试内置处理器组件 • 可以模拟中断行为 • 捕获变量、内存和寄存器值 • 更容易地将模拟目标上的开发代码移植到目标硬件 • 不能精确地实时模拟硬件的行为 • 相对于对体系结构或事件系结构子的外部事件做出反应，通常更适用于测试算法 • 通过软件进行模拟的（波形或者需要） • 通常比投资真正的硬件和工具更便宜
人工			随手可得、免费或者比其他方案要便宜、有效、易于使用，但通常比其他工具更容易影响系统；对事件选择、隔离或可重复有足够的控制。如果人工方法需要执行太长时间，将很难调试实时系统

（续）

工具类型	调试工具	描　述	使用和缺点的例子
输出语句	功能调试工具，在代码中插入输出语句来输出变量信息、代码的位置信息等	• 可以查看代码运行时的变量、寄存器值等的输出 • 验证代码段被执行 • 可以显著放缓执行时间 • 在实时系统中可能导致错过时限
转储	功能调试工具，运行时将数据转储到某种类型的存储结构中	• 与输出语句相同，但是当有一个过滤器识别何种类型的信息或者需要满足什么条件来转储数据到某种结构中时（尤其是当有一个过滤器识别何种类型的信息或者需要满足什么条件来转储数据到某种结构中时），通过替换输出语句可以有更快的执行时间 • 运行时查看内存中的内容来确定栈/堆是否溢出
计数器/定时器	性能和效率的调试工具，计数器或定时器在各处代码点复位和递增	• 通过系统外部时钟或对总线周期计数等来收集一般的运行时间信息 • 会影响系统
快速显示	功能调试工具，通过切换 LED 显示状态或者用简单 LCD 显示来呈现一些数据	• 类似于输出语句，但更快，对系统干扰更少，满足实时的时限要求 • 可用于确认代码的特定部分正在代码执行 • ……
输出端口	性能、效率、功能性调试工具，在软件中不同节点切换输出端口状态	• 当端口状态切换时，用示波器或者逻辑分析仪可以测量并获得端口切换之间的执行时间 • 同上，但是首先可以在示波器或示波器显示器上看到代码执行 • 在多任务/多线程系统中给各个线程/任务分配不同的端口来研究其行为 • ……

如表 12-1 所描述的，调试工具由一些独立的设备组合而成，驻留或互连在主机上以及目标板上。

简要评论使用基准测试程序来测试系统性能

除了调试工具之外，一旦板子启动并运行，基准测试程序是指通常用于度量嵌入式系统内各个功能部分（诸如主处理器、操作系统、Java 虚拟机等）的性能（等待时间、效率等）的软件。以操作系统为例，性能是通过操作系统的调度方案如何有效地利用主处理器来度量的。调度器需要为进程分配适当的时间片（进程占用 CPU 的时间），因为如果时间片太小会出现进程颠簸。

基准测试应用程序的主要目的是呈现系统的真实工作负荷。有很多可用的基准测试应用程序。其中包括 EEMBC（嵌入式微处理器基准评测协会）基准，用于评估嵌入式处理器、编译器和 Java 性能的行业标准；Whetstone，模拟算术密集型科学应用；Dhrystone，模拟系统编程的应用，用于得到第二部分介绍的 MIPS。基准测试的缺点是，在涉及系统多个方面的实际设计中，它们可能不是很现实或者可重现。因此，通常使用部署在系统中的实际的嵌入式程序来判断软件的性能和整个系统的性能会更好。

总之，当解释基准测试时，请确保你确实了解运行了什么软件，测试了哪个基准。

这些工具有些是有源的调试工具，并且会插入到嵌入式系统的运行当中，其他的调试工具会以无源的方式捕获系统操作而不会插入系统的运行。调试嵌入式系统通常需要结合这些工具以便解决在开发过程中遇到的所有各种不同种类的问题。

实用建议

最低成本的调试方法

即使拥有所有可用的工具，开发者还是应当尽量减少时间和成本，因为（1）在进度表上越接近量产或部署的时间时错误导致的成本越高，（2）错误导致的成本是对数增长的（错误被客户发现带来的成本可达在设备开发期间发现的 10 倍）。减少调试时间和成本的一些最有效的建议：

- 开发不能图快不能马虎。最廉价和最快的调试方法首先是不要制造任何错误。快速和草率的开发实际上会因为在除错上花费大量时间而耽误进度；
- 系统检查。这包括在整个开发过程中的硬件和软件检查，以确保开发者是在按照体系结构规格以及任何其他工程师需要遵循的标准进行设计。如果系统检查不能快速且低成本地（相对于之后去调试和修复硬件和代码所花费的时间）找到不符合标准的代码或者硬件，它们将不得不在后期被"除错"；
- 不要使用有缺陷的硬件或者编写糟糕的代码。当责任工程师害怕对有问题的组件做任何修改时，这个组件通常就要被重新设计了；
- 使用一个普通的文本文件或者用某个现成的错误跟踪软件工具来跟踪记录错误。如果组件（硬件或软件）不断出现问题，那就可能是时候要重新设计该组件了；
- 在调试工具上不要吝啬。一个可以减少调试时间的好的（尽管更昂贵）调试工具要比一堆几乎无法跟踪在设计嵌入式系统过程中遇到的各类错误的廉价调试工具更有价值，不用耗费大量的时间也不会头痛。

最后，我（本书作者）认为是节省调试时间与成本的最佳方法之一：在尝试运行或修改任何东西之前，首先要认真阅读供应商以及责任工程师所提供的文档。多年来我听到过太多太多关于为什么工程师没有读过任何文档的借口，从"我不知道该读什么"到"有文档吗"。同样是这些工程师，在硬件配置或者让一部分软件正常运行的个别问题上花费即使不是几天也要几个小时的时间。我知道，如果这些工程师在第一时间阅读文档，问题会在几秒或者几分钟内就可以解决——或许问题根本不会发生。

如果你觉得读文档有压力且不知道从何处开始阅读，那么任何有下面标题的内容都是可以开始的好地方："入门……""启动系统……""自述文件"。☺此外，花时间去阅读任何硬件或软件提供的所有文档，熟悉它们提供的信息类型，以备日后用得到。

资料来源："Firmware Basics for the Boss", Jack Ganssle, Embedded Systems Programming, February 2004.

12.1.5   系统启动

准备好开发工具、参考板或者开发板连接到开发主机，此时就可以启动系统了。系统启动是源于某种类型的上电或系统复位，例如发生内部或外部硬复位（可由检错停机、软件看门狗、PLL 失锁、调试器等产生），或者发生内部或外部软复位（可由调试器、应用程序代码等产生）。当嵌入式板上电（上电复位），启动代码，在不同的体系结构中也会被称为引导代码、引导加载程序 bootloader、引导自启动代码或者 BIOS（基本输入 / 输出系统）等，在系统的 ROM 中被主处理器加载和执行。一些嵌入式（主）体系结构具有一个内部程序计数器，会自动配置一个 ROM 中的地址，也就是启动代码（或地址表）的起始位置，另有一些则是硬连线指定内存中的一个特定位置开始执行代码。

引导代码长度和功能各不相同，具体取决于板子处于开发周期中的哪个阶段以及在实际平台中需要初始化哪些组件。跨平台的引导代码可以完成相同（最小）的通用功能，基本上是在初始化硬件，包括禁止中断、初始化总线、设置主处理器与从处理器的特定状态以及初始化内存。引导代码中第一部分初始化硬件基本上是设备驱动程序的初始化过程，如第 8 章所述。初始化实际上如何完成（驱动程序执行的顺序）通常会在体系结构文档中或者板子厂商提供的文档中描述。在硬件初始化过程之后，执行设备驱动程序初始化，然后初始化剩余的系统软件（如果有的话）。这个附加代码可能在出厂交付的系统的 ROM 中，或者从外接的主机平台加载（参见标注框中的 bootcodeExample）。

```
bootcodeExample ()
{
...
        // Serial Port Initialization Device Driver
        initializeRS232(UART, BAUDRATE, DATA_BITS, STOP_BITS, PARITY);
        // Initialize Networking Device Driver
        initializeEthernet(IPAddress, Subnet, GatewayIP, ServerIP);
        //check for host development system for down loaded file of rest of code to RAM
        // through Ethernet
        // start executing rest of code (define memory map, load OS, etc.)
...
}
```

基于 MPC823 板的启动示例

MPC823 处理器包含一个复位控制器，负责响应所有的复位源。根据复位事件的来源不同，复位控制器所采取的行动也不同，但一般来说其过程包括重新配置硬件，然后采样数据引脚或使用一个内部默认的常数来确定系统组件的初始复位值。

数据引脚的采样值代表初始配置（设置）参数，如图 12-7c 所示。

Embedded Planet 生产的 RPXLite 板假定板载 ROM（Flash）中包含由其最初创建的称为 PlanetCore 的引导监控程序。PowerPC 处理器和板载存储器由硬件设置的默认配置（CS0 是一个输出引脚，可被配置为用于引导设备的全局片选、HRESET/SRESET、数据引脚等）启动，并没有专门的可访问的 PC 寄存器。

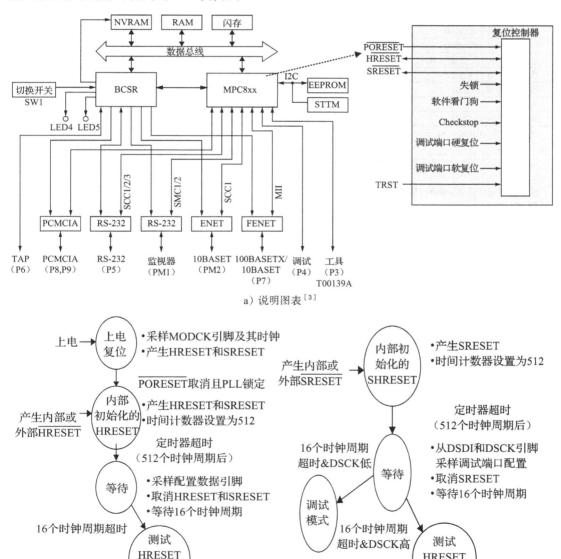

a）说明图表[3]

b）说明图表[3]

图　12-7

如果				那么	
无外部仲裁	SIUMCR.EARB=0	D0=0			D0
外部仲裁	SIUMCR.EARB=1	D0=1			
EVT 在 0	MSR.IP=0	D1=1			D1
EVT 在 0xFFF00000	MSR.IP=1	D1=0			
不激活存储器控制器	BR0.V=0	D3=1			D3
使能 CS0	BR0.V=1	D3=0			
启动端口大小是 32	BR0.PS=00	D4=0,D5=0			D4
启动端口大小是 8	BR0.PS=01	D4=0,D5=1			D5
启动端口大小是 16	BR0.PS=10	D4=1,D5=0			
保留	BR0.PS=11	D4=1,D5=1			
DPR 在 0	immr=0000xxxx	D7=0,D8=0			D7
DPR 在 0x00F00000	immr=00F0xxxx	D7=0,D8=1			D8
DPR 在 0xFF000000	immr=FF00xxxx	D7=1,D8=0			
DPR 在 0xFFF00000	immr=FFF0xxxx	D7=1,D8=1			
选择 PCMCIA 功能，端口 B	SIUMCR.DBGC=0	D9=0,D10=0			D9
选择开发支持功能	SIUMCR.DBGC=1	D9=0,D10=1			D10
选择程序跟踪功能	SIUMCR,DBGC=2	D9=1,D10=0			
保留	SIUMCR.DBGC=3	D9=1,D10=1			
选择程序跟踪功能	SIUMCR.DBPC=0	D11=0,D12=0			D11
选择作为 DBGC+ 的开发支持通信引脚	SIUMCR.DBPC=1	D11=0,D12=1			D12
选择作为 DBGC+ 的 JTAG 引脚	SIUMCR.DBPC=2	D11=1,D12=0			
保留	SIUMCR.DBPC=3	D11=1,D12=1			
选择开发支持通信引脚和 JTAG 引脚	SCCR.EBDF=0	D13=0,D14=0			D13
CLKOUT 是 GCLK2 除以 1	SCCR.EBDF=1	D13=0,D14=1			D14
CLKOUT 是 GCLK2 除以 2	SCCR.EBDF=2	D13=1,D14=0			
保留	SCCR.EBDF=3	D13=1,D14=1			
保留					

D0 指示使用的是外部仲裁还是内部仲裁器。

D1 控制异常向量表的初始位置，相应地设置机器状态寄存器中的 IP 位。

D3 指示片选 0 有效或者复位。

如果片选 0 复位引脚有效，D4 和 D5 指定引导 ROM 的端口大小，可选 8 位、16 位或 32 位。

D7 和 D8 指定 IMMR 寄存器初值。内部存储器映射有 4 个不同的可能位置。

D9 和 D10 选择调试引脚的配置。

D11 和 D12 选择调试端口引脚的配置。此选择涉及将这些引脚配置为 JTAG 引脚或开发支持通信引脚。

D13 和 D14 确定使用哪个时钟方案；一个时钟方案实现 GCLK2 除以 1，另一个实现 GCLK2 除以 2。

c）说明图表[3]

片选	端口大小	功能/地址	说明
CS0#	×32	闪存 （×32）FFFF FFFF 减去实际的闪存大小	IP=1时重置向量0000 0100 IP=1时在硬件中设置向量BR0设置为FFFF 减去闪存大小2, 4, 8或 16Mbytes
CS1#	×32	SDRAM （×32）0000	16, 32或64Mbytes
CS2#		扩展头UUUU	接到扩展插座
CS3#	×32	控制及状态寄存器FA40	以字节或字访问
CS4#	×8	NVRAM/RTC或 SRAM/RTCFA00	OK, 32K, 128K或512Kbytes在扩展插座 也可用
CS5#		扩展头UUUU	接到扩展插座
CS6#	×16 or U	PCMCIA槽B片选偶字节或I/O头片选6 UUUU	MPC850的PCMCIA控制寄存器中OP2选择 模式L = PCMCIA槽B启用 H=扩展头CS6 # 启用
CS7#	×16 or U	PCMCIA槽B片选奇字节或I/O头片选7 UUUU	MPC850的PCMCIA控制寄存器中OP2选择 模式L = PCMCIA槽B启用 H=扩展头CS6 # 启用
IMMR	×32	复位时值 = FF00 0000然后设置为 FA20 0000	

d）说明图表[3]

图 12-7 （续）

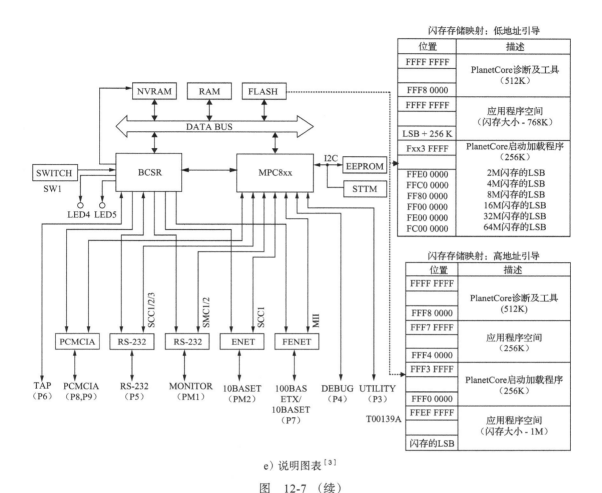

e）说明图表[3]

图 12-7 （续）

通过硬件执行的默认配置包括仅一个存储体的配置，其基地址是由 D7 和 D8 确定，其中 00=0x00000000，01=0x0F000000，10=0xFF000000，11=0xFFF00000。该存储体位于某类 ROM（即闪存）中，是引导代码所在。板子接通电源后，PowerPC 处理器执行此存储体中的启动代码完成初始化和配置过程。事实上，所有的 MPC8xx 处理器系列（不只是 MPC823）都要求高地址或低地址引导，这取决于具体的电路板和版本，这意味着 PlanetCore 的位置在闪存的高地址端或低地址端。如果位于闪存的高地址端，则 PlanetCore 开始于虚地址 0xFFF00000。反之如果位于 Flash 的低地址端，则 PlanetCore 是在闪存的第一区段（64MB 的闪存位置为虚地址 0xFC000000）。

在此 MPC823 板子上，硬件的初始化过程中初始化处理器之后，CPU 开始执行 PlanetCore 引导加载程序代码。如下面的标注框所示，通过这种类型的启动代码对 MPC823 体系结构以及给定的板子的所有硬件的初始化（串口、网络等）。

```
/****************************************************************
* c_entry
* Description :
* -------------
*
```

```
* First C-function
*
* Return values :
* ---------------
*
* Never returns
*****************************************************************/
int c_entry(void){
BootLoader
- Board initialization for custom BSP
Initializing the MPC823, itself (not board initialization), involves about 24
steps, which includes :
        1. Disable the data cache to prevent a machine check error from occurring.
        2. Initialize the Machine State Register and the Save and Restore Register
        1 with a value of 0×1002.
        3. Initialize the Instruction Support Control Register, ICTRL,
        modifying it so that the core is not serialized (which has an impact on
        performance).
        4. Initialize the Debug Enable Register, DER.
        5. Initialize the Interrupt Cause Register, ICR.
        6. Initialize the Internal Memory Map Register, IMMR.
        7. Initialize the Memory Controller Base and Options registers as
        required.
        8. Initialize the Memory Periodic Timer Pre-scalar Register, MPTPR.
        9. Initialize the Machine Mode Registers, MAMR and MBMR.
       10. Initialize the SIU Module Configuration Register, SIUMCR. Note that
           this step configures many of the pins shown on the right hand side of
           the main pin diagram in the User Manual.
       11. Initialize the System Protection Register, SYPCR. This register
           contains settings for the bus monitor and the software watchdog.
       12. Initialize the Time Base Control and Status Register, TBSCR.
       13. Initialize the Real Time Clock Status and Control Register, RTCSC.
       14. Initialize the Periodic Interrupt Timer Register, PISCR.
       15. Initialize the UPM RAM arrays using the Memory Command Register and
           the Memory Data Register. We also discuss this routine in the chapter
           regarding the memory controller.
       16. Initialize the PLL Low Power and Reset Control Register, PLPRCR.
       17. Is not required, although many programmers implement this step. This
           step moves the ROM vector table to the RAM vector table.
       18. Changes the location of the vector table. The example shows this
           procedure by getting the Machine State Register, setting or clearing
           the IP bit, and writing the Machine State Register back again.
       19. Disable the instruction cache.
       20. Unlock the instruction cache.
       21. Invalidate the instruction cache.
       22. Unlock the data cache.
       23. Verify whether the cache was enabled, and if so, flush it.
       24. Invalidate the data cache.
- Initialization of all components: processor, clocks, EEPROM, I2C, serial,
Ethernet 10/100, chip selects, UPM machine, DRAM initialization, PCMCIA (Type I
and II), SPI, UART, video encoder, LCD, audio, touch screen, IR, ...
Flash Burner
Diagnostics and Utilities
- Test DRAM
- Command line interface
```

```
}
[3]
```

基于 MIPS32 的启动实例

基于 Ampro Encore M3 Au1500 的板子假定板载 ROM（闪存）包含由 MIPS Technologies 最初创建的引导监控程序，称为 YAMON。在 Au1500 中此引导 ROM 的映射地址是基于 MIPS 体系结构本身的规定，在复位时 MIPS 处理器必须从地址 0xBFC00000 读取复位异常 向量。基本上，当一个基于 MIPS32 体系结构的处理器冷启动时，会产生复位异常事件以执 行完全复位"硬件"初始化过程，（通常）使处理器处于执行未经映射、未被缓存的存储器 中的指令的状态，初始化寄存器（如 Rando、Wired、Config 和 Status 等）以复位，然后把 复位异常向量 0xBFC0_0000 地址装入 PC。

0xBFC0_0000 是一个虚地址而非物理地址。MIPS32 体系结构下的所有地址都是虚地址， 这意味着在进行诸如取指令及存取数据等处理时，板上的实际物理内存地址会被转换成虚地 址。虚地址的高位用于定义存储器映射中的不同区域，例如：

- KUSEG（2GB 虚拟内存从 0x00000000 ～ 0x7FFFFFFF）；
- KSEG0（512MB 虚拟内存从 0x80000000 ～ 0x9FFFFFFF），直接映射到物理地址且 被高速缓存；
- KSEG1（521MB 虚拟内存从 0xA0000000 ～ 0xBFFFFFFF），直接映射到物理地址且 不可被高速缓存。

这意味着虚拟地址（KSEG0）0x80000000（物理内存的可缓存视图）和（KSEG1） 0xA00000000（物理内存的不可缓存视图）都直接映射到物理地址 0x00000000。MIPS32 复位异 常向量（0xBFC0_0000）位于存储器的 KSEG1 区域的最后 4MB，一个即使其他板上组件尚 未初始化也可以执行的不可高速缓存区域。这意味着产生了从启动 ROM 获取第一条指令的 物理地址 0x1FC00000。基本上，程序员将启动代码（即 YAMON）的起始地址置于 0x1FC0_ 0000，这是在上电后载入 PC 的值即开始执行指令的地址，可以有效占据整个 4M 空间 （0x1FC00000 ～ 0x1FFFFFFF）或者更多（见图 12-8a ～ c）。

MIPS32 的物理地址 0x1FC00000 固定用于复位异常向量（YAMON 的开始），无论板上 有多少物理存储器——板上对应此物理地址处必须有闪存芯片。在 Ampro Encore M3 板上有 2MB 的闪存。

在此基于 MIPS32 的板上，在硬件初始化过程初始化处理器之后，CPU 开始执行位于 PC 寄存器中的地址处的代码。在这个例子中，就是已经移植到 Ampro Encore M3 板上的 YAMON 引导程序代码。通过可获取到的 MIPS 所拥有的 YAMON 程序代码对 MIPS 体系结 构以及给定的板子的所有硬件（串口、网络等）初始化。

使用操作系统进行系统引导

通常情况下，32 位体系结构包含带有操作系统的更复杂的系统软件栈，根据操作系统 的不同，还可以包括 BSP（板级支持包）。无论附加的引导代码来自哪里，如果系统包含一 个操作系统，那么它就是被初始化和加载的操作系统（如果有 BSP 也包含在内）。尽管每个 特定的操作系统其启动过程会有所不同，但所有的体系结构基本上是执行相同的步骤来初始 化和加载不同的嵌入式操作系统的。

例如，在 x86 体系结构上的 Linux 内核的引导过程是通过 BIOS 来实现的，它负责寻找、加载和执行 Linux 内核（即 Linux 操作系统控制所有其他程序的核心部分）。这基本上算是下一步开始（执行）的"init"的父进程。init 进程中的代码负责设置系统的其余部分，例如任务分叉来管理网络 / 串行接口等。另一方面，VxWorks 实时操作系统（RTOS）在大多数体系结构上的启动过程，是通过 VxWorks 的引导 ROM 实现的，执行体系结构和板子所规定的初始化，然后唯一的动作就是以一个用户引导任务来启动多任务内核。

a）说明图表[4]

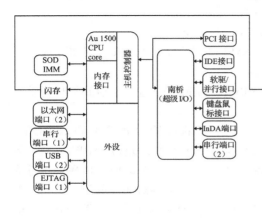

启始地址	结束地址	大小	功能
0×0 00000000	0×0 0FFFFFFF	256	内存 KSEG 0/1
0×0 10000000	0×0 11FFFFFF	32	外设总线上的I/O设备
0×0 12000000	0×0 13FFFFFF	32	保留
0×0 14000000	0×0 17FFFFFF	64	系统总线上的I/O设备
0×0 18000000	0×0 1FFFFFFF	128	内存映射0X0 1FC00000必须包含引导向量，因此通常位于闪存或ROM所在的位置
0×0 20000000	0×0 7FFFFFFF	1536	内存映射
0×0 80000000	0×0 EFFFFFFF	1792	内存映射目前这个空间是内存映射的，但它应该被保留以备将来使用
0×0 F0000000	0×0 FFFFFFFF	256	调试探测
0×1 00000000	0×3 FFFFFFFF	4096×3	保留
0×4 00000000	0×4 FFFFFFFF	4096	PCI非Cache的存储空间
0×5 00000000	0×5 FFFFFFFF	4096	PCI I/O空间
0×6 00000000	0×6 FFFFFFFF	4096	PCI配置空间
0×7 00000000	0×C FFFFFFFF	4096×7	保留
0×D 00000000	0×D FFFFFFFF	4096	I/O 设备
0×E 00000000	0×E FFFFFFFF	4096	外部LCD控制接口
0×F 00000000	0×F FFFFFFFF	4096	PCMCIA接口

b）说明图表[4]

系统地址	闪存地址	区段	描述
bfC00000 ～ bfC03FFF	00000000 ～ 00003FFF	0	复位映像（16KB）
bfC04000 ～ bcC05FFF	00004000 ～ 00005FFF	1	引导行（8KB）
bfC06000 ～ bfC07FFF	00006000 ～ 00007FFF	2	参数闪存（8KB）
bfC08000 ～ bfC0FFFF	00008000 ～ 0000FFFF	3	用户 NVRAM（32KB）
bfC10000 ～ bfC8FFFF	00010000 ～ 0008FFFF	4～11	YAMON小端存储（512KB）
bfC90000 ～ bfD0FFFF	00090000 ～ 0010FFFF	12～19	YAMON大端存储（512KB）
bfD10000 ～ bfDEFFFF	00110000 ～ 001EFFFF	20～33	系统闪存（896KB）
bfDF0000 ～ bfDFFFFF	001F0000 ～ 001FFFFF	34	环境闪存（64KB）

c）说明图表[4]

图 12-8

在完成启动过程后，嵌入式系统通常会进入无限循环，等待触发中断的事件，或者在轮询某些部件后被触发而有所动作（见图 12-9）。

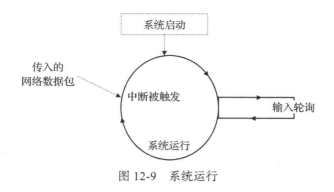

图 12-9 系统运行

12.2 对设计的质量保证和测试

系统测试与质量保证工作的目标是在设计中发现错误并跟踪错误是否被修正。除了调试的目标是实际修正已发现的错误，质量保证和测试类似于本章先前所讨论的调试工作。调试与系统测试之间的另一个主要区别是，调试通常发生在开发人员试图完成部分设计的过程中遇到问题时，然后通常会测试以通过错误修复（意味着测试仅用以确保系统在正常情况下最低限度地工作）。而系统测试则不同，错误是在尝试破坏系统时发现的，既包括测试通过也包括测试失败，探测系统中的缺陷。

从嵌入式硬件可与设备驱动程序一同装配上板的第 1 天开始，就必须有一个集成、验证和测试策略。从项目一开始，就应该计划各种类型的测试。如果开发人员不对可用组件进行验证或不做单元测试，必然会导致之后发生问题。不主动、不充分地测试是嵌入式设计团队中最常见的错误之一。这与一个特定的组件是自行完成还是来自外部供应商的 BSP、操作系统或中间件软件是不相关的。一定不要认为因为一个特定的现成组件来自一个昂贵的外部供应商，它就是完美无缺的。更重要的是，在团队成员亲眼看到其运行并通过验证之前，不要以为任何第三方提供的现成组件是调试或测试好达到特定项目中嵌入式系统的需求的。事实上，许多嵌入式硬件和软件供应商提供给客户的组件都带有使用手册和开发工具，因为期望其客户会调整并测试它们的组件以满足特定嵌入式设备设计的要求。

只要测试能够完成，无论是"如何"完成的（例如，无论是一个单独负责的测试工程师，还是通过一个正式的测试小组）都可以。

从第 1 天起随着功能反馈即开始确保源代码的质量，需要在系统上运行任何软件时立即执行严格的测试策略。验证和测试所有组件，包括以后将用作最终设计基础的任何原型。然后，修复发现的硬件及源代码的缺陷。这是因为具有不可靠的硬件或代码的不稳定系统比没有系统"更糟糕"。跟踪所有的硬件和软件缺陷，包括在发现特定组件的缺陷时度量其缺陷发生率。问题高发的组件其调试除错比直接替换代价更高，因此监视这些缺陷以确保在知道这些不稳定组件何时处于必须被替换或者重写的状态是至关重要的。

在测试中，错误通常源于系统不遵守体系结构规范（即，做了但没遵守文档规定去做，按文档规定该做的却没做，做了文档未提及的等）或不能对系统进行测试。在测试中遇到的错误类型取决于正在进行的测试类型。在一般情况下，测试技术有以下四种模型：静态黑盒测试、静态白盒测试、动态黑盒测试及动态白盒测试（见图 12-9）。黑盒测试是指测试时测试者对系统内部工作不可见（没有原理图，没有源代码等）。黑盒测试基于一般的产品需求文档，与此相反，白盒测试（也称为透明盒或玻璃盒测试）是指测试人员可以访问源代码、原理图等。静态测试是在系统不运行时进行的，而动态测试则实施于系统运行时。

对于每一种测试模型（见图 12-10），测试都可以进一步细分，例如：

- 单元／模块测试：系统内的单个元素的增量测试；
- 兼容性测试：测试该元素不会导致系统中其他元素的问题；
- 集成测试：集成元素的增量测试；
- 系统测试：测试集成了所有元素的整个嵌入式系统；
- 回归测试：系统修改后重新运行先前已经通过的测试；
- 制造测试：测试以确保系统的制造不会引入错误。

	黑盒测试	白盒测试
静态测试	测试产品规格： 1. 寻找高层次的基本问题、疏忽、遗漏（假设作为用户，研究现有的指南／标准，审查并测试类似软件等）； 2. 通过确保完整、准确性、一致性、相关性、可行性等低层次的规范测试	在不运行系统的前提下有序地通过审查硬件和代码寻找错误的过程
动态测试	需要详细描述软件和硬件的行为，包括： ● 数据测试：检测用户输入和输出信息 ● 边界条件测试：对软件所规划的操作限制的边界情况进行测试 ● 内部边界测试：测试 2 的幂，ASCII 码表 ● 输入测试：测试空值和无效的数据 ● 状态测试：测试软件的模式和模式间的转换以及状态变量 例如，竞争条件、重复测试（最主要的原因是发现内存泄漏）、压力（饥饿软件＝低内存、CPU 速度慢、慢的网络）、负载（进料软件＝连接许多外围设备、过程数据量大、网络服务器有许多客户端访问它等）	测试运行的系统，同时看代码、原理图等。直接测试低层次，根据详细的高层次操作知识、访问变量和内存转储。寻找数据引用错误、数据申报错误、计算错误、错误的比较、控制流错误、子程序的参数错误、I/O 错误，等等

图 12-10   测试模型[5]

从这些类型的测试中，可以导出一套有效的测试用例，来验证一个元素或者系统满足体系结构规范，以及验证该元素或系统满足实际需求，这些需求可能会也可能不会正确体现在文档中。特定测试方法和测试案例模板，以及整个测试流程，都已经在几个流行的行业质量保证和测试标准中（包括 ISO9000 质量保证标准、能力成熟度模型 CMM，以及 ANSI/IEEE 829 软件与系统测试标准）有所定义。

一旦测试用例已经准备好且测试开始运行，其结果如何处理会因组织不同而不同，但通常对于非正式的（不遵循任何特定过程的信息交换）及正式的设计评审或同行评审（开发成员对元素交换测试，责任工程师对原理图源代码的走查、审查等）是不同的。

要做到最有效，代码审查从一开始就应该纳入测试策略。代码审查需要做的不仅仅是寻找"漂亮"的代码，而是意味着确保遵循了编程语言的"最佳实践"，并积极寻找错误。一旦源代码在目标硬件上编译之后，就要在测试正式开始之前更快速及低成本地进行严格的代码审查。[7]

为了让代码审查最有效且高效率，确保正确"类型"的团队成员做实际的代码审查工作。例如，要对管理目标设备上各种硬件组件的设备驱动程序做代码审查，需要确保具有了解"硬件"知识的开发者，甚至实际的硬件工程师作为审查小组的成员。通常，代码审查小组应由以下类型的成员角色组成：

1. 主持人：负责管理代码审查过程和会议；

2. 宣读人：大声读出操作调查的源代码和相关规范。不应是创建源代码的开发者；

3. 记录人：填写代码审查清单报告和任何商定公开的文件项目；

4. 作者：帮助向代码审查小组解释代码，讨论发现的错误，以及需要未来完成的返工。应该是被审查的源代码的开发者。

如表 12-2 所示，代码审查过程中还应包括一些类型的关于被审查内容以及记录结果文档位置的清单。

最后，与调试一样，有各种各样的自动化和测试工具和技术，可以帮助测试各种元素的速度、效率和准确性。这些工具包括负载测试工具、压力测试工具、干扰注入工具、噪声发生器、分析工具、宏录制和回放工具，以及可编程宏工具等，如表 12-2 所示。

表 12-2　"C"源代码审查清单示例

参数／功能 名称	错误数量		错误类型
	主要错误	小错	
			不满足固件标准的代码
			头块
			命名一致性
			注释
			代码布局和元素
			推荐的编码实践
			未经手工编辑的自动生成的代码
			不要在源码中使用硬写入的"魔数"，即在源码中使用常量时直接写数字
			避免使用全局变量
			初始化所有定义的变量
			函数的规模和复杂性不合理
			在代码中对想法的不清晰表达
			不良封装
			数据类型不匹配
			逻辑缺陷——起不到需要的作用
			未捕获异常和错误条件（例如 malloc（）的返回代码）？
			Switch 语句没有默认情况（如果只使用了可能的条件的一个子集）？
			语法错误，比如对 ==、=、&& 、& 的错误使用
			在危险的地方使用非可重入代码
……	……	……	其他

实用建议

不测试的潜在法律后果（在美国）

美国关于产品责任的法律被认为是非常严格的，并且建议那些负责质量保证和系统测试的人员接受产品责任法律的培训，以便认识到何时需要使用法律来确保一个关键的错误被修复，并且能够认识到一个错误可能对企业带来严重的法律后果。

消费者可以就产品问题提出起诉的一般法律问题包括：
- 违反合同（比如在合同中写明的错误修复没有按时解决）；
- 违反保修和默示保障（比如交付的系统缺少承诺的功能）；
- 人身伤害或财产损失的严格和过失责任（比如因错误导致用户受伤或死亡）；

● 过失（比如客户购买了有缺陷的产品）；

● 误导和欺诈（比如发布和销售的产品不符合广告宣传的内容，无论是有意或无意）。

请记住，无论你的"产品"是嵌入式咨询服务、嵌入式工具、一个实际的嵌入式设备，还是可集成到设备中的软件/硬件，这些法律都是适用的。

资料来源：the chapter "Legal Consequences of Defective Software," in Testing Computer Software, C.Kaner, J.Falk, and H.Q.Nguyen, 2nd, Wiley, 1999.

12.3 结论：维护与嵌入式系统及其他

本章介绍了实现嵌入式系统设计背后的一些关键要求，如理解实用工具、翻译工具和调试开发工具。这些工具包括 IDE 和 CAD 工具，以及解释器、编译器和链接器。讨论了众多对于调试和测试嵌入式设计均可使用的调试工具，从硬件 ICE、ROM 仿真器、示波器到软件调试器、分析器和监视器，等等。本章还讨论了启动一个新的板子时可以预期的情况，提供了一些系统启动代码的实际示例。

最后，即使在嵌入式设备已经部署以后，也有通常需要承担的责任，诸如用户培训、技术支持、提供技术更新和错误修复。以用户培训为例，可以相对快速地利用体系结构文档作为技术、用户和培训手册的基础。体系结构文档也可以用来评估在现场对产品引入更新（新功能、错误修复等）所带来的影响，减少高成本召回或崩溃的风险，或者可能需要现场应用工程师（FAE）到用户处现场支持。与一般的想法相反，工程团队的职责贯穿设备的整个生命周期，在嵌入式系统已经部署到现场后仍未终止。

为了确保嵌入式系统设计的成功，熟悉设计嵌入式系统的各个阶段是非常重要的，特别是首先创建一个体系结构的重要性。这要求所有工程师和程序员，无论其具体的职责和任务，通过在系统层面了解可以进入任何嵌入式系统设计的所有主要组件来具备强大的技术基础。这意味着硬件工程师要了解软件，软件工程师至少在系统层面能够了解硬件。同样重要的是责任设计师采用或者提出一个商定的方法来实施和测试系统，并且能够在所要求的过程中严格贯彻。

作者希望你能赏识这本书中的体系结构方法，能够认识到这是一个有用的工具，对嵌入式系统的设计做出了全面详尽的介绍。嵌入式系统设计存在相关的独特需求和约束条件，比如由成本和性能所支配的那些。创建一个体系结构是在项目的最初阶段对这些要求的满足，帮助设计团队降低风险。仅这一个原因，就可以说明一个嵌入式设备的体系结构将一直是任何嵌入式系统项目最关键的要素之一。

习题

1. 主机和目标系统之间的区别是什么？

2. 开发工具通常分为哪几种？

3. [T/F] IDE 是目标系统上使用的，与主机系统相接口。

4. CAD 是什么？

5. 除了 CAD 之外，还有哪些技术是用来设计复杂电路的？

6. [a] 什么是预处理器？

[b] 举一个实际的例子说明一种编程语言是如何使用预处理器的。

7. [T/F] 编译器可以驻留在主机或目标系统上，具体取决于语言。

8. 与其他类型的计算机系统相比，用于嵌入式系统的编译器有哪些不同的功能？

9. [a] 什么是目标文件？

　　[b] 加载器和链接器的区别是什么？

10. [a] 什么是解释器？

　　[b] 说出三种需要解释器的语言实例。

11. 解释器驻留在：

　　A. 主机中

　　B. 目标系统和主机中

　　C. 在 IDE 中

　　D. 只有 A 和 C

　　E. 以上各项都不对

12. [a] 什么是调试？

　　[b] 调试工具的主要类型有哪些？

　　[c] 为每一种调试工具列出并描述四个实例。

13. 在调试中使用的五种最低成本的技术是什么？

14. 启动代码是：

　　A. 用来让电路板上电的硬件

　　B. 用来让电路板关机的软件

　　C. 用来启动电路板的软件

　　D. 以上都是

　　E. 以上都不是

15. 调试和测试的区别是什么？

16. [a] 给出并详细描述测试技术的四种模型。

　　[b] 对于每种测试模型，可以有哪五种类型的测试？

17. [T/F] 测试通过是指以测试来确保系统在正常情况下最低限度地工作。

18. 测试通过与测试失败有什么不同？

19. 给出并描述四种消费者可以就产品问题提出起诉的一般法律问题。

20. [T/F] 一旦嵌入式系统进入制造过程，设计和开发团队的工作就完成了。

尾注

[1] *The Electrical Engineering Handbook*, chapter 27, R. C. Dorf, IEEE Computer Society Press, 2nd edn, 1998.

[2] "Short Tutorial on PSpice," B. Rison, <http://www.ee.nmt.edu/~rison/ee321_fall02/Tutorial.html>

[3] Embedded Planet, RPXLite Board Documentation; Freescale, PowerPC MPC823 User's Manual.

[4] Ampro, Encore M3 Au150 Documentation.

[5] *Software Testing*, R. Patton, Sams, 2nd edn, 2005.

[6] "A Guide to Code Inspections," J. Ganssle, <http://www.ganssle.com/inspections.htm>; "Code Inspection Process," Wind River Services.

[7] "A Boss's Quick-Start to Firmware Engineering," J. Ganssle, <http://www.ganssle.com/articles/abossguidepi.htm>.

项目和练习

本附录中的项目是设计用来补充嵌入式系统体系结构课程教学和相关实验的。旨在帮助读者熟悉嵌入式系统的相关概念、硬件、软件以及学生可能用到的开发和诊断工具。由于不同机构的实验条件有所差异，这些练习能够鼓励学生像工程师在实际工作中所做的一样，在不同的平台上进行独立研究、学习和工作。这些练习的最终目的是让读者具备以下能力：

- 通过设计创建体系结构，包括相关的任何设计准则和约束，来研究、理解并且阐明任何嵌入式系统的基本特征；
- 研究、理解并且阐明嵌入式系统的软件和硬件标准以及它们的重要性；
- 理解、阐明并且实现嵌入式系统设计和开发的生命周期模型中的所定义的嵌入式系统的整个设计流程；
- 设计嵌入式系统时了解所需的开发、调试相关工具和环境；
- 通过各种来源，诸如因特网、专业杂志及嵌入式会议等，寻找和收集信息；
- 学会如何在工程团队环境中工作，包括了解团队工作的重要性和好处，以及潜在的问题。

实践这些项目时建议遵循以下项目指南：⊖

1. 为每个项目编写项目报告，包含的内容参照下面的项目报告示例；

项目报告示例

学生姓名：

项目编号和标题：

项目对实验的贡献：%_____   贡献的描述：

团队成员姓名及其贡献：

队员 1：_____   %：_____ 贡献的描述：

队员 2：_____   %：_____ 贡献的描述：

队员 3：_____   %：_____ 贡献的描述：

……

队员 N：_____   %：_____ 贡献的描述：

项目总结：

实现该项目的步骤：

项目结果：（附加项目所生成的输出结果）：

评价 / 建议：

附加文档（图表、用户手册等）以及项目所使用的软件。

⊖　推荐基于加州大学伯克利分校教授 Edward A.lcc 在课程 "Specification and Modeling of Reactive Real-Time Systems" 中的项目指南。

2. 应始终坚持阅读、理解并且引用原始资料;

3. 项目中所有被使用的技术工作,无论是已发表的、未发表的、专有的、开源的等,都应该注明出处(如"工程师某某说该处应该这样配置""代码段从……到……处做了修改"等);

4. 对于本实验书中的项目,我们不推荐软件或者硬件全部从头开始设计。本材料旨在用于系统工程实践课程,其中的评价标准并不是基于对某个特定的要素付出了多少努力来实现,而是注重于嵌入式系统的整个体系结构的有效性。为了能够在给定的时间和预算限制下设计出最有趣、最令人兴奋的项目,如果不是绝对必要,不建议做"重新发明一遍轮子"这类工作。通过互联网寻找商用硬件和软件(评估版、开源产品等),并借助任何已有的相关工作;

5. 这些项目有超越文字材料的内容,需要读者从互联网、期刊或书本中获取更多信息。这是读者被期待在工作中也能如此做到的。通常不会有人手把手地去教你。实际上,最成功的工程师往往是那些能够快速、独立地学习和运用知识的人。读者独立开发、维护最新的技术技能越快,成功的可能性就越大;

6. 学习使用相关的集成开发环境(IDE)、语言、硬件等,熟练程度最少应该达到能够完成项目的水平。获取编译器、仿真器以及开发环境并安装,阅读参考文档、运行相关工具;

7. 鼓励学生采用团队工作(两个人及以上)的方式,因为这通常就是实际的工作方式。在团队工作中,每个成员各自分工,这也是在给定的时间内出色完成任务的最好方式。

实用建议

我们建议本课程的实验室尽可能多地配备不同的开发板以及系统软件组件,鼓励学生尽可能快速地(即以小时和分钟计,而非以天和星期计)掌握和使用不同软硬件环境的实践经验。有了这种类型的实验室,学生能够学到老练的专业人员所具备的技能,并且能够适应对于嵌入式开发者可用的无尽的硬件和软件的组件组合。学生需要发现,这些大量的组合可能性并没有什么可害怕的,他们只需要关注细节,学习使用那些从来没有使用过的组件。比如:他们要学习检查那些需要被替换或者插入的电缆,设置为所需配置的电路板上的跳线,配置启动代码,还有特别是文档搜索和阅读能力。

在这些项目中,我鼓励学生实践众多不同的要素,比如配置了不同的主控CPU以及多种操作系统的不同的开发板。因为我认为在很多情况下,期望学生在毕业之前所掌握的那些经验相比于毕业之后顺利工作的需求而言,实在是太不够了。我听到过的关于在实验室中没有多种体系结构的原因,例如,在合理的时间内掌握不同的开发板对于学生而言实在是太复杂了。在当今充满电子小玩意的世界,很多学生在很小的年龄就掌握了游戏机、手机、DVD播放器、PDA,等等,掌握这些嵌入式系统工程技能对于学生而言要求并不过分。在实验室中掌握这些技能会比学生在实际工作中再去学习节省大量的时间。这极其重要,因为在国际竞争的压力下,如果学生想在毕业之后竞争工程职位,根本无法再承受多花数年时间来获取实践经验和能力。

A.1 第一部分项目

A.1.1 项目 1:产品概念

使用表 A-1,选择一个产品概念并使用互联网找出至少四种符合位于该产品概念类别的已有的商业产品。使用可用的在线文档工具，编写一个文档，概括这些产品的主要功能，它们的相似之处和不同之处。根据这些信息，为自己的设备设计产品概念。

A.1.2 项目 2：产品概念设计模型

基于项目 1 的产品概念，使用以下模型分别概括项目的开发过程：

A. 大爆炸模型

B. 边做边改模型

C. 瀑布模型

D. 螺旋模型

E. 嵌入式系统设计和开发生命周期模型

从产品概念到产品完成绘制出每个模型，描述每个模型的优缺点。使用每个模型时，项目成功所需的条件有哪些？哪些因素会导致项目失败？

表 A-1 嵌入式系统以及市场示例[1]

需求	嵌入式设备
汽车	点火系统
	引擎控制
	制动系统（防抱死系统）
消费电子产品	数字和模拟电视
	机顶盒（DVD、VCR、有线电视盒等）
	个人数据助理（PDA）
	厨房家电（冰箱、烤面包机、微波炉）
	汽车
	玩具 / 游戏
	电话 / 手机 / 寻呼机
	照相机
	全球定位系统
工业控制	机器人与控制系统（生产）
医疗	注射泵
	血液透析装置
	假肢器官
	心脏监护仪
网络	路由器
	集线器
	网关
办公自动化	传真机
	影印机
	打印机
	显示器
	扫描仪

A.1.3 项目 3：嵌入式系统模型和产品概念

根据项目 1 中 4 个商业产品提供的文档，概括出每个产品使用的具体的软件及硬件要素

（如果没有，那就去找一些文档中提供更多信息的产品）。绘制出每个产品的嵌入式系统模型，并标明在该模型中每个要素所处的位置。

A.1.4 项目 4：产品概念和近期发展

根据表 A-2 中的技术类杂志列表，或者任何其他相关杂志（还有很多未在表 A-2 中列出），请从本月出版的至少 5 本不同杂志中选择并总结 10 篇对你的产品概念的特征有影响的文章。

表 A-2 技术类杂志列表

杂　　　志	网　　　址
C/C++Users Journal	http://www.cuj.com/
C++Report	http://www.creport.com/
Circuit Cellar	http://www.circellar.com/
CompactPCI Systems	http://www.picmgeu.org/magazine/CPCI_magazine.htm
Compliance Engineering(CE)	www.ce-mag.com
Dedicated Systems Magazine	http://www.realtime-magazine.com/magazine/magazine.htm
Design News	http://www.designnews.com/index.asp?cfd=1
Dr.Dobb's Journal	http://www.ddj.com/
Dr.Dobb's Embedded Systems	http://www.ddjembedded.com/resources/articles/2001/0112g/0112g.htm
EE Product News	http://www.eepn.com/
EDN Asia	http://www.ednasia.com/
EDN Australia	http://www.electronicsnews.com.au/
EDN China	http://www.ednchina.com/Cstmf/BCsy/index.asp
EDN Japan	http://www.ednjapan.com/
EDN Korea	http://www.ednkorea.com/
EDN Magazine—Europe	http://www.reed-electronics.com/ednmag/
EDN Taiwan	http://www.edntaiwan.com/
EE Times Asia Edition	http://www.eetasia.com/
EE Times China Edition	http://www.eetchina.com/
EE Times France	http://www.eetimes.fr/
EE Times Germany	http://www.eetimes.de/
EE Times Korea	http://www.eetkorea.com/
EE Times North America	http://www.eet.com/
EE Times Taiwan	http://www.eettaiwan.com/
EE Times UK	http://www.eetuk.com/
Electronic Design	http://www.elecdesign.com/Index.cfm?Ad=1
Elektor France	http://www.elektor.presse.fr/
Elektor Germany	http://www.elektor.de/
Elektor Netherlands	http://www.elektuur.nl/
Elektor UK	http://www.elektor-electronics.co.uk/
Electronics Express Europe	http://www.electronics-express.com/
Electronics Supply and Manufacturing	http://www.my-esm.com/

（续）

杂　　志	网　　址
Embedded Linux Journal	http://www.linuxjournal.com/
Embedded Systems Engineering	http://www.esemagazine.co.uk/
Embedded Systems Europe	http://www.embedded.com/europe
Embedded Systems Programming—North America	http://www.embedded.com/
European Medical Device Manufacturer	http://www.devicelink.com/emdm
Evaluation Engineering	http://www.evaluationengineering.com/
Handheld Computing Magazine	http://www.hhcmag.com/
Hispanic Engineer	http://www.hispanicengineer.com/artman/publish/index.shtml
IEEE Spectrum	http://www.spectrum.ieee.org/
Java Developers Journal	http://sys-con.com/java/
Java Pro	http://www.ftponline.com/javapro/
Linux Journal	http://www.linuxjournal.com/
Linux Magazine	http://www.linux-mag.com/
Medical Electronics Manufacturing	http://http://www.medicalelectronicsdesign.com/
Design and Development of Medical Electronic Products	http://www.devicelink.com/mem/index.html
Microwaves & RF	http://www.mwrf.com/
Microwave Engineering Europe	http://www.kcsinternational.com/microwave%20engineering%20europe.html
Military and Aerospace Electronics	http://mae.pennnet.com/home.cfm
MSDN Magazine	http://msdn.microsoft.com/msdnmag/
PC/104 Embedded Solutions	http://www.pc104online.com/
Pen Computing Magazine	http://www.pencomputing.com/
PocketPC Magazine	http://pocketpcmag.com/
Portable Design	http://pd.pennnet.com/home.cfm
Practical Electronics	http://www.epemag.wimborne.co.uk/
RTC Magazine	http://www.rtcmagazine.com/
Silicon Chip	http://www.siliconchip.com.au/
TRONIX	http://www.tronix-mag.com/
US Black Engineering	http://www.blackengineer.com/artman/publish/index.shtml
VMEBus Systems	http://www.vmebus-systems.com/
Wired	http://www.wired.com/wired/
Wireless Systems Design	http://www.wsdmag.com/

A.1.5　项目 5：寻找特定市场的标准

使用表 A-1，选择面向不同市场的三个产品或者由教师指定三个产品，并使用互联网、期刊、书籍、表 A-2 列出的或者读者自己的杂志，寻找至少六种最近的、适用于每个所选类型的嵌入式系统的特定需求的标准。其中至少有两个标准是竞争性标准。编写三个文档（每个产品各一个），概述每个标准对其适用的嵌入式系统施加的要求。

A.1.6　项目 6：寻找通用标准

根据项目 1 中的产品和特定市场的标准，找到至少六个最新的适用于所选类型嵌入式系统的通用标准。其中至少有两个标准是竞争性标准。编写三个文档（每个产品各一个），总结出每个通用标准对其适用的嵌入式系统施加的要求。

A.1.7　项目 7：标准及嵌入式系统模型

编写三个文档，项目 1 中选择的每个产品各一个，将项目 1 和项目 2 中每个标准定义的软件及硬件要素映射到嵌入式系统模型中。竞争性标准可以在多个模型中有所反映。

A.2　第二部分项目

A.2.1　项目 1：硬件文档

该项目基于学习如何高效地阅读以及绘制硬件电路图最有效的方法之一，Traister 和 Lisk 方法[2]，具体内容包括：

第 1 步　学习构成此类图的基本符号。例如时序符号或原理图符号。为了帮助学习这些符号，请循环重复这三个步骤；

第 2 步　尽可能阅读足够多的图，直到感觉读这些图觉得无聊（若如此则循环重复这些步骤）或者感觉很轻松顺畅（这说明你在读图时已不需要再查阅每个符号了）；

第 3 步　绘图来练习模拟已读过的图，直到感觉无聊（若如此则循环重复这些步骤）或者很轻松顺畅。

因此，该项目由三个练习构成，每个练习反映 Traister 和 Lisk 方法[2]中的一个步骤。

练习 1：电路原理图的符号、约定与规则

生成一个报告，其中列出三个不同的标准（组织的、区域的和国际的），用于定义原理图的符号、约定以及规则。通过互联网、书籍、期刊等收集这些相关信息。

练习 2：阅读原理图

使用教师提供的或者从互联网上获取的经过老师同意允许使用的电路原理图，从中选取三个基于不同开发板的原理图，并编写一个报告，识别出这些图中的符号、约定和规则。

练习 3：绘制电路原理图

在本项目中，使用实验室提供的或者在网上搜索并下载的评估版绘制电路原理图的程序。有很多此类软件，可以在网络上搜索一下（比如，搜索"绘制电路原理图"或者"电路原理图软件"）。有可能需要对两三个程序进行评估一下，然后找到一个稳定的并且包括你所需的符号和功能的软件。

因为本课程不是一个从头构建电子线路的课程，所以本练习旨在让读者（无论是硬件工程师还是程序员）能够轻松找到、评估和使用电路原理图软件，并且能够绘制原理图。能够文档化硬件信息是创建体系结构过程中的一个重要部分。

使用原理图应用软件绘制原理图，并且自己创建练习 2 中的原理图的文档。

A.2.2　项目 2：电路仿真

考虑到硬件设计的重要性和成本，硬件工程师在构造实际电路之前，首先会使用计算机辅助设计（CAD）工具在电路级对设计进行模拟以研究电路设计在不同条件下的行为。有很多可以买得到的电路模拟工具，它们在总体目标方面大体相同，但是在诸如具体的分析功能、可模拟的电路元件以及用户界面的外观和体验等方面有所不同。

有很多工业技术都使用 CAD 工具来进行电路模拟，使用模拟器创建的电路可以由很多有源和无源器件组成。本项目是有关让学生能够找到、评估和使用 CAD 工具来模拟一个简单电路。除非教师另有规定，否则不要求你对处理器或者开发板的整套复杂电路进行模拟，因为即使可能，对完整的设计进行模拟（设计通常使用多层次结构的模拟器和模型）的难度是相当大的。

本项目可以使用实验室提供的 CAD 工具，或者自己查找并下载能够仿真电路程序的评估版。有很多此类工具软件，可以在网上搜索一下（搜索"PSpice"或者"电路模拟器"）。有可能需要对两三个程序进行评估一下，然后找到一个稳定的并且包括你所需的符号和功能的软件。

阅读 CAD 工具提供的文档，了解如何创建和模拟一个简单的电路。这包括了解如何输入电路，生成什么类型的输出文件，所需遵守的语义规则，可用于构建电路的符号，以及如何实际模拟你所创建的电路并分析输出结果。有些 CAD 工具附带教程，有些工具有很多在线教程（比如，如果使用 PSpice，可以在网上搜索"PSpice，教程"，有些教程会提供获取这个工具的免费评估版本的链接）。输入并模拟由教师提供的四个简单电路，或者图 A-1a ~ d 所示的简单电路。

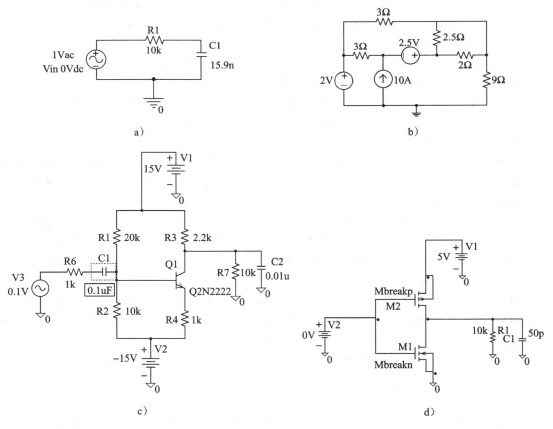

图 A-1 简单电路

A.2.3　项目 3：使用开发板

> **警告**
>
> 　　为了避免损伤、毁坏电路并能准确地测量信号，请严格遵守教师以及设备指南关于佩戴接地腕带和使用实验室设备的各类指示。比如：将探头连接到电路板时，注意不要短接相邻的导线或引脚，否则可能会损坏电路板。此外，测量设备上的信号时，如果探头的一段需要接地，为了减少电路中其他器件的噪音影响，建议将接地探头接到靠近测量信号的接地点。

　　本项目会使你能够熟悉一些技术和工具，用来了解电路的行为、验证系统是否正常工作，以及跟踪电路板上出现的问题。本项目不仅适用于硬件工程师，同时也适用于那些需要验证软件是否正常工作或者在开发板出错时能够找出是硬件问题还是软件问题的程序员。基本上描述电路行为并且能够通过软件或者硬件控制来影响电路行为的变量就是电流和电压。因此，为了理解开发板上到底发生了什么，就有必要能够测量和监视这些变量。

　　可以使用许多不同类型的测量和监控设备，包括测量电流的安培表，测量电压的电压表，测量电阻的欧姆表，测量多种信号变量的万用表（电压、电流、电阻），测量数字电路的电压从而判断信号是二进制 1 还是 0 的逻辑笔，能够图像化显示电压信号的示波器，等等。通常，许多测量设备（如电压表、欧姆表和安培表）都使用两个探针（一端是正极（红色），一端是负极（黑色））来测量板上的信号特性。通过将这些探针的金属尖端插入电路板中的各个信号点进行测量。图 A-2a、b 就是两种测量工具及其探头的例子。图 A-2c 展示了如何使用这些探针插入电路中进行测量。

　　接下来的几个练习是让学生熟悉使用这些测量工具，并在开发板上进行实际操作。由于不同的实验室有不同类型的工具和不同类型的开发板以及电路板，本项目中的练习将作为一个概要，在教师的指导下，一并用于完成该项目。

　　练习 1：在嵌入式开发板上使用电流表

　　电流表能够测量流经一个电路的电流。测量是通过将探针串联到电路中完成的，这意味着探针必须连接入电路板，以使流经测量部分电路的电流同样流经电流表（见图 A-3）。使用电流表测量电流应该基于教师给出的电路图在教师指导下在实验室的硬件上完成。

　　练习 2：在嵌入式开发板上使用电压表

　　电路中两点之间的电压可以通过电压表来测量。如图 A-4 所示，电压表是并联在电路中的，也就是必须连接电压表到电路中的测量点。使用电压表测量电压应该基于教师给出的电路图在教师指导下在实验室的硬件上完成。

　　练习 3：在嵌入式系统中测量电阻

　　使用欧姆表可以测量开发板上元器件的电阻，也能检测电路是开路或短路情况。如图 A-5 所示，使用欧姆表测量电阻时电源是断开的。

　　在一个简单的电路中，只要没有电流（由电压源提供的），那么测量结果是相对准确的。在更复杂的电路中，建议将元器件从板子上取下来以后再进行测量，因此对该器件的测量不会受其他器件的影响。使用欧姆表测量电阻应该基于教师给出的电路图在教师指导下在实验室的硬件上完成。

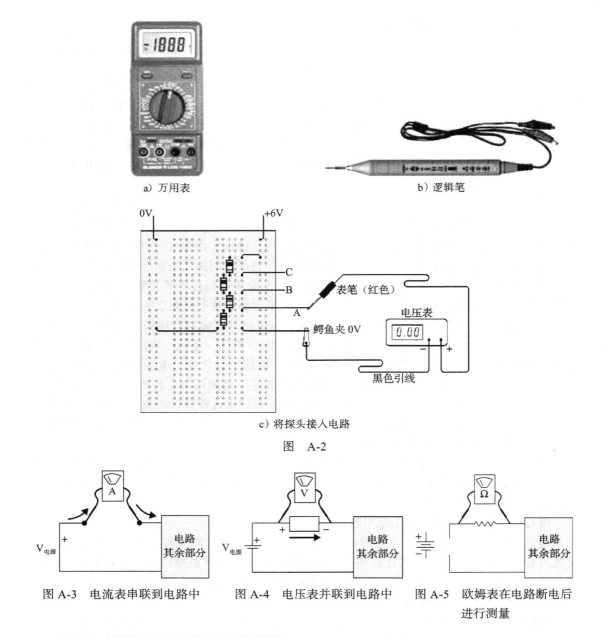

a) 万用表

b) 逻辑笔

c) 将探头接入电路

图　A-2

图 A-3　电流表串联到电路中　　图 A-4　电压表并联到电路中　　图 A-5　欧姆表在电路断电后
　　　　　　　　　　　　　　　　　　　　　　　　　　　　　　　　　　　　　　进行测量

练习 4：在嵌入式开发板上使用逻辑笔

由于嵌入式开发板本质上处理的是数字数据，所以通常使用电压电平来表示二进制的
1 和 0。代表这两个数值的具体电平因电路而异，比如 +5，−3 或者 −12 伏特代表二进制 1，
而 0、+3 或者 +12 伏特代表二进制 0。逻辑笔是在数字电路中测量电压，并指示出该信号是
二进制 1 还是 0 的设备。

注意：有时把一个逻辑分析仪当作逻辑笔使用，但是逻辑分析仪是一种完全不同的设
备，比逻辑笔的功能复杂得多。

通常逻辑探头有两个探头（黑色探头接地，红色探头接入由教师根据具体的电路和逻辑
笔指定的电压源处），另有一个尖细的金属探针连接到电路中要被测量的地方。使用逻辑笔

测量逻辑 1 和逻辑 0 应该基于教师给出的电路图在教师指导下在实验室的硬件上完成。

练习5：在嵌入式开发板上使用示波器

用于设计和调试嵌入式系统最不可少的工具之一就是示波器，一种以图形方式显示电子信号的测量设备。图像化信号需要的所有开关和输入端口通常都位于示波器的前面板上。如图 A-6 所示，在示波器的前端有一个屏幕，同时还有控制和连接部分。示波器有不同的种类，因此需要阅读设备提供的文档从而熟悉实验室的示波器。这包括了解示波器的功能和限制，以及怎样将示波器连接到电路中。这是因为示波器接入电路的方式会影响测量结果。

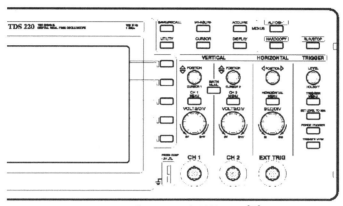

图 A-6　典型的示波器前面板[6]

如图 A-7 所示，示波器通常在屏幕中显示的是三维图像，水平方向 X 轴表示时间，其输入连接到时钟，垂直方向 Y 轴表示的是输入连接处测量到的电压值，Z 轴通过显示信号的亮度表示信号的强度。该图能够传递出一个信号的多种关键信息，比如信号频率、瞬时电压、信号的失真及噪声等。它可以用来区分信号的直流和交流部分，通过监视 I/O 端口被

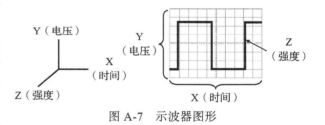

图 A-7　示波器图形

软件触发变化行为来验证该软件功能，确定软件路径的执行及执行的频率等。上面列举的这些只是示波器多种强大功能中的一部分。

学习使用示波器有以下六个基本步骤：

第 1 步　学习示波器的通用术语。这包括阅读示波器的相关文档或者上网寻找示波器教程来了解所使用的示波器能够观察到什么类型的波形，怎样测量这些波形以及不同的示波器之间的差异。最后这一点很重要，因为不同类型的示波器会适用于不同类型的电路；

第 2 步　接地。学习如何正确地将自己和示波器接地。这一步骤对于自身安全和保护被测试电路都十分重要；

第 3 步　学习如何控制示波器以及正确设置示波器。同样，要认真阅读示波器制造商提供的文档，通过书籍、上网等途径来了解示波器的各种控制键以及它们的用途和设置方法；

第 4 步　练习使用探头。学习如何将探头连接到示波器和电路板上，能够在不会短路任

何部位的情况下进行准确的测量;

第 5 步　校准测量范围。绝大多数示波器都会提供一个波形,用于在探头安装完成之后对示波器进行校准,以确保示波器在测量过程中具有正确的电气特性;

第 6 步　学习如何进行实际的测量。虽然某些数字示波器能够实现自动测量,但是了解如何手动完成测量过程是很有必要的,这样才能够学会使用各种不同的示波器并能够对自动生成的结果进行验证。也就是说,要学习如何读取示波器显示屏上生成的图形,包括所有网格标记以及这些标记所代表的含义。

总之,学习使用示波器的关键就是实践练习!因此,请按照教师的指导使用示波器来测量实验室中可用硬件上的各种信号。

A.3　第三部分项目

软件开发人员常常会从系统板供应商或内部硬件设计者那里获得硬件以及可能准确也有可能不准确的电路原理图,然后他们就需要根据这些硬件文档来负责搞清楚怎样让硬件正常运行起来。通常对于类似最终产品的量产的系统板,这些工作更容易一些,在量产板上运行主要系统软件组件也相对容易。即使只有一个模拟器,也能让软件工程师熟悉会用于嵌入式系统的设计和开发过程的开发环境和系统软件组件。

这些项目的设计旨在反映实际工作中通常会发生的一些情况,在负责嵌入式系统软件开发工作中,不同的项目会基于各种类型的硬件平台或硬件模拟环境,因此必须能够不断适应新的开发环境和新的系统软件组件。

A.3.1　项目 1:IDE 简介

IDE 工具通常是用来为特定嵌入式系统进行软件设计的软件开发环境。

当使用 IDE 工具完成软件设计之后,就可以将其下载到开发板上运行。有时,IDE 工具会提供一个能插入到嵌入式开发板中的仿真器,或者也可能是由操作系统厂商提供的。无论是哪种情况,必须要了解清楚 IDE 工具的配置(编译器、链接器、调试器等)以及可以与其集成的其他附加工具。

在本项目中,读者会熟悉本项目可以使用的任何 IDE 工具,学习如何编写、编译,以及下载要在仿真器或者实际目标板上运行和调试的软件。

可以使用可用于项目的 IDE 来执行其开发商的 IDE 手册或者指导材料中提供的教程内容,也可以联系商用嵌入操作系统厂商(超过 100 个),诸如提供 VxWorks/Linux 的 Wind River、提供 Nucleus Plus 的 Mentor Graphics 或者提供 WinCE 的 Microsoft,获取他们可用于本项目所使用的开发板或者模拟器上的这些操作系统平台的 IDE 工具的评估版软件。也可以在互联网上搜索并下载免费、开源的操作系统及 IDE 开发包。

A.3.2　项目 2:使用嵌入式操作系统

在本项目中,你需要使用两种不同的操作系统完成工作,每个操作系统上都有其支持的 IDE,均可以运行在目标板或者模拟器上。如果项目 1 中使用的 IDE 不支持多任务嵌入式操作系统,那么首先使用专用于一个操作系统的 IDE 重复项目 1 的内容,直到能够熟练掌握这个 IDE。如果项目 1 中的 IDE 是操作系统厂商提供的,那么可以将其算作项目要求中的一个操作系统。在两个操作系统上分别完成练习 1 ～ 3。

练习 1：多任务和任务间同步

本练习主要介绍在多任务操作系统中进程管理的基本概念。例如，创建在共享内存中工作的五个任务，这些任务并发地调用一些函数对一个共享变量进行递增操作。

为了能使这些任务正确执行，在同一时刻只能允许一个任务更新该共享变量的值，也就是说需要使用互斥机制。为了在临界区（即进行递增操作的函数）实现互斥操作，你需要使用操作系统支持的任何同步机制（即信号量）。

练习 2：生产者 / 消费者

在本练习中，你要实现的是操作系统领域的一个典型问题，即生产者 / 消费者问题。该问题关注的是多个并发任务对有限缓冲区的修改操作。

创建两个并发任务：一个消费者任务和一个生产者任务。消费者任务在有限缓冲区不为空的条件下随机地从缓冲区中删除数据。而生产者进程在有限缓冲区不满地条件下随机地添加数据到缓冲区中。这里的关键在于确保这些任务能够对内存进行正确的管理，要记住嵌入式设备中对内存大小的约束（即内存是按需分配的且在不使用时会被释放）。此外，使用任务间的同步机制以确保遵循缓冲区边界。

让这两个任务生成一些能反映生产及消费情况的输出，并在项目报告中概述你如何保证这两个进程之间不会发生争用。

练习 3：哲学家就餐

哲学家就餐问题是很多使用嵌入式操作系统的设计者面临的一个非常典型的在实现并发任务时产生的问题。在哲学家就餐问题中，五位哲学家坐在一个圆桌周围，食物放在桌子中间。如图 A-8 所示，总共有五个餐叉，每位哲学家左手和右手边都摆有一个餐叉。

每位哲学家需要同时拿到左右手的餐叉时才能用餐，故而需要每位哲学家都与其邻座共享餐叉。基于这样的假设，如果每位哲学家都拿着自己右手的餐叉，那么他们都会等待其左手的餐叉，反之亦然，这样每位哲学家都不能吃饭。此外，如果哲学家都不放下自己拿着的餐叉，那么邻座的哲学家只有挨饿。

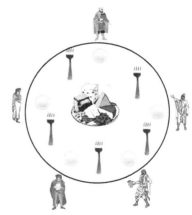

图 A-8　哲学家就餐

提出该问题的目的在于使用操作系统创建一种方案，使得每位哲学家都能够有机会拿到两个餐叉进餐，不会让任何一个哲学家挨饿。创建 5 个进程，每个进程代表一个哲学家，同时创建所需的函数（GetForkA、GetForkB、Put-ForkA、PutForkB 等）。使用操作系统的任务间同步机制来确保不发生死锁，且确保每位"哲学家"任务对代码中临界区（一把餐叉）的互斥操作。让应用程序在任何一个餐叉被取用后都输出正在就餐的哲学家人数。

A.3.3　项目 3：中间件和 Java 虚拟机（JVM）

本项目的目的是获取使用嵌入式中间件软件，尤其是 JVM 的经验。

练习 1：学习 Java

本练习针对没有 Java 使用经验的读者。在实际工作中，即使是最有学识的专家，也可能会不得不需要快速学习和评估有可能在设计中被使用的一种新的语言。因此在本练习中请访问 http://www.oracle.com/technetwork/java/index.html，并运行 Java 教程或者购买一本有关 Java 的书籍。

练习 2：两种不同的嵌入式 JVM 标准

在本练习中，下载两种支持不同的嵌入式 Java 标准（例如 pJava 和 J2ME CLDC/MIDP JVMS、J2ME CDC 和 J2ME CLDC JVM、pJava 和 J2ME/CDC/Personal Profile JVM 等）的评估版 JVM，并编写三个 Java 应用程序，由教师规定的或者是实现在 http://www.oracle.com/technetwork/java/index.html 提供的 Java 代码示例，在两种 JVM 上都要运行。在本练习中，并不需要将 JVM 移植到嵌入式操作系统中，只要 JVM 是嵌入式 JVM 即可。也就是说，你可以直接使用 Sun 公司移植到 Windows PC 或者 UNIX 工作站的嵌入式 JVM。实验报告中要说明应用程序在不同的平台实现上运行时缺失的或者需要重命名的库上面的差别。你的实验结果与市场上 Java 的平台无关性概念相比如何？

练习 3：两种不同的嵌入式 JVM 支持相同的标准

在本练习中，下载两种支持相同标准（即 Sun 的 pJava 实现和 Tao 的 Elate/Intent pJava 实现）的不同 JVM 的评估版，并编写三个 Java 应用程序，由教师规定的或者是实现在 http://www.oracle.com/technetwork/java/index.html 提供的 Java 代码示例，在两种 JVM 上都要运行。实验报告中要说明应用程序在不同的平台实现上运行时需要修改的库（如果有的话）上面的差别。你的实验结果与市场上 Java 的平台无关性概念相比如何？

A.4   第四部分项目

在这一部分的项目中，学生或者学生团队会应用本文中提供的技术基础，以及创建嵌入式系统体系结构的方法论，采用一个产品概念并开发出产品原型。具体来说，即对图 A-9 所示嵌入式系统设计和开发生命周期模型[8]中的第一阶段的实现。该模型的第一阶段是创建体系结构，即规划一个嵌入式系统设计的过程。本项目中体现了该过程的前四个步骤：产品概念、需求的初步分析、创建体系结构设计、体系结构的开发版本。

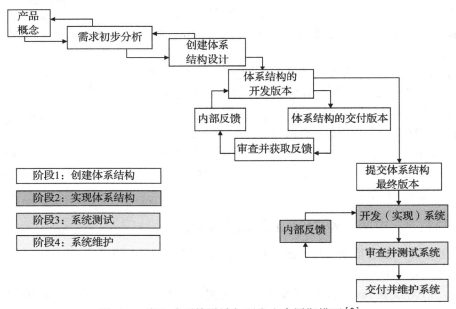

图 A-9   嵌入式系统设计与开发生命周期模型[8]

正如附录 A 一开始所述，建议学生以团队形式工作，特别是对于这些项目，对于团队工作环境中所需的实践经验而言，而且在一个项目中的许多工作都可以由不同的团队成员并行执行来合作完成。

A.4.1 项目 1：产品概念和初始需求分析

一个项目成功的关键在于规划和准备。也就是首先要确定项目的结果、目的、范围、时间表以及每个团队成员的角色和职责。

在本项目中，要创建一个项目计划，概述你想构建出的具体目标，包括有哪些功能、在什么时间阶段完成以及有哪些可用的资源等。

A.4.2 项目 2：创建一个体系结构

如我们在正文中所讨论的，有很多业界的方法论都可以用于嵌入式系统体系结构设计，诸如统一软件开发过程（RUP）、属性驱动的设计（ADD）、面向对象的设计（OOP）等。然而与大多数实验课程一样，时间和资源都很有限，因此本项目中的练习是基于正文中介绍的关于创建体系结构的实用化方法。其过程包括六个阶段，将这些业界流行的不同方法论的关键要素进行整合与简化。这六个阶段归纳为：

阶段 1　打好坚实的技术基础；
阶段 2　了解嵌入式系统的体系结构业务周期（ABC）；
阶段 3　详细描述体系结构的模式和参考模型；
阶段 4　创建体系结构的框架；
阶段 5　体系结构的文档化；
阶段 6　对体系结构进行分析和评估。

假设读者已经从前面章节的学习中获得坚实的技术基础，并且了解在项目实施中如果有需要，如何独立地学习新的技能。因此，本项目中的练习将涉及第 2 ～ 6 阶段，定义体系结构业务周期（练习 1），详细描述体系结构的模式和参考模型（练习 2），创建并文档化体系结构的框架（练习 3），分析与评估体系结构（练习 4）。

练习 1：定义体系结构业务周期

在本练习中，要创建一个需求规格书，标识出所有利益相关者（教师、自己本人、团队伙伴），并为你的产品概念总结出所有的功能性和非功能性需求。应用第 11 章中所描述的过程，包括怎样获得基于这些需求而包含在设计中的必要的硬件及软件功能（见图 A-10）。

练习 2：详细描述体系结构模式和参考模型

同样使用第 11 章中的内容作为参考，创建一个产品的高级系统参考规格书，描述至少两种你的团队在最终系统原型中可能实现的模式，且包括每种模式中各种可能的硬件和软件组件的参考模型。

练习 3：创建并文档化体系结构的框架

在本练习中，要将练习 2 中详细描述的高级系统参考规格书转变为一个实际的体系结构。使用互联网、本书中的建议或者任何其他相关资源，定义可以代表你的设计的体系结构框架。然后，使用业界的方法论（如 UML）或者你自己团队的方案，为每个模式编写框架文档。

练习 4：分析与评估体系结构

在本练习中，团队将审查体系结构，并且选择实现最终原型最为可行的那一个。使用正文 11.1.6 节"阶段 6"中的指南，识别并文档化与设计相关的风险，并标识出关键的成功因素。

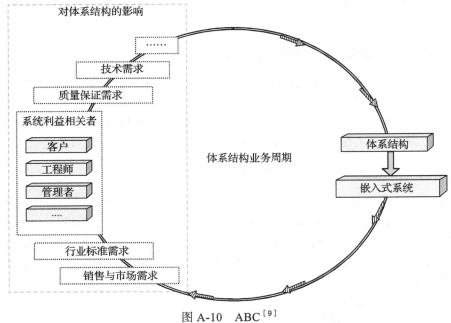

图 A-10   ABC[9]

与教师一起审查体系结构，并准备必要的操作项目以集成所需的措施到体系结构设计中以降低风险，以及对需求的其他修改。根据需要重复本项目中的其他联系直到体系结构最终完成。

A.4.3   项目 3：最终完成系统原型

基于项目 2 中创建的体系结构，使用实验室里可用的或者从其他来源获取的工具实现系统原型。项目领导者负责将任务分配给每个团队成员，并确保每个成员都具备完成自己的任务所需要的条件。团队领导同时负责收集每个团队成员关于进度和错过的里程碑的日报，以及团队任何会议的报告。在本项目的最后，你要完成的内容包括原型本身、体系结构文档以及记录了将体系结构实现为最终原型全过程的报告。

尾注

[1] *Embedded System Building Blocks*, p. 61, J. J. Labrosse, Cmp Books, 1995; *Embedded Microcomputer Systems*, p. 3, J. W. Valvano, CL Engineering, 2nd edn, 2006.

[2] *Beginner's Guide to Reading Schematics*, p. 49, R. J. Traister and A. L. Lisk, TAB Books, 2nd edn, 1991.

[3] http://tuttle.merc.iastate.edu/ee333/spice/pspicetutorial/basics/pspicebasics.htm

[4] http://www.ee.olemiss.edu/atef/engr360/tutorial/ex1.html

[5] http://www.ee.nmt.edu/~rison/ee321_fall02/Tutorial.html

[6] Tektronix, "Digital Storage Oscilloscopes TDS1002, TDS1012, TDS2002, TDS2012, TDS, TDS2022, TDS2024" datasheet, 2014.

[7] "Oscilloscope Tutorial," Hitesh Tewari.

[8] The Embedded Systems Design and Development Lifecycle Model is specifically derived from the Software Engineering Institute (SEI)'s Evolutionary Delivery Lifecycle Model and the Software Development Stages Model.

[9] Based on the software architectural brainchildren of the Software Engineering Institute (SEI); *Software Architecture in Practice*, L. Bass, P. Clements, and R. Kazman, Addison-Wesley, 2nd edn, or go to www.sei. cmu.edu for more information, 2003.

原理图符号

这些符号是在行业所接受的在原理图上表示电子元件的原理图符号子集。请注意，同一电子器件的符号在国际上可能有不同的表示，这取决于特定组织所依照的不同标准（NEMA、IEEE、JEDEC、ANSI、IEC、DOD 等）。如果在原理图中发现有任何不熟悉的符号，一定记得最好去问负责绘制原理图的工程师。

交流电压源		产生交流电的电压源。因为交流电压源可以来自各种不同的组件（插座、振荡器、信号发生器等），所以交流电源的类型通常会在原理图的某处加以说明
天线 平衡 通用 环形（屏蔽） 环形（非屏蔽） 非平衡		用于传输和接收无线信号（无线电波、红外线等）的导电材料（电线、金属棒等）组成的传感器
衰减器 固定 可变		通常用于诸如扩展某些设备（功率计、放大器等）的动态范围、降低信号电平、匹配电路，并平衡输电线路中不相等的信号电平等
电池 / 直流电池	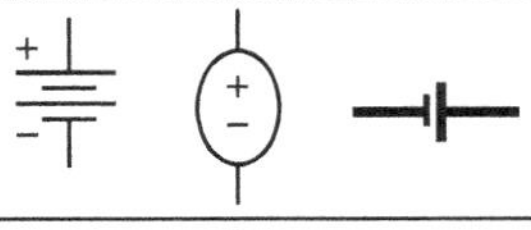	通过电池中的化学反应产生电压的电压源
缓冲器（放大器）	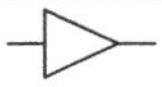	
电容器 非极性、通用 穿心（馈通） 非极性 / 双极性固定 有极性固定 可变 分裂定片		一种在电路中存储电荷的无源电子元件。 穿心电容器结构独特，与其他类型电容相比，能为所有高 dI/dt 环境提供更低的并联电感、更好的去耦能力、数字电路强降噪、抑制 EMI、宽带 I/O 滤波及 VCC 电源线调理等。 非极性 / 双极性固定电容器没有"隐含"的极性，因此可以以任意方向连接到电路中。 有极性固定电容器具有"显式"的极性，因此只有一种方向连接到电路中。 可变电容器具有可以随时变化的电容。 分离定片电容器是用于保持电路平衡的可变电容器

（续）

阴极 　　　冷 直接加热 间接加热		（1）电压源的正电极（端子）。 （2）电子器件（例如二极管）的负电极
腔体谐振器		包含并保持振荡电磁场的元件
断路器（单极）		通过过热传感器监测到电流过大时，关闭电路的器件，确保电流负载不会过大
同轴电缆		由两层物理线路组成的电缆：一根中心线和一根接地屏蔽层。同轴电缆还包括两层绝缘层：一层位于电线屏蔽层与中心线之间，一层位于电线屏蔽层外侧。屏蔽层用于减少干扰（电气、射频等）
连接器 　　母头 　　公头		互连不同子系统的部件
晶体		确定振荡器频率的电子元件。晶体通常由两个由石英隔开的金属片组成，引出两个端子。当电流施加到端子时，晶体内的石英振动，且这个频率影响振荡器工作的频率
延迟线		延迟信号传输的电子元件
二极管 　　普通 发光（LED） 　　光敏 齐纳（稳压）		允许电流在一个方向上流动，并阻止反方向电流流动的双端子半导体器件。通常由廉价的硅或锗制成。 LED由特殊的半导体材料制成，可以发光。 光敏二极管利用率二极管的光敏感性，即可将光能转换成电能的太阳能电池。 齐纳（稳压）二极管具有特定的反向击穿电压，当阻塞电流时具有特定的电阻值
触发器 　　RS 　　JK 　　D		一种根据输入变化而其输出在两个状态（0和1）之间交替（触发）的功能而得名的时序电路。 RS触发器根据R和S输入在输出线（Q和$\overline{Q}$）上变化输出状态。 JK触发器根据J和K输入以及时钟信号（C）在输出线（Q和$\overline{Q}$）上变化输出状态。 D触发器根据D输入以及时钟信号（C）在输出线（Q和$\overline{Q}$）上变化输出状态
熔丝		一种在有过高电流通过电路时断开电路以防止电路免受过大电流影响的电子元件

（续）

门电路				用于执行逻辑二进制操作的电路。
	标准	NEMA	ANSI	
与门			A	仅当两个输入均为 1 时，与门的输出为 1。
或门			OR	如果任一输入为 1，或门的输出为 1。
非门 / 反相器				非门将逻辑电平输入反相（即，高电平变低电平，或者反过来）。
与非门			A	仅当两个输入均为 1 时，与非门的输出为 0。
或非门			OR	如果任一输入为 1，或非门的输出为 0。
异或门			OE	如果只有一个输入（但不是两个）为 1，异或门的输出为 1（On 或 High 等）
接地				电路连接到"0"电位电压的专门连接点
电路				
大地				
特殊				
电感（线圈）				由围绕某种类型的"心"（空心、铁心等）的线圈构成的电子元件。当电流通过线圈时，能量存储在线圈周围的磁场中，从而具有能量存储和滤波效果
空心				
铁心				
带中心抽头				
可变				
集成电路（IC） 一般的				由众多分立的有源、无源元件和各种电子器件（晶体管、电阻器等）组成的电子器件，全部在连续衬底（芯片）上制造和互连
插座				用来插入插头的器件
同轴				
双触点				
三触点				
拾音（唱机）				
灯				发光的电气设备。
白炽灯				白炽灯通过热量发光。
氖灯				氖灯通过氖气发光。
氙气闪光灯				氙气闪光灯通过高压电极和气体联合发出大量明亮的白光
扬声器				一种将电流转变为声波的换能器
仪表				测量某种形式电能的度量装置。

（续）

		说明
安培表	-(A)-	安培表是测量电路中电流的仪表。
检流计	-(G)- (↑)	检流计是一种检测电路中微小电流的仪表。
电压表	-(V)-	电压表是测量电压的仪表。
瓦特计	-(W)- -(P)-	瓦特计是测量功率的仪表
传声器		一种将声波转换为电流的换能器。
电容式		电容式传声器使用与声波变化成比例的电容变化实现声电转换。
动圈式		动圈式传声器用随声波振动的线圈切割磁力线以产生与声音变化成比例的电压。
驻极体		
ECM		驻极体传声器使用了驻极体振膜和小型晶体管放大器
插头		
双触点		用于插入插座以互连各种子系统的器件
三触点		
拾音/RCA		
整流器		
半导体		
晶闸管		功能跨二极管和晶体管的四层 PNPN（三 P-N 结）器件
电子管		
继电器		一种电磁开关。
双刀双掷		DPDT 继电器含两个可以双向切换的触点。
双刀单掷		DPST 继电器含两个只能打开或闭合的触点（开或关）。
单刀双掷		SPDT 继电器含一个可以双向切换的触点。
单刀单掷		SPST 继电器含一个只能打开或闭合的触点（开或关）
电阻器		用来限制电路中的电流。
固定	美国 日本 ~~~~ 欧洲	固定电阻器在制造时设定电阻值。

（续）

可变 / 电位器	美国 日本　　欧洲	可变电阻器具有允许在运行中改变电阻值的拨盘（或滑杆等）。
变阻器	欧洲	变阻器类似于电位器，但具有三个分离控制区域。与箭头连接的电路部分可以变化与其他两个引线端之间的电阻值。
光敏		光敏电阻器具有随着光照强度变化而动态变化的电阻值。
热敏		热敏电阻器根据其温度而动态变化的电阻值（通常是电阻值随温度升高而降低）
开关		用于打开或关闭电流的电气设备。
单刀单掷		SPST 开关包含一个只能打开或关闭的触点。
单刀双掷		SPDT 开关包含一个可以双向切换的触点（两条通路）。
双刀单掷		DPST 开关包含两个可以打开或关闭的触点。
双刀双掷		DPDT 包含两个可以打开双向切换的触点（两条通路）。
常闭按钮		常闭按钮通常是闭合形式的按钮开关。
常开按钮		常开按钮通常是打开状态的按钮开关
热电偶		一种电子电路，通过流过两端分别连在一起的两根导线的电流来传递温差。两条线由不同的材料制成，连接线的一个接头处于稳定的较低温度，而另一个接头处于待测温度
变压器		一种可以升高或降低交流电压的电感组件
空心		
铁心		
一次侧抽头		
二次侧抽头		
晶体管		用于电流放大的三端子半导体器件，还可用作开关。
双极型 /BJT （双极结型晶体管）	B　C E NPN　　B　C E PNP	双极型晶体管由交替的 P 型和 N 型半导体材料制成（同时使用正电荷和负电荷导电，故称为"双极型"）。
结型 FET （场效应晶体管）	D G S N Channel　　D G S P Channel	结型 FET 也由 N 型和 P 型材料组成，但是单极性，仅涉及正或负电荷导电。栅极电压施加在 P-N 结上。
MOSFET（金属氧 化物半导体 FET）	D G S N Channel Depletion　D G S N Channel Enhancement　D G S P Channel Depletion　D G S P Channel Enhancement	MOSFET 类似于结 FET，除了栅极电压是跨绝缘体施加的之外。

（续）

光敏		光敏晶体管是双极晶体管，其设计利用了晶体管对光的敏感性
连线		
连线		连线是在电路板上的其他元件之间传送信号的导线。
交叉连接线		交叉连接线符号表示两条导线交叉并连接。
交叉不连接线		交叉不连接导线符号表示两条导线交叉但没有连接关系

推荐阅读

嵌入式系统导论：CPS方法

书号：978-7-111-36021-6　作者：Edward Ashford Lee 等　译者：李实英 等　定价：55.00元

　　不同于大多数嵌入式系统的书籍着重于计算机技术在嵌入式系统中的应用，本书的重点则是论述系统模型与系统实现的关系，以及软件和硬件与物理环境的相互作用。本书是业界第一本关于CPS(信息物理系统) 的专著。CPS 将计算、网络和物理过程集成在一起，CPS的建模、设计和分析成为本书的重点。

　　全书从CPS的视角，围绕系统的建模、设计和分析三方面，深入浅出地介绍了设计和实现CPS的整体过程及各个阶段的细节。建模部分介绍如何模拟物理系统，主要关注动态行为模型，包括动态建模、离散建模和混合建模，以及状态机的并发组合与并行计算模型。设计部分强调嵌入式系统中处理器、存储器架构、输入和输出、多任务处理和实时调度的算法与设计，以及这些设计在CPS中的主要作用。分析部分重点介绍一些系统特性的精确规格、规格之间的比较方法、规格与产品设计的分析方法以及嵌入式软件特性的定量分析方法。此外，两个附录提供了一些数学和计算机科学的背景知识，有助于加深读者对文中所给知识的理解。

推荐阅读

深入理解计算机系统（原书第3版）

作者：[美] 兰德尔 E. 布莱恩特 等　译者：龚奕利 等　书号：978-7-111-54493-7　定价：139.00元

理解计算机系统首选书目，10余万程序员的共同选择
卡内基-梅隆大学、北京大学、清华大学、上海交通大学等国内外众多知名高校选用指定教材
从程序员视角全面剖析的实现细节，使读者深刻理解程序的行为，将所有计算机系统的相关知识融会贯通
新版本全面基于X86-64位处理器

　　基于该教材的北大"计算机系统导论"课程实施已有五年，得到了学生的广泛赞誉，学生们通过这门课程的学习建立了完整的计算机系统的知识体系和整体知识框架，养成了良好的编程习惯并获得了编写高性能、可移植和健壮的程序的能力，奠定了后续学习操作系统、编译、计算机体系结构等专业课程的基础。北大的教学实践表明，这是一本值得推荐采用的好教材。本书第3版采用最新x86-64架构来贯穿各部分知识。我相信，该书的出版将有助于国内计算机系统教学的进一步改进，为培养从事系统级创新的计算机人才奠定很好的基础。

—— 梅宏　中国科学院院士/发展中国家科学院院士

　　以低年级开设"深入理解计算机系统"课程为基础，我先后在复旦大学和上海交通大学软件学院主导了激进的教学改革……现在我课题组的青年教师全部是首批经历此教学改革的学生。本科的扎实基础为他们从事系统软件的研究打下了良好的基础……师资力量的补充又为推进更加激进的教学改革创造了条件。

—— 臧斌宇　上海交通大学软件学院院长